高等职业教育示范专业系列教材

机电设备故障诊断与维修
第 2 版

主　编　汪永华　贾　芸
副主编　程　玉　张　宁　赵华新
参　编　王贤虎　徐华俊　张奎晓　姜　露

机械工业出版社

本书共分7章，主要介绍了机械设备故障诊断与维修的基本知识、机械设备状态监测与故障诊断技术、机械的拆卸与装配、机械零件修复技术、机床的故障诊断与维修、自动化生产线的安装与维修、常用电气设备的故障诊断与维修等内容。

本书具有以下特点：将机械与电气知识有机融合于一体，将传统设备故障诊断与维修技术和现代维修新技术、新工艺相结合。每章后面均附有复习思考题，让学生在理论学习与操作之后巩固所学知识。本书内容丰富、图文并茂、实用性突出，既可作为高职高专院校及中等职业学校机电类专业的教材和教学参考书，也可作为从事机电设备维修工作的相关工程技术人员和工人的参考用书和培训教材。

为方便教学，本书配有免费电子课件、复习思考题答案、模拟试卷及答案等供教师参考，凡选用本书作为授课教材的教师，均可来电（010 – 88379375）索取，或登录机械工业出版社教育服务网（www.cmpedu.com）网站，注册、免费下载。

图书在版编目（CIP）数据

机电设备故障诊断与维修/汪永华，贾芸主编. —2 版. —北京：机械工业出版社，2018.10（2024.1 重印）

高等职业教育示范专业系列教材

ISBN 978-7-111-61068-7

Ⅰ.①机… Ⅱ.①汪…②贾… Ⅲ.①机电设备 – 故障诊断 – 高等职业教育 – 教材 ②机电设备 – 维修 – 高等职业教育 – 教材 Ⅳ.①TM07

中国版本图书馆 CIP 数据核字（2018）第 228546 号

机械工业出版社（北京市百万庄大街22 号　邮政编码100037）

策划编辑：于　宁　　　　　责任编辑：于　宁　冯睿娟

责任校对：肖　琳　潘　蕊　封面设计：马精明

责任印制：任维东

北京中兴印刷有限公司印刷

2024 年 1 月第 2 版第 13 次印刷

184mm×260mm · 18 印张 · 489 千字

标准书号：ISBN 978-7-111-61068-7

定价：49.80 元

电话服务　　　　　　　　　　网络服务

客服电话：010-88361066　　机 工 官 网：www.cmpbook.com

　　　　　010-88379833　　机 工 官 博：weibo.com/cmp1952

　　　　　010-68326294　　金 书 网：www.golden-book.com

封底无防伪标均为盗版　　机工教育服务网：www.cmpedu.com

前　言

随着科学技术的高速发展和日趋综合化，知识更新的周期在缩短，机械设备正朝着大型化、自动化、高精度化方向发展，生产系统的规模变得越来越大，设备的结构也变得越来越复杂，当代维修人员遇到的大多是机电一体化的复杂设备，先进的设备与落后的维修技术之间的矛盾正严重地困扰着企业，成为企业前进的障碍。因此，为了保证机械设备高效、正常地运转，需要大量合格的、专业的工程技术人员和设备管理人员对设备进行安装、维护和修理，制定合理的、经济的维修实施方案，这就对设备维修人员提出了更高的要求。为适应这种趋势，我们编写了本书，以满足高职高专机电类专业机电设备故障诊断与维修课程的教学需要。

本书第1版已出版6年，随着近年来一些新的诊断与维修技术、新的工艺及规范的应用，第2版特修订部分章节，主要修订内容有：机电设备的可靠性和安全性、科学诊断机电设备故障原因、判断故障位置，采取有效的修理和维修措施消除故障隐患等，同时增加机械设备大型化、自动化和高精度化方面部分内容。

本书具有以下特点。

1. 注重内容的实用性。本书内容的编排是根据应用的需要和维修技术的发展现状确定的，适应培养企业实用性人才的需要。从实用性的原则出发，确定了基本理论部分的内容，使该部分内容精练、易懂，为学生学好本课程奠定基础。

2. 注重理论联系实际。本书突出了应用基础理论解决实际问题的训练，通过对典型机电设备故障的诊断和维修实例进行分析，使课程学习与生产实际有机地结合起来。

3. 注重内容的先进性。本书编入了机电设备安装与维修技术领域中一些新理论、新技术和新工艺，为生产中应用这些先进技术提供了参考。

本书由汪永华（编写了第7章的7.1~7.3节）、贾芸（编写了第3章的3.1~3.5节）主编，程玉（编写了第5章）、张宁（编写了第1章）、赵华新（第4章）任副主编，参加本书编写的有徐华俊（编写了第2章）、张奎晓（第3章的3.6~3.10节）、姜露（编写了第7章的7.4和7.5节）、王贤虎（编写了第6章）。

鉴于编者水平有限，书中难免有错误和不妥之处，恳请读者批评指正。

编　者

目 录

第1章　机械设备故障诊断与维修的基本知识

1.1　机械设备安装概述

机械设备的安装是按照一定的技术条件，将机械设备正确、牢固地固定在机械设备基础上。机械设备的安装是机械设备从制造到投入使用的必要过程。机械设备安装的好坏，直接影响机械设备使用性能的好坏和生产能否顺利进行。机械设备的安装工艺过程包括：机械设备基础的验收、安装前的物质和技术准备、设备的吊装、设备安装位置的检测和校正、机械设备基础的二次灌浆及试车等。

机械设备安装过程中，首先要保证机械设备的安装质量，机械设备安装之后，应按安装规范的规定进行试车，并能达到国家部委颁发的验收标准和机械设备制造厂的使用说明书的要求，投入生产后能达到设计要求。其次，必须采用科学的施工方法，最大限度地加快施工速度，缩短安装周期，提高经济效益。此外，机械设备的安装还要求设计合理、排列整齐，最大限度地节省人力、物力和财力。最后，必须重视施工的安全问题，坚决杜绝人身和设备安全事故的发生。

机械设备安装之前，有许多准备工作要做。工程质量的好坏、施工速度的快慢都和施工的准备工作有关。机械设备安装工程的准备工作主要包括下列几个方面。

1.1.1　组织准备和技术准备

1. 组织准备

在进行一项大型机械设备的安装之前，应该根据当时的情况，结合具体条件成立适当的组织机构，并且应分工明确、紧密协作，以使安装工作有步骤地进行。

2. 技术准备

技术准备是机械设备安装前的一项重要准备工作，其主要内容包括以下几点。

1）研究机械设备的图样、说明书、安装工程的施工图、国家部委颁发的机械设备安装规范和质量标准。在施工之前，必须对施工图进行会审，对工艺布置进行讨论审查，注意发现和解决问题。例如：检查设计图样和施工现场尺寸是否相符、工艺管线和厂房原有管线有无冲突等。

2）熟悉设备的结构特点和工作原理，掌握机械设备的主要技术数据、技术参数、使用性能和安装特点等。

3）对安装人员进行必要的技术培训。

4）编制安装工程施工作业计划。安装工程施工作业计划应包括安装工程技术要求、安装工程的施工程序、安装工程的施工方法、安装工程所需机具和材料及安装工程的试车步骤方法和注意事项。

安装工程的施工程序是整个安装工程有计划、有步骤地完成的关键。因此，必须按照机械设备的性质、本单位安装机具和安装人员的状况以最科学、合理的方法安排施工程序。

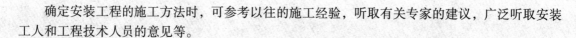

确定安装工程的施工方法时，可参考以往的施工经验，听取有关专家的建议，广泛听取安装工人和工程技术人员的意见等。

1.1.2 供应准备

供应准备是安装中的一个重要方面。供应准备主要包括机具准备和材料准备。

1. 机具准备

根据机械设备的安装要求准备符合各种规范和所需精度的安装检测机具和起重运输机具，并认真地进行检查，以免在安装过程中才发现不能使用或发生安全事故。

常用的安装检测机具包括：水平仪、经纬仪、自准直仪、拉线架、平板、弯管机、电焊机、气割、气焊、扳手、万能角度尺、卡尺、塞尺、千分尺、千分表及各种检验测试设备等。

起重运输机具包括：双梁桥式起重机、单梁桥式起重机、卷扬机、起重杆、起重滑轮、电葫芦、绞盘及千斤顶等起重设备；汽车、拖车及拖拉机等运输设备；钢丝绳及麻绳等索具。

2. 材料准备

安装中所用的材料要事先准备好。对于材料的计划和使用，应当是既要保证安装质量与进度，又要注意降低成本，不能有浪费现象。安装中所需材料主要包括：各种型钢、管材、螺栓、螺母、垫片、铜片及铝丝等金属材料；石棉、橡胶、塑料、沥青、煤油、机油、润滑油及棉纱等非金属材料。

1.1.3 机械设备的开箱检查与清洗

1. 开箱检查

机械设备安装前，要和供货方一起进行设备的开箱检查。检查后应做好记录，并且双方人员要签字。设备的检查工作主要包括以下几项：

1）检查机械设备表面及包装情况。

2）检查机械设备装箱单、出厂检查单等技术文件。

3）根据装箱单清点全部零件和附件。

4）检查各零件和部件有无损坏、变形或锈蚀等现象。

5）检查机械设备各部分尺寸是否与图样要求相符合。

2. 清洗

开箱检查后，为了清除机械设备部件加工面上的防锈剂、残存在部件内的铁屑、锈斑及运输保管过程中的灰尘、杂质，必须对机械设备的部件进行清洗。清洗步骤一般是：粗洗，主要清除部件上的油污、旧油、漆迹和锈斑；细洗，也称油洗，是用清洗油将脏物冲洗干净；精洗，采用清洁的清洗油将机械设备的部件洗净，精洗主要用于安装精度和加工精度都较高的部件。

1.1.4 预装配和预调整

为了缩短安装工期，减少安装过程中组装、调整的工作量，常常在安装前对设备的若干零部件进行预装配和预调整，把若干零部件组装成大部件。用这些预先组装好的大部件进行安装，可以大大加快安装进度。预装配和预调整可以提前发现设备存在的问题，及时加以处理，以确保安装质量。

大部件整体安装是一项先进的快速施工方法，预装配的目的就是为进行大部件整体安装做准备。大部件组合的程度应视场地、运输和起重能力而定。如果设备出厂前已组装成大部件，且包装良好，就可以不进行拆卸、清洗、检查和预装，而直接整体吊装。

1.1.5 机械设备基础的设计与施工

1. 概述

机械设备基础的作用是把机械设备牢固地固定在要求的位置上，同时把机械设备本身的重量和工作时的作用力传递到大地中去，并吸收振动。所以机械设备基础是机械设备中重要的组成部分。机械设备基础的设计和施工如果不正确，不但会影响机器设备本身的精度和寿命，还会影响产品的质量，甚至使周围厂房和设备结构受到损害。

机械设备基础的设计包括以下几方面：根据机械设备的结构特点和动力作用的性质选择基础的类型；在坚固和经济的条件下，确定基础最合适的尺寸和强度等。

在机械设备基础的设计中把机械设备分为两类：第一类是没有动力作用的机械设备，这类机械设备的回转部分（转子）的不平衡惯性力相当小，若与机械设备的重量比较起来是微不足道的；第二类是有动力作用的机械设备，这类机械设备在工作时产生很大的惯性力，这类机械设备称为动力机械。没有动力作用的机械设备，对机械设备基础的设计没有任何特殊的要求，不需要考虑动力载荷，但是这种机械设备是比较少的。

回转部分（转子）做均匀转动的机械设备在理论上是完全平衡的。但实际上无论何时都不能使转动部分的重心与回转的几何轴线完全重合。因而当这些机械设备工作时，就有不平衡的惯性力传到机械设备基础上，虽然所产生的偏心矩的数值一般是很小的，但是在现代机械设备高速转动下，这种惯性力就显得比较大。由于偏心矩的大小取决于许多偶然因素，因而转子转动时所产生的离心力，只能根据转子平衡的经验资料近似地计算。但在实际中，绝大部分带有均匀回转部分的机械设备的基础不进行这种计算。

有曲柄连杆机构的机械设备所产生的不平衡离心力是较为复杂的周期力，这些力是各种频率的许多分力的总和，但可以准确地进行计算。

不均匀回转的机械设备，除离心力外还有力偶传到机械设备基础上，力偶的力矩取决于不均匀回转的加速度，计算上述力偶的力矩是比较简单的。但是在有些情况下，例如轧钢机作用在其基础上的力偶，是接近于冲击作用的。

有冲击作用的机械设备在工作中产生一种冲击型的动力效果，将引起机械设备振动，危害周围的厂房和设备，因此，不但需要进行动力学计算，还需要采用隔振结构。

应当指出，一般有动力作用的机械设备基础，往往采用一般建筑静力学计算，考虑载荷系数的方法。实践证明这种方法是可靠的。

按结构不同，机械设备基础也可分为两类：一类是大块式（刚性）基础；另一类是构架式（非刚性）基础。大块式基础可建成大块状、连续大块状或板状，其中开有机械设备、辅助设备和管道安装所必需的以及在使用过程中供管理用的坑、沟和孔。根据整套机器设备的不同特点，有的机械设备基础设有地下室，有的没有地下室。这种基础应用最为广泛，可以安装所有类型的机器设备，尤其是有曲柄连杆机构的机械设备，还适用于安装绝大部分的破碎机、大部分电动机（主要是小功率和中功率的电动机）等。锻锤则只能建造在大块式基础上，而构架式基础一般仅用来安装高频率的机器设备。

2. 机械设备基础施工与验收

（1）机械设备基础的施工　基础施工大约包括几个过程：挖基坑、装设模板、绑扎钢筋、安装地脚螺栓和预留孔模板、浇灌混凝土、养护及拆除模板等。

（2）基础的验收

1）机械设备就位前，必须对机械设备基础混凝土强度进行测定。一般应待混凝土强度达到

60%以上，机械设备才可就位安装。机械设备找平调整时，必须待混凝土达到设计强度才可拧紧地脚螺栓。中小型机械设备基础可用"钢球撞痕法"测定混凝土强度。大型机械设备基础在就位安装前必须进行预压，预压的重量为自重和允许加工件最大重量总和的1.25倍。

2）机械设备基础的几何尺寸应符合设计规定，机械设备定位的基准线应以车间柱子纵横中心线或以墙的边缘线为基准（应符合设计图样要求）。

3）地脚螺栓。

① 地脚螺栓的作用是将机械设备与地基基础牢固地连接起来，防止机械设备在工作时发生位移、振动和倾覆。

② 地脚螺栓的长度应符合施工图的规定，当施工图没有具体规定时，可按下式确定：

$$L = 15D + S + (5 \sim 10mm)$$

式中，L 为地脚螺栓的长度（mm）；D 为地脚螺栓的直径（mm）；S 为垫铁高度及机座、螺母厚度和预留量（预留量大约为地脚螺栓螺距的3～5倍）的总和。

③ 垂直埋放的地脚螺栓，在敷设时应保证铅直度，其垂直偏差应小于1%。

④ 地脚螺栓偏差的排除。

中心距偏差的处理：当地脚螺栓中心距偏差超出允许值时，先用凿子剔去螺纹周围的混凝土，剔去的深度为螺栓直径的8～15倍，然后用氧-乙炔火焰加热螺栓需校正弯曲部位至850℃左右，再用大锤和千斤顶进行校正。达到要求后，在弯曲部位增焊钢板，以防螺栓受力后又被拉直。最后补灌混凝土。

标高偏差的处理：螺栓标高有正偏差且超过允许范围，应切割去一部分，并重新加工出螺纹。若螺栓标高有负偏差且不超过15mm，应先凿去一部分混凝土，然后用氧-乙炔火焰将螺栓螺纹外部分烤红拉长，在拉长后直径缩小的部分两侧焊上两条加强的钢筋或细管。若负偏差超过15mm时，应将螺栓切断，并重焊一根新螺栓，再在对接焊处加焊4根钢筋，处理完毕后重新浇灌好混凝土。

地脚螺栓"活板"的处理：在拧紧地脚螺栓时，由于用力过大，将螺栓从机械设备基础中拉出，使机械设备安装无法进行。此时需将螺栓中部混凝土凿去，然后焊上两条交叉的U形钢筋，补灌混凝土，即可将螺栓重新固定。

4）垫铁。在机械设备底座下安放垫铁组，通过对垫铁组厚度的调整，使机械设备达到安装要求的标高和水平，同时便于二次灌浆，使机械设备底座各部分都能与基础充分接触，并使基础均匀承受机械设备的重量及运转过程中产生的力。

① 垫铁的分类及适用范围：矩形垫铁（又称为平垫铁）用于承受主要负荷和具有较强的连续振动的设备；斜垫铁（又称为斜插式垫铁）大多用于不承受主要负荷（主要负荷基本上由第二次灌浆层承受）的部位，斜垫铁下应有矩形垫铁；开口垫铁常以支座形式安装在金属结构或地平面上，并且是支撑面积较小的情况，其设备由两个以上底脚支撑。

② 垫铁放置应符合以下要求：每个地脚螺栓通常至少应放置一组垫铁。不承受主要负荷的垫铁组，只使用矩形垫铁和一块斜垫铁即可；承受主要负荷的垫铁组，应使用成对斜垫铁，找平后用电焊焊牢；承受主要负荷且在设备运行时产生较强的连续振动时，垫铁组不能采用斜垫铁，只能采用矩形垫铁。每组垫铁总数一般不得超过3块，在垫铁组中，最厚的垫铁放在下面，较薄的垫铁放在上面，最薄的安放在中间。

1.1.6 机械安装

1. 设备的找正与找平

设备的找正与找平工作，概括起来主要是进行三找，即找中心、找标高和找水平。一般情况下，设备安装的找正与找平工作，可分为两个阶段进行：第一阶段称为初平，主要是初步找正找平设备的中心、水平、标高和相对位置，通常这一过程与设备吊装就位同时进行，许多安装精度要求较低的整体设备和绝大多数静置设备安装，只需进行初平即可；第二阶段称为静平，是在初平的基础上对设备的水平度、铅垂度、平面度等作进一步的调整和检测，使其达到完全合格的程度。对安装精度要求很高的设备，如大型精密机床、空压机等，均应在初平的基础上对设备及各主要机件和相关机件进行精确调整和检测，以保证设备安装精度达到允许偏差的要求。

2. 机械装配用到的零件

1）螺栓联接的防松装置。螺栓联接本身具有自锁性，承受静载荷，在工作温度比较稳定的情况下是可靠的。但在冲击、振动和交变载荷作用下，自锁性就受到破坏。因此，需增加防松装置。

2）键联接。键是用来连接轴和轴上零件的，键联接的特点是结构简单、工作可靠、装拆方便。键通常按构造不同可分为松键、紧键和花键。

3）滑动轴承。滑动轴承是一种滑动摩擦的轴承，其特点是工作可靠、平稳、无噪声、油膜吸振能力强，因此可承受较大的冲击载荷。

4）滚动轴承安装包括清洗、检查、安装和间隙调整等步骤。

5）齿轮传动机构。齿轮传动机构具有传动准确、可靠、结构紧凑、体积小、效率高及维修方便等优点。

6）蜗杆传动机构。蜗杆传动机构的特点是传动比大，传动比准确，传动平稳，噪声小，结构紧凑，能自锁。不足之处是传动效率低，工作时产生摩擦热大，需良好的润滑。

7）联轴器。联轴器分为固定式和可移动式两大类。

3. 设备试运转

机械设备的试运转步骤为：先无负荷、后有负荷，先单机、后系统，最后联动。试运转首先从部件开始，由部件至组件，由组件至单台（套）设备。数台设备组成一套的联动机组，应将单台设备分别试好后，再系统地联动试运转。

1.2 机械磨损

1.2.1 机械磨损的一般规律

相接触的物体相对移动时发生阻力的现象称为摩擦。相对运动的零件的摩擦表面发生尺寸、形状和表面质量变化的现象称为磨损。摩擦是不可避免的自然现象；磨损是摩擦的必然结果，两者均发生于材料表面。摩擦与磨损相伴产生，能造成机械零件的失效。当机械零件配合面产生的磨损超过一定限度时，会引起配合性质的改变，使间隙加大、润滑条件变坏。产生冲击，磨损就会变得越来越严重，在这种情况下极易发生事故。一般机械设备中约有80%的零件因磨损而失效报废。据估计，世界上的能源消耗有30%～50%是由于摩擦和磨损造成的。

摩擦和磨损涉及的科学技术领域甚广，特别是磨损，它是一种微观和动态的过程，在这一过程中，机械零件不仅会发生外形和尺寸的变化，而且会出现其他各种物理、化学和机械现象。零件的工作条件是影响磨损的基本因素。这些条件主要包括：运动速度、相对压力、润滑与防护情况、温度、材料、表面质量和配合间隙等。

以摩擦副为主要零件的机械设备，在正常运转时，机械零件的磨损过程一般可分为磨合（跑合）阶段、稳定磨损阶段和剧烈磨损阶段，如图1-1所示。

（1）磨合阶段 新的摩擦副表面具有一定的表面粗糙度，实际接触面积小。开始磨合时，在一定载荷作用下，表面逐渐磨平，磨损速度较大，如图1-1中的 OA 线段。随着磨合的进行，实际接触面积逐渐增大，磨损速度减缓。在机械设备正式投入运行前，认真进行磨合是十分重要的。

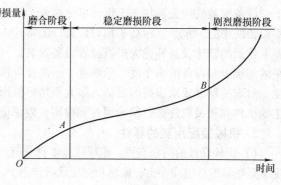

图1-1　机械磨损过程

（2）稳定磨损阶段　经过磨合阶段，摩擦副表面发生加工硬化，微观几何形状改变，建立了弹性接触条件。这一阶段磨损趋于稳定、缓慢，AB 线段的斜率就是磨损速度；B 点对应的横坐标时间就是零件的耐磨寿命。

（3）剧烈磨损阶段　经过 B 点以后，由于摩擦条件发生较大的变化，如温度快速升高、金属组织发生变化、冲击增大、磨损速度急剧增加、机械效率下降、精度降低等，从而导致零件失效，机械设备无法正常运转。

1.2.2　机械磨损的种类

通常将机械零件的磨损分为粘着磨损、磨料磨损、疲劳磨损、腐蚀磨损和微动磨损5种类型。

1. 粘着磨损

粘着磨损又称为粘附磨损，是指当构成摩擦副的两个摩擦表面相互接触并发生相对运动时，由于粘着作用，接触表面的材料从一个表面转移到另一个表面所引起的磨损。

根据零件摩擦表面的破坏程度，粘着磨损可分为轻微磨损、涂抹、擦伤、撕脱和咬死5类。

在金属零件的摩擦中，粘着磨损是剧烈的，常常会导致摩擦副灾难性破坏，应加以避免。但是，在非金属零件或金属零件和聚合物零件构成的摩擦副中，摩擦时聚合物会转移到金属表面上形成单分子层，凭借聚合物的润滑特性，可以提高耐磨性，此时粘着磨损则起到有益的作用。

2. 磨料磨损

磨料磨损也称为磨粒磨损，它是当摩擦副的接触表面之间存在着硬质颗粒，或者当摩擦副材料一方的硬度比另一方的硬度大得多时，所产生的一种类似金属切削过程的磨损。它是机械磨损的一种，特征是在接触面上有明显的切削痕迹。在各类磨损中，磨料磨损约占50%，是十分常见且危害性最严重的一种磨损，其磨损速率和磨损强度都很大，致使机械设备的使用寿命大大降低，能源和材料大量消耗。

根据摩擦表面所受的应力和冲击的不同，磨料磨损的形式可分为凿削式、高应力碾碎式和低应力擦伤式三类。

3. 疲劳磨损

疲劳磨损是摩擦表面材料微观体积受循环接触应力作用产生重复变形，导致产生裂纹和分离出微片或颗粒的一种磨损。

疲劳磨损根据其危害程度不同，可分为非扩展性疲劳磨损和扩展性疲劳磨损两类。

4. 腐蚀磨损

在摩擦过程中，金属同时与周围介质发生化学反应或电化学反应，引起金属表面的腐蚀剥落，这种现象称为腐蚀磨损。它是与机械磨损、粘着磨损、磨料磨损等相结合时才能形成的一种机械化学磨损。因此，腐蚀磨损的机理与前述三种磨损的机理不同。腐蚀磨损是一种极为复杂的磨损过程，经常发生在高温或潮湿的环境下，更容易发生在有酸、碱、盐等特殊介质的条件下。

按腐蚀介质的不同类型，腐蚀磨损可分为氧化磨损和特殊介质下的腐蚀磨损两大类。

（1）氧化磨损 我们知道，除金、铂等少数金属外，大多数金属表面都被氧化膜覆盖着。若在摩擦过程中，氧化膜被磨掉，摩擦表面与氧化介质反应速度很快，立即又形成新的氧化膜，然后又被磨掉，这种氧化膜不断被磨掉又反复形成的过程，就是氧化磨损。

氧化磨损的产生必须同时具备以下条件：一是摩擦表面要能够发生氧化，而且氧化膜生成速度大于其磨损破坏速度；二是氧化膜与摩擦表面的结合强度大于摩擦表面承受的切应力；三是氧化膜厚度大于摩擦表面破坏的深度。

在通常情况下，氧化磨损比其他磨损轻微得多。减少或消除氧化磨损的对策主要有：

1）控制氧化膜生长的速度与厚度。在摩擦过程中，金属表面形成氧化膜的速度要比非摩擦时快得多。在常温下，金属表面形成的氧化膜厚度非常小，例如铁的氧化膜厚度为 $1 \sim 3mm$，铜的氧化膜厚度约为 5mm。但是，氧化膜的生成速度随时间而变化。

2）控制氧化膜的性质。金属表面形成的氧化膜的性质对氧化磨损有重要影响。若氧化膜紧密、完整无孔，与金属表面基体结合牢固，则有利于防止金属表面氧化；若氧化膜本身性脆，与金属表面基体结合差，则容易被磨掉。例如铝的氧化膜是硬脆的，在无摩擦时，其保护作用大，但在摩擦时其保护作用很小。在低温下，铁的氧化物是紧密的，与基体结合牢固；但在高温下，随着厚度增大，内应力也增大，将导致膜层开裂、脱落。

3）控制硬度。当金属表面氧化膜硬度远大于与其结合的基体金属的硬度时，在摩擦过程中，即使在小的载荷作用下，也易破碎和磨损；当两者相近时，在小载荷、小变形条件下，因两者变形相近，故氧化膜不易脱落，但若受大载荷作用而产生大变形时，氧化膜也易破碎；最有利的情况是氧化膜硬度和基体硬度都很高，在载荷作用下变形小，氧化膜不易破碎，耐磨性好，例如镀硬铬时，其硬度为 900HBW 左右，铬的氧化膜硬度也很高，所以镀硬铬得到广泛应用。然而，大多数金属氧化物都比原金属硬而脆，厚度又很小，故对摩擦表面的保护作用很有限。但在不引起氧化膜破裂的工况下，表面的氧化膜层有防止金属之间粘着的作用，因而有利于抗粘着磨损。

（2）特殊介质下的腐蚀磨损 特殊介质下的腐蚀磨损是摩擦副表面金属材料与酸、碱、盐等介质作用生成的各种化合物，在摩擦过程中不断被磨掉的磨损过程。其机理与氧化磨损相似，但磨损速度较快。由于其腐蚀本身可能具有化学的或电化学的性质，故腐蚀磨损的速度与介质的腐蚀性质和作用温度有关，也与相互摩擦的两种金属形成的电化学腐蚀的电位差有关。介质腐蚀性越强，作用温度越高，腐蚀磨损速度越快。

5. 微动磨损

两个接触表面由于受相对的低振幅振荡运动而产生的磨损称为微动磨损。它产生于相对静止的接合零件上，因而往往易被忽视。微动磨损的最大特点是：在外界变动载荷作用下，产生振幅很小（小于 $100\mu m$，一般为 $2 \sim 20\mu m$）的相对运动，由此发生摩擦磨损。例如在键联接处、过盈配合处、螺栓联接处、铆钉联接接头处等接合处产生的磨损。

微动磨损使配合精度下降，过盈配合部件结合紧度下降甚至松动，联接件松动乃至分离，严重者会引起事故。微动磨损还易引起应力集中，导致联接件疲劳断裂。

1.3 机械设备故障及诊断技术

1.3.1 机械设备故障的概念

机械设备丧失了规定功能的状态称为故障。机械设备的工作性能随使用时间的增长而下降，当其工作性能指标超出了规定的范围时就出现了故障。机械设备发生故障后，其技术和经济指标部分或全部下降而达不到规定的要求，如发动机功率下降、精度降低、加工表面粗糙度达不到预定等级或发生强烈振动、出现不正常的声响等。

显然，必须明确什么是规定的功能，设备的功能丧失到什么程度才算出了故障。比如汽车制动不灵，或在规定的速度下刹车时制动距离超过了允许的距离，那么就认为是制动系统故障。"规定的功能"通常在机械设备运行中才能显现出来，若机械设备已丧失规定功能而设备未开动，则故障就不能显现。有时，机械设备还尚未丧失功能，但根据某些物理状态、工作参数、仪器仪表检测结果，可以判断其即将发生故障并可能造成一定的危害，因此，应当在故障发生之前进行有效的维护或修理。

1.3.2　机械设备的故障模式及其分类

每一种故障都有其主要特征，即故障模式。故障模式是故障现象的外在表现形式，相当于医学的疾病症状。各种机械设备的故障模式包括以下数种：异常振动、磨损、疲劳、裂纹、破断、腐蚀、剥离、渗漏、堵塞、过度变形、松弛、熔融、蒸发、绝缘劣化、短路、击穿、声响异常、材料老化、油质劣化、黏合、污染、不稳定及其他。

机械设备的故障按发生的原因或性质可分为自然故障和人为故障两类。自然故障是指因机械设备各部分零件的磨损、变形、断裂和蚀损等而引起的故障；人为故障是指因使用了质量不合格的零件和材料，进行了不正确的装配和调整，使用中违反操作规程或维护保养不当等而造成的故障，这种故障是人为因素造成的，是可以避免的。

1.3.3　机械设备故障的一般规律

机械设备的故障率随时间的变化规律如图1-2所示，此曲线常称为浴盆曲线。这一变化过程主要分为三个阶段：第一阶段为早期故障期，即由于设计、制造、运输、安装等原因造成的故障，故障率较高；第二阶段为随机故障期，随着故障一个个被排除而逐渐减少并趋于稳定，此期间不易发生故障，机械设备故障率很低，这个时期也称为有效寿命期；第三阶段为耗损故障期，随着机械设备零部件的磨损、老化等原因造成故障率上升，这时若加强维护保养，可延长其有效寿命。

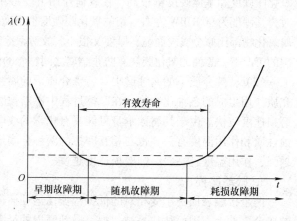

图1-2　故障率的浴盆曲线

1.3.4　机械设备故障发生的原因

1. 机械设备磨损

机械设备故障最显著的特征是构成机械设备的各个组合机件或部件间配合的破坏，如活动连接的间隙、固定连接的过盈等被破坏。这些破坏主要是由于机件过早磨损造成的。因此，研究机械设备故障应首先研究典型机件及其组合的磨损。

机件的磨损是多种多样的。但是，为了便于研究，按其发生和发展的共同性，可分为自然磨损和事故磨损。

1）自然磨损是机件在正常的工作条件下，由于其配合表面不断受到摩擦力的作用，有时又由于其配合表面受周围环境温度或介质的作用，使机件的金属表面逐渐产生的磨损，而这种自然磨损是不可避免的正常现象。机件由于有不同的结构、操作条件、维护修理质量等而产生不同程度的磨损。

2）事故磨损是由于机械设备设计和制造中的缺陷，以及不正确的使用、操作、维护和修理等人为的原因，造成过早的、有时甚至是突然发生的剧烈磨损。

2. 零件的变形

机械零件或构件在外力的作用下，产生形状或尺寸变化的现象称为变形。过量的变形是机械失效的重要类型，也是判断韧性断裂的明显征兆。例如，各类传动轴的弯曲变形；桥式起重机主梁在变形下挠曲或扭曲；汽车大梁的扭曲变形；弹簧的变形等。变形量随着时间的不断增加，逐渐改变了产品的初始参数，当超过允许极限时，将丧失规定的功能。有的机械零件因变形将引起结合零件出现附加载荷、相互关系失常或加速磨损，甚至造成断裂等灾难性后果。

根据外力去除后变形能否恢复，机械零件或构件的变形可分为弹性变形和塑性变形两大类。金属零件在作用应力小于材料屈服强度时产生的变形称为弹性变形。

在金属零件使用过程中，若产生超量弹性变形（超量弹性变形是指超过设计允许范围的弹性变形），则会影响零件正常工作。例如，当传动轴工作时，超量弹性变形会引起轴上齿轮啮合状况恶化，影响齿轮和支承它的滚动轴承的工作寿命；机床导轨或主轴超量弹性变形，会引起加工精度降低甚至不能满足加工精度。因此，在机械设备运行中，防止超量弹性变形是十分必要的。除了正确设计外，正确使用十分重要，应严防超载运行，注意运行温度规范，防止热变形等。

塑性变形又称为永久变形，是指机械零件在外加载荷去除后留下来的一部分不可恢复的变形。金属零件的塑性变形从宏观形貌特征上看，主要有翘曲变形、体积变形和时效变形三种形式。

变形是不可避免的，下面针对四个不同方面采取相应的对策来防止和减少机械零件变形。

（1）设计　设计时不仅要考虑零件的强度，还要重视零件的刚度和制造、装配、使用、拆卸及修理等问题。

1）正确选用材料，注意工艺性能。如铸造的流动性、收缩性；锻造的可锻性、冷镦性；焊接的冷裂、热裂倾向性；机械加工的可切削性；热处理的淬透性、冷脆性等。

2）合理布置零件，选择适当的结构尺寸。如避免尖角，棱角改为圆角、倒角；厚薄悬殊的部分可开工艺孔或加厚太薄的地方；安排好孔洞位置，把盲孔改为通孔等。形状复杂的零件在可能条件下采用组合结构、镶拼结构，从而改善受力状况。

3）在设计中，注意应用新技术、新工艺和新材料，减少制造时的内应力和变形。

（2）加工　在加工中要采取一系列工艺措施来防止和减少变形。对毛坯要进行时效处理，以消除其残余内应力。时效有自然时效和人工时效两种。自然时效是将生产出来的毛坯露天存放1～2年，这是因为毛坯材料的内应力有在12～20个月逐渐消失的特点，其时效效果最佳；缺点是时效周期太长。人工时效是把毛坯通过高温退火、保温缓冷而消除内应力，也可利用振动作用来进行人工时效。高精度零件在精加工过程中必须安排人工时效。

在制定零件机械加工工艺规程时，要在工序、工步的安排上和工艺装备、操作上采取减少变形的工艺措施。例如，粗精加工分开的原则，在粗精加工中间留出一段存放时间，以利于消除内应力。

机械零件在加工和修理过程中要减少基准的转换，保留加工基准供修理时使用，减少修理和加工中因基准不统一而造成的误差。对于经过热处理的零件来说，应注意预留加工余量、调整加工尺寸、预加变形，这是非常必要的。在知道零件的变形规律之后，可预先加以反向变形量，经热处理后两者抵消；也可预加应力或控制应力的产生和变化，使最终变形量符合要求，达到减少变形的目的。

（3）修理　在修理中，既要满足恢复零件的尺寸、配合精度、表面质量等技术要求，还要检查和修复主要零件的形状、位置误差。为了尽量减小零件在修理中产生的应力和变形，应当制定出与变形有关的标准和修理规范，设计简单可靠、好用的专用量具和工夹具，同时注意大力推广"三新"（新技术、新工艺、新材料）技术，特别是新的修复技术，如刷镀、粘接等。

（4）使用　加强设备管理，制定并严格执行操作规程，加强机械设备的检查和维护，不超负荷运行，避免局部超载或过热等。

3. 断裂

断裂是零件在机械、热、磁、腐蚀等单独作用或者联合作用下，其本身连续性遭到破坏，发生局部开裂或分裂成几部分的现象。

机械零件断裂后不仅完全丧失工作能力，还可能造成重大的经济损失或伤亡事故。尤其是现代机械设备日益向着大功率、高转速的趋势发展，机械零件断裂失效的几率有所提高。尽管与磨损、变形相比，机械零件因断裂而失效的机会很少，但机械零件的断裂往往会造成严重的机械事故，产生严重的后果，是一种最危险的失效形式。

机械零件的断裂一般可分为延性断裂、脆性断裂、疲劳断裂和环境断裂4种形式。

（1）延性断裂　延性断裂又称为塑性断裂或韧性断裂。当外力引起的应力超过拉伸强度时发生塑性变形后造成的断裂就称为延性断裂。延性断裂的宏观特点是断裂前有明显的塑性变形，常出现"缩颈"现象。延性断裂断口形貌的微观特点是断面有大量韧窝（即微坑）覆盖。延性断裂实际上是微小空洞形成→长大→连接→最终导致断裂的一种破坏方式。

（2）脆性断裂　金属零件或构件在断裂之前无明显的塑性变形，且发展速度极快的一类断裂称为脆性断裂。它通常在没有预示信号的情况下突然发生，是一种极危险的断裂形式。

（3）疲劳断裂　机械设备中的许多零件，如轴、齿轮、凸轮等，都是在交变应力作用下工作的。它们工作时所承受的应力一般都低于材料的屈服强度或拉伸强度，按静强度设计的标准是安全的。但在实际生产中，在重复及交变载荷的长期作用下，机械零件或构件仍然会发生断裂，这种现象称为疲劳断裂，它是一种普通而严重的失效形式。在机械零件的断裂失效中，疲劳断裂占很大的比重，为80%～90%。疲劳断裂的类型很多，根据循环次数的多少可分为高周疲劳和低周疲劳两种类型。高周疲劳通常简称为疲劳，又称为应力疲劳，是指机械零件断裂前在低应力（低于材料的屈服强度甚至弹性极限）下，所经历的应力循环周次数多（一般大于10^5次）的疲劳，是一种常见的疲劳破坏。如曲轴、汽车后桥半轴、弹簧等零部件的失效一般均属于高周疲劳破坏。低周疲劳又称为应变疲劳。低周疲劳的特点是承受的交变应力很高，一般接近或超过材料的屈服强度，因此每一次应力循环都有少量的塑性变形，而断裂前所经历的循环周次较少，一般只有10^2～10^5次，寿命短。

（4）环境断裂　环境断裂是指材料与某种特殊环境相互作用而引起的具有一定环境特征的断裂方式。延性断裂、脆性断裂、疲劳断裂，均未涉及材料所处的环境，实际上机械零件的断裂，除了与材料的特性、应力状态和应变速度有关外，还与周围的环境密切相关，尤其是在腐蚀环境中材料表面的裂纹边沿由于氧化、腐蚀或其他过程使材料强度下降，将促使材料发生断裂。环境断裂主要有应力腐蚀断裂、氢脆断裂、高温蠕变断裂、腐蚀疲劳断裂及冷脆断裂等形式。

针对机械零件断裂，可从以下几方面采取措施来防止：

1）设计。在金属结构设计上要合理，尽可能减少或避免应力集中，合理选择材料。

2）工艺。采用合理的工艺结构，注意消除残余应力，严格控制热处理工艺。

3）使用。按机械设备说明书操作、使用机械设备，杜绝超载使用机械设备。

4. 蚀损

蚀损即腐蚀损伤。机械零件的蚀损，是指金属材料与周围介质产生化学反应或电化学反应而导致的破坏。疲劳点蚀、腐蚀和穴蚀等，统称为蚀损。疲劳点蚀是指零件在循环接触应力作用下表面发生的点状剥落的现象；腐蚀是指零件受周围介质的化学及电化学作用，表层金属发生化学变化的现象；穴蚀是指零件在温度变化和介质的作用下，表面产生针状孔洞，并不断扩大的现象。

金属蚀损是普遍存在的自然现象，它所造成的经济损失十分惊人。据不完全统计，全世界因蚀损而不能继续使用的金属零件，约占其产量的 10% 以上。

金属零件由于周围的环境以及材料内部成分和组织结构的不同，其蚀损破坏有凹洞、斑点、溃疡等多种形式。

按金属与介质作用的机理不同，机械零件的蚀损可分为化学腐蚀和电化学腐蚀两大类。

（1）机械零件的化学腐蚀　化学腐蚀是指单纯由化学作用而引起的腐蚀。在这一腐蚀过程中不产生电流，介质是非导电的。化学腐蚀的介质一般有两种形式：一种是气体腐蚀，指干燥空气、高温气体等介质中的腐蚀；另一种是非电解质溶液中的腐蚀，指有机液体、汽油、润滑油等介质中的腐蚀，它们与金属接触时发生化学反应形成表面膜，在不断脱落又不断生成的过程中使零件腐蚀。大多数金属在室温下的空气中就能自发地氧化，但在表面形成氧化物层之后，如能有效地隔离金属与介质间的物质传递，就成为保护膜；如果氧化物层不能有效阻止氧化反应的进行，那么金属将不断地被氧化。

据研究，金属氧化膜要在含氧气的条件下起保护膜作用必须具有下列条件：

1）氧化膜必须是紧密的，能完整地把金属表面全部覆盖住，即氧化膜的体积必须比生成此膜所消耗掉的金属的体积大。

2）氧化膜在气体介质中是稳定的。

3）氧化膜和基体金属的结合力强，且有一定的强度和塑性。

4）氧化膜具有与基体金属相同的热膨胀系数。

在高温空气中，铁和铝都能生成完整的氧化膜，由于铝的氧化膜同时具备了上述四种条件，故具有良好保护性能；而铁的氧化膜与铁结合不良，故起不了保护作用。

（2）金属零件的电化学腐蚀　电化学腐蚀是金属与电解质物质接触时产生的腐蚀。大多数金属的腐蚀都属于电化学腐蚀，其涉及面广，造成的经济损失大。电化学腐蚀与化学腐蚀的不同点在于其腐蚀过程有电流产生。电化学腐蚀过程比化学腐蚀强烈得多，这是由电化学腐蚀的条件易形成和易存在决定的。

电化学腐蚀的根本原因是腐蚀电池的形成。在原电池中，作为阳极的锌被溶解，作为阴极的铜未被溶解，在电解质溶液中有电流产生。电化学腐蚀原理与此很相近，同样需要形成原电池的三个条件：有两个或两个以上的不同电位的物体（即电极），或在同一物体具有不同电位的区域，以形成正、负极；电极之间需要有导体相连接或电极直接接触；有电解液。金属材料中一般都含有其他合金或杂质（如碳钢中含有渗碳体，铸铁中含有石墨等），由于这些杂质的电位的数值比金属材料本身的电位大，便产生了电位差，而且它们又都能导电，杂质又与基体金属直接接触，所以当有电解质溶液存在时便会构成腐蚀电池。

腐蚀电池有微电池和宏观腐蚀电池两种。上述腐蚀电池中由于渗碳体和石墨含量非常小，作为腐蚀电池中的阴极常称为微阴极。这种腐蚀电池也称为微电池。当不同金属浸于不同电解质溶液，或两种相接触的金属浸于电解质溶液，或同一金属与不同的电解质溶液（包括浓度、温度、流速不同）接触，这时构成腐蚀电池阳极的是金属整体或其局部，这种腐蚀电池称为宏观腐蚀电池。

金属零件常见的电化学腐蚀形式主要有：

1）大气腐蚀，即潮湿空气中的腐蚀。

2）土壤腐蚀，如地下金属管线的腐蚀。

3）在电解质溶液中的腐蚀，如酸、碱、盐等溶液中的腐蚀。

4）在熔融盐中的腐蚀，如热处理车间，熔盐加热炉中的盐炉电极和所处理的金属发生的腐蚀。

针对机械零件蚀损，我们可以采取以下对策：

1）正确选材。根据环境和使用条件，选择合适的耐腐蚀材料，如含有镍、铬、铝、硅、钛等元素的合金钢；在条件许可的情况下，尽量选用尼龙、塑料及陶瓷等材料。

2）合理设计。在制造机械设备时，即使采用了较优质的材料，如果在结构的设计上不从金属防护角度加以全面考虑，常会引起机械应力、热应力以及流体的停滞和聚集、局部过热等问题，从而加速腐蚀过程。因此设计机械设备结构时应尽量使整个部位的所有条件均匀一致，做到结构合理、外形简化、表面粗糙度合适。

3）覆盖保护层。在金属表面上覆盖一层不同的材料，可改变表面结构，使金属与介质隔离开来，以防止腐蚀。常用的覆盖材料有金属或合金、非金属保护层和化学保护层等。

4）电化学保护。对被保护的机械设备通以直流电流进行极化，以消除电位差，使之达到某一电位时，被保护金属的腐蚀可以很小，甚至呈无腐蚀状态。这种方法要求介质必须是导电的、连续的。

5）添加缓蚀剂。在腐蚀性介质中加入少量缓蚀剂（缓蚀剂是指能减小腐蚀速度的物质），可减轻腐蚀。按化学性质的不同，缓蚀剂有无机化合物和有机化合物两类。无机化合物，能在金属表面形成保护，使金属与介质隔开，如重铬酸钾、硝酸钠及亚硫酸钠等；有机化合物，能吸附在金属表面上，使金属溶解和还原反应都受到抑制，从而减轻金属腐蚀，如胺盐、动物胶及生物碱等。

6）改变环境条件。将环境中的腐蚀介质去除，可减少其腐蚀作用。如采用通风、除湿、去掉二氧化硫气体等。对常用金属材料来说，把相对湿度控制在临界湿度（50% ~ 70%）以下，可显著减缓大气腐蚀。

1.3.5　机械设备故障诊断技术

机械设备故障诊断技术是20世纪70年代以来，随着电子测量技术、信号处理技术以及计算机技术的发展逐步形成的一门综合技术。应用故障诊断技术对机械设备进行监测和诊断，可以及时发现机械设备的故障和预防设备恶性事故的发生，从而避免人员的伤亡、环境的污染和巨大的经济损失；应用故障诊断技术可以找出生产系统中的事故隐患，从而对机械设备和工艺进行改造，以消除事故隐患。故障诊断技术最重要的意义在于改革设备维修制度。现代的机械设备日益向大型化、连续化、高速化、复杂化和自动化的方向发展，现在多数工厂采用的定期维修制度，不论设备是否有故障都按人为计划的时间定期检修，很难预防各种随机因素引起的事故，也不可避免地产生过剩维修，造成很大的浪费。由于诊断技术能诊断和预报设备的故障，因此在设备正常运转没有故障时可以不停车进行诊断，在发现故障前兆时能及时停车，按诊断出故障的性质和部位，可以有目的地进行检修，这就是预知维修或状态维修。把定期维修改变为预知维修，可大大提高机械设备运行的安全性、可靠性和机械设备的利用率，节约大量的维修时间和费用，产生巨大的经济效益。

1. 故障诊断基础知识

（1）机械设备故障诊断技术的方法及分类　所谓机械设备故障诊断就是根据机械设备运行过程中产生的各种信息来判断机械设备是正常运转还是发生了异常现象，也就是识别机械设备是否发生了故障。其含义是：定量地掌握设备状态，如设备的性能参数、零件的应力状态、设备性能的劣化和零部件损伤的程度等；预测设备的可靠性；如果存在异常，则对其产生原因、部位、危险程度等进行识别和评价，决定修理方法。

自从机械设备问世以来，人们就非常关心它的"健康"——能否正常工作。对于运行中的机械设备，人们总是用手摸，以测定它的温度是否过高，振动是否过大；用耳听，以判断运动部件是否有异声等。这种凭人们的感觉、听觉和人们的经验对机械设备的状态进行诊断的方法，在很早之前就有了，可以说几乎与机械设备的发明同时出现，称为传统的诊断技术，或称为原始的诊断技术。这种简单的诊断技术，在当前科学技术飞速发展的时代已远不够用了。现代的诊断技术是指应用与开发现代化仪器设备和电子计算机技术来检查和识别机械设备及其零部件的实时技术状态，是诊断它是否"健康"的技术。通常所说的诊断技术，就是指这种现代诊断技术。

根据机械设备运行的状态、环境条件各不相同，因此采用的诊断方法亦不相同，按诊断方法的完善程度来分可以分为以下两种。

1）简易诊断方法。使用各种便携式诊断仪器和工况监视仪表（例如 TK-80 振动计、BY207/217 工业听诊器等），仅仅根据一些简单参数对设备有无故障及故障严重程度作出判断和区别。

2）精密诊断方法。精密诊断方法是故障诊断技术发展的必然趋势，它不同于简易诊断之处表现在除了应用新手段以外，它还具备完整的科学工作步骤和程序。该方法又可进一步划分为：

① 人工诊断方法。使用比较复杂的分析仪器及具有一定诊断功能的设备，除了能够对机械设备有无故障及故障的严重程度作出判断及区分之外，在有经验的专家及工程技术人员的参与下，还能够对某些特殊类型的典型故障的性质、类别、部位、原因及发展趋势做出合理的判断和预报估计。

② 系统诊断方法。这是一种建立在计算机辅助诊断基础上的多功能综合性自动化诊断技术，通常由各种有关的软、硬件及分析设备构成一整套系统。在这类系统之中，一般都配有自动诊断分析的软件，能实现状态信号采集、特征提取、状态识别的自动化，能够输出多种形式的分析结果，当发现设备发生故障后能发出报警，并通过计算机自动进行故障性质、类别、部位、原因及趋势的诊断和预报，同时还能够通过数据库将大量的运行资料储存起来，为设备的运行维护和管理提供准确依据。

③ 专家系统方法。这是诊断技术的一种高级形式，又称为知识库咨询系统，它是一个拥有人工智能的计算机软件系统。专家系统用于设备诊断时，不仅包含有从信号检测到状态识别的过程，而且还包括了决策形成到干预的整个过程。专家系统不但具有系统诊断方法的全部功能，而且还将专家的宝贵经验、智慧与思想同计算机的巨大存储、运算与分析功能相结合。它事先将有关专家的知识加以总结分类，形成规则存入计算机，然后根据自动采集或外部输入的原始数据，即能模拟专家的推理、判断与思维过程，解决故障档案建立、状态识别及自动决策中的各种复杂问题，以便做出正确的操作指导、问题咨询和处理对策。这种系统还具备有学习功能，可以方便地增加、修改和删除知识库中的知识，同时还能高度仿真各个专家辩证论治的思维方法，促使诊断水平不断提高，从而对机械设备故障诊断而言，具有十分有效的诊断与干预能力。

（2）设备故障诊断中常用的基本参数 为了准确、有效地掌握机械设备在运行中所处的状态，必须首先取得有关的正确诊断信息，这些诊断信息也就是在诊断过程中需要监测的基本参数，其中包括描述振动状态的动态参数、描述位置的静态参数以及其他参数。

1）动态参数。

① 振幅。振幅是表示机组振动严重程度或烈度的一个重要指标，可以用位移、速度或加速度来表示。根据对振幅的监测，可以很容易地判断机器的振动状态，判断机器是否在平稳地运转。

过去比较常用的方法都是测量机器机壳或轴承座的振幅，并以此作为振幅参数。虽然机壳的振幅能够用于判明某些机械故障，但由于机械结构、安装、运行条件以及机壳的位置和转轴与机壳之间存在着机械阻抗，因此机壳的振动并不能直接反映转轴的振动情况。所以，机壳振动不能认为是故障诊断的最合适参数，但是，机壳振动通常可以作为定期监测的参数，用于早期发现诸如叶片共振频率、齿轮啮合频率等高频振动的故障现象。

利用电涡流传感器能够直接测量得到转轴相对于机壳的振动，其振幅为位移，一般以微米（μm）峰-峰值来表示。每一台机组，其振幅都有一个允许的限定值，机组正常运行时要求它的转轴的振幅稳定在这个限定值内。一般来说，振幅值的任何变化都表明了机器的状态发生了改变，并且无论振幅是增大是减小，都应该对机器做进一步的检查。

② 频率。频率是分析振动原因的重要依据。通常，不同的振动"源"其振动频率一般也是不同的。对于旋转机械，其振动频率还可用转速的倍数或分数来表示，这被称为阶次，主要原因是机器的振动频率高与转速有关，因此用这种方法来表示频率非常清晰、简便而且实用。

在机壳振动测量中，振幅和频率是可供测量和分析的主要参数，而且大多数故障现象都与频率有关，所以频率在机壳振幅测量中是非常重要的。但是应当注意，振动频率与故障并非总保持一一对应关系，实际上，一种特定频率的振动往往与一种以上的故障有关。

根据振动频率，可以把振动分为同步振动和非同步振动。同步振动的频率是机器转速的整数倍或分数。

③ 相角。相角是指旋转机械测量中转子某一瞬间的振动基频信号与轴上某一固定标志之间的相位差。一个完整的相角测量系统能够确定出转子上每一个被测截面的"高点"位置。所谓"高点"可看作是轴上的某一点，当该点转到径向振动传感器测点的位置时，振动正好是正峰值。这个"高点"位置的确定是相对于转子上某个固定点而言的。通过确定转子上"高点"的位置，便能够知道转子的平衡状态及残余不平衡量的位置。换句话说，由于转子平衡状态的改变而导致的"高点"改变会显示为相角的改变。

精确的相角测量在转子平衡及分析某些机械故障中是非常重要的。相角测量对于确定转子固有的平衡响应即临界转速也是很有用的。

④ 振动形式。振动形式一般是指以时基图或轴心轨迹图的方式所给出的原始振动波形，它是分析振动数据最常用的和最简便快速的方法。通过对振动形式的观测，能直接地了解机器的运行状态。

⑤ 振型。所谓振型是转轴在一定的转速下，沿轴向的一种变形。测量振型的方法是沿转轴的轴向每隔一定的间距放置一组互成90°的 $X-Y$ 传感器，分别测得相应转轴截面的中心线振动情况，综合所测量的这些数据便可得到转轴的振型。振型有助于估算转子与固定部件之间的间隙，并能估算出转轴上的"节点"的位置。

2）静态参数。

① 偏心位置。偏心位置是对油膜轴承中的转轴振动平衡位置或稳态位置的测量值。这种偏

心位置的测量能够知道预加负荷状态以及了解轴承是否出现磨损。偏心位置的测量是通过安装在轴承处的监测径向振动的同一个电涡流传感器来完成的，其输出信号的直流成分即代表了偏心位置。

② 轴向位置。轴向位置是指止推环对推力轴承的相对位置测量值，轴向位置或称轴位移是蒸汽透平和离心压缩机最重要的监测参数之一。

监测轴向位置至少要安装一个电涡流传感器，最好是安装两个，以便提供可靠的信息。测量轴向位置的传感器还可以同时测量轴向振动。

③ 偏心度峰-峰值。偏心度峰-峰值是指静态时转轴弯曲量的测量值。转轴的这种弯曲量可以利用电涡流传感器，在极低转速下测量转轴变化的峰-峰值来表示。对于许多大型机组，只有当偏心度峰-峰值处于允许值以下时方可起动，此时无须顾虑因残余弯曲和相应的不平衡引起的密封件与转轴之间的摩擦影响。

④ 差胀。差胀是指机壳与转子的相对膨胀，可以用安装在机壳上的电涡流传感器测量得到。对于大型蒸汽透平机组，要求在起动时机壳与转子必须以同样的比率受热膨胀，否则就可能发生轴向摩擦而使机器受到损坏。

⑤ 机壳膨胀。对于某些大型机组，除了监测差胀之外，还要监测机壳的膨胀，通常由安装在机壳外部，以地基为基准的线性可变差动变压器（LVDT）来完成测量。

3）其他参数。

① 转速。转速是指转轴每分钟的转数，单位是 r/min。大多数机组都要求连续显示机组的转速，以便一目了然了解机组的运行工况。

② 温度。温度也是分析机器某些特定部件状态的重要参数，尤其是轴向和径向滑动轴承中巴氏合金衬套的温度一般都需要长期监测。同时综合分析温度和振动、位置等参数的关系，能更准确地确定机器故障。

此外，还有压力、流量等状态参数，以及磨损残余物参数，这些参数对综合、全面地监测和分析机器的运行状态也都是必不可少的。

2. 机械设备的简易诊断

（1）简易诊断及其现实意义　简易诊断就是靠人的感官功能（视、听、触、嗅等）或再借助一些简单仪器、常用工量具对机械设备的运行状态进行监测和判断的过程。

简易诊断虽然是定性的、粗略的和经验性的，但对机械设备的管理和维修具有一定的现实意义。首先，在我国，代表先进水平的精密诊断技术的应用还不普及，其开发和推广应用还需一段较长的时间。其次，在普通机械设备上应用过于复杂的高价值诊断仪器很不合算。此外，即使科学技术高度发展了，人的感官监测诊断技术也不可能由现代化的精密诊断技术完全取代。因此，从实际出发，推广应用简易监测诊断技术是非常必要的，特别是对于普通机械设备尤为必要。

（2）常用的简易诊断方法　常用的简易诊断方法主要有听诊法、触诊法和观察法等。

1）听诊法。设备正常运转时，伴随发生的声响总是具有一定的音律和节奏。只要熟悉和掌握这些正常的音律和节奏，通过人的听觉功能就能对比出设备是否出现了重、杂、怪、乱的异常噪声，判断设备内部出现的松动、撞击、不平衡等隐患。用锤子敲打零件，听其是否发生破裂杂声，可判断有无裂纹产生。

电子听诊器是一种振动加速度传感器。它将设备振动状况转换成电信号并进行放大，工人用耳机监听运行设备的振动声响，以实现对声音的定性测量。通过测量同一测点、不同时期、相同转速、相同工况下的信号，并进行对比，来判断设备是否存在故障。当耳机出现清脆尖细的噪声时，说明振动频率较高，一般是尺寸相对较小的、强度相对较高的零件发生局部缺陷或微小裂纹。当耳机传出混浊低沉的噪声时，说明振动频率较低，一般是尺寸相对较大的、强度相对较低的零件发生较大的裂纹或缺陷。当耳机传出的噪声比平时增强时，说明故障正在发展，声音越大，故障越严重。当耳机传出的噪声杂乱无规律地间歇出现时，说明有零件或部件发生了松动。

2）触测法。用人手的触觉可以监测设备的温度、振动及间隙的变化情况。

人手上的神经纤维对温度比较敏感，可以比较准确地分辨出80℃以内的温度。当机件温度在0℃左右时，手感冰凉，若触摸时间较长会产生刺骨痛感；10℃左右时，手感较凉，但一般能忍受；20℃左右时，手感稍凉，随着接触时间延长，手感渐温；30℃左右时，手感微温，有舒适感；40℃左右时，手感较热，有微烫感觉；50℃左右时，手感较烫，若用掌心按的时间较长，会有汗感；60℃左右时，手感很烫，但一般可忍受10s长的时间；70℃左右时，手感烫得灼痛，一般只能忍受3s长的时间，并且手的触摸处会很快变红。触摸时，应试触后再细触，以估计机件的温升情况。

用手晃动机件可以感觉出0.1～0.3mm的间隙大小。用手触摸机件可以感觉振动的强弱变化和是否产生冲击，以及溜板的爬行情况。

用配有表面热电偶探头的温度计测量滚动轴承、滑动轴承、主轴箱、电动机等机件的表面温度，则具有判断热异常位置迅速、数据准确、触测过程方便的特点。

3）观察法。人的视觉可以观察设备上的机件有无松动、裂纹及其他损伤等；可以检查润滑是否正常，有无干摩擦和跑、冒、滴、漏现象；可以查看油箱沉积物中金属磨粒的多少、大小及特点，以判断相关零件的磨损情况；可以监测设备运动是否正常，有无异常现象发生；可以观看设备上安装的各种反映设备工作状态的仪表，了解数据的变化情况；可以通过测量工具和直接观察表面状况，检测产品质量，判断设备工作状况。把观察的各种信息进行综合分析，就能对设备是否存在故障、故障部位、故障的程度及故障的原因作出判断。

3. 旋转机械的振动监测与诊断

（1）旋转机械振动的类型　转子组件是旋转机械的核心部分，由转轴及固定装在其上的各类盘状零件（如叶轮、齿轮、联轴器、轴承等）所组成。转子系统分为刚性转子和柔性转子，当代的大型转动机械，为了提高单位体积的做功能力，一般均将转动部件做成高速运转的柔性转子（工作转速高于其固有频率对应的转速），采用滑动轴承支撑。由于滑动轴承具有弹性和阻尼，因此，它的作用远不止是作为转子的承载元件，而且还作为转子动力系统的一部分。在考虑到滑动轴承的作用后，转子-轴承系统的固有振动、强迫振动和稳定特性就和单个振动体不同了。其振动机理如下：

1）油膜振荡引起的振动。由于柔性转子在高于其固有频率的转速下工作，所以在起、停车过程中，它必定要通过固有频率这个位置。此时机组将因共振而发生强烈的振动，一般来说，一台给定的设备除非受到损坏，其结构不会有太大的变化，因而其质量分布、轴系刚度系数都是固定的，其固有频率也应是一定的。但实际上，现场设备结构变动的情况还是很多的，最常遇到的是换瓦，有时是更换转子，不可避免的是设备维修安装后未能准确复位等，都会影响到临界转速的改变。在瓦隙较大的情况下，转子常会因不平衡等原因而偏离其转动中心，致使油膜合力与载荷不能平衡，就会引起油膜涡动。油膜涡动是一种比较典型的失稳。机组的稳定性能在很大程度上取决于滑动轴承的刚度和阻尼。当系统具有正阻尼时，系统具有抑制作用，振动逐渐衰减；反之系统具有负阻尼时，油膜涡动就会发展为油膜振荡。油膜涡动与油膜振荡都是油膜承载压力波动的反映，表现为轴的振动。

2）转子不平衡引起的振动。旋转机械的转子由于受材料的质量分布、加工误差、装配因素以及运行中的冲蚀和沉积等因素的影响，致使其质量中心与旋转中心存在一定程度的偏心距。偏心距较大时，静态下，所产生的偏心力矩大于摩擦阻力矩，表现为某一点始终恢复到水平放置的转子下部，其偏心力矩小于摩擦阻力矩的区域内，称之为静不平衡。偏心距较小时，不能表现出静不平衡的特征，但是在转子旋转时，表现为一个与转动频率同步的离心力矢量，从而激发转子的振动。这种现象称之为动不平衡。

3）转子和联轴器的不对中引起的振动。由于安装施工中对中超差；冷态对中时没有正确估计各个转子中心线的热态升高量，工作时出现主动转子与从动转子之间产生动态对中不良；轴承座热膨胀不均匀；机壳变形或移位；地基不均匀下沉；转子弯曲，同时产生不平衡和不对中故障。最终引起振动。

4）连接松动引起的振动。当轴承套与轴承座配合具有较大间隙或紧固力不足时，轴承套受转子离心力作用，沿圆周方向发生周期性变形，改变轴承的几何参数，进而影响油膜的稳定性；当轴承座螺栓紧固不牢时，由于结合面上存在间隙，使系统发生不连续的位移。最终引起振动。

（2）旋转机械故障的诊断方法

1）简易诊断方法。简易诊断方法是采用一些便携式测振仪拾取信号，主要用于设备状态的监测，并可作为进一步进行精密诊断的基础。简易诊断方法简单易行，投资少，见效快，但是由于便携式仪器功能有限，只能解决状态认识和故障的初步分类问题。

2）精密诊断方法。为完成诊断任务，还必须用简易诊断方法获得的各种诊断信息所提供的振动特征与典型故障的振动特征相互联系进行分类比较，即模式识别，才能对故障的类型、性质和产生的部位和原因进行识别，为诊断决策提供依据。

4. 齿轮的故障诊断

（1）齿轮故障的形式 齿轮是最常用的机械传动零件，齿轮故障也是转动设备常见的故障。据有关资料统计，齿轮故障占旋转机械故障的10.3%。齿轮故障可划分为两大类：一类是轴承损伤、不平衡、不对中、齿轮偏心及轴弯曲等；另一类是齿轮本身（即轮齿）在传动过程中形成的故障。在齿轮箱的各零件中，齿轮本身的故障比例最大，据统计其故障率达60%以上。齿轮本身的常见故障形式有以下几种。

1）断齿。断齿是最常见的齿轮故障，轮齿的折断一般发生在齿根，因为齿根处的弯曲应力最大，而且是应力集中之源。

断齿有三种情况：①疲劳断齿。由于轮齿根部在载荷作用下所产生的弯曲应力为脉动循环交变应力，以及在齿根圆角、加工刀痕、材料缺陷等应力集中源的复合作用下，会产生疲劳裂纹。裂纹逐步蔓延扩展，最终导致轮齿发生疲劳断齿。②过载断齿。对于由铸铁或高硬度合金钢等脆性材料制成的齿轮，由于严重过载或受到冲击载荷作用，会使齿根危险截面上的应力超过极限值而发生突然断齿。③局部断齿。当齿面加工精度较低或齿轮检修安装质量较差时，沿齿面接触线会产生一端接触、另一端不接触的偏载现象。偏载使局部接触的轮齿齿根处应力明显增大，超过极限值而发生局部断齿。局部断齿总是发生在轮齿的端部。

2）点蚀。点蚀是闭式齿轮传动常见的损坏形式，一般多出现在靠近节线的齿根表面上，发生的原因是齿面脉动循环接触应力超过了材料的极限应力。

在齿面处的脉动循环变化的接触应力超过了材料的极限应力时，齿面上就会产生疲劳裂纹。裂纹在啮合时闭合而促使裂纹缝隙中的油压增高，从而又加速了裂纹的扩展。如此循环变化，最终使齿面表层金属一小块一小块地剥落下来而形成麻坑，即点蚀。

点蚀有两种情况：①初始点蚀（亦称为收敛性点蚀），通常只发生在软齿面（<350HBW）上，点蚀出现后，不再继续发展，反而会消失。原因是微凸起处逐渐变平，从而扩大了接触区，接触应力随之降低。②扩展性点蚀，发生在硬齿面（>350HBW）上，点蚀出现后，因为齿面脆性大，凹坑的边缘不会被碾平，而是继续碎裂下去，直到齿面完全损坏。

对于开式齿轮，齿面的疲劳裂纹尚未形成或扩展时就被磨去，因此不存在点蚀。

当硬齿面齿轮热处理不当时，沿表面硬化层和心部的交界层处，齿面有时会成片剥落，称为片蚀。

3）磨损。齿面的磨损是由于金属微粒、尘埃和沙粒等进入齿的工作表面所引起的。齿面不平、润滑不良等也是造成齿面磨损的原因。此外，不对中、联轴器磨损以及扭转共振等，会在齿轮啮合点引起较大的扭矩变化，或使冲击加大，将加速磨损。齿轮磨损后，齿的厚度变薄，齿廓变形，侧隙变大，会造成齿轮动载荷增大，不仅使振动和噪声加大，而且很可能导致断齿。

4）胶合。齿面胶合（划痕）是由于啮合齿面在相对滑动时油膜破裂，齿面直接接触，在摩擦力和压力的作用下接触区产生瞬间高温，金属表面发生局部熔焊黏着并剥离的损伤。

胶合往往发生在润滑油黏度过低、运行温度过高、齿面上单位面积载荷过大、相对滑动速度过高、接触面积过小、转速过低（油带不起来）等条件下。齿面发生胶合后，将加速齿面的磨损，使齿轮传动很快趋于失效。

（2）齿轮的振动机理

1）齿轮的力学模型分析。图 1-3 所示为齿轮副的力学模型，其中齿轮具有一定的质量，轮齿可看作是弹簧，所以若以一对齿轮作为研究对象，则该齿轮副可以看作是一个振动系统。图中的齿轮啮合刚度是 $k(t)$，为周期性的变量，一是随着啮合点位置而变化，二是随着啮合的齿数在变化。由此可见齿轮的振动主要是由 $k(t)$ 的这种周期性变化引起的。

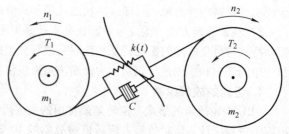

图 1-3　齿轮副的力学模型

2）幅值调制与频率调制。齿轮振动信号的调制现象中包含有很多故障信息，所以研究信号调制对齿轮故障诊断是非常重要的。从频域上看，信号调制的结果是使齿轮啮合频率周围出现边频带成分。信号调制可分为两种：幅值调制和频率调制。

① 幅值调制。幅值调制是由于齿面载荷波动对振动幅值的影响而造成的。幅值调制从数学上看，相当于两个信号在时域上相乘；而在频域上，相当于两个信号的卷积。载波信号频率相对来说较高；调制信号频率相对于载波频率来说较低。在齿轮信号中，啮合频率成分通常是载波成分，齿轮轴旋转频率成分通常是调制波成分。

啮合频率 f_c 为

$$f_c = \frac{n_1}{60}z_1 = \frac{n_2}{60}z_2$$

式中，n_1、n_2 为主、从动轮转速；z_1、z_2 为主、从动轮齿数。

一组频率间隔较大的脉冲函数和一组频率间隔较小的脉冲函数的卷积，在频谱上就形成若干组围绕啮合频率及其倍频成分两侧的边频族。图 1-4 所示为齿轮频谱上边带的形成。

② 频率调制。齿轮载荷不均匀、齿距不均匀及故障造成的载荷波动，除了对振动幅值产生影响外，同时也必然产生扭矩波动，使齿轮转速产生波动。这种波动表现在振动上即为频率调制（也可以认为是相位调制）。

对于齿轮传动，任何导致产生幅值调制的因素也同时会导致频率调制。两种调制总是同时存

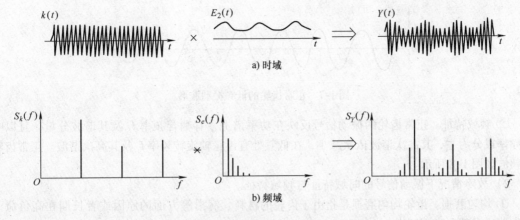

图1-4 齿轮频谱上边带的形成

在的。对于质量较小的齿轮副，频率调制现象尤为突出。频率调制即使在载波信号和调制信号均为单一频率成分的情况下，也会形成很多边频成分，频率调制及其边带如图1-5所示。

（3）齿轮故障诊断常用的信号分析处理方法 由于齿轮故障在频谱图上反映出的边频带比较多，因此频谱分析时必须有足够的频率分辨率。当边频带的间隔（故障频率）小于分辨率时，就分析不出齿轮的故障，可采用频率细化技术提高分辨率，齿轮振动信号的频谱分析图如图1-6所示。

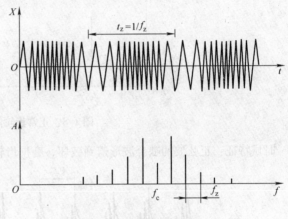

图1-5 频率调制及其边带

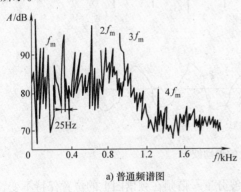

a) 普通频谱图

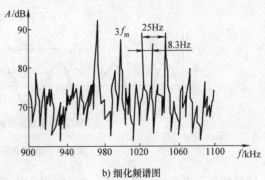

b) 细化频谱图

图1-6 齿轮振动信号的频谱分析图

（4）齿轮常见故障信号的特征与精密诊断

1) 正常齿轮振动信号的时域特征与频域特征。

① 时域特征。正常齿轮由于刚度的影响，其振动信号波形为周期性的衰减波形，其低频信号具有近似正弦波的啮合波形。正常齿轮的低频振动波形如图1-7所示。

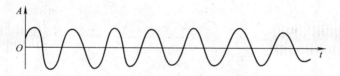

图 1-7 正常齿轮的低频振动波形

② 频域特征。正常齿轮的振动信号反映在功率谱上，有啮合频率 f_c 及其谐波分量，且以啮合频率成分为主，其高次谐波依次减小；在低频处有齿轮轴旋转频率 f_r 及其高次谐波。正常齿轮的频波如图 1-8 所示。

2）故障情况下振动信号的时域特征与频域特征。

① 均匀磨损。齿轮均匀磨损是指由于齿轮的材料、润滑等方面的原因或者长期在高负荷下工作造成大部分齿面磨损。

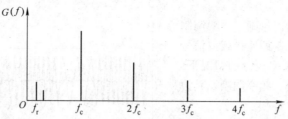

图 1-8 正常齿轮的频波

时域特征：正弦波的啮合波形遭到破坏，磨损齿轮的振动波形如图 1-9 所示。

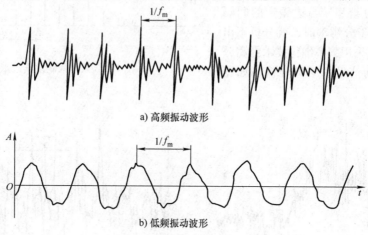

a) 高频振动波形

b) 低频振动波形

图 1-9 磨损齿轮的振动波形

频域特征：齿面均匀磨损时，啮合频率及其谐波分量 n 倍频在频谱图上的位置保持不变，但其幅值大小发生改变，而且高次谐波幅值相对增大较多。齿面均匀磨损的频谱如图 1-10 所示。分析时，要分析三个以上谐波的幅值变化才能从频谱上检测出这种特征。

随着磨损的加剧，还有可能产生分数谐波，有时在升降速时还会出现呈非线性振动的跳跃现象，如图 1-11 所示。

② 齿轮偏心。齿轮偏心是指齿轮的中心与旋转轴的中心不重合，这种故障往往是由于加工造成的。

时域特征：当一对互相啮合的齿轮中有一个齿轮存在偏心时，其振动波形由于受偏心的影响被调制，产生调幅振动。齿轮有偏心时的振动波形如图1-12所示。

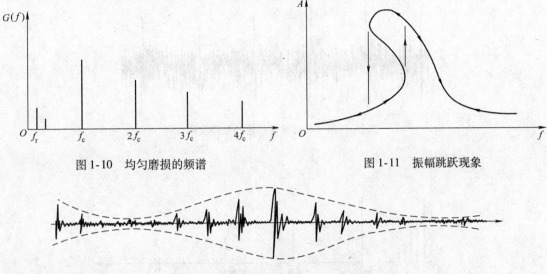

图1-10　均匀磨损的频谱　　　　　　　　图1-11　振幅跳跃现象

图1-12　偏心齿轮的振动时域波形

频域特征：齿轮存在偏心时，其频谱结构将在两个方面有所反映，一是以齿轮的旋转频率为特征的附加脉冲幅值增大；二是以齿轮一转为周期的载荷波动，从而导致调幅现象，这时的调制频率为齿轮的回转频率，比所调制的啮合频率要小得多。具有偏心的齿轮的典型频谱的特征如图1-13所示。

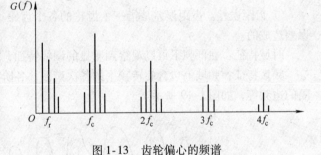

图1-13　齿轮偏心的频谱

③ 齿轮不同轴。齿轮不同轴故障是指由于齿轮和轴装配不当造成的齿轮和轴不同轴。不同轴故障会使齿轮产生局部接触，导致部分轮齿承受较大的负荷。

时域特征：时域信号具有明显的调幅现象，齿轮不同轴波形如图1-14所示。

频域特征：在频谱上产生以 n 倍啮合频率为中心，以故障齿轮的旋转频率为间隔的一阶边频族。同时，故障齿轮的旋转特征频率在频谱上有一定反映，不同轴齿轮的频谱如图1-15所示。

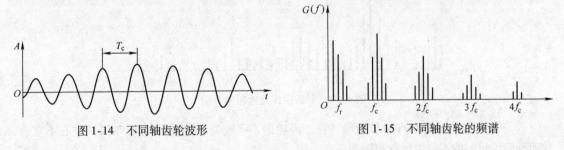

图1-14　不同轴齿轮波形　　　　　　　　图1-15　不同轴齿轮的频谱

④ 齿轮局部异常。齿轮的局部异常包括齿根部有较大裂纹、局部齿面磨损、轮齿折断及局部齿形误差等。局部异常齿轮的振动波形是典型的以齿轮旋转频率为周期的冲击脉冲，如图1-16

所示。具有局部异常故障的齿轮将以旋转频率为主要频域特征,如图1-17所示。

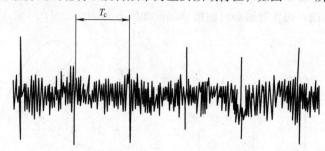

图1-16　局部异常齿轮的振动波形

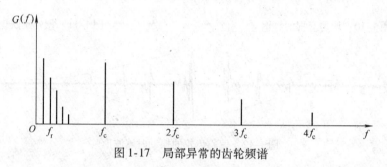

图1-17　局部异常的齿轮频谱

⑤ 齿距误差。齿距误差是指一个齿轮的各个齿距不相等,存在有误差。齿距误差是由齿形误差造成的。

时域特征:在低频下可以观察到明显的调幅特征,如图1-18所示。

频域特征:频域上包含旋转频率的各次谐波、各阶啮合频率以及以故障齿轮的旋转频率为间隔的边频等,如图1-19所示。

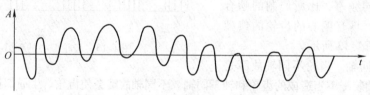

图1-18　有齿距误差齿轮的振动波形

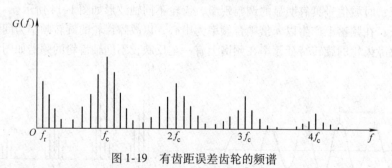

图1-19　有齿距误差齿轮的频谱

⑥ 不平衡齿轮的时域特征与频域特征。齿轮的不平衡是指齿轮的质心和回转中心不重合,从而导致齿轮副的不稳定运行和振动。

时域特征:齿轮产生以调幅为主、调频为辅的振动,如图1-20所示。

频域特征：在啮合频率及其谐波两侧产生边频族；同时，受不平衡力的激励，齿轮轴的旋转频率及其谐波的能量也有相应的增加，如图1-21所示。

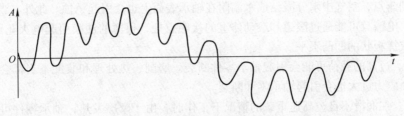

图1-20 不平衡齿轮的振动波形

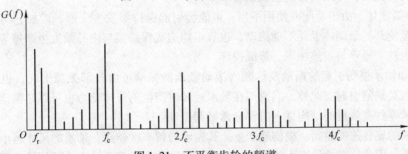

图1-21 不平衡齿轮的频谱

5. 滚动轴承的故障诊断

（1）滚动轴承常见的异常现象 典型的滚动轴承的结构主要由内圈、外圈、滚动体和保持架组成，在多数情况下是内圈随轴旋转而外圈不动，但也有外圈旋转、内圈不转或内外圈分别按不同转速旋转等使用情况。

滚动轴承在运转过程中可能会由于各种原因引起损坏，如装配不当、润滑不良、水分和异物侵入、腐蚀和过载等都可能会导致轴承过早损坏。即使在安装、润滑和使用维护都正常的情况下，经过一段时间运转，轴承也会出现疲劳剥落和磨损而不能正常工作。滚动轴承的主要故障形式与原因如下：

1）疲劳剥落。滚动轴承的内外滚道和滚动体表面既要承受载荷又有相对运动，由于交变载荷的作用，首先在表面下一定深度处（最大剪应力处）形成裂纹，继而扩展到接触表面使表层发生剥落坑，最后发展到大片剥落，这种现象就是疲劳剥落。

疲劳剥落会造成运转时的冲击载荷、振动和噪声加剧。通常情况下，疲劳剥落往往是滚动轴承失效的主要原因，一般所说的轴承寿命就是指的轴承的疲劳寿命，轴承的寿命试验就是疲劳试验。试验规程规定，在滚道或滚动体上出现面积为$0.5mm^2$的疲劳剥落坑就认为轴承寿命的终结。滚动轴承的疲劳寿命分散性很大，在同一批轴承中，其最高寿命与最低寿命可以相差几十倍乃至上百倍，这也从另一个角度说明了滚动轴承故障监测的重要性。

2）磨损。由于尘埃、异物的侵入，滚道和滚动体相对运动时会引起表面磨损，润滑不良也会加剧磨损，磨损的结果使轴承游隙增大，表面粗糙度增加，降低了轴承运转精度，因而也降低了机械设备的运动精度，振动及噪声也随之增大。

此外，还有一种微振磨损。在轴承不旋转的情况下，由于振动的作用，滚动体和滚道接触面间有微小的、反复的相对滑动而产生磨损，在滚道表面上形成振纹状的磨痕。

3）塑性变形。当轴承受到过大的冲击载荷或静载荷时，或因热变形引起额外的载荷，或有硬度很高的异物侵入时都会在滚道表面形成凹痕或划痕，这将使轴承在运转过程中产生剧烈的振动和噪声。而且一旦有了压痕，压痕引起的冲击载荷会进一步引起附近表面的剥落。

4）锈蚀。锈蚀是滚动轴承最严重的问题之一，高精度的轴承可能会由于表面锈蚀导致精度丧失而不能继续工作。水分或酸、碱性物质直接侵入会引起轴承锈蚀。当轴承停止工作后，轴承温度下降达到露点，空气中水分凝结成水滴附在轴承表面上也会引起锈蚀。此外，当轴承内部有电流通过时，电流有可能通过滚道和滚动体上的接触点处，很薄的油膜引起电火花而产生电蚀，在表面上形成搓板状的凹凸不平。

5）断裂。过高的载荷可能会引起轴承零件断裂。磨削、热处理和装配不当都会引起残余应力，工作时热应力过大也会引起轴承零件断裂。

6）胶合。在润滑不良、高速重载的情况下工作时，由于摩擦发热，轴承零件可以在极短时间内达到很高的温度，导致表面烧伤及胶合。

7）保持架损坏。由于装配或使用不当，可能会引起保持架发生变形，增加它与滚动体之间的摩擦，甚至使某些滚动体卡死不能滚动，也有可能造成保持架与内外圈发生摩擦等。这一损伤会进一步使振动、噪声与发热加剧，造成损坏。

（2）滚动轴承损伤引起的振动及诊断　滚动轴承的振动可由外部振源引起，也可由轴承本身的结构特点及缺陷引起。此外，润滑剂在轴承运转时产生的流体动力也可以是振动源。上述振源施加于轴承零件及附近的结构件上时都会激励起振动。

通常，轴的旋转速度越高，损伤越严重，其振动的频率就越高；轴承的尺寸越小，其固有振动频率就越高。因此，轴承所产生的振动，对所有的轴承来说没有一个共同的特定频率；即使对一个特定的轴承，当产生异常时，也不会只发生单一频率的振动。

1）轴承内滚道损伤。轴承内滚道产生损伤时，如剥落、裂纹、点蚀等，若滚动轴无径向间隙时，会产生频率为 nZf_i（$n=1$、2、…）的冲击振动。内滚道损伤振动特征如图1-22所示。

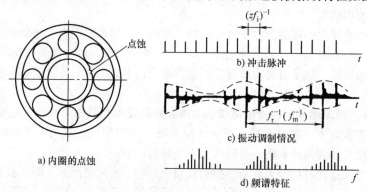

图1-22　内滚道损伤振动特征

2）轴承外滚道损伤。当轴承外滚道产生损伤时，如剥落、裂纹、点蚀等，在滚动体通过时也会产生冲击振动。由于点蚀的位置与载荷方向的相对位置关系是一定的，所以，这时不存在振幅调制的情况，振动频率为 nZf_o（$n=1$、2、…），外滚道损伤振动特征如图1-23所示。

3）滚动体损伤。当轴承滚动体产生损伤时，如剥落、裂纹、点蚀等，缺陷部位通过内圈或外圈滚道表面时会产生冲击振动。在滚动轴承无径向间隙时，会产生频率为 nZf_b（$n=1$、2、…）的冲击振动。滚动体损伤振动特征如图1-24所示。

4）轴承偏心。当滚动轴承的内圈出现严重磨损等情况时，轴承会出现偏心现象，当轴旋转时，轴心（内圈中心）便会绕外圈中心摆动，此时的振动频率为 nf_r（$n=1$，2，…）。滚动轴承偏心振动特征如图1-25所示。

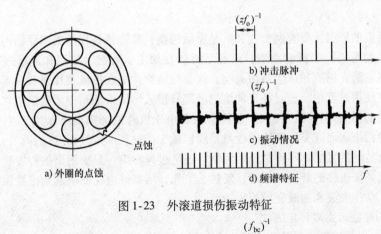

图1-23　外滚道损伤振动特征

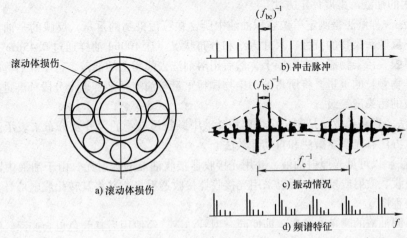

图1-24　滚动体损伤振动特征

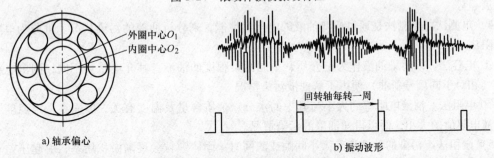

图1-25　滚动轴承偏心振动特征

6. 机械故障诊断的污染诊断技术

污染诊断技术是以机械设备在工作过程中或故障形成过程中所产生的固体、液体和气体污染物为监测对象，以各种污染物的数量、成分、尺寸、形态等为检测参数，并依据检测参数的变化来判断机械所处技术状态的一种诊断技术。目前已进入实用阶段的污染诊断技术主要有油液污染监测法和气体污染物监测法。

油液污染监测法是通过对系统中循环流动的油液污染状况进行监测，获取机件运行状态的有关信息从而判断机械的污染性故障和预测机件的剩余寿命。在故障诊断中，油液污染监测法所起的作用与医学诊断中验血所起的作用颇为相似，而且将会和医学诊断中的验血检查一样，成为应用最广泛和最有发展前途的一种不解体检验方法。因而油液污染监测法是污染监测技术的主要研究内容。

引起油液污染的原因主要有两个：其一是原始污染；其二是过程污染。原始污染是指机件开始工作前就存在的污染，如新油杂质，或者是机件在加工、装配、贮存和运输过程中，一些型砂、切削、磨料油渣、锈屑和灰尘等污染物。这类污染物含量在机械工作过程中基本不变。过程污染是指系统在使用过程中，通过往复伸缩的活塞杆带入污染机油箱中流通的空气、溅落或凝结的水滴流回油箱的漏油等外界"侵入"的污染物和由于机件的磨损而不断"产生"的磨损产物等因素所引起的污染。而这类污染物的含量是随机械工作过程的延续而变化的，污染物的变化状况就是油液污染监测的目标。不管是原始污染，还是过程污染，只要污染的程度超出所规定的限度，都可能造成系统机件的磨损、振动、发热、卡死、堵塞或由此而引起系统性能下降、寿命缩短、机件损伤、动作失灵和油液变质等故障。

（1）常用的油液污染度评定方法

1）称重法。称重法是测定单位容积油液中所含颗粒污染物的重量，反映的是油液中污染物的总值，而不反映污染物的特性、尺寸大小和分布状况。让100ml油样通过0.45μm孔径的预先称重的干燥薄膜，污染物滞留在薄膜上，然后用溶剂洗去薄膜上的油液，待干燥后称得薄膜的增重量即为污染物颗粒的重量。将所得的污染物颗粒重量与油液污染度重量分段标准进行比较，便可以确定油液的污染度等级。

2）计数法。颗粒计数法是测定单位容积油液中颗粒污染物的尺寸及分布来表示油液的污染度等级。计数方法有光学显微法和自动计数法。

3）光测法。以可见光照射油液，并用光接收器接收油液的透射光，由于油液中污染物的存在，将发生吸收、散射或反射，所以采用光接收器接收透射光，并将其转化成电信号显示，即能反映油液污染程度。

但由于不同油液的颜色有差异，即使同一型号油液，经使用后其颜色也会变深。因此仅用透射光检测，其结果的可比性差。光测法的仪器精巧、使用简便、结果明确，可用于监测油液污染的发展趋势。

4）电测法。电测法是通过检测油液的电化学性能，来分析油液的污染状况。可分为电容法与电阻法。

① 电容法。以污染油液作为电介质，不同污染程度的油液，其介电常数不同，测出电容变化量（相对于同型号新油）便可了解油液污染情况。

② 电阻法。油液电阻率的大小与其中的水分、杂质含量及温度有关，因而在一定温度下测出油液电阻值的大小，便可得知油液的污染情况。

5）淤积法。污染的油液流经微小间隙或滤网时，固体颗粒会逐渐淤积堵塞，引起压差和流量的相应变化，油液污染程度不同，其变化量也不同。以滤网作为传感元件时，淤积法可分为压差恒定测量和流量恒定测量两种。

（2）油液铁谱分析技术　铁谱分析是从有代表性的油样中分离出磨损和污染微粒，使其按尺寸大小有序地沉淀到透明显微镜底片上，并通过光学或电子显微镜的检测和分析，从而判断机械磨损状态的一项技术。

直读式铁谱仪是利用高梯度强磁场的原理来收集润滑油样中的铁质磨粒，测定磨粒的数量及其大致的尺寸分布。直读式铁谱仪原理图如图1-26所示。

在直读式铁谱仪中，用一根玻璃沉淀管来代替玻璃基片。制备在试管中的分析油样在重力和虹吸作用下，经过毛细管而进入沉淀管。油样中的铁磁性磨粒在沉淀管下面的高梯度强磁场作用下，会有序地沉积在玻璃管底部。大于5μm的大磨粒首先沉积，它们一般沉积在沉淀管的入口区；1～2μm 的小粒沉积在较远处。在大、小磨粒沉积位置分别设置有光束发射装置，光束穿过沉积管，被设置在沉积管另一侧的光电传感器所接收，可以直接测定磨粒浓度。

直读式铁谱仪测量磨粒浓度的光路系统如图 1-27 所示。这一光电转换测量系统测出的是因磨粒沉积而覆盖沉积管底部造成的光强衰减值，并用直读单位 D_L 和 D_S 在液晶数码管上直接显示。D_L 和 D_S 两个光密度读数分别代表大、小磨粒的相对数量，用来表示摩擦副的磨损状态。

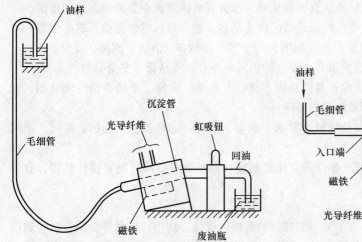

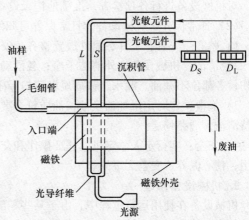

图 1-26　直读式铁谱仪原理　　　　图 1-27　直读式铁谱仪测量磨粒浓度的光路系统简图

直读式铁谱仪的主要特点是能迅速、方便、较准确地测定出机械设备分析油样中的大小磨粒的相对数量，能对机械设备的磨损状态给出定量分析，因而对机械设备工况监测特别有用。

使用直读式铁谱仪分析机械设备润滑油样的步骤如下：

1）制备分析油样。

2）油样在虹吸作用下经毛细管流过铁谱沉淀管。

3）油样中的磨粒在高梯度磁场的作用下进行沉积。

4）用光电转换系统测定磨粒的光密度读数，并以 D_L、D_S 数码管直接显示。

1.4　机械设备维护与修理制度

1.4.1　概述

1. 机械设备检查制度

正确使用与维护机械设备是机械设备管理工作的重要环节，是由操作工人和专业人员根据设备的技术资料及参数要求和保养细则来对机械设备进行一系列的维护工作，也是设备自身运动的客观要求。

机械设备维护保养工作包括：日常维护保养（一保）、机械设备的润滑和定期加油换油、预防性试验、定期调整精度和设备的二、三级保养。

（1）设备的检查　设备检查是及时掌握设备技术状况及实行设备状态监测维修的有效手段，是维修的基础工作，通过检查及时发现和消除设备隐患，防止突发故障和事故，是保证设备正常运转的一项重要工作。

1）日常检查（日常点检）。日常检查是操作工人按规定标准，以五官感觉为主，对机械设备各部位进行技术状况检查，以便及时发现隐患，采取对策，尽量减少故障停机损失。对重点设备，每班或一定时间由操作者按机械设备点检卡逐项进行检查记录。维修人员在巡检时，根据点检卡记录的异常进行及时有效地排除，保证设备处于完好工作状态。

2）定期检查。按规定的检查周期，由维修工对机械设备的性能进行全面检查和测量，发现问题除当时能够解决之外，将检查结果认真做好记录，作为日后决策该设备维修方案的依据。

对机械设备进行各项检查，准确地记录设备的状态信息，能为日后维修提供可靠的依据。

（2）日常保养　机械设备的日常保养可归纳为八个字——整齐、清洁、润滑、安全。

1）整齐：工具、工件、附件放置整齐；安全防护用品齐全；线路管道安全完整。

2）清洁：机械设备内外清洁干净；各滑动面、丝杆、齿条、齿轮、手柄手轮等无油垢、无损伤；各部位不漏油、漏水，铁屑垃圾清扫干净。

3）润滑：定时定量加油换油，油质符合要求，油壶、油枪、油杯齐全；油标、油线、油刮保持清洁，油路畅通。

4）安全：实行定人、定机、凭证操作和交接班制度；熟悉设备结构，遵守操作规程，合理使用，精心保养，安全无事故。

2. 机械设备修理

机械设备在使用运行过程中，由于某些零部件的磨损、腐蚀、烧损、变形等缺陷，影响到设备的精度、性能和生产效率，正确操作和精心维护虽然可以减少损伤，延长设备使用寿命，但设备运行毕竟会磨损和损坏，这是客观规律。所以，除了正确使用和保养外，还必须对已磨损的零部件进行更换、修理或改进，安排必要的检修计划，以恢复设备的精度及性能，保证加工产品质量和发挥设备应有的效能。

（1）机械设备维修方式

1）预防维修：为防止机械设备性能劣化或降低机械设备故障的概率，按事先规定的计划和技术条件所进行的维修活动。就是从预防"事故"的立场出发，根据设备检查记录和生产效能存在的不正常征兆，在设备发生故障前就去进行预防性的修理改进。预防维修通常根据设备实际运作情况来编排计划。

2）故障维修：设备发生故障或性能降低时采取的非计划性维修，亦称事后维修。

3）生产维修：从经济效益出发提高设备生产效率的维修方法，它根据设备对生产的影响程度对待。不重要的设备采用事后维修，重点关键设备则进行预防维修。

4）预知维修：根据状态监测和诊断技术所提供的信息，在故障发生前进行必要和适当的维修，也称状态监测维修。

除以上几种维修方式外，还有改善维修、定期维修及无维修设计等方式。

（2）预防维修的意义　对设备进行有计划的预防维修，防患于未然，通过掌握设备的磨损规律，有计划地进行周期性的维护检修，是维持设备正常运转、最大限度发挥其功能的重要保证。

有计划的预防维修是设备管理工作的重要环节，也是企业生产、技术、财务计划的一个组成部分，正确和切合实际的预修计划，可以统一安排人力、物力，及早做好修前准备工作，缩短设备停机时间，减少修理费用，既能按时检修设备，又能有计划、有节奏地安排生产，做到生产、维修两不误。

（3）修理的主要类别

1）小修。小修是以维修工人为主、操作人参加的定期检修工作。对设备进行部分解体、清洗检修，更换或修复严重磨损件，恢复设备的部分精度，使之达到工艺要求。

① 更换设备中部分磨损快、腐蚀快、烧损快的零部件。

② 清洗部分设备零部件，紧固机件里的卡楔和螺钉。

③ 按照规定周期更换润滑脂。

2）项修。项修是项目维修的简称。它是根据设备的实际情况，对状态劣化已难以达到生产工艺要求的部件进行针对性维修。项修时，一般要进行部分拆卸、检查、更换或修复失效的零件，必要时对基准件进行局部维修和调整精度，从而恢复所修部分的精度和性能。项修的工作量视实际情况而定。项修具有安排灵活，针对性强，停机时间短，维修费用低，能及时配合生产需要，避免过剩维修等特点。对于大型设备、组合机床、流水线或单一关键设备，可根据日常检查、监测中发现的问题，利用生产间隙时间（节假）安排项修，从而保证生产的正常进行。目前中国许多企业已较广泛地开展了项修工作，并取得了良好的效益。

3）大修。这是工作量最大的一种修理方式。大修时设备全部解体，修理基准件、更换或修复所有损坏零配件，全面消除缺陷，恢复原有精度、性能、效率，达到出厂标准或满足工艺要求的标准。在设备进行大修时，应尽量结合技术改造进行，提高原设备的精度和性能。

除以上几种维修类别外，还有定期的清洗换油、修前预检以及对动力运行设备的预防性试验、季节性的技术维护等维修方式，以确保不同类型设备的正常运行。

1.4.2　维修计划的编制

一般由企业设备管理部门负责编制企业年、季度及月份设备维修计划，经生产、财务管理部门及使用单位会审，主管厂长批准后由企业下发有关单位执行，并与生产计划同时考核。

1. 年度维修计划的编制

（1）计划的编制依据

1）设备的技术状况。设备技术状况信息的主要来源是：日常点检、定期检查、状态监测诊断记录等所积累的设备技术状况信息；不实行状态点检制的设备每年三季度末前进行设备技术状况普查所做的记录。

设备技术状况普查以设备完好标准为基础，视设备的结构、性能特点而定。企业宜制定分类设备技术状况普查典型内容，供实际检查时参考。设备使用单位机械工程师根据掌握的设备技术状况信息，按规定的期限向设备管理部门上报设备技术状况表，在表中必须提出下年度计划维修类别、主要维修内容、期望维修日期和承修单位。对下年度无需维修的设备也应在表中说明。

2）产品工艺对设备的要求。向质量管理部门了解近期产品质量的信息是否满足生产要求。例如金属切削机床的工序能力指数一下降，不合格品率就增大，必须对照设备的实测几何精度加以分析，如确因设备某几项几何精度超过允差，应安排计划维修。另一方面，向产品工艺部门了解下年度新产品对设备的技术要求，如按工艺安排，承担新产品加工的设备精度不能充分满足要求，也应安排计划维修。

3）安全与环境保护的要求。根据国家标准或有关主管部门的规定，设备的安全防护要求，排放的气体、液体、粉尘等超过有关标准的规定，应安排改善维修计划。

4）设备的维修周期结构和维修间隔期。对实行定期维修的设备，如流程生产设备、自动化生产线设备和连续运转的动能发生设备等，本企业规定的维修周期结构和维修间隔期也是编制维修计划的主要依据。

5）本地区维修市场中承修单位的维修技术水平情况。

（2）计划的编制程序　编制年度设备修理计划时，一般按收集资料、编制草案、平衡审定和下达执行 4 个程序进行。

1）收集资料。编制计划前要做好资料收集分析工作，主要包括以下两方面资料：

① 关于设备技术状况方面的资料，如使用单位提出的设备技术状况表、产品质量的信息等，必要时查阅设备档案和到现场实际调查，以确定需要修理的设备及修理类别。

② 编制计划需要使用和了解的信息，如修订的本企业分类设备每一修理复杂系数修理工作定额、本地区承修单位或设备原生产厂承修车间的修理工作定额，需修设备的图册积累情况和备件库存情况等。

2）编制草案。编制年度计划草案时应认真考虑以下主要内容：

① 充分考虑生产对设备的要求，力求减少重点、关键设备的使用与修理时间的矛盾。

② 重点考虑大修、项修设备列入计划的必要性和可能性，如在技术上、物资上有困难，应分析研究采取补救措施。

③ 对设备小修计划基本可按使用单位的意见安排，但应考虑备件供应的可能性。

④ 根据本企业设备修理体制（企业设备修理机构的设置与分工）、装备条件和维修能力，经分析初步确定由本企业维修或委托外企业维修的设备。

⑤ 在安排设备维修计划进度时，既要考虑维修需要的轻重缓急，又要考虑维修准备工作时间的可能性，并按维修工作定额平衡维修单位的劳动力。在正式提出年度设备维修计划前，设备管理部门的维修计划员应组织科（处）内负责设备技术状况管理、维修技术管理、备件管理的人员及设备使用单位机械动力师等有关人员逐项讨论，认真听取各方面的有益意见，力求使计划草案满足必要性、可行性和技术经济上的合理性。有必要指出，在下年度设备维修计划草案基本编完后，设备管理部门应尽早与有关部门商定下年一季度设备大修、项修计划，并不迟于 10 月下旬经主管厂长批准后，书面通知设备使用单位、生产管理部门、维修单位及科（处）内有关人员，以利于抓紧做好修前准备工作，否则下年一季度设备大修、项修计划将难以保证顺利实施。这样的安排是一些企业的经验，值得借鉴。

3）平衡审定。计划草案编制完毕后，分发各使用单位及生产管理、工艺技术及财务管理部门审查，提出有关项目增减、轻重缓急、停歇时间长短、维修日期等修改意见。经过对各方面的意见加以分析并做出必要修改后，正式编制出年度设备维修计划和说明。在说明中应指出计划的重点，影响计划实施的主要问题及解决的措施。经生产管理及财务部门会签，送总机械动力师审定，然后报主管厂长批准。

4）下达执行。每年 12 月上旬以前，由企业生产计划部门和设备管理部门共同下达下年度设备维修计划，作为企业生产经营计划的组成部分进行考核。

2. 季度设备维修计划的编制

季度设备维修计划是年度计划的实施计划，必须在落实停修日期、修前准备工作和劳动力的基础上进行编制。一般在每季第三个月初编制下季度维修计划，编制程序如下。

（1）编制计划草案

1）具体调查了解以下情况：

① 本季计划维修项目的实际进度，并与维修单位预测到本季末可能完成的程度。

② 年度计划中安排在下季度的大修、项修项目修前准备工作完成的情况，如尚有少数问题，应与有关部门协商采取措施，保证满足施工需要；如的确难以满足要求，应从年度计划中提出可替代项目。

③ 计划在下季度维修的重点设备生产任务的负荷率；能否按计划规定月份交付维修或何时可交付维修。

2）按年计划所列小修项目和使用单位近期提出的小修项目，与使用单位协商确定下季度的小修项目。

3）通过调查，综合分析平衡后，编制出下季度设备维修计划草案。

（2）讨论审定　季度设备维修计划草案编制完毕后，送生产管理部门、使用单位、维修单位以及负责维修准备工作的人员征求意见，然后召集上述各单位人员讨论审定。审定的原则是：①除近期接收了一批紧急任务且数量较多，必须在计划大（项）修设备上生产外，其余列入大修、项修计划项目不得削减，另一方面应考虑因生产任务被削减大修、项修项目的替代项目；②使用单位对小修项目的施工进度可适当调整，但必须在维修计划规定的月份内完成；③力求缩短停歇天数。

对季度设备维修计划草案应逐台讨论审定。如有问题，应协商分析提出补救措施加以解决，必要时对计划草案做局部修改（如大修、项修项目开工日期适当提前或延期，大修设备的个别附件维修允许提前或延期完成等）。对季度维修计划中全面落实项目、修前准备工作、维修起止日期、企业内设备协作及劳动力平衡进行讨论审定，然后正式制定出季度设备维修计划，并附讨论审定记录，按规定程序报送总机械师、动力师审定和主管厂长批准。

（3）下达执行　一般应在季度末月份15日前由企业下发下季度设备维修计划，并与车间生产经营计划一并考核。有的企业规定对每季度第一个月的设备维修计划按季度设备维修计划执行，不再另编月份设备维修计划，这样可以减少维修计划员的业务工作量，值得借鉴。

3. 月份设备维修计划的编制

月份设备维修计划主要是季度维修计划的分解，此外还包括使用单位临时申请的小修计划。一般，在每月中旬编制下月份设备维修计划。编制月份维修计划时应注意以下几点。

1）对跨月完工的大修、项修项目，根据设备维修作业计划，规定本月份应完成工作量，以便进行分阶段考核。

2）由于生产任务的影响或某项维修进度的拖延，对新项目的开工日期，按季度计划规定可适当调整。但必须在季度内完成的工作量，应采取措施保证维修竣工。

3）小修计划必须在当月完成。

月份设备维修计划编制完毕后，送生产管理部门、使用单位及维修单位会签同意后，按规定程序报送总机械师审定和主管厂长批准。

企业于每月20日前下达下月份设备维修计划，与月份生产计划一并考核。

4. 年度大修、项修计划的修订

年度设备大修、项修计划是经过充分调查研究，从技术上和经济上综合分析了必要性、可能性和合理性后制定的，必须认真执行。但在执行中，由于某些难以克服的问题，必须对原定大修、项修计划做修改的，应按规定程序进行修改。属于下列条件之一者，可申请增减大修、项修计划：

1）由于设备事故或严重故障，必须申请安排大修或项修，才能恢复其功能和精度。

2）设备技术状况劣化速度加快，必须申请安排大修或项修，才能保证生产工艺要求。

3）根据修前预检，设备的缺损状况经过小修即可解决，而原定计划为大修、项修者应削减。

4）通过采取措施，维修技术和备件材料准备仍不能满足维修需要，必须延期到下年度大修、项修。

对上述1）、2）两种情况，设备使用单位应及时提出增加大修、项修计划申请表，报送设备管理科（处）。设备管理科（处）也应抓紧组织检查，确定增加大修或项修计划，并对第1）种情况组织抢修。对第2）种情况，在修前检查做出结论后，由主管修前预检的技术人员提出书面报告，并经使用单位机械动力师会签后报送维修计划员。对第4）种情况，由负责修前技术、物资准备工作的人员写出书面报告，最迟于 8 月底前报送维修计划员。维修计划员根据审定的增减大修、项修计划申请书，一般于 9 月底前修定年度大修、项修计划，报主管厂长批准后，通知有关部门、使用单位和维修单位，作为考核年度大修、项修计划的依据。

1.4.3 设备维修计划的实施

设备维修计划的实施过程包括：做好修前准备工作、组织维修施工和竣工验收。各企业的设备维修机制可能有所不同，对维修计划实施过程的工作内容和方法也因此有所不同。例如有些企业设立设备管理科（处）和机电修车间（分厂）。前者在设备维修方面，负责制定企业设备修理计划、编制设备大修、项修技术任务书和质量标准，监督维修质量和组织竣工验收。后者负责企业部分（或大部分）设备大修、项修，主要工作包括：参加修前技术状况调查，编制维修工艺，编制维修作业计划和费用预算，备件、材料、量检具准备，组织维修施工和办理竣工验收等。至于设备小修计划则由使用单位机械动力师组织本单位维修工段（组）实施。以下就是基于这样的企业设备维修机构和分工，着重介绍设备大修、项修计划实施过程的工作内容及方法步骤。供企业结合自己的实际情况参考。

有些企业的设备管理科（处）在设备维修方面，除负责制定企业设备维修计划外，还组织设备小修计划的实施。而设备的大修、项修则委托其他企业承修。

1. 修前准备工作

（1）设备修理前的技术准备 机电设备大修前的准备工作很多，大多是技术性很强的工作，其完善程度和准确性、及时性都会直接影响大修进度计划、修理质量和经济效益。设备修理前的技术准备，包括设备修理的预检和预检的准备、修理图样资料的准备、各种修理工艺的制定及修理工检具的制造和供应。各企业的设备维修组织和管理分工有所不同，但设备大修前的技术准备工作内容及程序大致相同，如图 1-28 所示。

1）预检。为了全面深入了解设备技术状态劣化的具体情况，在大修前安排的停机检查，通常称为预检。预检工作由主修技术人员负责，设备使用单位的机械人员和维修工人参加，并共同承担。预检工作量由设备的复杂程度、劣化程度决定，设备越复杂，劣化程度越严重，预检工作量就越大，预检时间也越长。

预检既可验证事先预测的设备劣化部位及程度，又可发现事先未预测到的问题，从而全面深入地了解设备的实际技术状态，并结合已经掌握的设备技术状态劣化规律，作为制定修理方案的依据。从预检结束至设备解体大修开始之间的时间间隔不宜过长，否则可能在此期间设备技术状态加速劣化，致使预检的准确性降低，给大修施工带来困难。

2）编制大修技术文件。通过预检和分析确定修理方案后，必须以大修技术文件的形式做好修理前的技术准备。机电设备大修技术文件有修理技术任务书、修换件明细表、材料明细表、修理工艺和修理质量标准等。这些技术文件是编制修理作业计划，准备备品、配件、材料，校算修理工时与成本，指导修理作业以及检查和验收修理质量的依据，它的正确性和先进性是衡量企业设备维修技术水平的重要标志之一。

（2）设备修理前的物质准备 设备修理前的物质准备是一项非常重要的工作，是搞好维修工作的物质条件。实际工作中经常由于备品配件供应不上而影响修理工作的正常进行，延长修理停歇时间，造成"窝工"现象，使生产受到损失。因此，必须加强设备修理前的物质准备工作。

主修技术人员在编制好修换件明细表和材料明细表后，应及时将明细表交给备件、材料管理人员。备件、材料管理人员在核对库存后提出订货。主修技术人员在制定好修理工艺后，应及时把专用工检具明细表和图样交给工具管理人员。工具管理人员经校对库存后，把所需用的库存专用工检具，送有关部门鉴定，按鉴定结果，如需修理提请有关部门安排修理，同时要对新的专用的工检具，提出订货。

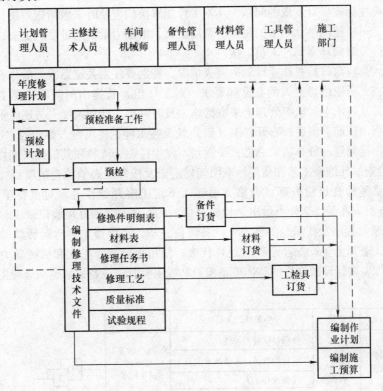

图 1-28 设备大修准备工作及程序

2. 设备修理计划的实施

对单台设备来说，在施工管理中应抓好以下几个环节。

（1）交付维修 设备使用单位应按规定日期把设备移交给维修单位施工。移交时应认真交接并填写"设备交修单"。设备维修竣工验收后，双方按"设备交修单"清点无误后该交修单即作废。

如设备在安装现场进行维修，使用单位应在移交设备前，彻底清擦设备并把现场打扫干净，移走产品成品和半成品等，为维修提供双方事先商定的场地。

（2）修理施工

1）解体检查。设备解体后，由设备管理科（处）主修技术人员会同维修单位负责维修施工的技术人员和工人，密切配合，及时检查零部件的磨损、失效情况，特别要注意有无在修前未发现或未预测到的问题。经检查分析，尽快发出以下技术文件和图样。

① 维修技术任务书的局部修改与补充，包括修改、补充的修换件明细表及材料明细表。

② 按维修装配先后顺序的需要，尽快发出临时制造配件的图样和重要修复件图样。维修单位计划调度员和维修工（组）长，根据解体检查的结果及修改补充的维修技术文件，及时修改、调整作业计划。修改后的总停歇天数，原则上不得超过原计划的停歇天数。作业计划应张贴在施工现场，便于参加维修的人员随时了解施工进度要求。

2）临时配件制造。修复件和临时配件制造进度往往影响维修工作进度，应按维修作业的需要安排临时配件的生产计划，特别是关键配件应按加工工序安排作业计划。加强计划执行情况的检查和生产调度工作，保证满足维修作业需要。

3）生产调度。维修工（组）长必须每日了解各部件维修作业的实际进度，并在作业计划图表上画出完成程度标志。对发现的问题，凡本工段能解决的应及时采取措施解决，例如发现某项作业进度延迟，可根据网络计划中的时差，调动工人，增加力量，把进度赶上去；对本工段不能解决的问题，应及时向计划调度人员汇报。

计划调度人员应每日检查作业计划的完成情况，特别要注意关键路线上的作业进度，并到现场实际观察检查，听取维修工人的意见和要求。对工（组）长提出的问题，要主动与有关技术人员联系商讨，从技术上和组织管理上采取措施，及时解决。计划调度人员还应重视各工种之间的作业衔接，利用班前、班后，召开各工（组）长及各工种主要负责人参加的"碰头会"，是解决各工种作业衔接问题的好办法。总之，要做到不发生待工、待料和其他延误维修进度的现象。

4）质量检查。凡维修工艺和质量标准明确规定以及按常规必须检查的项目，维修工人自检合格后，须经质量检查员检查确认合格方可转入下道工序开始作业。对重要项目（如导轨刮研），质量检查员应在零、部件上做出"检验合格"的标志，并做好检验记录。

（3）竣工验收程序及技术经济要求　设备维修完毕，经维修单位空运转试验及几何精度检验自检合格后，通知企业设备管理科（处）代表、使用单位操作工人和机械动力师以及质量检查人员共同参加，进行设备修后的整体质量检验和竣工验收。设备大修、项修竣工验收程序如图1-29所示。

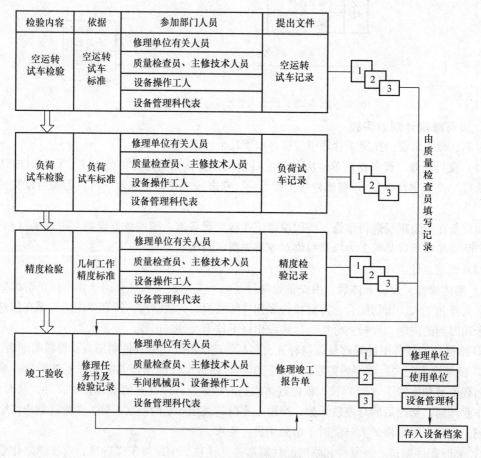

图1-29　设备大修、项修竣工验收程序

按规定标准，空运转试车、负荷试车及工作、几何精度检验均合格后方可办理竣工验收手续。验收工作由企业设备管理科（处）代表主持。由维修单位填写设备大修、项修竣工报告单一式三份，随附设备解体后修改补充的维修技术文件及试车检验记录。参加验收人员要认真查阅维修技术文件和维修检验记录，并互相交换对维修质量的评价意见。在设备管理科（处）、使用单位和质量检验部门的代表一致确认已完成维修技术任务书规定的维修内容并达到规定的质量标准和技术条件后，各方人员在设备维修竣工报告单上签字验收，并在工程评价栏内填写验收单位的综合评价意见。

在验收时如有个别遗留问题，必须不影响设备修后的正常使用，并在竣工报告单上写明经各方商定的处理办法，由维修单位限期解决。

关于实际使用的各工种工时数及各项费用数，如在竣工验收时维修单位尚不能提出统计数字，可以在维修单位完成工程决算书后报送企业设备管理科（处）。由设备管理科（处）根据工程决算书补充填入设备维修竣工报告单，然后存入设备档案。

设备项修一般为局部维修，维修工作量及复杂程度视实际需要而异。对项修的竣工验收程序可适当简化。

1.4.4　设备维修计划的考核

维修作业计划是组织和考核逐项作业按计划完成的依据，以保证按期或提前完成设备修理任务。通过编制维修作业计划，可以测算出每一作业所需工人数，作业时间和消耗的备件、材料及能源等。因此，也就可以测算出设备维修所需各工种工时数、停歇天数及费用数（一般统称为维修工作定额）。与用分类设备每一维修复杂系数维修工作定额计算的单台设备维修工作定额相比，用这种方法（习惯称为"技术测算法"）测算的维修工作定额较为切合实际。

1）编制维修作业计划的主要依据如下：

① 企业年度设备维修计划规定的维修类别、维修工时、停歇天数、修理费用定额以及修理开、竣工日期。

② 修理技术文件规定的修理内容、修换件品种、修理工艺规程等。

③ 修理单位有关可使用工种的能力和技术装备条件。

④ 可能使用的作业场地、起重运输设备及能源等。

⑤ 厂内外可提供的技术协作条件。

2）编制时应分析测算的主要内容如下：

① 设备解体为部件的顺序，测算需要的工种及其人数和作业时间（作业开始至完成所需的时间）。

② 部件解体、检查、修理（包括更换零件）、装配作业的顺序，测算需要的工种及其人数和作业时间。

③ 各部件间需要进行配修的作业，测算需要的工种及其人数和作业时间。

④ 需委托厂内外协作的修理作业，并测算出外协劳务费。

⑤ 总装配顺序，测算需要的工种及其人数和作业时间。

⑥ 试车、检查、验收需要的工种及其人数和作业时间。

⑦ 找出设备修理全过程中的关键路线，算出设备修理的停歇天数。如测算出的停歇天数超过年度设备修理计划规定的天数较多，对关键路线上的作业应进一步分析研究，采取优化时间的措施，以达到接近或小于年度计划规定的停歇天数。

⑧ 统计各工种的总工时数，如超过年度设备修理计划规定的工时数较多，应分析研究，采

取措施来减少工时。

3）应用网络技术编制作业计划。

4）测算修理工作定额。考虑到设备解体检查后会发现事先未预测到的缺损项目，可能增加修理工时、费用和停歇天数。因此，用下述方法测算修理工作定额：

① 按测算的各工种总工时数增加 10% ~ 15%。

② 如增加的修理内容延长了关键路线时间，应采取措施补救，保持测算的停歇天数不变。

③ 修理费用的测算按修换件明细表及所修设备易损件明细表，计算出备件费 C_1；按材料明细表，计算出材料费 C_2；统计测算厂内外劳务协作费 C_3；按企业批准的修理车间各工种单位工时价格（包括应摊销的车间管理费）及测算的各工种工时数的 1.1 ~ 1.15 倍计算出总工时费 C_4。

临时配件、材料及劳务费 $C_5 = K (C_1 + C_2 + C_3)$，$K$ 为临时配件、材料及劳务费系数。它是根据以往同类设备修理实际发生的上述几种费用，经统计分析求得的平均值与预测 C_1、C_2、C_3 之和的平均值之比值。

修理费用总预算为
$$C = C_1 + C_2 + C_3 + C_4 + C_5$$

1.5 设备事故管理

凡正式投运的设备，在生产过程中由于设备零件、构件损坏使生产突然中断或造成能源供应中断、造成设备损坏使生产中断，称为设备事故。

1.5.1 事故处理

1. 事故抢修

设备发生事故或故障，都要迅速组织抢修，尽快恢复生产，力争把事故损失降到最低。设备故障发生后由车间组织抢修；一般设备事故由驻厂点检站组织抢修；重、特大设备事故由机动部设备管理科组织抢修。对由于组织抢修不力，使事故进一步扩大的责任者应视同事故责任者一并追究处理。

2. 事故分析

事故发生后，要立即组织事故调查分析。设备故障由有关驻厂点检站和车间组织分析，报点检总站和设备管理科备案；一般设备事故由驻厂点检站和生产厂组织分析；重大设备事故由机动部组织分析，有关单位参加；特大设备事故由公司主管领导组织分析，公司有关部门及有关厂参加。

事故分析的主要内容是对事故原因、事故责任进行分析，总结经验教训以及制定防范措施。要做到"四不放过"：即事故原因不清不放过；事故责任者没有受到处理不放过；事故责任人和周围群众没有受到教育不放过；事故指定的切实可行的整改措施未落实不放过。下面介绍两种事故分析方法。

1）数理统计分析。按事故发生的类别、部位、时间、等级、原因等逐项进行统计分析，掌握事故的发展趋势。数理统计分析各驻厂点检站每月进行一次。

2）专题事故分析。对从统计分析中找出的设备本身和管理方面的薄弱环节进行专题分析并制定改进措施。每季各驻厂点检站进行一次主题事故分析并报设备管理科。

3. 事故责任处理

根据事故的原因和责任对事故进行处理。设备故障由相关车间提出处理意见，报生产厂批准；一般设备事故由生产厂和驻厂点检站提出处理意见，报生产厂厂长批准；重大设备事故由生产厂厂长办公会提出处理意见，报公司主管领导批准；特大设备事故由机动部提出处理意见，报公司总经理批准。

1.5.2　事故统计

事故统计包括3项内容：事故次数、事故时间和事故修理费用统计。故障应做次数和停机时间的统计。主要生产设备、能源动力设备事故故障应分别统计。

1. 次数统计

设备发生事故使生产中断，一般按中断一次计算一次。如果一台设备发生事故，修复开机还没达到正常生产时，在同一部位又发生事故，后一事故应认为是前一事故的继续，只记事故一次，事故时间和修复费用则累计计算。

2. 时间统计

生产设备发生事故，一般按设备停机到设备具备恢复生产条件之间的时间计算，如冶金炉窑应加上降温及烘炉时间；动力设备发生事故，其事故时间计算为停机到开机之间的时间；有备用机组的设备，事故时间为事故停机到备用设备开机的时间。

3. 修复费用统计

设备事故修理费为修复损坏的设备所发生的材料、备件、机具、人工及管理费用等。损坏严重无法修复的设备，其修复费应为更换与该设备规格、型号、装备水平相应设备的市场现行价格。

1.5.3　事故上报

主要生产设备发生事故，驻厂点检站要立即用电话向机动部报告简要情况，一般事故在设备修复后两天内向机动部设备管理科上报专题分析报告，重（特）大设备事故在修复生产后一周内上报事故报告书。各驻厂点检站每天下午 16：00～16：45 要用电话向机动部报告一天的设备事故、故障情况。设备事故月报表按有关规定时限上报。

复习思考题

1. 什么是机械设备安装？机械设备安装工艺过程包括哪些内容？
2. 机械设备安装前的技术准备内容有哪些？
3. 机械基础的施工过程是怎样的？
4. 机械磨损的影响因素有哪些？各是怎样影响的？
5. 什么是机械故障？发生机械故障的特征有哪些？
6. 机械故障发生的原因有哪些？
7. 机械设备维修方式有哪几种？
8. 机械设备修理类别有哪几种？
9. 修理计划怎样分类？怎么编制修理计划？
10. 修理计划的实施有哪些环节？

第2章　机械设备状态监测与故障诊断技术

2.1　概述

机械设备状态监测与故障诊断技术是在 20 世纪 60 年代开始应用并发展起来的设备管理新理念。随着现代大生产的发展和科学技术的进步，生产中所用的机械设备的结构越来越复杂，功能越来越完善，自动化程度也越来越高。由于受许多无法避免的因素影响，有时机械设备会出现各种故障，以致降低或失去其预定功能，甚至会造成灾难性的事故，如各种空难、海难、矿难、断裂、坍塌和泄漏等，大部分是因机械设备在使用过程中不能正常运行或损坏而造成的。

因此，机械设备状态监测与故障诊断技术在国外得到了迅猛的发展和广泛的使用，成为当今现代化设备管理与维修的新技术。近年来，我国在该技术领域内进行了一些突破性研究，并取得了一定的成效。作为一种科学的设备管理思想，它比传统的设备管理与维修更有效、更科学，大大提高了设备运行的可靠性、利用率及寿命，同时又大大降低了机械设备的维护费用，是一种更加积极、主动的设备管理新理念。

机械设备的状态监测与故障诊断技术是指利用现代科学技术和仪器，根据机械设备外部信息参数的变化来判断其内部的工作状态或结构的损伤状态，确定故障的性质、程度、类别和位置，预报其发展趋势，并研究故障产生的机理。

现代机械设备运行的安全性与可靠性取决于两个方面：一是机械设备设计与制造的各项技术指标的实现，为此在设计中要充分考虑到各种可能的失效形式，采用可靠性设计方法，要有保证安全性的措施；二是机械设备安装、运行、管理、维修和诊断措施的实施。当今，机械设备故障诊断技术、修复技术、润滑技术已成为推进机械设备管理现代化，保证机械设备安全可靠运行的重要手段。

2.1.1　机械故障及其分类

机械故障是指机械系统（零件、组件、部件或整台设备乃至一系列的设备组合）因偏离其设计状态而丧失部分或全部功能的现象。通常见到的发动机发动不起来、机床运转不平稳、汽车制动不灵、机械设备运转中出现异常的声音等都是机械故障的表现形式。

依据不同的分类标准，机械故障可以分为很多种，对机械故障进行很好的分类后就能更好地针对不同的故障形式采取相应的对策，常见的机械故障分类见表 2-1。

对故障进行分类的目的是为了弄清不同的故障性质，从而采取相应的诊断方法。当然，需要特别关注的是破坏性的、危险性的、突发性的、全局性的故障，以便及时采取措施防止灾难性事故的发生。

表 2-1　常见的机械故障分类

分类依据	故障名称	定　义
故障性质	暂时性故障	这类故障带有间断性，在一定条件下，系统所产生的功能上的故障，通过调整系统参数或运行参数，无须更换零部件即可恢复系统的正常功能
	永久性故障	由某些零部件损坏而引起的，必须经过更换和修复后才能消除的故障
引发故障的过程速率	突发性故障	出现故障前无明显征兆，难以靠早期试验或测试来预测，这类故障发生时间很短暂，一般带有破坏性，如转子的突然断裂等，会造成灾难性的事故
	渐发性故障	设备在使用过程中某些零部件因疲劳、腐蚀、磨损等造成使用性能的下降，最终超出允许值而发生的故障。该类故障具有一定规律性，能够通过早期状态监测和故障预报来预防
故障发生的时期（设备故障率曲线如图 2-1 所示，这种分类方法即按故障发生的时期分，对设备的维修工作具有重大意义）	早期故障	这种故障的产生可能是设计、加工或材料上的缺陷，在机械设备投入运行初期暴露出来，或者是机械设备在装配完成后，在使用初期各个系统之间处在磨合的时期，如齿轮箱中的齿轮对、轴承及其他摩擦副需经过一段时间的"跑合"，才能使工作状况逐渐改善，这种早期故障经过暴露、处理、完善后，故障率开始下降
	使用期故障	在设备有效寿命期内发生的故障，这种故障是由于载荷（外因）和系统特性（内因，零部件故障、结构损伤等）无法预知的偶然因素引起的。对这个时期的故障进行监测与诊断具有重要意义，可以及时捕捉故障信息
	后期故障	它发生在设备的后期，由于设备长期使用，甚至超过设备的使用寿命后，设备的零部件逐渐磨损、疲劳、老化等原因使系统功能退化，最后可能导致系统发生突发性的、危险性的、全局性的故障。这期间设备故障率呈上升趋势，应密切关注有关参数，并进行监测、诊断
故障的表现形式	结构型故障	如裂纹、磨损、腐蚀、配合松动等
	参数型故障	如共振、流体涡动、过热等
故障机理	磨损	摩擦磨损、黏着磨损、磨黏磨损、冲蚀和气蚀磨损及接触疲劳磨损等
	腐蚀	气液腐蚀、化学腐蚀及应力腐蚀等
	结构失效	失稳、断裂、疲劳及变形过大等
	系统失效	机械设备中的松、堵、挤、漏、不平衡及不对中等

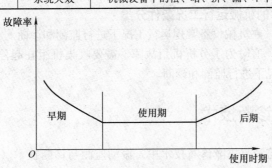

图 2-1　设备故障率曲线

2.1.2　机械故障诊断的基本方法及分类

机械故障诊断就是对机械系统所处的状态进行监测，判断其是否正常，当异常时分析其产生的原因和部位，预报其发展趋势并提出相应措施。机械故障诊断有如下分类方法。

1. 按诊断参数分类

（1）振动诊断　适用于旋转机械、往复机械、轴承及齿轮等。

（2）温度诊断　适用于工业炉窑、热力机械、电机及电器等，如红外测温监控技术。

（3）声学诊断　适用于压力容器、往复机械、轴承及齿轮等，如管壁测厚、声发射诊断技术。

（4）光学诊断　适用于探测腔室和管道内部的缺陷，如光学探伤法。

（5）油液分析、污染诊断　适用于齿轮箱、设备润滑系统及电力变压器等，如铁谱分析技术。

（6）压力诊断　适用于液压系统、流体机械、内燃机和液力耦合器等。

（7）强度诊断　适用于工程结构、起重机械及锻压机械等。

（8）电参数诊断　适用于电机、电器、输变电设备及电工仪表等。

振动诊断是目前所有故障诊断技术中应用最广泛也是最成功的诊断方法，这是因为振动引起的机械损坏比重高，据资料统计，由振动产生的机械故障率高达60%。但在进行机械设备故障诊断时，仅仅进行振动诊断是不够的，有时还需要几种方法同时应用才能更加科学地、准确地、全方位地获得机械设备状态信息，以降低误诊率。

2. 按目的分类

（1）功能诊断　检查新安装的机械设备或刚维修的机械设备的功能是否正常，并根据检查结果对机组进行调整，使设备处于最佳状态。

（2）运行诊断　对正在运行的设备进行状态诊断，了解其故障的情况。

3. 按周期分类

（1）定期诊断　每隔一定时间对监测的机械设备进行测试和分析。

（2）连续诊断　利用现代测试手段对机械设备连续进行监测和诊断。

4. 按提取信息的方式分类

（1）直接诊断　直接根据主要零件的信息确定机械设备的状态，如主轴的裂纹、管道的壁厚等。

（2）间接诊断　利用二次诊断信息来判断主要零部件的故障，多数二次诊断信息属于综合信息，如利用轴承的支承油压来判断两根转子对中状况等。

5. 按诊断时所要求的机械运行工况条件分类

（1）常规工况诊断　在机械设备常规运行工况下进行监测和诊断。

（2）特殊工况诊断　有时为了分析机组故障，需要收集机组在起停时的信号，这时就需要在起动或停机的特殊工况下进行监测和诊断。

2.2　振动监测与诊断技术

在机械设备的状态监测与故障诊断技术中，振动监测与诊断技术（即振动诊断）是普遍采用的一种基本技术，是设备故障诊断方法中最有效、最常用的一种方法。机械设备和结构系统在运行过程中的振动及其特征信息是反映系统状态及其变化规律的主要信号。通过各种动态测试仪器拾取、记录和分析动态信号是进行系统状态监测与故障诊断的主要途径。

在机械设备、零部件及基础等表面能感觉到或能测量到的振动，往往是某一振动源在固体中的传播。而振动源的存在，又是由设备的设计、材料本身或使用方法存在缺陷而引起的。随着零部件的磨损，零部件表面将发生剥落、裂纹等现象，振动将相应产生。同时，机械设备还可能因为某个微小的振动，引起其结构或部件的共振响应，从而导致机械设备状态的迅速恶化。研究机械振动的目的就是为了了解各种机械振动现象的机理，破译机械振动所包含的大量信息，进而对机械设备的状态进行监测，分析机械设备的潜在故障。因此，根据对机械振动信号的测量和分析，就可在不停机和不解体的情况下对其劣化程度和故障性质有所了解。

2.2.1 机械振动的基础知识

机械振动是指物体在平衡位置附近往复运动，它表示机械系统运动的位移、速度、加速度量值的大小随时间在其平均值上下交替重复变化的过程。机械振动可分为确定性振动和随机振动两大类。确定性振动的振动位移是时间 t 的函数，可用简单的数学解析式表示为：$x = x(t)$。而随机振动则因其振动波形呈不规则变化，只能用概率统计的方法来描述。机械设备状态监测中常遇到的振动有周期振动、近似周期振动、窄带随机振动和宽带随机振动，以及其中几种振动的组合。周期振动和近似周期振动属于确定性振动范围，由简谐振动及简谐振动的叠加构成。

1. 简谐振动

简谐振动是机械振动中最基本、最简单的振动形式。其振动位移 x 与时间 t 的关系可用正弦曲线表示，表达式为

$$x(t) = D\sin(2\pi t/T + \varphi) \tag{2-1}$$

式中，D 为振幅，又称峰值，单位为 mm 或 μm；T 为振动的周期，即再现相同振动状态的最小时间间隔，单位为 s；φ 为振动的初相位，单位为 rad。

每秒振动的次数称为振动频率，它是振动周期的倒数，即

$$f = 1/T \tag{2-2}$$

式中，f 为振动频率，单位为 Hz。

频率 f 又可用角频率来表示，即

$$f = \omega/(2\pi) \tag{2-3}$$

因此，式（2-1）还可以表示为

$$x(t) = D\sin(\omega t + \varphi) \tag{2-4}$$

此处令 $\phi = \omega t + \varphi$，$\phi$ 称为简谐振动的相位，是时间 t 的函数，单位为 rad。

2. 实测的机械振动

机械设备的振动通过传感器转换成电信号，在测试仪器的显示屏上显示的是一条时间轴上的波形曲线。实际的振动信号是随机信号，无法用确定的时间函数来表达，只能用概率统计的方法来描述。一般在时域振动波形上提取和考察以下几个特征值来对被测机械设备的状态做初步评价。

（1）振幅 振幅表征机械振动的强度和能量，通常以峰值、平均值和有效值表征。

1）峰值（X_p）表示振幅的单峰值，在实际振动波形中，单峰值表示振动瞬时冲击的最大幅值。X_{p-p} 表示振幅的双峰值，又称峰-峰值，它反映了振动波形的最大偏移量。

2）平均值（$\overline{X}$）表示振幅的平均值，是在时间 T 范围内机械设备振动的平均水平，其表达式为

$$\overline{X} = \frac{1}{T}\int_0^T x(t)\,\mathrm{d}t \tag{2-5}$$

3）有效值（X_{rms}）表示振幅的有效值，它表示了振动的破坏能力，是衡量振动能量大小的量。振动速度的方均根值即有效值，为"振动烈度"，作为衡量振动强度的一个标注。其数学表达式为

$$X_{rms} = \sqrt{\frac{1}{T}\int_0^T x(t)^2\,\mathrm{d}t} \tag{2-6}$$

（2）频率　频率是振动的重要特征之一。不同的结构、不同的零部件、不同的故障源，会产生不同频率的机械振动。

（3）相位　不同振动源产生的振动信号都有各自的相位。对于两个振动源，相位相同可使振幅叠加，产生严重后果；反之，相位相反可能引起振动抵消，起到减振的作用。由几个谐波分量叠加而成的复杂波形，即使各谐波分量的振幅不变，仅改变相位角，也会使波形发生很大的变化。初相位 φ 描述振动在起始瞬间的状态，单位为弧度（rad）。

对相位的测量分析在故障诊断中亦有相当重要的地位，一般用于谐波分析、动平衡测量、振动类型和共振点识别等方面。

2.2.2　机械振动的信号分析

机械设备故障诊断的内容包括状态监测、分析诊断和故障预测3个方面。其具体实施过程可以归纳为以下4个方面。

（1）信号采集　机械设备在运行过程中必然会有力、热、振动及能量等各种量的变化，由此会产生各种不同信号。根据不同的诊断需要，选择能表征机械设备工作状态的不同信号（如振动、压力、温度等）是十分必要的。这些信号一般是用不同的传感器来拾取的。

（2）信号处理　信号处理是将采集到的信号进行分类处理、加工，获得能表征机械设备特征的信号的过程，也称特征提取过程，如对振动信号从时域变换到频域进行频谱分析即是这个过程。

（3）状态识别　将经过信号处理后获得的机械设备特征参数与规定的允许参数或判别参数进行比较、对比以确定机械设备所处的状态，即是否存在故障及故障的类型和性质等。为此应正确制定相应的判别准则和诊断策略。

（4）诊断决策　根据对机械设备状态的判断，决定应采取的对策和措施，同时应根据当前信号预测机械设备状态可能发展的趋势，进行趋势分析。

机械设备诊断过程如图2-2所示。

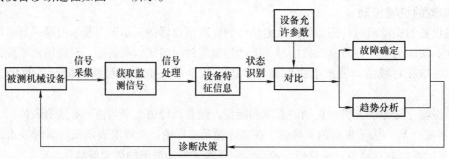

图2-2　机械设备诊断过程

为从信号中提取对诊断有用的信息，必须对信号进行分析处理，提取与状态有关的特征参

数。如果没有信号的分析处理，就不可能得到正确的诊断结果。因此，信号分析处理是设备诊断中不可缺少的步骤，下面来具体介绍。

1. 数字信号采集

机械设备故障诊断与监测所需的各种机械状态量（振动、转速、温度、压力等）一般用相应的传感器将其转换为电信号再进行深处理。通常传感器获得的电信号为模拟信号，它是随时间连续变化的。随着计算机技术的飞速发展和普及，信号分析中一般都将模拟信号转换为数字信号进行各种计算和处理。

（1）采样　采样是指将所得到的连续信号离散为数字信号，其过程包括取样和量化两个步骤。

将一连续信号 $x(t)$ 按一定的时间间隔 Δt 逐点取得其瞬时值，称为取样值。量化是将取样值表示为数字编码。量化有若干等级，其中最小的单位称为量化单位。由于量化将取样值表示为量化单位的整数倍，因此必然引入误差。由图 2-3 可知，连续信号 $x(t)$ 通过取样和量化后变为在时间和大小上离散的数字信号。采样过程现在都是通过专门的模-数转换芯片实现的。

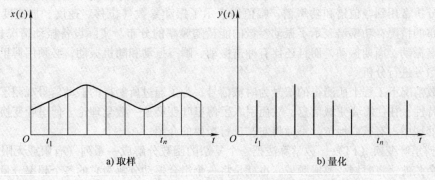

a) 取样　　　　　　　b) 量化

图 2-3　信号采样过程

（2）采样间隔及采样定理　采样的基本问题是如何确定合理的采样间隔 Δt 和采样长度 T，以保证采样所得的数字信号能真实反映原信号 $x(t)$。显然，采样频率 f_s（$f_s = 1/\Delta t$）越高，则采样越细密，所得的数字信号越逼近原信号。但当采样长度一定时，f_s 越高，数据量 $N = T/\Delta t$ 越大，所需内部存储量和计算量就越大。根据香农采样定理，带限信号（信号中的频率成分 $f < f_{max}$）不丢失信息的最低采样频率为

$$f_s \geq 2f_{max} \tag{2-7}$$

式中，f_{max} 为原信号中最高频率成分的频率。

2. 振动信号的幅值分析

描述振动信号的一些简单的幅值参数，如峰值、平均值和有效值等，它们的测量和计算简单，是振动监测的基本参数。通常振动位移、速度或加速度等特征量的有效值、峰值或平均值均可作为描述振动信号的一些简单的幅域参数。具体选用什么参数则要考虑机械设备振动的特点，还要看哪些参数最能反映状态和故障特征。

3. 振动信号的时域分析

直接对振动信号的时间历程进行分析和评估是状态监测和故障诊断最简单和最直接的方法，特别是当信号中含有简谐信号、周期信号或短脉冲信号时更为有效。直接观察时域波形可以看出周期、谐波、脉冲，利用波形分析可以直接识别共振现象和拍频现象。当然这种分析对比较典型的信号或特别明显的信号以及有经验的人员才比较适用。

图 2-4 所示为高速滚动轴承工作时振动加速度幅值的概率密度函数 $P(x)$ 图，其中实线为正

常轴承的 $P(x)$ 图，虚线为某故障轴承的 $P(x)$ 图。由于磨损、腐蚀、压痕等使振幅增大，谐波增多，反映到 $P(x)$ 图上是使其变峭，并向两旁展宽。

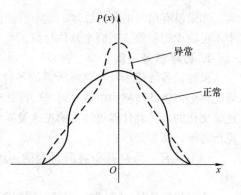

图 2-4　高速滚动轴承振动信号
的概率密度函数

4. 振动信号的频域分析

对于机械故障的诊断而言，时域分析所能提供的信息量是非常有限的。时域分析往往只能粗略地回答机械设备是否有故障，有时也能得到故障严重程度的信息，但不能提供故障发生部位等信息。频域分析是机械故障诊断中信号处理所用到的最重要、最常用的分析方法，它能通过分析振动信号的频率成分来了解测试对象的动态特性。对设备的状态做出评价并准确而有效地诊断设备故障和对故障进行定位，进而为防止故障的发生提供分析依据。

频谱分析常用到幅值谱和功率谱，幅值谱表示了振动参数（位移、速度、加速度）的幅值随频率分布的情况；功率谱表示了振动参量的能量随频率的分布。实际设备振动情况相当复杂，不仅有简谐振动、周期振动，而且还伴有冲击振动、瞬态振动和随机振动，必须用傅里叶变换对这类振动信号进行分析。

大多数情况下工程上所测得的信号为时域信号，为了通过所测得的振动信号观测了解诊断对象的动态特性，往往需要频域信息，故而引入了傅里叶变换这一数学理论。傅里叶变换在故障诊断的信号处理中占有核心地位，下面将对其进行扼要的介绍。

（1）傅里叶变换（FT）　数学算法把一个复杂的函数分解成一系列（有限或无限个）简单的正弦和余弦波，将时域变换成频域，也就是将一个组合振动分解为它的各个频率分量，再把各次谐波按其频率大小从低到高排列起来就成了频谱，这就是傅里叶变换。这一理论在 18 世纪晚期至 19 世纪早期由法国数学家傅里叶研究出来。

按照傅里叶变换的原理，任何一个平稳信号（不管如何复杂）都可以分解成若干个谐波分量之和，即

$$x(t) = A_0 + \sum_{k=1}^{\infty} A_k \cos(2\pi k f_0 t + \varphi_k) \tag{2-8}$$

式中，A_0 为直流分量，单位为 mm；$A_k \cos(2\pi k f_0 t + \varphi_k)$ 为谐波分量，单位为 mm，$k = 1, 2, \cdots$，每个谐波称为 k 次谐波；A_k 为谐波分量振幅，单位为 mm；f_0 为基波频率，即一次谐波频率，单位为 Hz；t 为时间，单位为 s；φ_k 为谐波分量初相角，单位为 rad。

时域函数 $x(t)$ 的傅里叶变换为

$$X(f) = \int_{-\infty}^{\infty} x(t) e^{-i2\pi ft} dt \tag{2-9}$$

相应的时域函数 $x(t)$ 也可用 $X(f)$ 的傅里叶逆变换表示：

$$x(t) = \int_{-\infty}^{\infty} X(f) e^{i2\pi ft} df \tag{2-10}$$

式（2-9）和式（2-10）被称为傅里叶变换对。$|X(f)|$ 为幅值谱密度，一般被称为幅值谱。

功率谱可由自相关函数的傅里叶变换求得，也可由幅值计算得到：

$$S_x(f) = \int_{-\infty}^{\infty} R_x(\tau) e^{-2\pi f\tau} d\tau \tag{2-11}$$

$$S_x(f) = \lim_{t \to \infty} \frac{1}{2T} |X(f)|^2 \tag{2-12}$$

工程中的复杂振动，正是通过傅里叶变换得到其频谱，再以频谱图为依据来判断故障的部位以及故障的严重程度。图 2-5 所示为将采集的时间信号进行傅里叶变换得到相应的频谱。

（2）有限傅里叶变换　在工程中只能研究某一有限时间间隔（$-T$，T）内的平均能量（功率），也就是仅在（$-T$，T）内进行傅里叶变换，称为有限傅里叶变换。

（3）离散傅里叶变换（DFT）　设有一单位脉冲采样函数 $\Delta_0(t)$，采样间隔为 Δt，则对 $x(t)$ 的离散采样就意味着用 $x(t)$ 乘以 $\Delta_0(t)$，然后再对两者的积函数 $x(n\Delta t)$ 进行傅里叶变换，即称为离散傅里叶变换。

可以证明，若一个函数在一个域（时域或频域）内是周期性的，则在另一个域（频域或时域）内必为离散变量的函数；反之，若一个函数在一个域内是离散的，则在另一个域中必定是周期性的。因此，时域信号的离散采样必然造成频域信号延拓成周期函数，使频谱图形发生了混叠效应。为此，取采样间隔 $\Delta t \leqslant 1/2f_c$（$f_c$ 为截断频率）时进行采样就没有混叠，这就是采样定理。

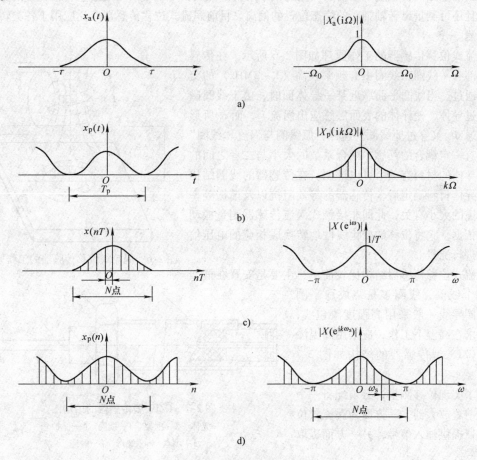

图 2-5　各种傅里叶变换

（4）快速傅里叶变换（FFT）　在进行离散傅里叶变换计算时，常省略 Δt 和 Δf，进而得到快速傅里叶变换的计算公式。在工程实践中，正是运用 FFT 把信号中所包含的各种频率成分分别分解出来，结果得到各种频谱图，这是故障诊断的有力工具。现在 FFT 算法的各种典型程序和集成芯片已很成熟，频率分析可用频率分析仪来实现，也可在计算机上用软件来完成，用时只需选用就可以了。

2.2.3 振动监测及故障诊断的常用仪器设备

振动监测及故障诊断所用的典型仪器设备包括测振传感器、信号调理器、信号记录仪、信号分析与处理设备等。测振传感器将机械振动量转换为适于测量的电量，经信号调理器进行放大、滤波、阻抗变换后，可用信号记录仪将所测振动信号记录、存储下来，也可直接输入到信号分析与处理设备，对振动信号进行各种分析、处理，取得所要的数据。随着计算机技术的发展，信号分析与处理已逐渐由以计算机为核心的监视、分析系统来完成。

1. 涡流式位移传感器

涡流式位移传感器是利用转轴表面与传感器探头端部间的间隙变化来测量振动的。涡流式位移传感器的最大特点是采用非接触测量，适合于测量转子相对于轴承的相对位移，包括轴的平均位置及振动位移。它的另一个特点是具有零频率响应，且有频率范围宽（0～10kHz）、线性度好以及在线性范围内灵敏度不随初始间隙的大小改变等优点，不仅可以用来测量转轴轴心的振动位移，而且还可测量出转轴轴心的静态位置的偏离。目前涡流式位移传感器广泛应用于各类转子的振动监测。

涡流式位移传感器的工作原理如图 2-6 所示。在传感器的端部有一线圈，线圈中有频率较高（1～2MHz）的交变电压通过。当线圈平面靠近某一导体面时，由于线圈磁通链穿过导体，使导体的表面层感应出涡流 i_2，而 i_2 所形成的磁通 Φ_2 又穿过原线圈。这样，原线圈与涡流"线圈"形成了有一定耦合的互感。耦合系数的大小与二者之间的距离及导体的材料有关。可以证明，在传感器的线圈结构与被测导体材料确定后，传感器的等效阻抗以及谐振频率都与间隙的大小有关，此即非接触式涡流传感器测量振动位移的依据。它将位移的变化线性地转换成相应的电压信号以便进行测量。

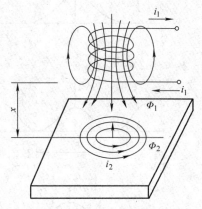

图 2-6 涡流式位移传感器的工作原理

涡流式位移传感器结构比较简单，主要是安置在框架上的一个线圈，线圈多是绕成扁平圆形。线圈导线一般采用高强度漆包线；如果要求在高温下工作，应采用高温漆包线。CZF3 型传感器的结构如图 2-7所示。

为了实现位移测量，必须配备一个专用的前置放大器，一方面为涡流式位移传感器提供输入信号，另一方面提取电压信号。

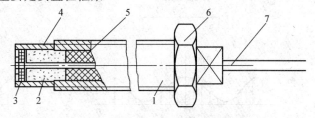

图 2-7 CZF3 型传感器的结构图
1—壳体 2—框架 3—线圈 4—保护套
5—填料 6—螺母 7—电缆

涡流式位移传感器一般直接利用其外壳上的螺纹安装在轴承座或机械设备壳体上。安装时，首先应注意的是平均间隙的选取。为了保证测量的准确性，要求平均间隙加上振动间隙（即总间隙）应在传感器线性段以内。一般将平均间隙选在线性段的中点，这样，在平均间隙两端容许有较大的动态振幅。

安装传感器时另一个要注意的问题是，在传感器端部附近除了被测物体表面外，不应有其他导体与之靠近。另一方面，还应考虑到被测转子的材料特性以及温度等参数在工作过程中对测量的影响。

2. 磁电式速度传感器

磁电式速度传感器是测量振动速度的典型传感器，具有较高的速度灵敏度和较低的输出阻抗，能输出功率较强的信号。它无须设置专门的前置放大器，测量电路简单，安装、使用简单，故常用于旋转机械的轴承、机壳、基础等非转动部件的稳态振动测量。

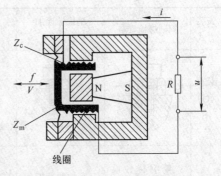

磁电式速度传感器的工作原理如图 2-8 所示，其主要组成部分包括线圈、磁铁和磁路。磁路里留有圆环形空气间隙（气隙），而线圈处于气隙内，并在振动时相对于气隙运动。磁电式速度传感器基于电磁感应原理，即

图 2-8　磁电式速度传感器的工作原理

当运动的导体在固定的磁场里面切割磁力线时，导体两端就感应出电动势。其感应电动势（传感器的输出电压）与线圈相对于磁力线的运动速度成正比。

3. 压电式加速度传感器

压电式加速度传感器是利用压电效应制成的机电换能器。某些晶体材料，如天然石英晶体和人工极化陶瓷等，在承受一定方向的外力而变形时，会因内部极化现象而在其表面产生电荷，当外力去掉后，材料又恢复不带电状态。这些材料能将机械能转换成电能的现象称为压电效应，利用材料压电效应制成的传感器称为压电式传感器。目前用于制造压电式加速度传感器的材料主要分为压电晶体和压电陶瓷两大类。当压电式加速度传感器承受机械振动时，在它的输出端能产生与所承受的加速度成正比例的电荷或电压量。与其他种类传感器相比，压电式传感器具有灵敏度高、频率范围宽、线性动态范围大、体积小等优点，因此成为振动测量的主要传感器形式。

压电式加速度传感器的典型结构如图 2-9 所示。压电元件在正应力及切应力作用之下都能在极化面上产生电荷，因此在结构上有压缩式和剪切式两种类型。

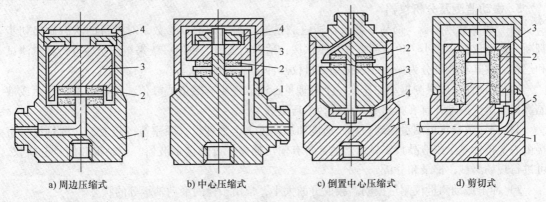

a) 周边压缩式　　b) 中心压缩式　　c) 倒置中心压缩式　　d) 剪切式

图 2-9　压电式加速度传感器的典型结构

1—机座　2—压电元件　3—质量块　4—预紧弹簧　5—输出引线

压电式加速度传感器的灵敏度有两种表示方法：电荷灵敏度和电压灵敏度。当传感器的前置放大器为电荷放大器时，用电荷灵敏度；若前置放大器为电压放大器时，用电压灵敏度。目前，在压电式加速度传感器系统中较常用的是电荷灵敏度。

压电式加速度传感器的安装特别重要，如安装刚度不足（用顶杆接触或厚度胶粘等）将导致安装谐振频率大幅度下降，这样，在测量高频振动时，将产生严重的失真。压电式加速度传感器的安装方式及特性见表 2-2。

表 2-2　压电式加速度传感器的安装方式及特性

安装方式	钢制螺栓安装	绝缘螺栓加云母垫片	用粘结剂固定	刚性高的蜡	永久磁铁安装	手持
安装示意图		云母垫片	刚性高的粘结剂	刚性高的蜡	永久磁铁	
特点	频响特性最好，基本不降低传感器的频响性能。负荷加速度最大，是最好的安装方法，适合于冲击测量	频响特性近似于没加云母片的螺栓安装，负荷加速度大，适合于需要电气绝缘的场合	用粘结剂固定频响特性良好，可达10kHz	频响特性好，但不耐温	只适用于 1～2kHz 的测量，负荷加速度中等，使用温度一般低于150℃	用手按住，频响特性最差，负荷加速度小，只适用于小于1kHz 的测量，其最大优点是使用方便

4. 信号记录仪

信号记录仪用来记录和显示被测振动随时间的变化曲线（时域波形）或频谱图。如电子示波器、光电示波器、磁带记录仪、X-Y 记录仪及电平记录仪等。对于测量冲击和瞬态过程，可采用记忆式示波器和瞬态记录仪。

磁带记录仪是利用铁磁性材料的磁化来进行记录，其工作频带宽，能储存大量的数据，并能以电信号的形式把数据复制重放出来。磁带记录仪分为两类，即模拟磁带记录仪和数字磁带记录仪。

5. 振动监测及分析仪器

（1）简易诊断仪器　简易诊断仪器通过测量振动幅值的部分参数，对设备的状态做出初步判断。这种仪器体积小、价格便宜、易于掌握，适合由工段、班组一级来组织实施进行日常测试和巡检。按其功能可分为振动计、振动测量仪和冲击振动测量仪等。

1）振动计一般只测振动加速度一个物理量，读取一个有效值或峰值，读数由指针显示或液晶数值显示。振动计有表式和笔式两种，小巧便携。

2）振动测量仪可测量振动位移、速度和加速度 3 个物理量，频率范围较大，其测量值可直接由表头指针显示或液晶数字显示。通常备有输出插座，可外接示波器、记录仪和信号分析仪，可进行现场测试、记录和分析。

3）冲击振动测量仪测量振动高频成分的大小，常用于检测滚动轴承等的状态。

（2）振动信号分析仪　振动信号分析仪种类很多，一般由信号放大、滤波、A-D 转换、显示、存储、分析等部分组成，有的还配有软盘驱动器，可以与计算机进行通信。能够完成振动信号的幅域、时域、频域等多种分析和处理，功能很强，分析速度快、精度高，操作方便。这种仪器的体积偏大，对工作环境要求较高，价格也比较昂贵，适合于工矿企业的设备诊断中心以及大专院校、研究院所。

（3）离线监测与巡检系统　离线监测与巡检系统一般由传感器、采集器、监测诊断软件和微机组成，有时也称为设备预测维修系统。操作步骤包括利用监测诊断软件建立测试数据库、将测试信息传输给数据采集器、用数据采集器完成现场巡回测试、将数据回放到计算机软件（数据库）中、分析诊断等。

离线监测与巡检系统的数据采集、测量、记录、存储和分析为一体，并且可以在非常恶劣的环境下工作，使得它在现场测量中显示出极大的优越性。采集器一次可以检测和存储几百个以至上千个测点的数据，同时在现场还可以进行必要的分析和显示，返回后将数据传给计算机，由软件完成数据的分析、管理、诊断与预报等任务。功能较强的采集器除了能够完成现场数据采集之外，还能进行现场单双面动平衡、开停车、细化谱、频率响应函数、相关函数、轴芯轨迹等的测试与分析，功能相当完善。

这种巡检系统近年来在电力、石化、冶金、造纸、机械等行业中得到了广泛的应用，并取得了比较好的效果。

（4）在线监测与保护系统　在石化、冶金、电力等行业对大型机组和关键设备多采用在线监测与保护系统，进行连续监测。常用的在线监测与保护系统包括在主要测点上固定安装的振动传感器、前置放大器、振动监测与显示仪表、继电器保护等部分。

这类系统连续、并行地监测各个通道的振动幅值，并与门限值进行比较。振动值超过报警值时自动报警；超过危险值时实施继电保护，关停机组。这类系统主要对机组起保护作用，一般没有分析功能。

（5）网络化在线巡检系统　网络化在线巡检系统由固定安装的振动传感器、现场数据采集模块、监测诊断软件和计算机网络等组成，也可直接连接在在线监测与保护系统之后。其功能与离线监测与巡检系统很相似，只不过数据采集由现场安装的传感器和采集模块自动完成，无须人工干预。数据的采集和分析采用巡回扫描的方式，其成本低于并行方式。这类系统具有较强的分析和诊断功能，适合于大型机组和关键设备的在线监测和诊断。

（6）高速在线监测与诊断系统　对于石化、冶金、电力等行业的关键设备的重要部件可采用高速在线监测与诊断系统，对各个通道的振动信号连续、并行地进行监测、分析和诊断。这样对设备状态的了解和掌握是连续的、可靠的，当然规模和投资都比较大。

（7）故障诊断专家系统　故障诊断专家系统是一种基于人工智能的计算机诊断系统，能够模拟故障诊断专家的思维方式，运用已有的诊断理论和专家经验，对现场采集到的数据进行处理、分析和推断，并能在实践中不断修改、补充和完善系统的知识库，提高诊断专家系统的性能和水平。

2.2.4　实施现场振动诊断的步骤

现场诊断实践表明，对机械设备实施振动诊断，必须遵循正确的诊断程序，以使诊断工作有条不紊地进行，并取得良好的效果。反之，如果方法、步骤不合理，或因考虑步骤而造成某些环节上的缺漏，则将影响诊断工作的顺利进行，甚至中途遇挫，无果而终。

在日常工作中，诊断工程师主要采用人、机械设备、计算机、测振仪四位一体的方式，沿着"确定诊断范围→了解诊断对象→确定诊断方案（包括选择测点、频程、测量参数、仪器、传感器等）→建立监测数据库（包括测点数据库、频率项数据库、报警数据库）→设置巡检路线→采集数据→回放数据→分析数据→判断故障→做出诊断决断→择时检修→检查验证"这条科学有效的途径开展工作。

通观振动诊断的全过程，诊断步骤可概括为以下 6 个步骤。

1. 确定、了解诊断对象

诊断的对象就是机械设备。在一个大型工矿企业中，往往有成千上万台机械设备，不可能将全部设备都作为诊断的对象，因为这样会大大增加诊断工作量，降低诊断效率，并且诊断效果也不会理想。因此，必须经过充分的调查研究，根据企业自身的生产特点以及各类设备的实际特点和组成情况，有重点地选定作为诊断对象的设备。一般来说，这些设备应该处于如下几种情况：

1）稀有、昂贵、大型、精密、无备台的关键设备。

2）连续化、快速化、自动化、流程化程度高的设备。

3）一旦发生故障可能造成很大经济损失，或是环境污染，或是人身伤亡事故等影响的设备。

4）故障率高的设备。

此外，在确定诊断对象时，应尽可能多地覆盖各类设备，在每类设备中选定 1~2 台进行重点监测，以便取得关于该类设备的全部运行历程记录，并在生产实践中不断积累诊断经验，完善诊断策略，这样在遇到各类故障甚至是疑难杂症时才可能做到有的放矢。当然，对于机械设备的异常状态，应当适当增加监测内容（包括设备、测点、参数和频次）。

在确定了诊断对象的范围后，在实施设备诊断之前，必须对每台诊断对象的各个方面有充分的认识了解，就像医生治病必须熟悉人体的构造一样，有很多企业的故障诊断从业人员在对本企业设备进行诊断时往往比信号分析专家更准确，就是因为他们做到了对现场设备了如指掌。所以了解诊断对象是开展现场诊断的第一步。了解设备的主要手段是开展设备调查，表2-3 所列内容可供调查时参考。

表 2-3　监测与诊断设备调查表

设备编号 JZ _____　设备名称_____　资产原值/净值（万元）_____
所属厂矿_____　安装地点_____　所占地位_____

设备结构简图				维 修 及 故 障 情 况		
				安装日期		故障部位	
				投产日期		故障特征	
				大修周期	年	故障频率	
				上次大修日期		易损零件	
				大修费用	元/次	修复工期	天
				年维修费用	元	修复费用	元
				维修单位		停机损失	元
		正常运行参数	项目	单位	参数值	传动工作部件	部件名称	型号及主要参数
设备铭牌	型号名称						
	项目						

填表单位：　　　填表日期：　　　年　月　日　　　填表人：

注：字母 JZ 为监测与诊断的缩写代号。

对一台被列为诊断对象的机械设备，要着重掌握以下 5 个方面的内容。

（1）机械设备的结构组成　对机械设备的结构主要应掌握两点：

1）搞清楚设备的基本组成部分及其连接关系。一台完整的设备一般由 3 大部分组成，即：原动机（大多数采用电动机，也有用内燃机、汽轮机、水轮机的，一般称辅机）、工作机（也称主机）和传动系统。要分别查明它们的型号、规格、性能参数及连接的形式，画出结构简图。

2）必须查明各主要零件（特别是运动零件）的型号、规格、结构参数及数量等，并在结构图上标明，或另予说明。

具体地说，必需的数据如下：

① 功率。

② 转速。

③ 轴承制造厂及型号，轴承的安装位置（尤其是滚动轴承）。

④ 风机或泵等流体机械的转子叶片数目及导流叶片数目（或称静止叶片）。如果是多级流体机械转子，应该尽可能收集每级的数据。

⑤ 齿轮箱数据，包括每级齿轮的齿数、多级传动的传动关系数据及它们的支承轴承数据、输入或输出转速。

⑥ 带传动，应该包括带轮直径及转速。

⑦ 交流感应电动机，应该包括电动机的极对数（p）、转子条数目及转速。

⑧ 同步电动机，应该包括定子线圈数目（定子线圈数目＝极数目×线圈数目/每极）。

⑨ 直流电动机，应该包括全波整流还是半波整流（晶闸管整流）。

⑩ 联轴器形式。

图 2-10 所示为某造纸厂制浆车间直流电动机及其齿轮箱和螺杆机的总体布置及测点位置示意图。

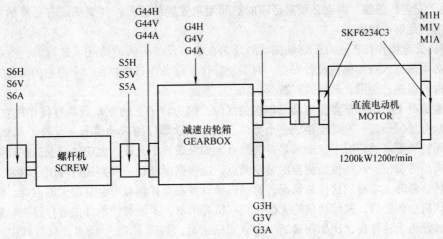

图 2-10　某造纸厂制浆车间直流电动机及其齿轮箱和螺杆机的总体布置及测点位置示意图

（2）机械设备的工作原理和运行特性　主要要了解以下内容：

1）各主要零部件的运动方式：旋转运动还是往复运动。

2）机械设备的运动特性：平稳运动还是冲击性运动。

3）转子运动速度：低速（小于 600r/min）、中速（600～6000 r/min）还是高速（大于 6000 r/min）；匀速还是变速。

4）机械设备正常运行时及振动测量时的工况参数值，如排出压力、流量、转速、温度、电流及电压等。

（3）机械设备的工作条件　主要了解以下几项：

1）载荷性质：均载、变速还是冲击负载。

2）工作介质：有无尘埃、颗粒性杂质或腐蚀性气体。

3）周围环境：有无严重的干扰（或污染）源存在，如振源、热源及粉尘等。

（4）机械设备基础形式及状况　搞清楚是刚性基础还是弹性基础。

（5）主要技术档案资料　主要技术档案资料包括机械设备的主要设计参数、质量检验标准和性能指标、出厂检验记录、厂家提供的机械设备常见故障分析处理的资料（一般以表格形式列出）以及投产日期、运行记录、事故分析记录及大修记录等。

2. 确定诊断方案

在对诊断对象全面了解之后，就可以确定具体的诊断方案。诊断方案正确与否，关系到能否获得必要充分的诊断信息，必须慎重对待。一个比较完整的现场振动诊断方案应包括下列内容：

（1）选择测点　测点就是机械设备上被测量的部位，它是获取诊断信息的窗口。测点选择得正确与否，关系到能否获得人们所需要的真实完整的状态信息。只有在对诊断对象充分了解的基础上，才能根据诊断目的恰当地选择测点，测点应满足下列要求：

1）对振动反应敏感。所选测点要尽可能地靠近振源，尽量避开信号在传递通道上的界面、空腔或隔离物（如密封填料等），最好让信号呈直线传播，这样可以减少信号在传递途中的能量损失。

2）信息丰富。通常选择振动信号比较集中的部位，以便获得更多的状态信息。

3）适应诊断目的。所选测点要服从于诊断目的，诊断目的不同，测点也应随之改换位置。在图2-10中，若要诊断螺杆机是否工作正常，应选择测点S5、S6；若要诊断直流电动机转子是否存在故障，则应选择测点M1。

4）适于安置传感器。测点必须有足够的空间用来安置传感器，并要保证有良好的接触。测点部位还应有足够的刚度。

5）符合安全操作要求。由于现场振动测量是在机械设备运转的情况下进行的，所以在安置传感器时必须确保人身和机械设备安全。对不便操作，或操作起来存在安全隐患的部位，一定要有可靠的保护措施；否则，最好暂时放弃。

在通常情况下，轴承是监测振动最理想的部位，因为转子上的振动载荷直接作用在轴承上，并通过轴承把机械设备与基础连接成一个整体，因此轴承部位的振动信号还反映了基础的状况。所以，在无特殊要求的情况下，轴承是首选测点。如果条件不允许，也应使测点选在缸体、进出口管道、阀门等部位，这些也是测振的常设测点，应根据诊断目的和监测内容决定取舍。

在现场诊断时常常碰到这样的情况，有些机械设备在选择测点时会有很大的困难。例如，卷烟厂的卷烟机、包装机，其传动机构大都包封在机壳内部，不便对轴承部位进行监测。这种情况在其他机械设备上也存在，比如在诊断一台立式钻床时，共选了13个测点，只有其中4个测点靠近轴承，其他都相距甚远。凡碰到这种情况，只有另选测量部位。若要彻底解决问题，则必须根据适检性要求对机械设备的某些结构做一些必要的改造。

有些机械设备的振动特性有明显的方向性，不同方向的振动信号也往往包含着不同的故障信息。因此，每一个测点一般都应测量3个方位，即水平方向、垂直方向和轴向，如图2-11所示。测点一经确定后，就要经常在同一点进行测定。这要求必须在每个测点的3个测量方位处做出永久性标记，如涂上油漆或打上样冲眼，或加工出固定传感器的螺孔。尤其对于环境条件差的场合，这一点更加重要，在测高频振动时，曾经出现过测定点偏移几毫米后，测定值相差6倍的情况。

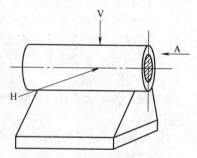

图2-11　测点的3个测量方向

（2）预估频率和振幅　振动测量前，对所测振动信号的频率范围和幅值大小要做一个基本的估计，为选择传感器、测量仪和测量参数及分析频带提供依据，同时防止漏检某些可能存在的故障信号而造成误判或漏诊。

（3）选择与安装传感器　用于测量振动的传感器有 3 种，一般都是根据所测量的参数类别选用：测量位移采用涡流式位移传感器；测量速度采用磁电式速度传感器；测量加速度采用压电式加速度传感器。

由于压电式加速度传感器的频率响应范围比较宽，所以现场测量时在没有特殊要求的情况下，常用它同时测量位移、速度、加速度 3 个参数。振动测量不但对传感器的性能质量有严格要求，对其安装形式也很讲究，不同的安装形式适用于不同的场合。表 2-4 是压电式加速度传感器几种常用安装形式及特点，其中采用螺纹联接测试结构最为理想。但在现场实际测量时，尤其是对于大范围的普查测试，由于采用永久磁座安装最简便且性能适中，因此是最常用的方法。

表 2-4　压电式加速度传感器常用安装形式及特点

安装形式及频率响应范围（±3dB）	优点	缺点
手持钢探杆：1～1000Hz 手持铝探杆：1～700Hz	附着快速；适用各种表面	频率范围有限；须注意手持方法
永久磁座：1～2000Hz	附着快速	频率范围有限；机械设备上须有铁磁性表面，该表面必须干净
螺纹联接：1～10000Hz	可用频率范围宽；测量重现性最佳	需有螺孔接头，费时间

3. 进行振动测量与信号分析

在确定了诊断方案（目前用频谱分析仪分析振动频率时还包括建立监测数据库、设置巡检路线等步骤）之后，根据诊断目的对机械设备进行各项参数测量。在所测量参数中必须包括国家标准中所采用的参数，以便在做状态识别时使用。如果没有特殊情况，每个测点必须测量水平、垂直和轴向 3 个方向的振动值。

如果所使用的测量仪器具有信号分析功能，那么，在测量参数之后，即可对该点进一步做波形观察、频率分析等，特别对那些振动超常的测点做这种分析很有必要。测量后要把信号存储起来。

4. 实施状态判别

根据测量数据和信号分析所得到的信息，对设备状态作出判断。首先判断它是否正常，然后对存在异常的设备做进一步分析，指出故障的原因、部位和程度。对那些不能用简易诊断解决的疑难故障，需动用精密手段加以确诊。

5. 做出诊断决策

通过测量分析、状态识别等几个步骤，弄清机械设备的实际状态，为处理决策提供了依据。这时应当提出处理意见，或是继续运行，或是停机修理。对需要修理的机械设备，应当指出修理的具体内容，如待处理的故障部位、所需要更换的零部件等。

6. 检查验证

机械设备诊断的全过程并不是到做出诊断决策就算结束了，最后还有重要一步，必须检查验证诊断结论及处理决策的结果。诊断人员应当向用户了解机械设备拆机检修的详细情况及处理后的效果，如果有条件的话，最好亲临现场以检查诊断结论与实际情况是否符合，这是对整个诊断过程最权威的总结。

2.2.5 轴承故障的振动诊断

滚动轴承是旋转机械中应用最为广泛的机械零件，它的工作好坏对机械设备的工作状态有很大影响，其缺陷会导致机械设备产生异常振动和噪声，甚至造成机械设备损坏。

1. 滚动轴承的常见故障

（1）磨损　由于滚道和滚动体的相对运动以及尘埃异物的侵入引起表面磨损。磨损的结果是配合间隙变大、表面出现刮痕或凹坑，使振动及噪声加大。

（2）疲劳　由于载荷和相对滚动作用产生疲劳剥落，在表面上出现不规则的凹坑，造成运转时的冲击载荷，振动和噪声随之加剧。

（3）压痕　受到过大的冲击载荷或静电荷，或因热变形增加载荷，或有硬度很高的异物侵入，以致产生凹陷或划痕。

（4）腐蚀　有水分或腐蚀性化学物质侵入，以致在轴承表面上产生斑痕或点蚀。

（5）电蚀　由于轴电流的连续或间断通过，以致由电火花形成圆形的凹坑。

（6）破裂　残余应力及过大的载荷都会引起轴承零件的破裂。

（7）胶合（黏着）　由于润滑不良，高速重载，造成高温，使表面烧伤及胶合。

（8）保持架损坏　保持架与滚动体或与内、外圈发生摩擦等，使振动、噪声与发热增加，造成保持架的损坏。

2. 滚动轴承振动信号的频率特征

图2-12所示为滚动轴承的典型结构，它由内圈、外圈、滚动体和保持架4部分组成。假设滚道面与滚动体之间无相对滑动，承受径向、轴向载荷时各部分无变形，外圈固定，则滚动轴承工作时的特征频率如下：

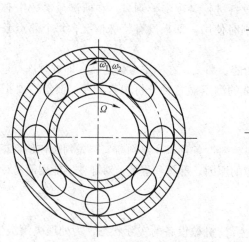
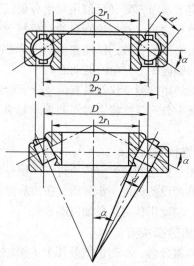

图2-12　滚动轴承的典型结构

1）转动频率。滚动轴承工作时多数是内圈转动，也可能是外圈转动，但外圈转动时由于带动滚珠的线速度大，故轴承的寿命约减少1/3。转动频率 f_r 可由它们的转速 n（r/min）求得，即

$$f_r = n/60 \tag{2-13}$$

2）滚动体自转频率为

$$f_b = \frac{D}{2d}\Big[1 - \Big(\frac{d}{D}\cos\alpha\Big)^2\Big]f_r \tag{2-14}$$

3）滚动体公转频率（即保持架的转动频率）为

$$f_c = \frac{1}{2}\left(1 - \frac{d}{D}\cos\alpha\right)f_r \tag{2-15}$$

4）滚动体通过内圈的一个缺陷时的冲击振动频率为

$$f_i = \frac{z}{2}\left(1 + \frac{d}{D}\cos\alpha\right)f_r \tag{2-16}$$

5）滚动体通过外圈的一个缺陷时的冲击振动频率为

$$f_o = \frac{z}{2}\left(1 - \frac{d}{D}\cos\alpha\right)f_r \tag{2-17}$$

式中，D 为滚动体节径（即滚动体中心所在圆的直径），单位为 mm；d 为滚动体直径，单位为 mm；z 为滚动体数目；α 为接触角。

3. 滚动轴承的振动测量

测量轴承的振动信号时，选择测量部位的基本思路是选择在离轴承最近、最能反映轴承振动的位置上。一般讲，若轴承是外露的，测点位置可直接选择在轴承座上；若轴承座是非外露的，测点应选择在轴承座刚性较好的部分或基础上。同时，应在测点处做好标记，以保证不会由于测点部位的不同而导致测量值的差异。

根据滚动轴承的固有特性、制造条件、使用情况的不同，它所引起的振动可能是频率为 1kHz 以下的低频脉动，也可能是频率为 1kHz 以上，数千赫乃至数十千赫的高频振动，更多的情况是同时包含了上述两种振动成分。因此，通常检测的振动速度和加速度应分别覆盖上述的两个频带，必要时可用滤波器取出需要的频率成分。如果是在较宽的频带上监测振动级，则对于要求低频振动小的轴承检测其振动速度，而对于要求高频振动小的轴承检测其振动加速度。

4. 振动信号分析诊断方法

滚动轴承的振动信号分析诊断方法分为简易诊断法和精密诊断法两种。

（1）滚动轴承故障的简易诊断法　在利用振动对滚动轴承进行简易诊断的过程中，通常是将测得的振幅值（峰值、有效值等）与预先给定的某种判定标准进行比较，根据实测的振幅值是否超出了标准给出的界限来判断轴承是否出现了故障，以决定是否需要进一步进行精密诊断。

1）振幅值监测。振幅值指峰值、绝对均值以及方均根值（有效值）。它是通过将实测的振幅值与判定标准中给定的值进行比较来诊断的。

峰值反映的是某时刻振幅的最大值，因而它适应于表面点蚀损伤之类的具有瞬时冲击的故障诊断；有效值是对时间平均的，因而它适应于磨损之类的振幅值随时间缓慢变化的故障诊断。

2）峰值系统监测。峰值系数定义为峰值与有效值之比（X_p/X_{rms}）。该值用于滚动轴承简易诊断的优点在于它不受轴承尺寸、转速及载荷的影响，也不受传感器、放大器等一、二次仪表灵敏度变化的影响。通过对 X_p/X_{rms} 值随时间变化趋势的检测，可以有效地对滚动轴承故障进行早期预报，并能反映故障的发展变化趋势。

3）峭度系数检测。随着故障的出现和发展，峭度系数具有与峰值系数类似的变化趋势。此方法的优点在于轴承的转速、尺寸和载荷无关。

4）冲击脉冲法（SPM 法）。冲击脉冲法的原理是，滚动轴承运行中有缺陷（如疲劳剥落、裂纹、磨损和混入杂物）时，就会发生冲击，引起脉冲性振动，冲击脉冲的强弱反映了故障的程度。

当滚动轴承无损伤或有极微小损伤时，脉冲值（用 dB 值表示）很小；随着故障的发展，脉冲值逐渐增大。当冲击能量达到初始值的 1000 倍（即 60dB 值）时，就认为该轴承的寿命已经结束。当轴承工作表面出现损伤时，所产生的实际脉冲值用 dB_{sv} 表示，它与初始脉冲值 dB_i 之差称为标准冲击能量 dB_N，即

$$dB_N = dB_{sv} - dB_i \tag{2-18}$$

根据 dB_N 值可以将轴承的工作状态分为三个区域进行诊断：

① $0 \leqslant dB_N < 20dB$：绿区，轴承工作状态良好，为正常状态。

② $20dB \leqslant dB_N < 35dB$：黄区，轴承有轻微损伤，为警告状态。

③ $35dB \leqslant dB_N < 60dB$：红区，轴承有严重损伤，为危险状态。

5）共振调解法（IFD 法）。共振调解法也称为早期故障探测法，它是利用传感器及电路的谐振，将轴承故障冲击引起的衰减振动信号放大，从而提高了故障探测的灵敏度；同时，还利用解调技术将轴承故障信息提取出来，通过对解调后的信号做频谱分析，用以诊断轴承故障。

（2）滚动轴承故障的精密诊断法 滚动轴承的振动频率成分十分丰富，既含有低频成分，又含有高频成分，而且每一种特定的故障都对应有特定的频率成分。精密诊断法按频率可分为以下两种方法：

1）低频信号分析法。低频信号是指频率低于 1kHz 的振动信号。一般测量滚动轴承振动时都采用加速度传感器，但对于低频信号都分析其振动速度。因此，加速度信号要经过电荷放大器后由积分器转换成速度信号，然后再经过上限截止频率为 1kHz 的低通滤波器去除高频信号，最后对其进行频率分析，以找出信号的特征频率，进行诊断。在这个频率范围内易受机械振动干扰及电源干扰，并且在故障初期反映的故障频率能量很小，信噪比低，故障检测灵敏度较差。

2）中、高频信号绝对值分析法。中频信号的频率范围为 1~20kHz；高频信号的频率范围为 20~80kHz。由于对高频信号可直接分析加速度，因而由加速度传感器获得的加速度信号经过电荷放大器后，可直接通过下限截止频率为 1kHz 的高通滤波器去除低频信号，然后对其进行绝对值处理，最后进行频率分析，以找出信号的特征频率。

滚动轴承各种常见故障的特征频率及故障原因见表 2-5，可参考此表诊断故障原因及故障部位。

表 2-5 滚动轴承各种常见故障的特征频率及其故障原因

异常原因		振动特征频率
轴承构造	轴弯曲、倾斜	$zf_c \pm f_r$
	轴承元件的受力变形	zf_c
	滚动体直径不一致	f_c、$nf_c \pm f_r$
轴承不同轴	两个轴承不对中	$0.5f_r$
	轴承架内表面划伤或进入异物	
	轴承架装配松动	
	轴承本身安装不良	
	内滚道的圆度误差	$2f_r$
	轴颈的圆度误差	
	轴颈面划伤或进入异物	
精加工波纹	内圈的波纹	$nf_i \pm f_r$
	外圈的波纹	nf_c
	滚动体的波纹	$2nf_b \pm f_c$

（续）

异 常 原 因		振动特征频率
轴承元件损伤	由磨损产生偏心	nf_r
	内圈有缺陷	nf_i、$nf_i \pm f_r$、$nf_i \pm f_c$
	外圈有缺陷	nf_o
	滚动体有缺陷	$nf_b \pm f_c$

注：z 为滚动体数，f_r 为轴转动频率，f_i 为内圈特征频率，f_o 为外圈特征频率，f_b 为滚动体自转频率，f_c 为滚动体公转频率，n 为正整数 1，2，3，…

2.2.6　齿轮故障的振动诊断

齿轮传动在机械设备中使用得非常广泛，其运行状况直接影响整个机械设备或机组的工作，因此开展齿轮故障诊断对降低维修费用和防止突发性事故具有实际意义。诊断方法分为两大类：一类是检测齿轮运行时的振动和噪声，运用频谱分析、倒频谱分析和时域平均法来进行诊断；另一类是根据摩擦学理论，通过润滑油液分析来实现。

齿轮故障诊断的困难在于信号在传递中所经的环节较多（齿轮→轴→轴承→轴承座→测点），高频信号在传递中基本丧失，故需借助于较为细致的信号分析技术达到提高信噪比和有效地提取故障特征的目的。

1. 齿轮的异常及常见失效形式

齿轮的异常通常包括以下 3 个方面：

（1）制造误差　齿轮制造时造成的主要异常有偏心、齿轮偏差和齿形误差等。所谓偏心，是指齿轮（一般为旋转体）的几何中心和旋转中心不重合；齿轮偏差是指齿轮的实际齿轮与理论齿轮之差；而齿形误差是指渐开线齿轮有误差。

（2）装配误差　在装配工作中，由于箱体、轴等零件的加工误差、装配不当等因素，会使齿轮传动精度严重下降。

（3）齿轮的损伤　齿轮由于设计不当、制造有误差、装配不良或在不适当的条件下运行时，会产生各种损伤。其形式很多，而且又往往是互相交错在一起，使齿轮的损伤形式显得更为复杂。齿轮的损伤形式随齿轮材料、热处理、运行状态等因素的不同而不同，常见的有：

1）齿面磨损失效。

2）表面接触疲劳失效。

3）齿面塑形变形。

4）齿轮弯曲断裂。有疲劳断齿（断口呈疲劳特征）和过载断齿（断口粗糙）。

2. 齿轮振动信号的频率特征

振动和噪声信号是齿轮故障特征信息的载体，目前通过各种振动信号传感器、放大器及其他测量仪器能够测量出齿轮箱的振动和噪声信号，通过对振动和噪声信号的各种分析与识别仍然是查找故障最为有效的方法。但也应看到，在许多情况下从齿轮的啮合波形也可以直接观察出故障。

（1）啮合频率　在齿轮传动过程中，每个齿轮周期地进入和退出啮合。以直尺圆柱齿轮为例，其啮合区可分为单齿啮合区和双齿啮合区。在单齿啮合区内，全部载荷由一对齿轮副承担；一旦进入双齿啮合区，则载荷分别由两对齿轮副按其啮合刚度的大小分别承担（啮合刚度是指啮合齿轮副在其啮合点处抵抗挠曲变形和接触变形的能力）。很显然，在单、双齿啮合区的交变位置，每对齿轮副所承受的载荷将发生突变，这必将激发齿轮的振动。同时，在传动过程中，每个齿轮的啮合点均从齿根向齿顶（主动齿轮）或齿顶向齿根（从动齿轮）逐渐移动，由于啮合点沿齿高方向不断变化，各啮合点处齿轮副的啮合刚度也随之变化，相当于变刚度弹簧，这也是齿轮产生振动的一个原因。

齿轮啮合产生的振动是以每齿啮合为基本频率进行的，该频率称为啮合频率 f_g。其计算公式为

$$f_g = \frac{z_1 n_1}{60} = \frac{z_2 n_2}{60} \tag{2-19}$$

式中，z_1、z_2 为主、从动齿轮的齿数；n_1、n_2 为主、从动齿轮的转速。

当齿轮的运行状态劣化之后，对应于啮合频率及其谐波的振动幅值会明显增加，这为齿轮故障诊断提供了有力的依据。

（2）齿轮振动信号的调制　由于齿轮的故障、加工误差（如齿距不均）和安装误差（如偏心）等，使齿面载荷波动，影响振幅而造成幅值调制。由于齿轮载荷不均、齿距不等及故障造成载荷波动，除了影响振幅之外，同时也必然产生转矩波动，使齿轮转速波动。这些波动就是振动上的频率调制（也称相位调制）。所以，任何导致幅值调制的因素也同时会导致频率调制。频率调制现象对小齿轮副尤为突出。

齿轮振动信号的调制中包含了许多故障信息。从频域上看，调制的结果是在齿轮啮合频率及其谐波周围产生以故障齿轮的旋转频率为间隔的边频带，且其振幅随故障的恶化而加大。

（3）齿轮振动信号中的其他成分　齿轮平衡不善、对中不良和机械松动等，均会在振动频谱图中产生旋转频率及其低次谐波。

3. 齿轮的振动测量

齿轮所发生的低频和高频振动中，包含了对诊断各种异常振动非常有用的信息。

测量齿轮振动的测点通常也选在轴承座上，所测得的信号中当然也包含了轴承振动的成分。轴承常规振动的水平明显低于齿轮振动，一般要小一个数量级。

齿轮发生的振动中，有固有频率、齿轮轴的旋转频率及齿轮啮合频率等成分，其频带较宽。利用包含这种宽带频率成分的振动信号进行诊断时，要把所测的振动信号按频带分类，然后根据各类振动信号进行诊断。

4. 齿轮的简易诊断方法

齿轮的简易诊断，主要是通过振动与噪声分析法进行的，包括声音振动法、振动诊断法以及冲击脉冲法（SPM）等。

简易诊断通常借助一些简易的振动检测仪器，对振动信号的幅域参数进行测量，通过监测这些幅域参数的大小或变化趋势，判断齿轮的运行状态。

（1）齿轮的振幅检测　检测齿轮的振幅强度，如峰值、有效值等，可以判别齿轮的工作状态。判别标准可以用绝对标准或相对标准，也可以用类比的方法。

（2）齿轮无量纲诊断参数的检测　为了便于诊断，常用无量纲幅域参数指标作为诊断指标。它们的特点是对故障信息敏感，而对信号的绝对大小和频率变化不敏感。这些无量纲诊断参数有：波形指标、峰值指标、脉冲指标、裕度指标及峭度指标。这些指标各适应于不同的情况，没有绝对优劣之分。

2.2.7　旋转机械常见故障的振动诊断

旋转机械是指那些主要功能是由旋转动作来完成的机械设备，例如离心式压力机、汽轮机、鼓风机、离心机、发电机和离心泵等。由于转子、轴承、壳体、联轴体、密封和基底等部分的结

构、加工及安装方面的缺陷，使机械在运行中会产生振动；在机械运行过程中，由于运行、操作、环境等方面的原因所造成的机械状态的劣化，也会表现为振动的异常。同时，过大的振动又往往是机械设备破坏的主要原因。所以对旋转机械的振动测量、监视和分析是非常重要的。另外，振动这个参数比起其他的状态参数更能直接、快速、准确地反映机组的运行状态。

旋转机械的常见故障有转子不平衡、转子不对中、转轴弯曲及裂纹、油膜涡动及油膜振荡、机组共振、机械松动、碰磨和流体的涡流激振等。

在描述旋转机械的常见故障前，先介绍一下转子的临界转速。旋转机械在升、降速过程中，当转速达到某一值时，振幅会突然增大很多，使机组无法正常工作，而错开这一转速后，振动又恢复正常。这个使转子产生剧烈振动的特定转速就称为临界转速。转子的临界转速是转子轴系的一种固有特性。理论和实践证明，每种转子因其结构和状态不同而具有不同的临界转速，而且往往具有多个（即 n 阶）临界转速。当多个转子（例如电动机驱动泵或压缩机等）串联时，转子的临界转速将有变化。在一阶临界转速以下工作的转轴称为刚性轴，在一阶临界转速以上工作的转轴称为柔性轴。

下面具体介绍一些旋转机械的常见故障。

（1）转子不平衡　在旋转机械的各种异常现象中，由于不平衡造成的振动的情形占有很高的比例。造成不平衡的原因主要有材质不匀、制造安装误差、孔位置有缺陷、孔的内径偏心、偏磨损、杂质沉积、转子零部件脱落和腐蚀等。这些原因往往会引起转子中心惯性主轴偏离其旋转轴线，造成转子不平衡。当转子每转动一圈，就会受到一次不平衡质量所产生的离心惯性力的冲击。这种离心惯性力周期作用，便引起转子产生异常的强迫振动，振动的频率与转子的旋转频率相同。

由转子质量中心和旋转中心之间的物理差异所引起的不平衡一般可分以下 3 种形式：

1）静不平衡。转子质量偏心引起的不平衡力作用于一个平面内，如图 2-13a 所示。

2）偶不平衡。不平衡力作用在转子相对的两侧面，其重心仍然保持在旋转中心上，如图 2-13b 所示。当转子转动时，由每一侧的不平衡重量产生方向相反的离心力，形成离心力矩，使转子产生振动。

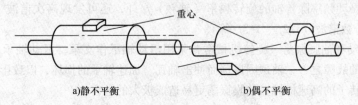

a)静不平衡　　　　　　　　　　b)偶不平衡

图 2-13　转子不平衡现象

3）动不平衡。转子既有静不平衡又有动不平衡，是属于多个平面内有不平衡的情况，也是最常见的不平衡形式。

由不平衡引起的振动频谱，如图 2-14 所示。

转子不平衡所产生的振动的主要特征：振动方向以径向为主；振动频率以转轴的

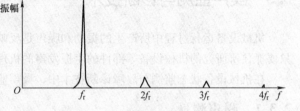

图 2-14　不平衡引起的振动频谱

旋转频率（轴频）$f_r = n/60$ 为主；在临界转速以下，振幅随着转速的升高而增大。

对转子进行现场动平衡或在动平衡机上实施平衡可消除不平衡的影响。

（2）转子轴线不对中　旋转机械在安装时应保证良好的对中，即连接的转子中心线为一条连续的直线，并且轴承标高应能适应转子轴心曲线运转的要求，否则转子轴线会产生不对中。旋转机械因对中不良可引起多种故障：

1）导致动、静部件磨损，引起转轴热弯曲。

2）改变轴系临界转速，使轴系振型变化或引起共振。

3）使轴承载荷分配不均，恶化轴承工作状态，引起半速涡动或油膜振荡，甚至引起轴瓦升温，烧毁轴瓦。

转子轴系不对中有两种类型：一是转子轴系间连接不对中，如图 2-15 所示；二是转子轴颈与轴承间的安装不对中。

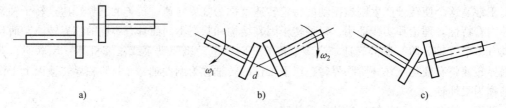

图 2-15　转子轴系不对中的类型

转子不对中所产生的振动的主要特征：紧靠联轴器两端的轴承往往振动最大；平行不对中主要引起径向振动，角度不对中主要引起轴向振动；联轴器两端转子振动存在相位差；振动频率以转轴的旋转频率（轴频）f_r、二倍频 $2f_r$、三倍频 $3f_r$ 等为主；振幅随着负荷的加大而增大。

有关研究指出，如果在二倍频上的振幅是轴频振幅的 30% ~ 75% 时，此不对中可被联轴器承受相当长的时间；当二倍频振幅是轴频振幅的 75% ~ 150% 时，则某一联轴器可能会发生故障，应加强其状态监测；当二倍频振幅超过轴频振幅150%时，不对中会对联轴器产生严重影响，联轴器可能已产生加速磨损和极限故障。

（3）机械松动　机械松动是因紧固不牢、轴承配合间隙过大等原因引发的，可以使已经存在的不平衡、不对中等所引起的振动问题更加严重。

其振动特征表现：在松动方向的振动较大，振动不稳定，工作转速达到某阀值时，振幅会突然增大或减小；振动频率除转轴的旋转频率（轴频）f_r 外，还可发现高次谐波（二倍频 $2f_r$、三倍频 $3f_r$ 等）及分数谐波（$1/2f_r$、$1/3f_r$ 等）。

（4）油膜涡动和油膜振荡　旋转机械常常采用滑动轴承作支承，滑动轴承的油膜振荡是旋转机械较为常见的故障之一，轴颈因振荡而冲击轴瓦，加速轴承的损坏，以致影响整个机组的运行。对于大质量转子的高速机械，油膜振荡更易造成极大的危害。

2.3　噪声监测与诊断技术

机械设备运行过程中所产生的振动和噪声是反映机械设备工作状态的诊断信息的重要来源。只要抓住所研究的机械设备零部件的生振发声的机理和特征，就可对机械设备的状态进行诊断。

在机械设备状态监测与故障诊断技术中，噪声监测也是较常用的方法之一。

2.3.1　噪声测量

声音的主要特征量为声压、声强、频率、质点振速和声功率等，其中声压和声强是两个主要参数，也是测量的主要对象。

噪声测量系统有传声器、放大器和记录器，以及分析装置等。传声器的作用是将声压信号转换为电压信号，测量中常用电容传声器或压电陶瓷传声器。由于传声器的输出阻抗很高，所以需加前置放大器进行阻抗变换。在两放大器之间通常还插入带通滤波器和计权网络，前者能够截取某频带信号，对噪声进行频谱分析；后者则可以获得不同的计权声级。输出放大器的输出信号必须经检波电路和显示装置，以读出总声级、A、B、C、D 计权声级或各频带声级。

随着计算机技术的迅速发展，在机械设备噪声监测技术中，广泛用 FFT 分析仪器进行实时的声源频谱分析。另外还采用了双传声器互谱技术进行声强测量，利用声强的方向性进行故障定位和现场条件下的声功率级的确定。

1. 噪声测量用的传声器

传声器包括两部分：一是将声音能转换成机械能的声接收器，声接收器具有力学振动系统，如振膜，传声器置于声场中，声膜在声的作用下产生受迫振动；二是将机械能转换成电能的机电转换器。传声器依靠这两个部分，可以把声压的输入信号转换成电能输出。

传声器的主要技术指标包括灵敏度（灵敏度级）、频率特性、噪声级及其指向特性等。

传声器按机械能转换成电能的方式不同，可分为电容式传声器（其结构简图如图 2-16 所示）、压电式传声器（其结构简图如图 2-17 所示）和驻极体式传声器。电容式传声器一般配用精密声级计。另外，传声器按膜片受力方式不同可分为压强式和压差式，其中压强式用得较多。

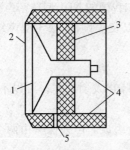
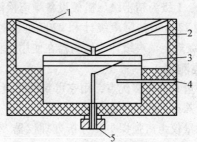

图 2-16　电容式传声器结构简图　　　　　　图 2-17　压电式传声器结构简图
1—后极板　2—膜片　3—绝缘体　　　　　1—金属薄膜　2—后极板　3—压电晶体
4—壳体　5—静压力平衡孔　　　　　　　4—压力平衡毛细管　5—输出端

2. 声级计

声级计是现场噪声测量中最基本的噪声测量仪器，可直接测量出声压级。一般由传声器、输入放大器、计权网络、带通滤波器、输出放大器、检波器和显示装置所组成，如图 2-18 所示。

声级计的频响范围为 20Hz ~ 20kHz。传声器将声音信号转换成电压信号，经放大后进行分析、处理和显示，从显示装置上直接读出声压级的分贝（dB）数。

一般声级计都按国际统一标准设计有 A、B 和 C 计权网络，有些声级计还设有 D 计权网络。A、B、C、D 各计权频响特性如图 2-19 所示。由图可见，C 计权在绝大部分常用频率下是较平直的；B 计权较少用；A 计权用得最广泛，因为它较接近人耳对不同频率的响应，如人耳对低频不敏感，A 计权在低频处的衰减就很大。因此，工

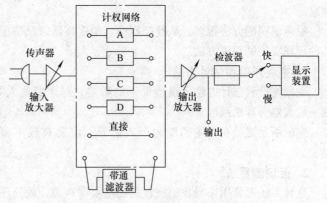

图 2-18　声级计组成框图

业产品的噪声标准及环境和劳动保护条例的标准都是用 A 计权声级表征，记作 dB（A）。D 计权是专为飞机飞过时的噪声烦恼程度而设计的计权网络。

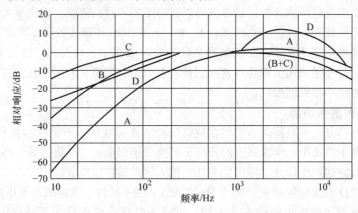

图 2-19 A、B、C、D 计权频响曲线

按国际电工委员会公布的 IEC651 规定，声级计的精度分为 4 个等级，即 0、1、2、3 级。0 级精度最高，1 级为精密级。机械设备噪声检测常用精密级，如我国的 ND1 型精密声级计、丹麦 B&K 公司的 2203 型精密声级计和 2209 型脉冲精密声级计，以及美国的 1993 型声级计都符合 IEC 标准 1 级规定。声级计的传声器在使用过程中要经常校准。

3. 声强测量

声强测量具有许多优点，用它可判断噪声源的位置，求出噪声发射功率，可以不必在声室、混响室等特殊声学环境中进行。

声强测量仪由声强探头、分析处理仪器及显示仪器等部分组成。声强探头由两个传声器组成，具有明显的指向特性。

声强测量仪可以在现场条件下进行声学测量和寻找声源，具有较高的使用价值。

2.3.2 噪声源与故障源的识别

噪声检测的一项重要内容就是通过噪声测量和分析来确定机械设备故障的部位和程度。首先必须寻找和估计噪声源，进而研究其频率组成和各分量的变化情况，从中提取机械运行状况的信息。

噪声识别的方法很多，从复杂程度、精度高低以及费用大小等方面均有很大差别，这里介绍几种现场实用的识别方法。

1. 主观评价和估计方法

主观评价和估计方法可以借助于助听器，对于那些人耳达不到的部位，还可以借助于传声器→放大器→耳机系统。

它的不足之处在于鉴别能力因人而异，需要有较丰富的经验，也无法对噪声源做定量的量度。

2. 近场测量法

这种方法通常用来寻找机械设备的主要噪声源，较简便易行。具体的做法是用声级计在紧靠机械设备的表面扫描，并根据声级计的指示值大小来确定噪声源的部位。

由于现场测量总会受到附近其他噪声源的影响，一台大机械设备上的被测点有时处于机械设备上其他噪声源的混响场内，所以近场测定法不能提供精确的测量值。这种方法通常用于机械设

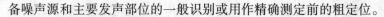

备噪声源和主要发声部位的一般识别或用作精确测定前的粗定位。

3. 表面振速测量法

对于无衰减平面余弦波来说，从表面质点的振动速度可以得到一定面积的振动表面的声功率。为了对辐射表面采取有效的降噪措施，需要知道辐射表面上各点辐射声能的情况，以便确定主要辐射点，采取针对性的措施。这时可以将振动表面分割成许多小块，测出表面各点的振动速度，然后画出等振速线图，从而形象地表达出声辐射表面各点辐射能的情况以及最强的辐射点。

4. 频谱分析法

噪声的频谱分析与振动信号分析方法类似，是一种识别声源的重要方法。对于做往复运动的机械或旋转运动的机械，一般都可以在它们的噪声频谱信号中找到与转速和系统结构特性有关的纯音峰值。因此，通过对测量得到的噪声频谱纯音峰值的分析，可识别主要噪声源。但是纯音峰值的频率为好几个零部件所共有，或者不为任何一个零件所共有，这时就要配合其他方法才能最终判定究竟哪些零件是主要噪声源。

5. 声强法

近年来用声强法来识别噪声源的研究进展很快，至今已有多种用于声强的双通道快速傅里叶变换分析仪。声强探头具有明显的指向性，这使声强法在识别噪声源中更有其特色。声强测量法可在现场做近场测量，既方便又迅速，故受到各方面的重视。

2.4　温度检测技术

温度是工业生产中的重要参数，也是表征机械设备运行状态的一个重要指标，机械设备出现故障的一个明显特征就是温度的升高，同时温度的异常变化又是引发机械设备故障的另一个重要原因。因此，温度与机械设备的运行状态密切相关，温度检测在机械设备故障诊断技术体系中占有重要的地位。

2.4.1　温度测量基础

1. 温度与温标

（1）温度　温度是一个很重要的物理量，它表示物体的冷热程度，也是物体分子运动平均动能大小的标志。

（2）温标　用来度量物体温度高低的标准尺度称为温度标尺，简称温标。各种各样温度计的数值都是由温标决定的，有华氏、摄氏、列氏、理想气体、热力学和国际实用温标等。其中摄氏温标和热力学温标最常用，二者的关系为

$$t = T - 273.15 \tag{2-20}$$

摄氏温度的数值是以 273.15K 为起点（$t = 0℃$），而热力学温度以 0K 为起点。这两种温度仅是起点不同，无本质差别。表示温度差时，$1℃ = 1K$。

$T = 0K$ 称为热力学零度，在该温度下分子运动停止（即没有热存在）。一般 0℃ 以上用摄氏度（℃）表示，0℃ 以下用开尔文（K）表示，这样可以避免使用负值。

2. 温度的测量方式

温度的测量方式可分为接触式与非接触式两类。

1）当把温度计和被测物的表面很好地接触后，经过足够长的时间达到热平衡，则二者的温度必然相等，温度计显示的温度即为被测物表面的温度，这种方式称为接触式测温。

2）非接触测温是利用物体的热辐射能随温度变化的原理来测定物体的温度。由于感温元件

不与被测物体接触，因而不会改变被测物体的温度分布，且辐射热传导速度与光速一样快，故热惯性很小。

接触式与非接触式两种测温方式的比较见表2-6。

表2-6 接触式与非接触式测温方式比较

	接触式测温	非接触式测温
必要条件	检测元件与测量对象有良好的热接触；测量对象与检测元件接触时，要使前者的温度保持不变	检测元件应能正确接收到测量对象发出的辐射；应明确知道测量对象的有效发射率或重现性
特点	测量热容量小的物体、运动的物体等的温度有困难；可测量物体任何部位的温度；便于多点、集中测量和自动控制	不会改变被测物的温度分布；可测量热容量小的物体、运动的物体等的温度；一般是测量表面温度
温度范围	容易测量1000℃以下的温度	适合高温测量
响应速度	较慢	快

3. 常用的温度检测仪表、仪器

常见测温仪表、仪器分类表见表2-7。

表2-7 测温仪表、仪器分类表

测温方式	分类名称	作用原理
接触测温	膨胀式温度计：液体式、固体式	液体或固体受热膨胀
	压力表温度计：液体式、气体式、蒸汽式	封闭的固体容积中的液体、气体或某种液体的饱和蒸汽受热体积膨胀或压力变化
	电阻温度计	导体或半导体受热电阻变化
	热电偶温度计	物体的热电性质
非接触测温	光电高温计	物体的热辐射
	光学高温计	
	红外测温仪	
	红外热像仪	
	红外热电视	

2.4.2 接触式温度测量

常用于机械设备诊断的接触式温度检测仪表有下列几种。

1. 热膨胀式温度计

这种温度计是利用液体或固体热胀冷缩的性质制成的，如水银温度计、双金属温度计、压力表温度计等。

双金属温度计是一种固体热膨胀式温度计，它用两种热膨胀系数不同的金属材料制成感应元件，一端固定，另一端自由。由于受热后，两者伸长不一致而发生弯曲，使自由端产生位移，将温度变化直接转换为机械量的变化，其原理如图2-20所示，可以制成各种形式的温度计。双金属温度计结构紧凑、抗震、价廉、能报警和自控，可用于现场测量气

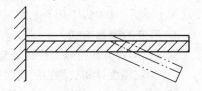

图2-20 双金属温度计的原理

体、液体及蒸汽温度。

　　压力表温度计利用被封闭在感温筒中的液体、气体等受热后体积膨胀或压力变化，通过毛细管使波登管端部位产生角位移，带动指针在刻度盘上显示出温度值，如图 2-21 所示。测量时感温筒放在被测介质内，因此适用于测量对感温筒无腐蚀作用的液体、蒸汽和气体的温度。

2. 电阻式温度计

　　电阻式温度计的感温元件是用电阻值随温度变化而变化的金属导体或半导体材料制成的。当温度变化时，感温元件的电阻随温度而变化，通过测量回路的转换，在显示器上显示温度值。电阻式温度计广泛应用于各工业领域的科学研究部门。

　　用于电阻式温度计的感温元件有金属丝电阻及热敏电阻。

　　（1）金属丝电阻温度计　常用的测温电阻丝材料有铂、铜、镍。

　　铂电阻温度计的结构如图 2-22 所示。铂丝绕在玻璃棒上，置于陶瓷或金属制成的保护管内，引出的导线有二线式、三线式。工业热电阻的结构如图 2-23 所示。

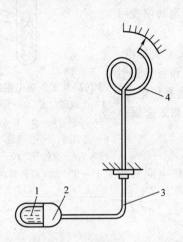

图 2-21　压力表温度计
1—酒精等　2—感温筒　3—毛细管
4—波登管

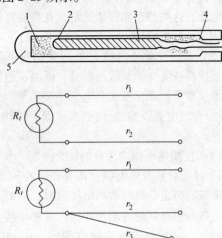

图 2-22　铂电阻温度计
1—氧化钴粉　2—玻璃棒　3—铂丝
4—引出导线　5—保护管

　　为了测出金属丝的电阻变化，一般是将其接入平衡电桥中。电桥输出的电压正比于金属丝的电阻值变化。该电压的变化由动图式仪表直接测量或经放大器放大输出，实现自动测量或记录。

　　（2）热敏电阻温度计　热敏电阻通常是用铁、锰、镍、铝、钛、镁、铜等一些金属的氧化物做原料制成，也常用它们的碳酸盐、硝酸盐和氯化物等做原料制成。它的阻值随温度升高而降低，具有负的温度系数。

　　与金属丝电阻相比，热敏电阻具有电阻温度系数大、灵敏度高、电阻率大、结构简单、体积小、热惯性小、响应速度快等优点。它的主要缺点是电阻温度特性分散性很大，互换性差，非线性严重，且电阻温度关系不稳定，故测温误差较大。

3. 热电偶温度计

　　热电偶温度计由热电偶、电测仪表和连接导线所组成，广泛应用于 -300 ~ 1300℃ 温度范围内的测温。

　　热电偶可把温度直接转换成电量，因此对于温度的测量、调节、控制，以及对温度信号的放大、变换都很方便。它结构简单，便于安装，测量范围广，准确度高，热惯性小，性能稳定，便于远距离传送信号。因此，它是目前使用最普遍的接触式温度测量仪表。

（1）热电偶测温的基本原理　由两种不同的导体（或半导体）A、B组成的闭合回路中，如果使两个接点处于不同的温度，回路就会出现电动势，称为热电势，这一现象即是热电效应，组成的元件为热电偶。若使热电偶的一个接点温度保持不变，即产生的热电势只和另一个接点的温度有关，因此，测量热电势的大小，就可以知道该接点的温度值。

组成热电偶的两种导体，称为热电极。通常把一端称为自由端、参考点或冷端，而另一端称为工作端、测量端或热端。如果在自由端电流是从导体A端流向导体B，则A称为正热电极，而B称为负热电极，如图2-24所示。

（2）标准化热电偶　所谓标准化热电偶是指制造工艺比较成熟、应用广泛、能成批生产、性能优良而稳定并已列入工业标准化文件中的热电偶。这类热电偶性能稳定，互换性好，并有与其配套的仪表可供使用，十分方便。

（3）非标准化热电偶　非标准化热电偶没有被列入工业标准，用在某些特殊场合，如监测高温、低温、超低温、高真空和有核辐射等对象。常用的非标准化热电偶主要有钨铼热电偶、铱铑系热电偶、镍铬-金铁热电偶、镍钴-镍铝热电偶、铂钼-铂钼热电偶和非金属热电偶等。

（4）使用热电偶应注意的几个问题

1）补偿导线及热电偶冷端补偿。在测温时，为了使热电偶的冷端温度保持恒定，且节省热电极材料，一般是用一种补偿导线和热电偶的冷端相连接，这种导线是两根不同金属丝，它在一定的温度范围内（0~100℃）和所连接的热电偶具有相同的热点性质，材料为廉价金属，可用它们来做热电偶的延伸线。一般补偿导线电阻率较小，线径较粗，这有利于减少热电偶回路的电阻。

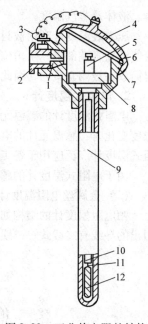

图2-23　工业热电阻的结构
1—出线密封圈　2—出线螺母
3—小链　4—盖　5—接线柱
6—密封圈　7—接线盒　8—接
线座　9—保护管　10—绝缘管
11—引出线　12—感温元件

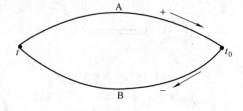

图2-24　热电极

热电偶的分度是用冷端温度为0℃的原理制成的，如冷端不为0℃，则将引起测量误差，可采用下述几种方法进行补偿：①冰点槽法。将冷端置于0℃的冰点槽中即可，但现场测量时较麻烦。②仪表机械零点调整法。把用于热电势测量的毫伏计机械零点调整到预先测知的冷端温度处即可。③补偿电桥法（冷端补偿器）。利用不平衡电桥产生的电压来补偿热电偶冷端温度变化引起的热电势变化，该电桥称为冷端补偿器。④多点冷端温度补偿。

2）热电偶的校验。为了保证测量准确度，热电偶必须定期进行校验。超差时要更换热电偶或把原来的热电偶的热端剪去一段，重新焊接并经校验后使用。

3）热电势的测量。热电势的测量有以下两种方法：①毫伏计法。此法准确度不高，但廉价，简易测温时广泛采用。②电位差计法。此法准确度较高，故在实验室和工业生产中广泛采用。

2.4.3　非接触式温度测量

随着生产和科学技术的发展，对温度监测提出了越来越高的要求，接触式测温方法已远不能满足许多场合的测温要求。近年来非接触式测温获得迅速发展。除了敏感元件技术的发展外，还由于它不会破坏被测物的温度场，适用范围也大大拓宽。许多接触式测温无法测量的场合和物体，采用非接触式测温可得到很好的解决。

1. 非接触式测温的基本原理

在太阳光谱中，位于红光光谱之外的区域里存在着一种看不见的、具有强烈热效应的辐波，称为红外线。红外线的波长范围相当宽，为 $0.75 \sim 1000\mu m$。通常它又分为 4 类：近红外线，波长为 $0.75 \sim 3\mu m$；中红外线，波长为 $3 \sim 6\mu m$；远红外线，波长为 $6 \sim 15\mu m$；超远红外线，波长为 $15 \sim 1000\mu m$。

红外线和所有电磁波一样，具有反射、折射、散射、干涉和吸收等特性。红外辐射在介质中传播时，会产生衰减，这主要是由介质的吸收和散射作用造成的。

自然界中的任何物体，只要它本身的温度高于热力学零度，就会产生热辐射。物体温度不同，辐射的波长组成成分不同，辐射能的大小也不同，该能量中包含可见光和不可见的红外线两部分。物体在 1000℃ 以下时，其热辐射中最强的波均为红外线；只有在 3000℃，近于白炽灯的温度时，它的辐射中才包含足够多的可见光。

斯蒂藩-玻尔兹曼定律指出：绝对黑体的全部波长范围内的全辐射能与热力学温度的四次方成正比。其数学表达式为

$$E_0(T) = \sigma T^4 \tag{2-21}$$

对于非黑体，可表示为

$$E(T) = \varepsilon \sigma T^4 \tag{2-22}$$

式中，E 为单位面积辐射的能量，单位为 W/m^2；σ 为斯蒂潘-玻尔兹曼常数，$\sigma = 5.67 \times 10^{-8} W/(m^2 \cdot K^4)$；$T$ 为热力学温度，单位为 K；ε 为比辐射率（非黑体辐射率/黑体辐射率）。

$\varepsilon = 1$ 的物体称为黑体。黑体能够在任何温度下全部吸收任何波长的热辐射，热辐射能力比其他物体都强。一般物体不能把投射到它表面的辐射功率全部吸收，发射热辐射的能力也小于黑体，即 $\varepsilon < 1$。但一般物体的辐射强度与热力学温度的四次方成正比，所以物体辐射强度随温度升高而显著地增加。

斯蒂藩-玻尔兹曼定律告诉我们，物体的温度越高，热辐射强度就越大。只要知道了物体的温度及其比辐射率，就可算出它所发射的辐射功率；反之，如果测出了物体所发射的辐射强度，就可以算出它的温度，这就是红外测温技术的依据。由于物体表面温度变化时红外辐射将大大变化，例如，物体温度在 300K 时，温度升高 1K，辐射功率将增加 1.34%。因此，被测物表层若有缺陷，其表面温度场将有变化，可以用灵敏的红外探测器加以鉴别。

2. 非接触测温仪器

由于在 2000K 以下的辐射大部分能量不是可见光而是红外线，因此红外测温得到了迅猛的发展和应用。红外测温的手段不仅有红外点温仪、红外线温仪，还有红外电视和红外成像系统等设备，除可以显示物体某点的温度外，还可实时显示出物体的二维温度场，温度测量的空间分辨率和温度分辨率都达到了相当高的水平。

（1）红外点温仪　在对温度的非接触测温手段中，最轻便、最直观、最快速、最廉价的是红外点温仪。红外点温仪都是以黑体辐射定律为理论依据，通过对被测目标红外辐射能量进行测量，经黑体标定，从而确定被测目标的温度。

1）红外点温仪按其所选择使用的接收波长可分为以下 3 类：

① 全辐射测温仪。对波长从零到无穷大的目标的全部辐射能量进行测量，由黑体校定出目标温度。特点是结构简单，使用方便，但灵敏度较低，误差也较大。

② 单色测温仪。选择单一辐射光谱波段接收能量进行测量，它靠单色滤光片选择接收特定

波长下的目标辐射，以此来确定目标温度。特点是结构简单，使用方便，灵敏度高，并能抑制某些干扰。

以上两类测温仪会由于各种目标的比辐射率不同而带来误差。

③ 比色测温仪。它靠两组（或更多）不同的单色滤光片收集两相近辐射波段下的辐射能量，在电路上进行比较，由此比值确定目标温度。它基本上可消除比辐射率带来的误差。其特点是结构较为复杂，但灵敏度较高，在中、高温测温范围内使用较好。它受测试距离和其间吸收物的影响较小。

2）红外点温仪通常由光学系统、红外探测器、电信号处理器、温度指示器及附属的瞄准器、电源及机械结构等组成，红外点温仪原理框图如图2-25所示。

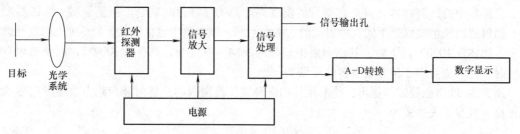

图2-25 红外点温仪原理框图

① 光学系统的主要作用是收集被测目标的辐射能量，使之汇集在红外探测器的接收光敏面上。其工作方式分为"调焦式"和"固定焦点式"。光学系统的场镜有"反射式""折射式"和"干涉式"3种。

② 红外探测器的作用是把接收到的红外辐射能量转换成电信号输出。测温仪中使用的红外探测器有两大类：光探测器和热探测器。典型的光探测器具有灵敏度高、响应速度快等特点，适于制作扫描、高速、高温度分辨率的测温仪。但它对红外光谱有选择吸收的特性，只能在特定的红外光谱波段使用。典型的热探测器有热敏电阻、热电堆、热释电探测器等。它们对红外光谱无选择性，使用方便、价格便宜，但响应慢、灵敏度低。其中热释电探测器对变化的辐射才有响应，因此为了实现对固定目标的测量，还需对入射的辐射进行调制，其灵敏度比其他热探测器高，适于中、低温测量。

③ 电信号处理器的功能：将红外探测器产生的微弱信号放大，线性化输出处理，辐射率调整的处理，环境温度的补偿，抑制非目标辐射产生的干扰，抑制系统噪声，产生供温度指示的信号或输出，产生供计算机处理的模拟信息，电源部分及其他特殊要求的部分。

④ 温度显示器一般有两种：普通表头显示和数字显示。其中数字显示读数直观、精度高，如图2-26所示。

图2-26 红外点温仪

（2）红外热成像仪　红外热成像系统是利用红外探测器系统，在不接触的情况下接收物体表面的红外辐射信号，该信号转变为电信号后，再经电子系统处理传至显示屏上，得到与景物表面热分布相应的"实时热图像"。它可绘出空间分辨率和温度分辨率都较好的设备温度场的二维图形，从而就把景物的不可见热图像转换为可见图像，使人类的视觉范围扩展到了红外谱段。

红外热成像系统的基本构成如图 2-27 所示。红外热成像系统是一个利用红外传感器接收被测目标的红外线信号，经放大和处理后送至显示器上，形成该目标温度分布二维可视图像的装置。

红外热成像系统的主要部分是红外探测器和监测器，性能较好的应该有图像处理器。对图像实时显示、实时记录和进行复杂的图像分析处理时，先进的热成像仪都要求达到电视兼容图像显示。红外探测器又称"扫描器"或"红外摄像机"，其基本组成有成像物镜、光机扫描机构、制冷红外探测器、控制电路及前置放大器。

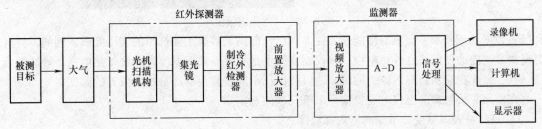

图 2-27　红外热成像系统的基本构成

1）成像物镜。根据视物大小和像质要求，可由不同透镜组成。

2）光机扫描机构。目前的扫描系统可分为两种：一种是由垂直、水平两扫描棱镜及同步系统组成；另一种是只采用一个旋转扫描棱镜。

3）制冷红外探测器。红外元件是一小片半导体材料，或是在薄弱的基片上的化学沉淀膜。不少红外敏感元件需要制冷到很低的温度才能有较大的信噪比、较高的探测率、较长的响应波长和较短的响应时间。因此，要想得到高性能的探测器就必须把探测器的敏感元件放在低温下。

现在的制冷方式有多种，有利用相变原理制冷、利用高压气体节流效应制冷、利用辐射热交换制冷及利用温差电制冷等。

4）前置放大器。由探测器接收并转换成的电信号是比较薄弱的，为便于后面进行的电子化学处理，必须在扫描前进行前置放大。

5）控制电路。该控制电路有两个作用：一方面是为消除由制造和环境变化产生的非均匀性；另一方面是使目标能量的动态大范围变化能够适应电路处理中有限动态范围。

目前最先进的热成像系统为焦平面式的红外热成像仪，探测器无需制冷，无需光机扫描机构，体积小，智能化程度高，在现场使用起来非常方便，如图 2-28 所示，将设备镜头对准被测物体，起动设备，在其显示屏上即可得到被测物体表面温度场的二维图形。

（3）红外热电视　红外热电视虽然只具有中等水平的分辨率，可是它能在常温下工作，省去制冷系统，设备结构更简单些，操作更方便些，价格比较低廉，对测温精度要求不是太高的工程应用领域，使用红外热电视是适宜的。

红外热电视采用热释电靶面探测器和标准电视扫描方式。被测目标的红外辐射通过红外热电视光学系统聚焦到热释电靶面探测器上，用电子束扫描的方式得到电信号，经放大处理，将可见光图像显示在光屏上。

近年来，随着新技术的发展，相关器件性能得到较大提升，特别是采用先进的数字图像处理

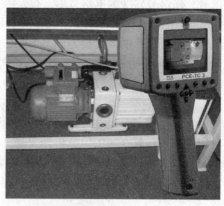

所测物体实时热图像

图 2-28　红外热成像仪

和微机数据处理技术，整机的性能显著提高，已经能满足多数工业部门的实用要求。例如，具有温度测量功能的便携式红外热电视，该仪器实际上是将红外辐射温度计和红外热电视巧妙地结合在一起，因此在显示目标热像的同时，还可读出位于屏幕监视器屏幕中心位置的温度。

在使用非接触式测温仪时需要注意以下几项注意事项：

① 只测量表面温度，不能测量内部温度。

② 不能透过玻璃进行测温，玻璃有很特殊的反射和透过特性，不能精确测量出被测物体的实际温度。但可通过红外窗口测温。

③ 最好不用于光亮的或抛光的金属表面的测温（不锈钢、铝等）。

④ 定位热点。要发现热点，仪器瞄准目标，然后在目标上做上下扫描运动，直至确定热点。

⑤ 注意环境条件。在蒸汽、尘土、烟雾等环境中，测量有误差，因为它阻挡仪器的光学系统而影响精确测温。

⑥ 环境温度。如果测温仪突然暴露在环境温差为 20℃ 或更高的情况下，要允许仪器在 20min 内调节到新的环境温度。

3. 红外测温的应用

红外测温具有非接触、便携、快速、直观、可记录存储等优点，故适用范围很广。它的响应速度很快，可动态监视各种起动、过渡过程的温度；灵敏度高，可分辨被测物的微小温差；测温范围宽广，从摄氏零下数十度到零上 2000℃，适于多种目标。当被测物件细小、脆弱、不断移动时或是在真空或其他控制环境下时，使用红外线测温是唯一可行的方法。对于隔一定距离的物体的温度、移动物体的温度、低密度材料的温度、需快速测量的温度、粗糙表面的温度、高电压元件的温度等的测量，红外测温都具有突出的优势。红外测温技术已广泛应用于电力、冶金、化工、交通、机电、造纸及玻璃加工等行业的设备的故障诊断中。

复习思考题

1. 何谓故障？如按故障机理来分，常见的故障有哪些？
2. 振动监测及故障诊断的常用仪器设备有哪些？简述其作用。
3. 简述实施现场振动诊断的步骤。
4. 滚动轴承常见故障有哪些？
5. 简述噪声源与故障源的识别方法。
6. 温度检测技术测量方式有哪几类？简述其各自特点。

第 3 章　机械的拆卸与装配

3.1　概述

3.1.1　机械装配的概念

机械产品一般是由许多零件和部件组成。零件是机械制造的最小单元，如一根轴、一个螺钉等。部件是两个或两个以上零件结合成为机械的一部分。按技术要求，将若干零件结合成部件或若干个零件和部件结合成机械的过程称为装配。前者称为部件装配，后者称为总装。部件是个通称，部件的划分是多层次的，直接进入产品总装的部件称为组件；直接进入组件装配的部件称为第一级分组件；直接进入第一级分组件装配的部件称为第二级分组件，其余类推，产品越复杂，分组件的级数越多。装配通常是产品生产过程中的最后一个阶段，其目的是根据产品设计要求和标准，使产品达到其使用说明书的规格和性能要求。大部分的装配工作都是由手工完成的，高质量的装配需要丰富的经验。

组成机械的零件可以分为两大类：一类是标准零部件，如轴承、齿轮及螺栓等，它们是机械的主要组成部分，并且数量很多；另一类是非标准件，在机械中数量不多。在研究零部件的装配时，主要讨论标准零部件的装配问题。

零部件的连接分为固定连接和活动连接。固定连接是使零部件固定在一起，没有任何相对运动的连接。固定连接分为可拆的和不可拆的两种连接方式，可拆的固定连接如螺纹联接、键销连接及过盈连接等，不可拆的固定连接如铆接、焊接、绞合等。活动连接是指连接起来的零部件能实现一定性质的相对运动，如轴与轴承的连接、齿轮与齿轮的连接、柱塞与套筒的连接等，无论哪一种连接都必须按照技术要求和一定的装配工艺进行，这样才能保证装配质量，满足机械的使用要求。

3.1.2　机械装配的共性知识

机械的性能和精度是在机械零件加工合格的基础上，通过良好的装配工艺实现的。机械装配的质量和效率在很大程度上取决于零件加工的质量。机械装配又对机械的性能有直接的影响，如果装配不正确，即使零件加工的质量很高，机械也达不到设计的使用要求。不同的机械其机械装配的要求与注意事项各有特色，但机械装配需注意的共性问题通常有以下几个方面。

1. 保证装配精度

保证装配精度是机械装配工作的根本任务，装配精度包括配合精度和尺寸链精度。

（1）配合精度　在机械装配过程中大部分工作是保证零部件之间的正常配合。为了保证配合精度，要严格按公差要求装配。目前常采用的保证配合精度的装配方法有以下几种。

1）完全互换法：相互配合零件公差之和小于或等于装配允许偏差，零件完全互换。对零件不需挑选、调整或修配就能达到装配精度要求。该方法操作方便，易于掌握，生产率高，便于组织流水作业，但对零件的加工精度要求较高。完全互换法适用于配合零件数较少，批量较大的场合。

2）分组选配法：零件的加工公差按装配精度要求的允许偏差放大若干倍，对加工后的零件测量分组，对应的组进行装配，同组可以互换。零件能按经济加工精度制造，配合精度高，但增加测量分组工作。分组选配法适用于成批或大量生产、配合零件数少、装配精度较高的场合。

3）调整法：选定配合副中的一个零件制造成多种尺寸作为调整件，装配时利用它来调整到装配允许的偏差；或采用可调装置如斜面、螺纹等改变有关零件的相互位置来达到装配允许偏差。零件可按经济加工精度制造，能获得较高的装配精度，但装配质量在一定程度上依赖操作者的技术水平。调整法可用于多种装配场合。

4）修配法：在某零件上预留修配量，在装配时通过修去其多余部分达到要求的配合精度。这种方法零件可按经济加工精度加工，并能获得较高的装配精度，但增加了装配过程中的手工修配和机械加工工作量，延长了装配时间且装配质量在很大程度上依赖工人的技术水平。修配法适用于单件小批生产，或装配精度要求高的场合。

在上述4种装配方法中，分组选配法、调整法和修配法过去采用得比较多，采用完全互换法比较少。随着科学技术的进步，生产的机械化、自动化程度不断提高，零件较高的加工精度已不难实现，随着现代化生产的大型、连续、高速和自动化程度的提高，完全互换法已在机械装配中日益广泛地被采用，而且是发展的方向。

（2）尺寸链精度　在机械装配过程中，有时虽然各配合件的配合精度满足了要求，但是累积误差所造成的尺寸链误差可能超出设计范围，影响机械的使用性能。因此，装配后必须进行检验，当不符合设计要求时，需重新进行选配或更换某些零部件。

图3-1所示为内燃机曲柄连杆机构装配尺寸，其中，A为曲轴座孔中心至缸体上平面的距离；B为曲轴的回转半径；C为连杆大小头中心孔之间的距离；D为活塞销孔中心至活塞顶平面距离；δ为活塞位于上止点时其顶平面至缸体上平面距离。

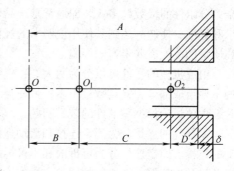

图3-1　内燃机曲柄连杆机构装配尺寸

A、B、C、D、δ五个尺寸构成了装配尺寸链。其中δ是装配过程中最后形成的环，是尺寸链的封闭环，δ对内燃机的压缩比有很大影响。当A为最大，B、C、D为最小时，δ最大；反之，当A为最小，B、C、D为最大时，δ最小。δ值可能超出设计要求范围，因此，必须在装配后进行检验，使δ符合规定。

2. 重视装配工作的密封性

在机械装配过程中，如密封装置位置不当，选用密封材料和预紧程度不合适，或密封装置的装配工艺不符合要求，都可能造成机械设备漏油、漏水和漏气等现象。这种现象轻则造成能量损失，降低或丧失工作能力，造成环境污染；重则可能造成严重事故。因此在装配工作中，对密封性必须给予足够重视。要恰当地选用密封材料，严格按照正确的工艺过程合理装配，要有合理的装配紧度，并且压紧要均匀。

3.1.3　机械装配的工艺过程

机械装配工艺过程一般包括机械装配前的准备工作、装配、检验和调整。

1. 机械装配前的准备工作

熟悉装配图及有关技术文件，了解所装机械的用途、构造、工作原理、各零部件的作用、相互关系、连接方法及有关技术要求；掌握装配工作的各项技术规范；制定装配工艺规程、选择装配方法、确定装配顺序；准备装配时所用的材料、工具、夹具和量具；对零件进行检验、清洗、润滑，重要的旋转体零件还需做静、动平衡实验，特别是对于转速高、运转平稳性要求高的机械，其零部件的平衡要求更为严格。

2. 装配

装配要按照工艺过程认真、细致地进行。装配的一般步骤是：先将零件装成组件，再将零件、组件装成部件，最后将零件、组件和部件总装成机械。装配应从里到外，从上到下，以不影响下道工序的原则进行。

3. 检验和调整

机械设备装配后需对设备进行检验和调整。检验的目的在于检查零部件的装配工艺是否正确，检查设备的装配是否符合设计图样的规定。凡检查出不符合规定的部位，都需进行调整，以保证设备达到规定的技术要求和生产能力。

3.1.4 机械装配工艺的技术要求

机械装配工艺的技术要求如下：

1）在装配前，应对所有的零件按要求进行检查。在装配过程中，要随时对装配零件进行检查，避免全部装好后再返工。

2）零件在装配前，不论是新件还是已经清洗过的旧件，都应进一步清洗。

3）对所有的配合件和不能互换的零件，要按照拆卸、修理或制造时所做的记号，成对或成套地进行装配。

4）凡是相互配合的表面，在安装前均应涂上润滑脂。

5）保证密封部位严密，不漏水、不漏油、不漏气。

6）所有锁紧止动元件，如开口销、弹簧、垫圈等必须按要求配齐，不得遗漏。

7）保证螺纹联接的拧紧质量。

3.2 机械零件的拆卸

3.2.1 机械零件拆卸的一般规则和要求

拆卸机械零件的目的是为了便于检查和维修。由于机械设备的构造各有其特点，零部件在重量、结构、精度等各方面存在差异，如果拆卸不当，将使零部件受损，造成不必要的浪费，甚至无法修复。为保证维修质量，在机械设备解体之前必须周密计划，对可能遇到的问题有所估计，做到有步骤地进行拆卸。拆卸机械零件一般应遵循下列规则和要求。

1. 拆卸前必须先弄清楚机械构造和工作原理

机械设备种类繁多，构造各异。拆卸前应先弄清所拆部分的结构特点、工作原理、性能和装配关系，做到心中有数，不能粗心大意、盲目乱拆。对不清楚的结构，应查阅有关图样资料，搞清装配关系、配合性质，尤其是紧固件位置和退出方向。另外，要边分析判断，边试拆，有时还需设计合适的拆卸夹具和工具。

2. 拆卸前做好准备工作

准备工作包括：拆卸场地的选择、清理；拆前断电、擦拭、放油，对电气、易氧化、易锈蚀的零件进行保护等。

3. 从实际出发，可不拆的尽量不拆，需要拆的一定要拆

为减少拆卸工作量和避免破坏配合性质，对于尚能确保使用性能的零部件可不拆，但需进行必要的试验或诊断，确信无隐蔽缺陷。若不能肯定内部技术状态如何，必须拆卸检查，确保维修质量。

4. 使用正确的拆卸方法，保证人身和机械设备安全

拆卸顺序一般与装配顺序相反，先拆外部附件，再将整机拆成组件、部件，最后全部拆成零件，并按部件汇集放置。根据零部件连接形式和规格尺寸，选用合适的拆卸工具和设备。对不可拆的连接或拆后降低精度的结合件，拆卸时需注意保护。有的机械拆卸时需采取必要的支承和起重措施。

5. 对轴孔装配件，应坚持拆与装所用的力相同原则

在拆卸轴孔装配件时，通常坚持用多大的力装配，用多大的力拆卸。若出现异常情况，要查找原因，防止在拆卸中将零件碰伤、拉毛、甚至损坏。热装零件需利用加热来拆卸。一般情况下不允许进行破坏性拆卸。

6. 拆卸应为装配创造条件

如果技术资料不全，必须对拆卸过程有必要的记录，以便在安装时遵照"先拆后装"的原则重新装配。拆卸精密零件或结构复杂的部件，应画出装配草图或拆卸时做好标记，避免误装。零件拆卸后要彻底清洗、涂油防锈、保护加工面，避免丢失和破坏。细长零件要悬挂，注意防止弯曲变形。精密零件要单独存放，以免损坏。细小零件注意防止丢失。对不能互换的零件要成组存放或打标记。

3.2.2 常用的拆卸方法

在拆卸过程中，应根据具体零部件结构特点的不同，采用相应的拆卸方法。常用的拆卸方法有击卸法、拉拔法、顶压法、温差法和破坏法等。

1. 击卸法拆卸

击卸法是利用锤子敲击，把零件拆下。用锤子敲击拆卸应注意下列事项：

1）要根据拆卸件尺寸及重量、配合牢固程度，选用重量适当的锤子。

2）必须对受击部位采取保护措施，一般使用铜锤、胶木棒、木板等保护受击的轴端、套端或轮辐。对精密重要的部件拆卸时，还必须制作专用工具加以保护，如图 3-2 所示。图 3-2a 所示为保护主轴的垫铁，图 3-2b 所示为保护轴端中心孔的垫铁，图 3-2c 所示为保护轴端螺纹的垫套，图 3-2d 所示为保护轴套的垫套。

3）应选择合适的锤击点，以避免变形或破坏。如对于带有轮辐的带轮、齿轮、链轮，应锤击轮与轴配合处的端面，避免锤击外缘，锤击点要均匀分布。

4）对配合面因为严重锈蚀而拆卸困难时，可加煤油浸润锈蚀面。当略有松动时，再拆卸。

2. 拉拔法拆卸

拉拔法是一种静力或冲击力不大的拆卸方法。这种方法一般不会损坏零件，适于拆卸精度比较高的零件。

（1）锥销的拉拔　图 3-3 所示为用拔销器拉出锥销。图 3-3a 为大端带有内螺纹锥销的拉拔，图 3-3b 为带螺尾锥销的拉拔。

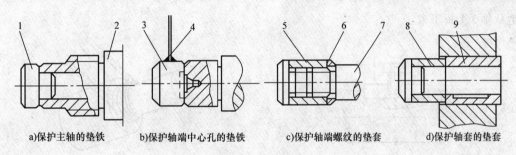

a)保护主轴的垫铁　　b)保护轴端中心孔的垫铁　　c)保护轴端螺纹的垫套　　d)保护轴套的垫套

图 3-2　击卸保护

1、3—垫铁　2—主轴　4—铁条　5—螺母　6、8—垫套　7—轴　9—击卸套

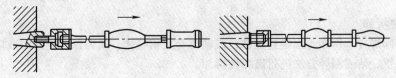

a)大端带有内螺纹锥销的拉拔　　　　　　b)带螺尾锥销的拉拔

图 3-3　锥销的拉拔

（2）轴端零件的拉卸　位于轴端的带轮、链轮、齿轮及滚动轴承等零件的拆卸，可用各种拉马（拉拔器）拉出。图 3-4a 为用拉马拉卸滚动轴承，图 3-4b 为用拉马拉卸滚动轴承外圈。

（3）轴套的拉卸　由于轴套一般是以质地较软的铜、铸铁、轴承合金制成，若拉卸不当，则很容易变形。因此，不必拆卸的尽可能不拆卸，必须拆卸时，可做些专用工具拉卸。图 3-5 为两种拉卸轴套的方法。

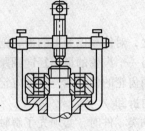
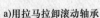
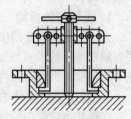

a)用拉马拉卸滚动轴承　　b)用拉马拉卸滚动轴承外圈

图 3-4　轴端零件的拉卸

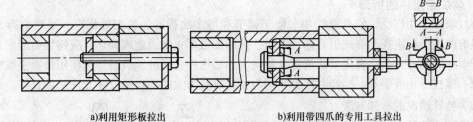

a)利用矩形板拉出　　　　　　b)利用带四爪的专用工具拉出

图 3-5　轴套的拉卸

3. 顶压法拆卸

顶压法是一种静力拆卸的方法，一般适用于形状简单的静止配合件。常利用 C 形夹头、手压机械或油压机、千斤顶等工具和设备进行拆卸。用螺钉顶压拆卸键的方法也属于顶压法，如图 3-6 所示。

4. 温差法拆卸

温差法是采用加热包容件或冷冻被包容件，同时借助专用工具来进行拆卸的一种方法。图 3-7 所示是将绳子 1 绕在轴承内圈 2 上，反复快速拉动绳子，摩擦生热使轴承内圈增大，较容易地从轴3上拆下来。

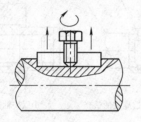

图 3-6　顶压法拆卸

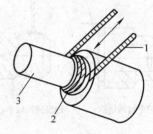

图 3-7　温差法拆卸
1—绳子　2—轴承内圈　3—轴

5. 破坏法拆卸

若必须拆卸焊接、铆接等固定连接件，或轴与套互相咬死，或为保存主件而破坏副件时，可采用车、锯、錾、钻或割等方法进行破坏性拆卸。

3.2.3　典型连接件的拆卸

典型连接的拆卸应遵循拆卸的一般原则，结合其各自的特点，采用相应的拆卸方法来达到拆卸的目的。

1. 齿轮副的拆卸

为了提高传动链精度，对传动比为1的齿轮副采用误差相消法装配，即将一个外齿轮的最大径向圆跳动处的齿间与另一个齿轮的最小径向圆跳动处的齿间相啮合。为避免拆卸后再装配的误差不能消除，拆卸时在两齿轮的相互啮合处做好记号，以便装配时恢复原精度。

2. 轴上定位零件的拆卸

在拆卸齿轮箱中的轴类零件时，必须先了解轴的阶梯方向，进而决定拆卸轴时的移动方向，然后拆去两端轴盖和轴上的轴向定位零件。如紧固螺钉、圆螺母、弹簧垫圈、保险弹簧等零件。先要松开装在轴上的齿轮、套等不能通过轴盖孔的零件的轴向紧固关系，并注意轴上的键能随轴通过各孔，才能用木锤击打轴端而拆下轴。否则不仅拆不下轴，还会造成对轴的损伤。

3. 螺纹连接件的拆卸

螺纹联接应用广泛，它具有简单、便于调节和可多次拆卸、装配等优点。虽然它拆卸较容易，但有时也会因重视不够或工具选用不当、拆卸方法不正确而造成损坏，应特别引起注意。

（1）一般拆卸方法　首先要认清螺纹旋向，然后选用合适的工具，尽量使用呆扳手或螺钉旋具、双头螺柱专用扳手等，拆卸时用力要均匀，只有受力大的特殊螺纹才允许用加长杆。

（2）特殊情况的拆卸方法

1）断头螺钉的拆卸。机械设备中的螺钉头有时会被打断，断头螺钉在机体表面以上时，可在螺钉上钻孔，打入多角淬火钢杆，再把螺钉拧出，如图 3-8a 所示；断头螺钉在机体表面以下时，可在断头端的中心钻孔，攻反向螺纹，拧入反向螺钉旋出，如图 3-8b 所示；也可在断头上锯出沟槽，用一字形螺钉旋具拧出；或用工具在断头上加工出扁头或方头，用扳手拧出；或在断头上加焊弯杆拧出；也可在断头上加焊螺母拧

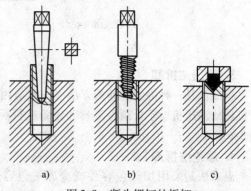

a)　　　　b)　　　　c)

图 3-8　断头螺钉的拆卸

出，如图 3-8c 所示；当螺钉较粗时，可用扁錾子沿圆周剔出。

2）打滑内六角螺钉的拆卸。当内六角磨圆后出现打滑现象时，可用一个孔径比螺钉头外径稍小一点的六方螺母，放在内六角螺钉头上，将螺母和螺钉焊接成一体，用扳手拧螺母即可将螺钉拧出，如图 3-9 所示。

3）锈死螺纹的拆卸。螺纹锈死后，可将螺钉向拧紧方向拧动一下，再旋松，如此反复，逐步拧出；用锤子敲击螺钉头、螺母及四周，锈层震松后即可拧出；可在螺纹边缘处浇些煤油或柴油，浸泡 20min 左右，待锈层软化后逐步拧出。若上述方法均不可行，而零件又允许，可快速加热包容件，使其膨胀，软化锈层也能拧出；还可用錾、锯、钻等方法破坏螺纹件。

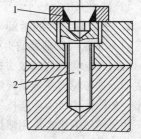

图 3-9　打滑内六角螺钉的拆卸
1—螺母　2—螺钉

4）成组螺纹连接件的拆卸。它的拆卸顺序一般为先四周后中间，对角线方向轮换。先将其拧松少许或半周，然后再顺序拧松，以免应力集中到最后的螺钉上，损坏零件或使结合件变形，造成难以拆卸的困难。要注意先拆难以拆卸部位的螺纹件。

4. 过盈连接件的拆卸

拆卸过盈件，应按零件配合尺寸和过盈量大小，选择合适的拆卸工具和方法。视松紧程度由松至紧，依次用木锤、铜棒、锤子或大锤、机械式压力机、液压压力机、水压机等进行拆卸。过盈量过大或为保护配合面，可加热包容件或冷却被包容件后再迅速压出。无论使用何种方法拆卸，都要检查有无定位销、螺钉等附加固定或定位装置，若有必须先拆下。施力部位要正确，受力要均匀且方向要正确。

5. 滚动轴承的拆卸

拆卸滚动轴承时，除按过盈连接件的拆卸要点进行外，还应注意尽量不用滚动体传递力；拆卸轴末端的轴承时，可用小于轴承内径的铜棒或软金属、木棒抵住轴端，在轴承下面放置垫铁，再用锤子敲击。

6. 不可拆连接的拆卸

焊接件的拆卸可用锯割、扁錾切割、用小钻头钻一排孔后再錾或锯以及气割等。铆接件的拆卸可錾掉、锯掉、气割铆钉头，或用钻头钻掉铆钉等。拆卸主要是指连接件的拆卸，除上述规则以外，还应掌握拆卸的方法。

3.2.4　拆卸方法示例

例 1　以图 3-10 所示电动机的拆卸为例说明拆卸工作的一般方法与步骤。

电动机在检修和维护保养时，经常需要拆装，如果拆装时操作不当，就会损害零、部件。拆卸前，应预先在线头、端盖、刷架等处做好记号，以便于修复后的装配。在拆卸过程中，应同时进行检查和测量，并做好记录。

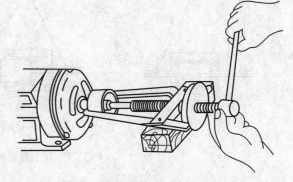

图 3-10　用顶拔器拆卸带轮或联轴器

1. 拆卸步骤

1）拆开端接头，拆绕线转子电动机时，抬起或提出电刷，拆卸刷架。

2）拆卸带轮或联轴器。

3）拆卸风罩和风叶。

4）拆卸轴承盖和端盖（先拆卸联轴端，后拆卸集电环或换向端）。

5）抽出或吊出转子。

2. 主要零部件的拆卸

（1）带轮或联轴器的拆卸 首先在带轮（或联轴器）的轴伸端（或联轴端）上做好尺寸标记，再拆开电动机的端接头；然后把带轮或联轴器上的定位螺钉或销子松脱取下，用两爪或三爪顶拔器，把带轮或联轴器慢慢拉出。丝杠尖端必须对准电动机轴端的中心，使其受力均匀，便于拉出，如图3-10所示。若拉不下来时，切忌硬卸，可在定位螺钉孔内注入煤油，待数小时后再拆；如仍然拉不出，可用喷灯在带轮或联轴器四周加热，使其膨胀，就可拉出，但加热温度不能太高，以防轴变形。不能用锤子直接敲出带轮，防止带轮或联轴器碎裂，使轴变形或端盖等部件受损。

（2）刷架、风罩和风叶的拆卸 先松开刷架弹簧，抬起刷架卸下电刷，然后取下刷架。拆卸时应该做好记号，这样便于装配。

对于封闭式电动机，在拆下带轮或联轴器后，就可以把外风罩螺栓松脱，取下风罩；然后把转尾轴端风叶上的定位螺钉或销子松脱取下，用金属棒或锤子在风叶四周均匀地轻敲，风叶就可脱落下来。对于小型电动机的风叶，一般不用拆下，可随转子一起抽出；但如果后端盖内的轴承需加油或更换时，就必须拆卸，可把转子连同风叶放在压床中一起压出。对于J02、J03等电动机，由于风叶是用塑料制成的，内孔有螺纹，故可用热水使塑料风叶膨胀后再卸下。

（3）轴承盖和端盖的拆卸 先把轴承的外盖螺栓松下。拆下轴承外盖，然后松开端盖的紧固螺栓，在端盖与机座的接缝处做好记号，随后用木锤均匀敲打端盖四周，把端盖取下。较大型电动机端盖较重，应先用起重机吊住，以免端盖卸下时跌碎或碰坏绕组。对于大型电动机，可先把轴伸端的轴承外盖卸下，再松下端盖的紧固螺栓，然后用木锤敲打轴伸端，这样就可以把转子连同端盖一起取出。

（4）抽出转子 对于小型电动机的转子，如上所述，可以连同端盖一起取出。抽出转子时应小心，动作要慢一些，注意不可歪斜以免碰伤定子绕组；对于绕线转子异步电动机，还要注意不要损伤集中环和刷架。对于大型电动机，转子较重，要用起重机设备将转子吊出，方法如图3-11所示。

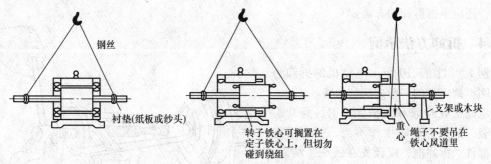

图3-11 用起重设备吊出转子

例2 以图3-12所示为例说明某车床主轴部件的拆卸方法。

图示主轴的阶梯状向左直径减小，拆卸主轴的方向应向右。其拆卸的具体步骤如下：

1）先将端盖7、后罩盖1与主轴箱间的联接螺钉松脱，拆卸端盖7及后罩盖1。

2）松开锁紧螺钉6后，接着松开主轴上的圆螺母8及2（由于推力轴承的关系，圆螺母8

只能松开到碰至垫圈 5）。

3）用相应尺寸的装拆钳，将轴向定位用的卡簧 4 撑开向左移出沟槽，并置于轴的外表面上。

4）当主轴向右移动而完全没有零件障碍时，在主轴的尾部（左端）垫铜或铝等较软金属圆棒后，再用大木锤敲击主轴。边向右移动主轴，边向左移动相关零件，当全部轴上件松脱时，从主轴箱后端插入铁棒（使轴上件落在铁棒上，以免落入主轴箱内），从主轴箱前端抽出主轴。

5）轴承座 3 在松开其固定螺钉后，可垫铜棒向左敲出。

6）主轴上的前轴承垫了铜套后，可向左敲击取下内圈，向右敲击取出外圈。

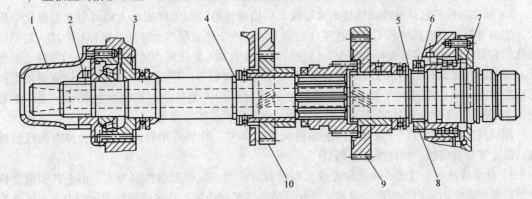

图 3-12　车床主轴部件
1—后罩盖　2、8—圆螺母　3—轴承座　4—卡簧　5—垫圈　6—螺钉　7—端盖　9、10—齿轮

3.3　零件的清洗

在维修过程中搞好清洗是做好维修工作的重要一环。清洗方法和清洗质量对鉴定零件的准确性、维修质量、维修成本和使用寿命等均产生重要影响。清洗包括清除零件上的油污、水垢、积炭、锈层及旧漆层等。

根据零件的材质、精密程度、污物性质和各工序对清洁程度的要求，采用不同的清除方法，选择适宜的设备、工具、工艺和清洗介质，以便获得良好的清洗效果。

3.3.1　拆卸前的清洗

拆卸前的清洗主要是指拆卸前对机械设备的外部清洗，其目的是除去机械设备外部积存的大量尘土、油污及泥砂等脏物，以便于拆卸和避免将尘土及油泥等脏物带入厂房内部。外部清洗一般采用自来水冲洗，即用软管将自来水接到清洗部位，用水流冲洗油污，并用刮刀、刷子配合进行；也可采用高压水冲刷，即采用 1～10MPa 压力的高压水流进行冲刷。对于密度较大的厚层污物，可加入适量的化学清洗剂并提高喷射压力和水的温度。

常见的外部清洗设备有：①单枪射流清洗机，它是靠高压连续射流或气水射流的冲刷作用，或射流与清洗剂的化学作用相配合来消除污物；②多喷嘴射流清洗机，有门柜移动式和隧道固定式两种。喷嘴的安装位置和数量，根据设备的用途不同而异。

3.3.2　拆卸后的清洗

1. 清除油污

凡是和各种油料接触的零件在解体后都要进行清除油污的工作，即除油。油可分为两类：可皂化的油，就是能与强碱起作用生成肥皂的油，如动物油、植物油；还有一类是不可皂化的油，它不能与强碱起作用，如各种矿物油、润滑油、凡士林和石蜡等，它们都不溶于水，但可溶于有机溶剂。去除这些油类，主要是用化学方法和电化学方法。

（1）清洗液　常用的清洗液有有机溶剂、碱性溶液及化学清洗液等。

1）有机溶剂。常见的有机溶剂有煤油、轻柴油、汽油、丙酮、酒精及三氯乙烯等。有机溶剂除油是以溶解污物为基础，它对金属无损伤，可溶解各类油脂，不需加热、使用简便、清洗效果好。但有机溶剂多数为易燃物，成本高，主要适用于规模小的单位和分散的维修工作。

2）碱性溶液。它是碱或碱性盐的水溶液。利用碱性溶液与零件表面上的可皂化油起化学反应，生成易溶于水的肥皂和不易浮在零件表面上的甘油，然后用热水冲洗，很容易除油。对不可皂化油和可皂化油不容易去掉的情况，应在清洗溶液中加入乳化剂，使油垢乳化后与零件表面分开。常用的乳化剂有肥皂、水玻璃（硅酸钠）、骨胶、树胶等。清洗不同材料的零件应采用不同的清洗溶液。碱性溶液对于金属有不同程度的腐蚀作用，尤其是对铝的腐蚀较强。表3-1和表3-2分别列出了清洗钢铁零件和铝合金零件的配方，供使用时参考。

用碱性溶液清洗时，一般需将溶液加热到80～90℃。除油后用热水冲洗，去掉表面残留碱液，防止零件被腐蚀。碱性溶液应用最广。

3）化学清洗液。这是一种化学合成水基金属清洗剂，以表面活性剂为主。由于其表面活性物质降低界面张力而产生湿润、渗透、乳化、分散等多种作用，具有很强的去污能力。它还具有无毒、无腐蚀、不燃烧、不爆炸、无公害、有一定防锈能力、成本较低等优点，目前已逐步替代其他清洗液。

表3-1　清洗钢铁零件的配方

成　　分	配方1	配方2	配方3	配方4
氢氧化钠	7.5	20	—	—
碳酸钠	50	—	5	—
磷酸钠	10	50	—	—
硅酸钠	—	30	2.5	—
软肥皂	1.5	—	5	3.6
磷酸三钠	—	—	1.25	—
磷酸氢二钠	—	—	1.25	—
偏硅酸钠	—	—	—	4.5
重铬酸钠	—	—	—	0.9
水	1000	1000	1000	450

表3-2　清洗铝合金零件的配方

成　　分	配方1	配方2	配方3
碳酸钠	1.0	0.4	1.5～2.0
重铬酸钾	0.05	—	0.05
硅酸钠	—	—	0.5～1.0
肥皂	—	—	0.2
水	100	100	100

（2）清洗方法

1）擦洗：将零件放入装有柴油、煤油或其他清洗液的容器中，用棉纱擦洗或毛刷刷洗。这种方法操作简便，设备简单，但效率低，用于单件小批生产的中小型零件。一般情况下不宜用汽油，因其有溶脂性，会损害人的身体且易造成火灾。

2）煮洗：将配制好的溶液和被清洗的零件一起放入用钢板焊制的适当尺寸的清洗池中。在池的下部设有加温用的炉灶，将零件加温到 80～90℃煮洗。

3）喷洗：将具有一定压力和温度的清洗液喷射到零件表面，以清除油污。此方法清洗效果好，生产效率高，但设备复杂。适于零件形状不太复杂、表面有严重油垢的清洗。

4）振动清洗：它是将被清洗的零部件放在振动清洗机的清洗篮或清洗架上，浸没在清洗液中，通过清洗机产生振动来模拟人工漂刷动作，并与清洗液的化学作用相配合，达到去除油污的目的。

5）超声清洗：它是靠清洗液的化学作用与引入清洗液中的超声波振荡作用相配合达到去污目的。

2. 清除水垢

机械设备的冷却系统经长期使用硬水或含杂质较多的水后，在冷却器及管道内壁上沉积一层黄白色的水垢。它的主要成分是碳酸盐、硫酸盐，有的还含二氧化硅等。水垢使水管截面缩小，导热系数降低，严重影响冷却效果，影响冷却系统的正常工作，必须定期清除。水垢的清除方法可用化学去除法，有以下几种。

（1）酸盐清除水垢　用 3%～5% 的磷酸三钠溶液注入并保持 10～12h 后，使水垢生成易溶于水的盐类，而后被水冲掉。洗后应再用清水冲洗干净，以去除残留碱盐防止腐蚀。

（2）碱溶液清除水垢　对铸铁的发动机气缸盖和水套可用氢氧化钠 750g、煤油 150g 和水 10L 的比例配成溶液，将其过滤后加入冷却系统中停留 10～12h，然后起动发动机使其以全速工作 15～20 min 直到溶液开始有沸腾现象为止，放出溶液，再用清水清洗。

对铝制气缸盖和水套可用硅酸钠 15g、液态肥皂 2g 和水 1L 的比例配成溶液，将其注入冷却系统中，起动发动机到正常工作温度；再运转 1h 后放出清洗液，用水清洗干净。对于钢制零件，溶液浓度可大些，用 10%～15% 的氢氧化钠；对有色金属零件浓度应低些，用 2%～3% 的氢氧化钠。

（3）酸洗清除水垢　酸洗液常用的是磷酸、盐酸或铬酸等。用 2.5% 盐酸溶液清洗，主要使之生成易溶于水的盐类，如 $CaCl_2$，$MgCl_2$ 等。将盐酸溶液加入冷却系统中，然后起动发动机以全速运转 1h 后，放出溶液，再以超过冷却系统容量三倍的清水冲洗干净。

用磷酸时，取比重为 1.71 的磷酸（H_3PO_4）100mL、铬酐（CrO_3）50g 和水 900 mL，加热至 30℃，浸泡 30～60min，清洗后再用 0.3% 的重铬酸盐清洗，去除残留磷酸，防止腐蚀。

清除铝合金零件水垢，可用 5% 浓度的硝酸溶液，或 10%～15% 浓度的醋酸溶液。清除水垢的化学清除液应根据水垢成分与零件材料选用。

3. 清除积炭

在机械维修过程中，常遇到清除积炭的问题，如发动机中的积炭大部分积聚在气门、活塞、气缸盖上。积炭的成分与发动机的结构、零件的部位、燃油和润滑油的种类、工作条件以及工作时间等有很大的关系。积炭是由于燃料和润滑油在燃烧过程中不能完全燃烧，并在高温作用下形成的一种由胶质、沥青质、油焦质、润滑油和炭质等组成的复杂混合物。这些积炭影响发动机某些零件的散热效果，恶化传热条件，影响其燃烧性，甚至会导致零件过热，形成裂纹。

目前，经常使用机械清除法、化学法和电化学法等清除积炭。

（1）机械清除法　它是用金属丝刷与刮刀去除积炭。为了提高生产率，在用金属丝刷时可由电钻经软轴带动其转动。此方法简单，对于规模较小的维修单位经常采用，但效率很低，容易损伤零件表面，积炭不易清除干净。也可用喷射核屑法清除积炭，由于核屑比金属软，冲击零件时，本身会变形，所以零件表面不会产生刮伤或擦伤，生产效率也高。这种方法是用压缩空气吹送干燥且碾碎的桃、李、杏的核及核桃的硬壳冲击有积炭的零件表面，破坏积炭层而达到清除目的。

（2）化学法 对某些精加工零件的表面，不能采用机械清除法，可用化学法。将零件浸入氢氧化钠、碳酸钠等清洗溶液中，温度为80~95℃，使油脂溶解或乳化，积炭变软，经2~3h后取出，再用毛刷刷去积炭，用加入0.1%~0.3%的重铬酸钾热水清洗，最后用压缩空气吹干。

（3）电化学法 将碱溶液作为电解液，工件接于阴极，使其在化学反应和氢气的剥离共同作用下去除积炭。这种方法效率高，但要掌握好清除积炭的规范。例如，气门电化学法清除积炭的规范：电压为6V，电流密度为6A/dm^2，电解液温度为135~145℃，电解时间为5~10min。

4. 除锈

锈是金属表面与空气中氧、水分以及酸类物质接触而生成的氧化物，如FeO、Fe_3O_4、Fe_2O_3等。除锈的主要方法有机械法、化学酸洗法和电化学酸蚀法。

（1）机械法 机械法是利用机械摩擦、切削等作用清除零件表面锈层，常用的方法有刷、磨、抛光、喷砂等。单件小批维修靠人工用钢丝刷、刮刀、砂布等刷、刮或打磨锈蚀层。成批或有条件的情况下，可用电动机或风动机做动力，带动各种除锈工具进行除锈，如电动磨光、抛光及滚光等。喷砂除锈是利用压缩空气，把一定粒度的砂子通过喷枪喷在零件的锈蚀表面上。它不仅除锈快，还可为油漆、喷涂及电镀等工艺做好准备。经喷砂后的零件表面干净，并有一定的粗糙度，能提高覆盖层与零件的结合力。机械法除锈只能用在不重要的表面。

（2）化学酸洗法 这是一种利用化学反应把金属表面的锈蚀产物溶解掉的酸洗法。其原理是利用酸对金属的溶解，以及化学反应中生成的氢对锈层的机械作用而使锈层脱落。常用的酸包括盐酸、硫酸及磷酸等。由于金属的不同，使用的溶解锈蚀产物的化学药品也不同。选择除锈的化学药品和其使用操作条件主要根据金属的种类、化学组成、表面状况和零件尺寸精度及表面质量等确定。

（3）电化学酸蚀法 即零件在电解液中通以直流电，通过化学反应达到除锈目的。这种方法比化学法快，能更好地保存基体金属，酸的消耗量少。电化学酸蚀法一般分为两类：一类是把被除锈的零件作为阳极；另一类是把被除锈的零件作阴极。阳极除锈是由于通电后金属溶解以及在阳极的氧气对锈层的撕裂作用而分离锈层。阴极除锈是由于通电后在阴极上产生的氢气，使氧化铁还原和氢对锈层的撕裂作用使锈蚀物从零件表面脱落。上述两类方法，前者主要缺点是当电流密度过高时，易腐蚀过度，破坏零件表面，故适用于外形简单的零件；而后者虽无过蚀问题，但氢易浸入到金属中，产生氢脆，降低零件塑性。因此，需根据锈蚀零件的具体情况确定合适的除锈方法。

此外，在生产中还可用由多种材料配制的除锈液，把除油、锈和钝化三者合一进行处理。除锌、镁金属外，大部分金属制件不论大小均可采用，且喷洗、刷洗及浸洗等方法都能使用。

5. 清除漆层

零件表面的保护漆层需根据其损坏程度和保护涂层的要求进行全部或部分清除。清除后要冲洗干净，才能再喷刷新漆。

清除方法一般用手工工具，如刮刀、砂纸、钢丝刷或手提式电动、风动工具进行刮、磨、刷等。有条件的情况下也可用各种配制好的有机溶剂、碱性溶液等作为退漆剂，涂刷在零件的漆层上，使之溶解软化，再借助手工工具去除漆层。

为完成各道清洗工序，可使用一整套各种用途的清洗设备，包括喷淋清洗机、浸泡清洗机、喷枪机、综合清洗机、环流清洗机、专用清洗机等。究竟采用哪一种设备，要考虑其用途和生产场所。

3.4　零件的检验

机械维修过程中的零件检验工作包含的内容很广，在很大程度上，它是制定维修工艺措施的主要依据，它决定零部件的弃取，决定装配质量，影响维修成本，是一项重要的工作。

3.4.1　检验的原则

1）在保证质量的前提下，尽量缩短维修时间，节约原材料、配件、工时，提高利用率，降低成本。

2）严格掌握技术规范、修理规范，正确区分能用、需修、报废的界限，从技术条件和经济效果综合考虑，既不让不合格的零件继续使用，也不让不必维修或不应报废的零件进行修理或报废。

3）努力提高检验水平，尽可能消除或减少误差，建立健全合理的规章制度。按照检验对象的要求，特别是精度要求选用检验工具或设备，采用正确的检验方法。

3.4.2　检验的分类和内容

1. 检验分类

（1）修前检验　它是在机械设备拆卸后进行。对已确定需要修复的零部件，可根据损坏情况及生产条件选择适当的修复工艺，并提出技术要求；对报废的零部件，要提出需补充的备件型号、规格和数量；无备件的需要提出零件蓝图或测绘草图。

（2）修后检验　这是指零件加工或修理后检验其质量是否达到了规定的技术标准，是否还需要返修。

（3）装配检验　它是指检验待装零部件质量是否合格，能否满足要求；在装配中，对每道工序或工步都要进行检验，以免产生中间工序不合格，影响装配质量；组装后，检验累积误差是否超过技术要求；总装后要进行调整，包括工件精度、几何精度及其他性能检验、试运转等，确保维修质量。

2. 检验的主要内容

（1）零件的几何精度　检验尺寸、形状和表面相互位置精度。经常检验的是尺寸、圆柱度、圆度、平面度、直线度、同轴度、平行度、垂直度及跳动等项目。根据维修特点，有时不是追求单个零件的几何尺寸精度，而是要求相对配合精度。

（2）零件的表面质量　检验表面粗糙度，表面有无擦伤、腐蚀、裂纹、剥落、烧损及拉毛等。

（3）零件的物理力学性能　除硬度、硬化层深度外，对零件制造和修复过程中形成的性能，如应力状态、平衡状况弹性、刚度及振动等也需根据情况适当进行检测。

（4）零件的隐蔽缺陷　检验制造过程中的内部夹渣、气孔、疏松、空洞及焊缝等缺陷，还有使用过程中产生的微观裂纹。

（5）零部件的质量和静动平衡　检验活塞、连杆组之间的质量；对曲轴、风扇、传动轴及车轮等高速转动的零部件进行静动平衡检验。

（6）零件的材料性质　检验零件的成分、溶碳层含碳量、各部分材料的均匀性、铸铁中石墨的析出、橡胶材料的老化变质程度等。

（7）零件表层材料与基体的结合强度　检验电镀层、喷涂层、堆焊层和基体金属的结合强度，机械固定连接件的连接强度，轴承合金和轴承座的结合强度等。

（8）组件的配合情况 检验组件的同轴度、平行度、啮合情况与配合的严密性等。

（9）零件的磨损程度 正确识别摩擦磨损零件的可行性，由磨损极限确定是否能继续使用。

（10）密封件 如内燃机缸体、缸盖需进行密封试验，检查有无泄漏。

3.4.3 检验的方法

1. 感觉检验法

不用量具、仪器，仅凭检验人员的直观感觉和经验来鉴别零件的技术状况，统称感觉检验，这种方法精度不高，只适于分辨缺陷明显的或精度要求不高的零件，要求检验人员有丰富的经验，具体方法如下。

（1）目测 用眼睛或借助放大镜对零件进行观察和宏观检验，如倒角、圆角、裂纹、断裂、疲劳剥落、磨损、刮伤、蚀损、变形及老化等，做出可靠的判断。

（2）耳听 根据机械设备运转时发出的声音，或敲击零件时的响声判断其技术状态。零件无缺陷时声响清脆，内部有缩孔时声音相对低沉，若内部出现裂纹，则声音嘶哑。

（3）触觉 用手与被检验的零件接触，可判断工作时温度的高低和表面状况；将配合件进行相对运动，可判断配合间隙的大小。

2. 测量工具和仪器检验法

这种方法由于能达到检验精度要求，所以应用最广。

1）用各种测量工具（如卡钳、钢直尺、游标卡尺、百分尺、千分尺或百分表、塞尺、量块、齿轮规等）和仪器检验零件的尺寸、几何形状和相互位置精度。

2）用专用仪器和设备对零件的应力、强度、硬度、冲击性及伸长率等力学性能进行检验。

3）用静动平衡试验机对高速运转的零件做静动平衡检验。

4）用弹簧检验仪或弹簧秤对各种弹簧的弹力和刚度进行检验。

5）对承受内部介质压力并须防止泄漏的零部件，需在专用设备上进行密封性能检验。

6）用金相显微镜检验金属组织、晶粒形状尺寸、显微缺陷，分析化学成分。

3. 物理检验法

物理检验法也称无损检测，它是利用电、磁、光、声及热等物理量，通过零部件引起的变化来测定技术状况，发现内部缺陷。这种方法的实现是和仪器、工具检测相结合，它不会使零部件受伤、分离或损坏。

对维修而言，这种检测主要是对零部件进行定期检查、维修检查、运转中检查，通过检查发现缺陷，根据缺陷的种类、形状、大小、产生部位、应力水平、应力方向等，预测缺陷发展的程度，确定采取修补或报废。目前在生产中广泛应用的有磁力法、渗透法、超声波法及射线法等。

3.4.4 主要零件的检验

1. 床身导轨的检验

机电设备的床身是基础零件，最起码的要求是保持其形态完整。一般情况下，虽然床身导轨本身断面大，不易断裂，但是由于铸件本身的缺陷（砂眼、气孔、缩松），加之受力大，切削过程的振动和冲击，床身导轨也可能存在裂纹，这是首先应检查的。检查方法是：用锤子轻轻敲打床身各非工作面，凭发出的声音进行鉴别，当有破哑声发出时，则判断其部位可能有裂纹。微细的裂纹可用煤油渗透法检查。对导轨面上的凸凹、掉块或碰伤，均应查出，标注记号，以备修理。

2. 主轴的检验

主轴的损坏形式主要是轴颈磨损、外表拉伤，产生圆度误差、同轴度误差、弯曲变形、锥孔碰伤、键槽破裂及螺纹损坏等。

常见的主轴各轴颈同轴度检查方法如图 3-13 所示。

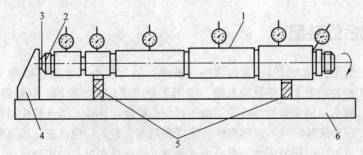

图 3-13　主轴各轴颈同轴度的检查
1—主轴　2—堵头　3—钢球　4—支承板　5—V 形架　6—平板

主轴 1 放置于检验平板 6 上的两个 V 形架 5 上，主轴后端装入堵头 2，堵头 2 中心孔顶一钢球 3，紧靠支承板 4，在主轴各轴颈处用百分表触头与轴颈表面接触，转动主轴，百分表指针的摆动差即为同轴度误差。轴肩端面圆跳动误差也可从端面处的百分表读出。一般应将同轴度误差控制在 0.015mm 之内，端面圆跳动误差应小于 0.01mm。

至于主轴锥孔中心线对支承轴颈的径向圆跳动误差，可在放置好的主轴锥孔内放入锥柄检验棒，然后将百分表触头分别触及锥柄检验棒靠近主轴端及相距 300mm 处的两点，回转主轴，观察百分表指针，即可测得主轴锥孔中心线对支承轴颈的径向圆跳动误差。

主轴的圆度误差可用千分尺和圆度仪测量；其他损坏、碰伤情况可目测看到。

3. 齿轮的检验

齿轮工作一个时期后，由于齿面磨损，齿形误差增大，将影响齿轮的工作性能。因此，要求齿形完整，不允许有挤压变形、裂纹和断齿现象。齿厚的磨损量应控制在不大于 0.15 倍的模数内。

生产中常用专用齿厚卡尺来检查齿厚偏差，即用齿厚减薄量来控制侧隙。还可用公法线千分尺测量齿轮公法线长度的变动量来控制齿轮的运动准确性，这种方法简单易行，生产中常用。图 3-14 所示为齿轮公法线长度变动量的测量。

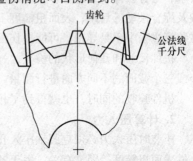

图 3-14　公法线长度变动量的测量

测量齿轮公法线长度的变动量，首先要根据被测齿轮的齿数 z 计算跨齿数 k（k 值也可通过查阅资料确定）：

$$k = z/9 + 0.5 \tag{3-1}$$

k 值要取整数，然后用公法线千分尺测量一周公法线长度。其中最大值与最小值之差即为公法线长度变动量，当该变动量小于规定的公差值时，则齿轮该项指标合格。齿轮的内孔、键槽、花键及螺纹都必须符合标准要求，不允许有拉伤和破坏现象。

4. 滚动轴承的检验

对于滚动轴承，应着重检查内圈、外圈滚道。整个工作表面应光滑，不应该有裂纹、微孔、凹痕和脱皮等缺陷。滚动体的表面也应光滑，不应有裂纹、微孔和凹痕等缺陷。此外，保持器应该完整、铆钉应该紧固。如果发现滚动体轴承的内、外有间隙，不要轻易更换，可通过预加载荷调整，消除因磨损而增大的间隙，提高其旋转精度。

根据零件检查的结果，可编制、填写修换零件明细表。明细表一般可分为修理零件明细表、缺损零件明细表、外购外协件明细表、滚动轴承明细表及标准件明细表等。

3.5 过盈配合的装配

过盈配合的装配是将较大尺寸的被包容件（轴件）装入较小尺寸的包容件（孔件）中。过盈配合能承受较大的轴向力、扭矩及动载荷，应用十分广泛，例如齿轮、联轴器、飞轮、带轮、链轮与轴的连接，轴承与轴承套的连接等。由于它是一种固定连接，因此装配时要求有正确的相互位置和紧固性，还要求装配时不损伤机件的强度和精度，装入简便迅速。过盈配合要求零件的材料应能承受最大过盈所引起的应力，配合的连接强度应在最小过盈时得到保证。常用的装配方法有压装配合、热装配合及冷装配合等。

3.5.1 常温下的压装配合

常温下的压装配合适用于过盈量较小的几种过盈配合，其操作方法简单，动作迅速，是常用的一种方法。根据施力方式不同，压装配合分为锤击法和压入法两种。锤击法主要用于配合面要求较低、长度较短，采用过渡配合的连接件；压入法加力均匀，方向易于控制，生产效率高，过盈量较小时可用螺旋或杠杆式压入工具压入，过盈量较大时用压力机压入，其装配工艺如下。

1. 验收装配机件

机件的验收主要应注意机件的尺寸和几何形状偏差、表面粗糙度、倒角和圆角是否符合图样要求，是否去掉了飞边等。机件的尺寸和几何形状偏差超出允许范围，可能造成装不进、机件胀裂及配合松动等后果；表面粗糙度不符合要求会影响配合质量；倒角不符合要求或不去掉飞边，在装配过程中不易导正，可能损伤配合表面；圆角不符合要求，可能使机件装不到预定的位置。

机件尺寸和几何形状的检查，一般用千分尺或0.02mm的游标卡尺，在轴颈和轴孔长度上两个或三个截面的不同方向进行测量，而其他内容靠样板和目视进行检查。

机件验收的同时，也就得到了相配合机件实际过盈的数据，它是计算压入力等的主要依据。

2. 计算压入力

压装时压入力必须克服轴压入孔时的摩擦力，该摩擦力的大小与轴的直径、有效压入长度和零件表面粗糙度等因素有关。由于各种因素很难精确计算，所以在实际装配工作中，常采用经验公式进行压入力的计算：

$$P = \frac{a\left(\dfrac{D}{d} + 0.3\right)il}{\dfrac{D}{d} + 6.35} \tag{3-2}$$

式中，a 为系数，当孔、轴件均为钢时，$a=73.5$，当轴件为钢、孔件为铸铁时，$a=42$；P 为压入力，单位为 kN；D 为孔件外径，单位为 mm；l 为配合面的长度，单位为 mm；i 为实测过盈量，单位为 mm；d 为孔件内径，单位为 mm。

一般根据上式计算出的压入力再增加20%～30%来选用压入机械。

3. 装入

首先应使装配表面保持清洁并涂上润滑油，以减少装入时的阻力和防止装配过程中损伤配合表面；其次应注意均匀加力并注意导正，压入速度不可过急、过猛，否则不但不能顺利装入，而且还可能损伤配合表面，压入速度一般为 2 ~ 4mm/s，不宜超过 10mm/s；另外，应使机件装到预定位置方可结束装配工作；用锤击法压入时，还要注意不要打坏机件，为此常采用软垫加以保护。装配时如果出现装入力急剧上升或超过预定数值时，应停止装配，必须在找出原因并进行处理之后方可继续装配。其原因常常是检查机件尺寸和几何形状偏差时不仔细，键槽有偏移、歪斜或键尺寸较大，以及装入时没有导正等。

3.5.2 热装与冷装配合

1. 热装配合

热装配合的基本原理是：通过加热包容件（孔件），使其直径膨胀增大到一定数值，配合的被包容件（轴件）自由地送入包容件中，孔件冷却后，轴件就被紧紧地抱住，其间产生很大的连接强度，达到压装配合的要求。其工艺过程如下。

（1）验收装配机件　热装时装配件的验收和测量过盈与压入法相同。

（2）确定加热温度　热装配合孔件的加热温度常用下式计算：

$$t = \frac{(2 \sim 3)i}{k_a d} + t_0 \tag{3-3}$$

式中，t 为加热温度，单位为℃；t_0 为室温，单位为℃；i 为实测过盈量，单位为 mm；k_a 为孔件材料的线膨胀系数，单位为 1/℃；d 为孔的名义直径，单位为 mm。

（3）选择加热方法　常用的加热方法有以下几种，在具体操作中可根据实际工况选择。

1）热浸加热法。常用于尺寸及过盈量较小的连接件。这种方法加热均匀、方便，常用于加热轴承。其方法是将机油放在铁盒内加热，再将需加热的零件放入油内即可。对于忌油连接件，则可采用沸水或蒸汽加热。

2）氧-乙炔焰加热法。多用于较小零件的加热，这种加热方法简单，但易于过烧，故要求具有熟练的操作技术。

3）固体燃料加热法。适用于结构比较简单，要求较低的连接件。其方法可根据零件尺寸大小临时用砖砌一加热炉或将零件用砖垫上然后用木柴或焦炭加热。为了防止热量散失，可在零件表面盖一与零件外形相似的焊接罩子。此方法简单，但加热温度不易掌握，零件加热不均匀，而且炉灰飞扬，易发生火灾，故此法最好慎用。

4）煤气加热法。此方法操作简单，加热时无煤灰，且温度易于掌握。对大型零件只要将煤气烧嘴布置合理，也可做到加热均匀。在有煤气的地方推荐采用。

5）电阻加热法。用镍-铬电阻丝绕在耐热瓷管上，放入被加热零件的孔里，对镍-铬丝通电便可加热。为了防止散热，可用石棉板做一外罩盖在零件上，这种方法只用于精密设备或有易爆易燃的场所。

6）电感应加热法。利用交变电流通过铁心（被加热零件可视为铁心）外的线圈，使铁心产生交变磁场，在铁心内与磁力线垂直方向产生感应电动势，此感应电动势以铁心为导体产生电流。这种电流在铁心内形成涡流，称之为涡电流，在铁心内电能转化为热能，使铁心变热。此外，当铁心磁场不断变动时，铁心被磁化的方向也随着磁场的变化而变化，这种变化将消耗能量而变为热能使铁心热上加热。此方法操作简单，加热均匀，无炉灰，不会引起火灾，最适合于装有精密设备或有易爆易燃的场所，还适合于特大零件的加热（如大型转炉倾动机构的大齿轮与转炉耳轴，就可用此法加热进行热装）。

（4）测定加热温度　在加热过程中，可采用半导体点接触测温计测温。在现场常用油类或

有色金属作为测温材料，如机油的闪点是 200～220℃，锡的熔点是
232℃，纯铅的熔点是 327℃，也可以用测温蜡笔及测温纸片测温。由于
测温材料的局限性，一般很难测准所需加热温度，故现场常用样杆进行
检测，如图 3-15 所示。样杆尺寸按实际过盈量 3 倍制作，当样杆刚能放
入孔时，则加热温度正合适。

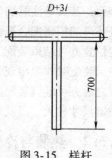

图 3-15　样杆

　　（5）装入　装入时应去掉孔表面的灰尘、污物；必须将零件装到预
定位置，并将装入件压装在轴肩上，直到机件完全冷却为止；不允许用
水冷却机件，避免造成内应力，降低机件的强度。

2. 冷装配合

当孔件较大而压入的零件较小时，采用加热孔件既不方便又不经济，甚至无法加热；或有些
孔件不允许加热时，可采用冷装配合，即用低温冷却的方法使被压入的零件尺寸缩小，然后迅速
将其装入到带孔的零件中去。

冷装配合的冷却温度可按下式计算：

$$t = \frac{(2 \sim 3)i}{k_a d} - t_0 \tag{3-4}$$

式中，t 为冷却温度，单位为℃；i 为实测过盈量，单位为 mm；k_a 为被冷却材料的线膨胀系数，
单位为 1/℃；d 为被冷却件的公称尺寸，单位为 mm；t_0 为室温，单位为℃。

常用冷却剂及冷却温度：

固体二氧化碳加酒精或丙酮——－75℃；

液氨——－120℃；

液氧——－180℃；

液氮——－190℃。

冷却前应对被冷却件的尺寸进行精确测量，并按冷却的工序及要求在常温下进行试装演习，
其目的是为了准备好操作和检查的必要工具、量具及冷藏运输容器，检查操作工艺是否合适。有
制氧设备的冶金工厂，此法应予推广。冷却装配要特别注意操作安全，预防冻伤操作者。

3.6　联轴器的装配

联轴器常用于连接不同机械或部件，将主动轴的运动及动力传递给从动轴。联轴器的装配内
容包括两方面：一是将轮毂装配到轴上；另一个是联轴器的找正和调整。

轮毂与轴的装配多采用过盈配合。装配方法采用压入法、冷装法，这些方法的工艺过程前文
已做过叙述。下面只讨论联轴器的找正和调整。

3.6.1　联轴器装配的技术要求

联轴器装配的主要技术要求是保证两轴线的同轴度，过大的同轴度误差将使联轴器、传动轴
及其轴承产生附加载荷，其结果会引起机械的振动、轴承的过早磨损、机械密封的失效，甚至发
生疲劳断裂事故。因此，联轴器装配时，总的要求是其同轴度误差必须控制在规定的范围内。

1. 联轴器在装配中偏差情况的分析

（1）两半联轴器既平行又同心　如图 3-16a 所示，这时 $S_1 = S_3$，$a_1 = a_3$，此处 S_1、S_3、a_1、
a_3 表示联轴器上方（0°）和下方（180°）两个位置上的轴向和径向间隙。

（2）两半联轴器平行但不同心　如图 3-16b 所示，这时 $S_1 = S_3$，$a_1 \neq a_3$，即两轴中心线之间

有平行的径向偏移。

（3）两半联轴器虽然同心但不平行　如图 3-16c 所示，这时 $S_1 \neq S_3$，$a_1 = a_3$，即两轴中心线之间有角位移（倾斜角为 α）。

（4）两半联轴器既不同心也不平行　如图 3-16d 所示，这时 $S_1 \neq S_3$，$a_1 \neq a_3$ 即两轴中心线既有径向偏移也有角位移。

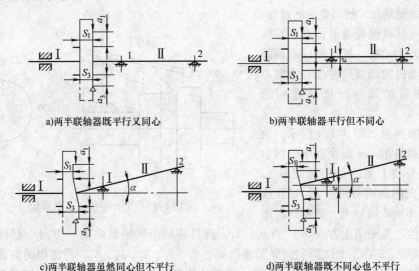

a)两半联轴器既平行又同心　　　　　　　　b)两半联轴器平行但不同心

c)两半联轴器虽然同心但不平行　　　　　　d)两半联轴器既不同心也不平行

图 3-16　联轴器找正时可能用到的四种情况

联轴器处于第一种情况是正确的，不需要调整。后三种情况都是不正确的，均需要调整。实际装配中常遇到的是第四种情况。

2. 联轴器找正的方法

联轴器找正的方法多种多样，常用的有以下几种。

（1）直尺塞尺法　利用直尺测量联轴器的同轴度误差，利用塞尺测量联轴器的平行度误差。这种方法简单，但误差大，一般用于转速较低、精度要求不高的机械。

（2）外圆、端面双表法　用两个千分表分别测量联轴器轮毂的外圆和端面上的数值，对测得的数值进行计算分析，确定两轴在空间的位置，最后得出调整量和调整方向。这种方法应用比较广泛，其主要缺点是对于有轴向窜动的机械设备，在盘车时对端面读数产生误差。该方法一般适用于采用滚动轴承、轴向窜动较小的中小型机械设备。

（3）外圆、端面三表法　三表法与上述不同之处是在端面上有两个千分表，两个千分表与轴中心等距离对称设置，以消除轴向窜动对端面读数测量的影响。这种方法的精度很高，适用于需要精确对中的精密机械设备和高速机械设备，如汽轮机、离心式压缩机等，但此法操作、计算均比较复杂。

（4）外圆双表法　用两个千分表测量外圆，其原理是通过相隔一定间距的两组外圆读数确定两轴的相对位置，以此得知调整量和调整方向，从而达到对中的目的。这种方法的缺点是计算较复杂。

（5）单表法　它是近年来国外应用比较广泛的一种对中方法。这种方法只测定轮毂的外圆读数，不需要测定端面读数。操作测定仅用一个千分表，故称单表法。此法对中精度高，不但能用于轮毂直径小而轴端距比较大的机械轴对中，而且又能适用于多轴的大型机组（如高转速、大功率的离心压缩机组)的轴对中。用这种方法进行轴对中还可以消除轴向窜动对找正精度的影响。单表法操作方便,计算调整量简单,是一种比较好的轴对中方法。

3.6.2 联轴器装配误差的测量和求解调整量

使用不同找正方法时的测量和求解调整量大体相同,下面以外圆、端面双表法为例说明联轴器装配误差的测量和求解调整量的过程。

一般在安装机械设备时,先装好从动机构,再装主动机,找正时只需调整主动机。主动机的调整是通过对两轴心线同轴度测量结果的分析计算而进行的。

同轴度的测量如图 3-17a 所示,两个千分表分别装在同一磁性座中的两根滑杆上,千分表 1 测的是径向间隙 a,千分表 2 测出的是轴向间隙 S,磁性座装在基准轴(从动轴)上。测量时,连

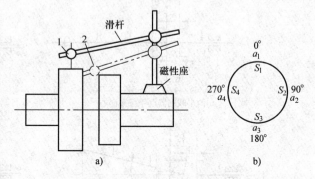

图 3-17 千分表找正及测量记录

上联轴器螺栓,先测出上方 (0°) 的 a_1、S_1,然后将两半联轴器向同一方向一起转动,顺次转到 90°、180°、270°3 个位置上,分别测出 a_2、S_2、a_3、S_3、a_4、S_4,将测得的数值记录在图中,如图 3-17b 所示。将联轴器再向前转,核对各位置的测量数值有无变动。如无变动可用式 $a_1 + a_3 = a_2 + a_4$ 和 $S_1 + S_3 = S_2 + S_4$ 检验测量结果是否正确。如实测数值代入恒等式后不等,而有较大偏差(大于 0.02mm),则可以肯定测量的数值是错误的,需要找出产生错误的原因。纠正错误后再重新测量,直到符合两恒等式为止。

然后,比较对称点的两个径向间隙和轴向间隙的数值(如 a_1 和 a_3,S_1 和 S_3),如果对称点的数值相差不超过规定值(0.05 ~ 0.1mm)时,则认为符合要求,否则就需要进行调整。对于精度不高或小型机械设备,可以采用逐次试加或试减垫片,以及左右敲打移动主机的方法进行调整;对于精密或大型机械设备,为了提高工效,应通过测量计算来确定增减垫片的厚度和沿水平方向的移动量。

现以两半联轴器既不平行又不同心的情况为例,说明联轴器找正时的计算与调整方法。在水平方向找正的计算、调整与垂直方向相同。

如图 3-18 所示,Ⅰ 为从动机轴(基准轴),Ⅱ 为主动机轴。找正测量的结果为 $a_1 > a_3$,$S_1 > S_3$。

1. 先使两半联轴器平行

由图 3-18a 可知,欲使两半联轴器平行,应在主动机轴的支点 2 下增加厚为 x 的垫片,x 可利用图中画有剖面线的相似三角形的比例关系算出:

$$x = \frac{b}{D}L \tag{3-5}$$

式中,D 为联轴器的直径,单位为 mm;L 为主动机轴两支点的距离,单位为 mm;b 为在 0° 和 180° 两个位置上测得的轴向间隙之差,$b = S_1 - S_3$,单位为 mm。

由于支点 2 垫高了,因此轴 Ⅱ 将以支点 1 为支点而转动,这时两半联轴器的端面虽然平行了,但轴 Ⅱ 上的半联轴器的中心却下降了 y,如图 3-18b 所示。y 可利用画有剖面线的两个相似三角形的比例关系算出:

$$y = \frac{xl}{L} = \frac{bl}{D} \tag{3-6}$$

式中，l 为支点 1 到半联轴器测量平面的距离。

2. 再将两半联轴器同心

由于 $a_1 > a_3$，原有径向位移量 $e = (a_1 - a_3)/2$，两半联轴器的全部位移量为 $e + y$。为了使两半联轴器同心，应在轴Ⅱ的支点 1 和支点 2 下面同时增加厚度为 $e + y$ 的垫片。

由此可见，为了使轴Ⅰ、轴Ⅱ两半联轴器既平行又同心，则必须在轴Ⅱ支点 1 下面加厚度为 $e + y$ 的垫片，在支点 2 下面加厚度为 $x + e + y$ 的垫片，如图 3-18c 所示。

按上述步骤将联轴器在垂直方向和水平方向调整完毕后，联轴器的径向偏移和角位移应在规定的偏差范围内。

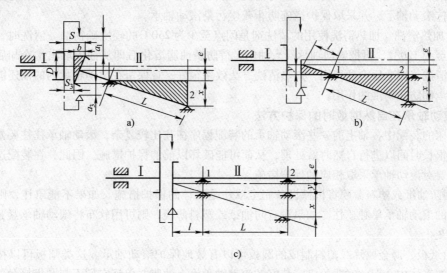

图 3-18　联轴器的调整方法

3.7　滚动轴承的装配

滚动轴承是一种精密器件，认真做好装配前的准备工作，对保证装配质量和提高装配效率是十分重要的。

3.7.1　滚动轴承装配前的准备工作

1. 轴承装配前的检查与防护措施

1）按图样要求检查与滚动轴承相配的零件，如轴颈、箱体孔、端盖等表面的尺寸是否符合图样要求，是否有凹陷、飞边、锈蚀和固体微粒等，并用汽油或煤油清洗，仔细擦净，然后涂上一层薄薄的油。

2）检查密封件并更换已损坏的密封件，对于橡胶密封圈则每次拆卸时都必须更换。

3）在滚动轴承装配操作开始前，才能将新的滚动轴承从包装盒中取出，必须尽可能使它们不受灰尘污染。

4）检查滚动轴承型号与图样是否一致，并清洗滚动轴承。如滚动轴承是用防锈油封存的，可用汽油或煤油擦洗滚动轴承内孔和外圈表面，并用软布擦净；对于用厚油和防锈油脂封存的大型轴承，则需在装配前采用加热清洗的方法清洗。

5）装配环境中不得有金属微粒、锯屑、沙子等。最好在无尘室中装配滚动轴承，如果不可能的话，则用东西遮盖住所装配的设备，以保护滚动轴承免于受到周围灰尘的污染。

2. 滚动轴承的清洗

使用过的滚动轴承，必须在装配前进行彻底清洗，而对于两端面带防尘盖、密封圈或涂有防锈和润滑两用油脂的滚动轴承，则不需进行清洗。但对于已损坏、很脏或塞满碳化的油脂的滚动轴承，一般不再值得清洗，直接更换一个新的滚动轴承则更为经济与安全。

滚动轴承的清洗方法有两种：常温清洗和加热清洗。

（1）常温清洗　常温清洗是用汽油、煤油等油性溶剂清洗滚动轴承。清洗时要使用干净的清洗剂和工具，首先在一个大容器中进行清洗，然后在另一个容器中进行漂洗，干燥后立即用油脂或油涂抹滚动轴承，并采取保护措施防止灰尘污染滚动轴承。

（2）加热清洗　加热清洗使用的清洗剂是闪点至少为250℃的轻质矿物油。清洗时，必须先把油加热至约120℃，再把滚动轴承浸入油内，待防锈油脂溶化后即从油中取出，冷却后再用汽油或煤油清洗，擦净后涂油待用，加热清洗方法效果很好，且保留在滚动轴承内的油还能起到保护滚动轴承和防止腐蚀的作用。

3. 滚动轴承在自然时效时的保护方法

在机床的装配中，轴上的一些滚动轴承的装配程序往往比较复杂，滚动轴承往往要暴露在外界环境中很长时间以进行自然时效处理，从而可能破坏以前的保护措施。因此，在装配这类滚动轴承时，要对滚动轴承采取相应的保护措施。

1）用防油纸或塑料薄膜将机械设备完全罩住是最佳的保护措施。如果不能罩住，则可以将暴露在外的滚动轴承单独遮住。如果没有防油纸或塑料薄膜，则可用软布将滚动轴承紧紧地包裹住以防止灰尘。

2）由纸板、薄金属片或塑料制成的圆板可以有效地保护滚动轴承。这类圆板可以按尺寸定做并安装在壳体中，但此时要给已安装好的滚动轴承涂上油脂并保证它们不与圆板接触，且拿掉圆板的时候，要擦掉最外层的油脂并涂上相同数量的新油脂。在剖分式的壳体中，可以将圆盘放在凹槽中用于密封。

3）对于整体式的壳体，最佳的保护方法是用一外螺栓穿过圆板中间将圆板固定在壳体孔两端。当采用木制圆板时，由于木头中的酸性物质会产生腐蚀作用，这些木制圆板不能直接与壳体中的滚动轴承接触，但可在接触面之间放置防油纸或塑料纸。

3.7.2　典型滚动轴承的装配方法

1. 圆柱孔滚动轴承的装配

圆柱孔滚动轴承是指内孔为圆柱形孔的向心球轴承、圆柱滚子轴承和角接触轴承等。这些轴承在轴承中占绝大多数，具有一般滚动轴承的装配共性，其装配方法主要取决于轴承与轴及座孔的配合情况。

1）轴承内圈与轴为紧配合，外围与轴承座孔为较松配合，这种轴承的装配是先将轴承压装在轴上，然后将轴连同轴承一起装入轴承座孔中。压装时要在轴承端面垫一个由软金属制作的套管，套管的内径应比轴颈的直径大，外径应小于轴承内圈的挡边直径，以免压坏保持架，如图3-19所示。另外，装配时，要注意导正，防止轴承歪斜，否则不仅装配困难，而且会产生压痕，使轴和轴承过早损坏。

2）轴承外圈与轴承座孔为紧配合，内圈与轴为较松配合，对于这种轴承的装配采用外径略小于轴承座孔直径的套管,将轴承先压入轴承座孔,然后再装轴。

3)轴承内圈与轴、外圈与座孔都是紧配合时,可用专门套管将轴承同时压入轴颈和座孔中。对于配合过盈量较大的轴承或大型轴承,可采用温差法装配。采用温差法安装时,轴承的加热温度为 80~100℃ ;冷却温度不得低于 -80℃。对于内部充满润滑脂的带防尘盖或密封圈的轴承,不得采用温差法安装。

热装轴承的方法最为普遍。轴承加热的方法有多种,通常采用油槽加热,如图 3-20 所示。

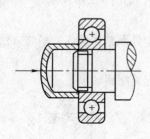

图 3-19　将轴承压装在轴上

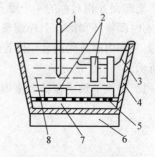

图 3-20　轴承的油槽加热
1—温度计　2—轴承　3—挂钩　4—油池
5—栅网　6—电炉　7—沉淀物　8—油

加热的温度由温度计控制,加热的时间根据轴承大小而定,一般为 10~30min。加热时应将轴承用钩子悬挂在油槽中或用网架支起,不得使轴承接触油槽底板,以免发生过热现象。轴承在油槽中加热至 100℃ 左右,从油槽中取出放在轴上,用力一次推到顶住轴肩的位置。在冷却过程中应始终推紧,使轴承紧靠轴肩。

2. 圆锥孔滚动轴承的装配

圆锥孔滚动轴承可直接装在带有锥度的轴颈上,或装在退卸套和紧定套的锥面上。这种轴承一般要求有比较紧的配合,但这种配合不是由轴颈尺寸公差决定,而是由轴颈压进锥形配合面的深度而定。配合的松紧程度,根据在装配过程跟踪测量径向游隙确定。对不可分离型的滚动轴承的径向游隙可用厚薄规测量。对可分离的圆锥滚子轴承,可用外径千分尺测量内圈装在轴上后的膨胀量,用其代替径向游隙减小量。图 3-21 和图 3-22 所示为圆锥孔轴承的两种不同装配形式。

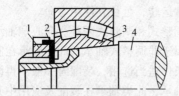

图 3-21　圆锥孔滚动轴承直接装在锥形轴颈上
1—螺母　2—锁片　3—轴承　4—轴

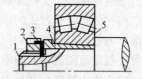

图 3-22　有退卸套的圆锥孔滚动轴承装配
1—轴　2—螺母　3—锁片　4—退卸套　5—轴承

3. 轧钢机四列圆锥滚子轴承的装配

轧钢机四列圆锥滚子轴承由三个外圈、两个内圈、两个外调整环、一个内调整环和四套带圆锥滚子的保持架组成,轴承的游隙由轴承内的调整环加以保证,轴承各部件不能互换,因此装配时必须严格按打印号规定的相互位置进行。先将轴承装入轴承座中,然后将装有轴承的轴承座整个吊装到轧辊的轴颈上。

四列圆锥滚子轴承各列滚子的游隙应保持在同一数值范围内,以保证轴承受力均匀。装配前应对轴承的游隙进行测量。

将轴承装到轴承座内，可按下列顺序进行。

1）将轴承座水平放置，检查校正轴承座孔中心线对底面的垂直度。

2）将第一个外圈装入轴承座孔，用小铜锤轻敲外围端面，并用塞尺检查，使外圈与轴承座孔接触良好，再装入第一个外调整环，如图3-23a所示。

3）将第一个内圈连同两套带圆锥滚子的保持架以及中间外圈装配成一组部件，用专用吊钩旋紧在保持架端面互相对称的4个螺孔内，整体装入轴承座，如图3-23b所示。

4）装入内调整环和第二个外调整环，如图3-23c所示。

5）将第二个内圈连同两套带圆锥滚子的保持架及第三个外圈整体装入，吊装方法同3），如图3-23d所示。

6）四列圆锥滚子轴承在轴承座内组装后，同轴承座一起装配到轴颈上。

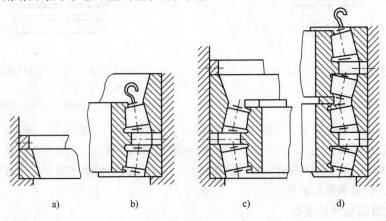

图3-23 四列圆锥滚子轴承的装配

3.7.3 滚动轴承的游隙调整

滚动轴承的游隙有两种：一种是径向游隙，即内外圈之间在直径方向上产生的最大相对游动量；另一种是轴向游隙，即内外围之间在轴线方向上产生的最大相对游动量。滚动轴承游隙的功用是弥补制造和装配偏差、受热膨胀，保证滚动体的正常运转，延长其使用寿命。

按轴承结构和游隙调整方式的不同，轴承可分为非调整式和调整式两类。向心球轴承、向心圆柱滚子轴承、向心球面球轴承和向心球面滚子轴承等属于非调整式轴承，此类轴承在制造时已按不同组级留出规定范围的径向游隙，可根据不同使用条件适当选用，装配时一般不再调整。圆锥滚子轴承、向心推力球轴承和推力轴承等属于调整式轴承，此类轴承在装配及应用中必须根据使用情况对其轴向游隙进行调整，其目的是保证轴承在所要求的运转精度的前提下灵活运转。此外，在使用过程中调整，能部分补偿因磨损所引起的轴承间隙的增大。

1. 游隙可调整的滚动轴承

由于滚动轴承的径向游隙和轴向游隙存在正比关系，所以调整时只调整它们的轴向间隙。轴向间隙调整好了，径向间隙也就调整好了。各种需调整间隙的轴承的轴向间隙见表3-3。当轴承转动精度高或在低温下工作、轴长度较短时，取较小值；当轴承转动精度低或在高温下工作、轴长度较长时，取较大值。

轴承的游隙确定后，即可进行调整。下面以单列圆锥滚子轴承为例介绍轴承游隙的调整方法。

（1）垫片调整法 利用轴承压盖处的垫片调整是最常用的方法，如图3-24所示。首先把轴承压盖原有的垫片全部拆去，然后慢慢地拧紧轴承压盖上的螺栓，同时使轴缓慢地转动，当轴不能转动时，就停止拧紧螺栓。此时表明轴承内已无游隙，用塞尺测量轴承压盖与箱体端面间的间隙 K，将所测得的间隙 K 再加上所要求的轴向游隙 C，$K+C$ 即是所应垫的垫片厚度。一套垫片由多种不同厚度的垫片组成，垫片应平滑光洁，其内外边缘不得有飞边。间隙测量除用塞尺法外，也可用压铅法和千分表法。

表 3-3 可调式轴承的轴向间隙 （单位：mm）

轴承内径	轴承系列	轴向间隙			
		角接触球轴承	单列圆锥滚子轴承	双列圆锥滚子轴承	推力轴承
≤30	轻型	0.02 ~ 0.06	0.03 ~ 0.10	0.03 ~ 0.08	0.03 ~ 0.08
	轻型和中宽型		0.04 ~ 0.11	0.05 ~ 0.11	
	中型和重型	0.03 ~ 0.09	0.04 ~ 0.11		0.05 ~ 0.11
30 ~ 50	轻型	0.03 ~ 0.09	0.04 ~ 0.11	0.04 ~ 0.10	0.04 ~ 0.10
	轻型和中宽型		0.05 ~ 0.13		
	中型和重型	0.04 ~ 0.10	0.05 ~ 0.13	0.06 ~ 0.12	0.06 ~ 0.12
50 ~ 80	轻型	0.04 ~ 0.10	0.05 ~ 0.13	0.05 ~ 0.12	0.05 ~ 0.12
	轻型和中宽型		0.05 ~ 0.13		
	中型和重型	0.05 ~ 0.12	0.05 ~ 0.13	0.07 ~ 0.14	0.07 ~ 0.14
80 ~ 120	轻型	0.05 ~ 0.12	0.06 ~ 0.15	0.06 ~ 0.15	0.06 ~ 0.15
	轻型和中宽型		0.07 ~ 0.18		
	中型和重型	0.06 ~ 0.15	0.07 ~ 0.18	0.10 ~ 0.18	0.10 ~ 0.18

（2）螺钉调整法 如图 3-25 所示，首先把调整螺钉上的锁紧螺母松开，然后拧紧调整螺钉，使止推盘压向轴承外围，直到轴不能转动时为止。最后根据轴向游隙的数值将调整螺钉倒转一定的角度 α，达到规定的轴向游隙后再把锁紧螺母拧紧，以防止调整螺钉松动。

调整螺钉倒转的角度可按下式计算：

$$\alpha = \frac{C}{t} \times 360° \qquad (3-7)$$

式中，C 为规定的轴向游隙；t 为螺栓的螺距。

（3）止推环调整法 如图 3-26 所示，首先把具有外螺纹的止推环 1 拧紧，直到轴不能转动时为止，然后根据轴向游隙的数值，将止推环倒转一定的角度（倒转的角度可参见螺钉调整法），最后用止动片 2 予以固定。

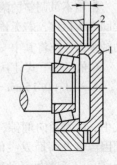

图 3-24 垫片调整法
1—压盖 2—垫片

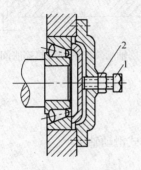

图 3-25 螺钉调整法
1—调整螺钉 2—锁紧螺母

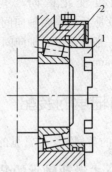

图 3-26 止推环调整法
1—止推环 2—止动片

（4）内外套调整法 当同一根轴上装有两个圆锥滚子轴承时，其轴向间隙常用内外套进行调整，如图3-27所示。这种调整法是在轴承尚未装到轴上时进行的，内外套的长度是根据轴承的轴向间隙确定的。具体算法如下：

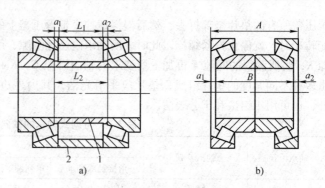

图 3-27 用内外套调整轴承的轴向间隙
1—内套 2—外套

1）当两个轴承的轴向间隙为零时，如图3-27a所示，内外套长度为

$$L_1 = L_2 - (a_1 + a_2) \qquad (3\text{-}8)$$

式中，L_1 为外套的长度，单位为 mm；L_2 为内套的长度，单位为 mm；a_1、a_2 为轴向间隙为零时轴承内外圈的轴向位移值，单位为 mm。

2）当两个轴承调换位置互相靠紧且轴向间隙为零时，如图 3-27b 所示，测量尺寸 A、B 为

$$A - B = a_1 + a_2 \qquad (3\text{-}9)$$

所以

$$L_1 = L_2 - (A - B) \qquad (3\text{-}10)$$

为了使两个轴承各有轴向间隙 C，内外套的长度应有下列关系：

$$L_1 = L_2 - (A - B) - 2C \qquad (3\text{-}11)$$

2. 游隙不可调整的滚动轴承

游隙不可调整的滚动轴承，由于在运转时轴受热膨胀而产生轴向移动，从而使轴承的内外圈共同发生位移，若无位移的余地，则轴承的径向游隙减小。为避免这种现象，在装配双支承的滚动轴承时，应将其中一个轴承和其端盖间留出一轴向间隙 C，如图 3-28 所示。

C 值可按下式计算：

$$C = \Delta L + 0.15\text{mm} = L\alpha\Delta t + 0.15\text{mm}$$
$$(3\text{-}12)$$

式中，C 为轴向间隙，单位为 mm；ΔL 为轴因温度升高而发生的轴向膨胀量，单位为 mm；L 为两轴承的中心距，单位为 mm；α 为轴材料的线膨胀系数，单位为 1/℃；Δt 为轴的温度变化区间，单位为℃；0.15mm 为轴膨胀后的剩余轴向间隙量，单位为 mm；在一般情况下，轴向间隙 C 值常取 0.25～0.50mm。

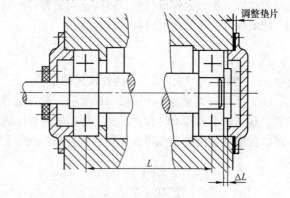

图 3-28 轴承装配的轴向热膨胀间隙

3.8 滑动轴承的装配

滑动轴承的类型很多，常见的有剖分式滑动轴承和整体式滑动轴承。

3.8.1 剖分式滑动轴承的装配

剖分式滑动轴承的装配过程包括清洗、检查、固定、刮研、装配和间隙的调整等步骤。

1. 轴瓦的清洗与检查

首先核对轴承的型号，然后用煤油或清洗剂清洗干净。轴瓦质量的检查可用小铜锤沿轴瓦表面轻轻地敲打，根据响声判断轴瓦有无裂纹、砂眼及孔洞等缺陷，如有缺陷，应采取补救措施。

2. 轴承座的固定

轴承座通常用螺栓固定在机体上。安装轴承座时，应先把轴瓦装在轴承座上，再按轴瓦的中心进行调整。同一传动轴上的所有轴承的中心应在同一轴线上。装配时可用拉线的方法进行找正，如图 3-29 所示，然后用涂色法检查轴颈与轴瓦表面的接触情况，符合要求后，将轴承座牢固地固定在机体或基础上。

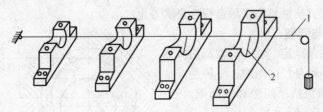

图 3-29 用拉线法检测轴承同轴度
1—钢丝 2—内径千分尺

3. 轴瓦背的刮研

为将轴上的载荷均匀地传给轴承座，要求轴瓦背与轴承座内孔应良好接触，配合紧密。下轴瓦与轴承座的接触面积不得小于 60%，上轴瓦与轴承盖的接触面积不得小于 50%。这就要进行刮研，刮研的顺序是先下轴瓦后上轴瓦。刮研轴瓦背时，以轴承座内孔为基准进行修配，直至达到规定要求为止。另外，要刮研轴瓦及轴承座的剖分面。轴瓦剖分面应高于轴承座剖分面，以便轴承座拧紧后，轴瓦与轴承座具有过盈配合性质。

4. 轴瓦的装配

上下两轴瓦扣合，其接触面应严密，轴瓦与轴承座的配合应适当，一般采用较小的过盈配合，过盈量为 0.01~0.05mm。轴瓦的直径不得过大，否则轴瓦与轴承座间就会出现"加帮"现象，如图 3-30 所示。轴瓦的直径也不得过小，否则在设备运转时，轴瓦在轴承座内会产生振动，如图 3-31 所示。

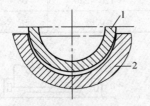

图 3-30 轴瓦直径过大
1—轴瓦 2—轴承座

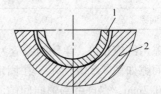

图 3-31 轴瓦直径过小
1—轴瓦 2—轴承座

为保证轴瓦在轴承座内不发生转动或振动，常在轴瓦与轴承座之间安放定位销。为了防止轴瓦在轴承座内产生轴向移动，一般轴瓦都有翻边，没有翻边的则带有止口，翻边或止口与轴承座之间不应有轴向间隙，如图 3-32 所示。

装配轴瓦时，必须注意两个问题：轴瓦与轴颈间的接触角和接触点。轴瓦与轴颈之间的接触表面所对的圆心角称为接触角，此角度过大，不利润滑油膜的形成，影响润滑效果，使轴瓦磨损加快；若此角度过小，则会增加轴瓦的压力，也会加剧轴瓦的磨损。一般接触角取为 60°~90°。

轴瓦和轴颈之间的接触点与机械设备的特点有关：

低速及间歇运行的机械设备：$1 \sim 1.5$ 点/cm²。

中等负荷及连续运转的机械设备：$2 \sim 3$ 点/cm²。

重负荷及高速运转的机械设备：$3 \sim 4$ 点/cm²。

用涂色法检查轴颈与轴瓦的接触，应注意将轴上的所有零件都装上。首先在轴颈上涂一层红铅油，然后使轴在轴瓦内正、反方向各转一周，在轴瓦面较高的地方用刮刀刮去色斑。刮研时，每刮研一遍应改变一次刮研方向，继续刮研数次，使色斑分布均匀，直到接触角和接触点符合要求为止。

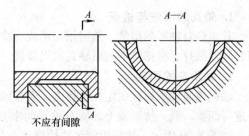

图 3-32　轴瓦翻边或止口应无轴向间隙

5. 间隙的检测与调整

（1）间隙的作用及确定　轴颈与轴瓦的配合间隙有两种：一种是径向间隙；一种是轴向间隙。径向间隙包括顶间隙和侧间隙。滑动轴承间隙如图 3-33 所示。

顶间隙的主要作用是保持液体摩擦，以利形成油膜。侧间隙的主要作用是为了积聚和冷却润滑油。在侧间隙处开油沟或冷却带，可增加油的冷却效果，并保证连续地将润滑油吸到轴承的受载部分，但油沟不可开通，否则运转时将会漏油。

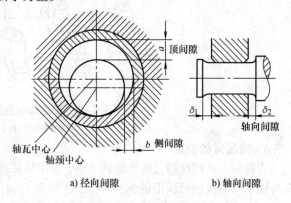

图 3-33　滑动轴承间隙

轴向间隙的作用是轴在温度变化时有自由伸长的余地。

顶间隙由计算决定，也可根据经验决定。对于采用润滑油润滑的轴承，顶间隙为轴颈直径的 $0.10\% \sim 0.15\%$；对于采用润滑脂润滑的轴承，顶间隙为轴颈直径的 $0.15\% \sim 0.20\%$。如果负荷作用在上轴瓦时，上述顶间隙值应减小 15%。同一轴承两端顶间隙之差（即图 3-34 中 S_1 与 S_2 之差）应符合表 3-4 的规定。

表 3-4　滑动轴承两端顶间隙之差　　　　　　（单位：mm）

轴颈公称直径	$\leqslant 50$	$> 50 \sim 120$	$> 120 \sim 220$	> 220
两端顶间隙之差	$\leqslant 0.02$	$\leqslant 0.03$	$\leqslant 0.05$	$\leqslant 0.10$

侧间隙两侧应相等，单侧间隙应为顶间隙的 1/2 ～ 2/3。

轴向间隙如图 3-33b 所示，在固定端轴向间隙 $\delta_1 + \delta_2$ 不得大于 0.2mm，在自由端轴向间隙不应小于轴受热膨胀时的伸长量。

（2）间隙的测量及调整　检查轴承径向间隙，一般采用压铅测量法和塞尺测量法。

1）压铅测量法。压铅测量法测量轴承顶间隙如图 3-34 所示。测量时，先将轴承盖打开，用直径为顶间隙的 1.5 ～ 3 倍、长度为 10 ～ 40mm 的软铅丝或软铅条，分别放在轴颈上和轴瓦的剖分面上。因轴颈表面光滑，为了防止滑落，可用润滑脂粘住。然后放上轴承盖，对称而均匀地拧紧联接螺栓，再用塞尺检查轴瓦剖分面间的间隙是否均匀相等。最后打开轴承盖，用千分尺测量被压扁的软铅丝的厚度，并按下列公式计算

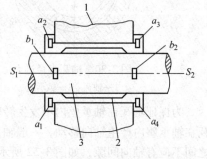

图 3-34　压铅测量法测量轴承顶间隙
1—轴承座　2—轴瓦　3—轴

顶间隙：

$$S_1 = b_1 - \frac{a_1 + a_2}{2} \tag{3-13}$$

$$S_2 = b_2 - \frac{a_3 + a_4}{2} \tag{3-14}$$

式中，S_1 为一端顶间隙，单位为 mm；S_2 为另一端顶间隙，单位为 mm；b_1、b_2 为轴颈上各段铅丝压扁后的厚度，单位为 mm；a_1、a_2、a_3、a_4 为轴瓦接合面上各铅丝压扁后的厚度，单位为 mm。

　　按上述方法测得的顶间隙值如小于规定数值时，应在上下瓦接合面间加垫片重新调整。如大于规定数值时，则应减去垫片或刮削轴瓦接合面来调整。

　　2）塞尺测量法。对于轴颈较大的轴承间隙，可用宽度较窄的塞尺直接塞入间隙内，测出轴承顶间隙和侧间隙。对于轴颈较小的轴承，因间隙小，测量的相对误差大，故不宜采用此方法。必须注意，采用塞尺测量法测出的间隙，总是略小于轴承的实际间隙。

　　对于受轴向负荷的轴承还应检查和调整轴向间隙。测量轴向间隙时，可将轴推移至轴承一端的极限位置，然后用塞尺或千分表测量。如果轴向间隙不符合规定，可修刮轴瓦端面或调整止动螺钉。

3.8.2　整体式滑动轴承的装配

　　整体式滑动轴承主要由整体式轴承座和圆形轴瓦（轴套）组成。这种轴承与机壳连为一体或用螺栓固定在机架上，轴套一般由铸造青铜等材料制成，为了防止轴套的转动，通常设有止动螺钉。整体式滑动轴承的优点是结构简单、成本低。缺点是当轴套磨损后，轴颈与轴套之间的间隙无法调整。另外，轴颈只能从轴套端穿入，装拆不方便。因而整体式滑动轴承只适用于低速、轻载而且装拆场所允许的机械。

　　整体式滑动轴承的装配过程主要包括轴套与轴承孔的清洗与检查和轴套的安装等步骤。

1. 轴套与轴承孔的清洗与检查

　　轴套与轴承孔用煤油或清洗剂清洗干净后，应检查轴套与轴承孔的表面情况以及配合过盈量是否符合要求，然后再根据尺寸以及过盈量的大小选择轴套的装配方法。

　　轴套的精度一般由制造保证，装配时只需将配合面的飞边用刮刀或油石清除，必要时才做刮配。

2. 轴套的安装

　　轴套的安装可根据轴套与轴承孔的尺寸以及过盈量的大小选用压入法或温差法。压入法一般是用压力机压装或用人工压装。为了减少摩擦阻力，使轴套顺利装入，压装前可在轴套表面涂上一层薄的润滑油。用压力机压装时，轴套的压入速度不宜太快，并要随时检查轴套与轴承孔的配合情况。用人工压装时，必须防止轴套损坏。不得用锤头直接敲打轴套，应在轴套上端面垫上软质金属垫，并使用导向轴或导向套，如图 3-35 所示，导向轴、导向套与轴套的配合应为动配合。

　　对于较薄且长的轴套，不宜采用压入法装配，而应采用温差法装配，这样可以避免轴套的损坏。

　　轴套压入轴承孔后，由于是过盈配合，轴套的内径将会减小，因此在轴颈未装入袖套之前，应对轴颈与轴套的配合尺寸进行测量。测量的方法如图 3-36 所示，即测量轴套时应在距轴套端面 10mm 左右的两点和中间一点，在相互垂直的两个方向上用内径千分尺测量。同样在轴颈相应的部位用外径千分尺测量。根据测量的结果确定轴颈与轴套的配合是否符合要求，如轴套内径小于规定的尺寸，可用铰刀或刮刀进行刮修。

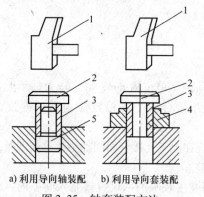

a) 利用导向轴装配　　b) 利用导向套装配

图 3-35　轴套装配方法

1—锤子　2—软垫　3—轴套　4—导向套　5—导向轴

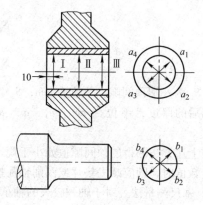

图 3-36　轴套与轴颈的测量

3.9　齿轮的装配

齿轮传动是机械中常用的传动方式之一，它是依靠轮齿间的啮合来传递运动和扭矩的。齿轮传动的主要优点：传动功率和速度的适用范围广；具有恒定的传动比，平稳性较高；传动效率高；工作可靠；使用寿命长；结构紧凑。其缺点：制造和安装精度要求高，价格较贵；精度低时，振动和噪声较大；不宜用于轴向距离大的传动等。

齿轮的种类较多，但选择哪种类型取决于传动的目的和功能，例如：传送功率的大小；齿轮的速度；旋转的方向；中心距或轴的位置等。

齿轮传动的装配是机械设备检修时比较重要且要求较高的工作。装配良好的齿轮传动，噪声小、振动小、使用寿命长。要达到这样的要求，必须控制齿轮的制造精度和装配精度。

3.9.1　齿轮传动的精度等级与公差

这里主要介绍最常见的圆柱齿轮传动的精度等级及其公差。

1. 圆柱齿轮的精度

圆柱齿轮的精度包括以下 4 个方面。

（1）传递运动准确性精度　指齿轮在一转范围内，齿轮的最大转角误差在允许的偏差内，从而保证从动件与主动件的运动协调一致。

（2）传动的平稳性精度　指齿轮传动瞬时传动比的变化。由于齿形加工误差等因素的影响，使齿轮在传动过程中出现转动不平稳，引起振动和噪声。

（3）接触精度　指齿轮传动时，齿与齿表面接触是否良好。接触精度将影响齿轮的使用寿命。

（4）齿侧间隙　会造成齿面局部磨损加剧，它是指齿轮传动时非工作齿面间应留有一定的间隙，这个间隙对储存润滑油、补偿齿轮传动受力后的弹性变形、热膨胀以及齿轮传动装置制造误差和装配误差等都是必需的。否则，齿轮在传动过程中可能造成卡死或烧伤。

目前我国使用的圆柱齿轮公差标准是 GB/T 10095.1—2008 和 GB/T 10095.2—2008，该标准对齿轮及齿轮副规定了 12 个精度等级，精度由高到低依次为 1，2，3，…，12 级。齿轮的传递运动准确性精度、传动的平稳性精度、接触精度，一般情况下选用相同的精度等级。根据齿轮使用要求和工作条件的不同，允许选用不同的精度等级。选用不同的精度等级时以不超过一级为宜。

确定齿轮精度等级的方法有计算法和类比法。多数场合采用类比法，类比法是根据以往产品设计、性能实验、使用过程中所积累的经验以及较可靠的技术资料进行对比，从而确定齿轮的精度等级。

2. 圆柱齿轮公差

按齿轮各项误差对传动的主要影响，将齿轮的各项公差分为①、②、③三个公差组，在生产中，不必对所有公差项目同时进行检验，而是将同一公差级组内的各项指标分为若干个精度。

选择检验组时，应根据齿轮的规格、用途、生产规模、精度等级、计量仪器、检验目的等因素综合分析合理选择。圆柱齿轮传动的公差参见 GB/T 10095.1—2008。

3.9.2　齿轮传动的装配

1. 圆柱齿轮的装配

对于冶金和矿山机械的齿轮传动，由于传动力大，圆周速度不高，因此齿面接触精度和齿侧间隙要求较高，而对运动精度和工作平稳性精度要求不高。齿面接触精度和适当的齿侧间隙、齿轮与轴、齿轮轴组件与箱体的正确装配有直接关系。圆柱齿轮传动的装配过程，一般是先把齿轮装在轴上，再把齿轮轴组件装入齿轮箱。

（1）齿轮与轴的装配　齿轮与轴的连接形式有空套连接、滑移连接和固定连接 3 种。

1）空套连接的齿轮与轴的配合性质为间隙配合，其装配精度主要取决于零件本身的加工精度，因此在装配前应仔细检查轴、孔的尺寸是否符合要求，以保证装配后的间隙适当。装配中还可将齿轮内孔与轴进行配研，通过对齿轮内孔的修刮使空套表面的研点均匀，从而保证齿轮与轴接触的均匀度。

2）滑移连接的齿轮与轴之间仍为间隙配合，一般多采用花键联接，其装配精度也取决于零件本身的加工精度。装配前应检查轴和齿轮相关表面和尺寸是否合乎要求。对于内孔有花键的齿轮，其花键孔会因热处理而使直径缩小，可在装配前用花键拉刀修整花键孔，也可用涂色法修整其配合面，以达到技术要求。装配完成后应注意检查滑移齿轮的移动灵活程度，不允许有阻滞，同时用手扳动齿轮时，应无歪斜、晃动等现象发生。

3）固定连接的齿轮与轴的配合多为过渡配合（有少量的过盈）。过盈量不大的齿轮和轴在装配时，可用锤子敲击装入；当过盈量较大时可用热装或专用工具进行压装；过盈量很大的齿轮，则可采用液压无键联接等装配方法将齿轮装在轴上。在进行装配时，要尽量避免齿轮出现齿轮偏心、齿轮歪斜和齿轮端面未贴紧轴肩等情况。

对于精度要求较高的齿轮传动机构，齿轮装到轴上后，应进行径向圆跳动和端面圆跳动的检查，其检查方法如图 3-37 所示。将齿轮轴架在 V 形铁或两顶尖上，测量齿轮径向跳动量时，在齿轮齿间放一圆柱检验棒，将千分表测头触及圆柱检验棒上母线得出一个读数，然后转动齿轮，每隔 3~4 个轮齿测出一个读数，在齿轮旋转一周范围内，千分表读数的最大代数差即为齿轮的径向圆跳动误差；

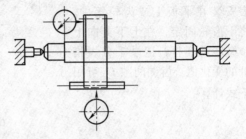

图 3-37　齿轮跳动量检查

检查端面圆跳动量时，将千分表的测头触及齿轮端面，在齿轮旋转一周范围内，千分表读数的最大代数差即为齿轮的端面圆跳动误差（测量时注意保证轴不发生轴向窜动）。

圆柱齿轮传动装配的注意事项如下：

① 齿轮孔与轴配合要适当，不得产生偏心和歪斜现象。

② 齿轮应有准确的装配中心距和适当的齿侧间隙。

③ 保证齿轮啮合时，齿面有足够的接触面积和正确的接触部位。

④ 如果是滑移齿轮，则当其在轴上滑移时，不得发生卡住和阻滞现象，且能保证齿轮的准确定位，使两啮合齿轮的错位量不超过规定值。

⑤ 对于转速高的大齿轮，装配在轴上后应做平衡试验，以保证工作时转动平稳。

（2）齿轮轴组件装入箱体　齿轮轴组件装入箱体是保证齿轮啮合质量的关键工序。在装配前，除对齿轮、轴及其他零件的精度进行认真检查外，对箱体的相关表面和尺寸也必须进行检查，检查的内容一般包括孔中心距、各孔轴线的平行度、轴线与基面的平行度、孔轴线与端面的垂直度以及孔轴线间的同轴度等。检查无误后，再将齿轮轴组件按图样要求装入齿轮箱内。

（3）装配质量检查　齿轮组件装入箱体后其啮合质量主要通过齿轮副中心距偏差、齿侧间隙、接触精度等进行检查。

1）测量中心距偏差值。中心距偏差可用内径千分尺测量。图 3-38 所示为用内径千分尺及方水平测量中心距的示意图。

2）齿侧间隙检查。齿侧间隙的大小与齿轮模数、精度等级和中心距有关。齿侧间隙大小在齿轮圆周上应当均匀，以保证传动平稳没有冲击和噪声。在齿的长度上应相等，以保证齿轮间接触良好。

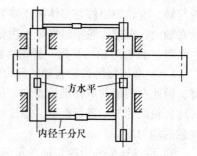

齿侧间隙的检查方法有压铅法和千分表法两种。

① 压铅法测量结果比较准确，应用较多。具体测量方法：在小齿轮齿宽方向上放置两根以上的铅丝，铅丝的直径根据间隙的大小选定，铅丝的长度以压上 3 个齿为好，并用甘油粘在齿上，如图 3-39 所示。转动齿轮将铅丝压好后，

图 3-38　齿轮中心距的测量示意图

用千分尺或精度为 0.02mm 的游标卡尺测量压扁的铅丝的厚度。在每条铅丝的压痕中，厚度小的是工作侧隙，厚度较大的是非工作侧隙，最厚的是齿顶间隙。轮齿的工作侧隙和非工作侧隙之和即为齿侧间隙。

② 千分表法用于较精确的啮合。如图 3-40 所示，在上齿轮轴上固定一个摇杆 1，摇杆尖端支在千分表 2 的测头上，千分表安装在平板上或齿轮箱中。将下齿轮固定，在上下方向上微微转动摇杆，记录千分表指针的变化值。齿侧间隙 C_n 可用下式计算：

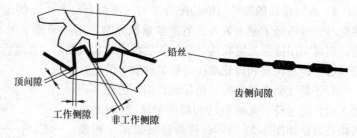

图 3-39　压铅法测量齿侧间隙

$$C_n = C \frac{R}{L} \tag{3-15}$$

式中，C 为千分表上读数值；R 为上部齿轮节圆半径，单位为 mm；L 为两齿轮中心线至千分表测头间距离，单位为 mm；当测得的齿侧间隙超出规定值时，可通过改变齿轮轴位置和修配齿面来调整。

3）齿轮接触精度的检验。评定齿轮接触精度的综合指标是接触斑点，即装配好的齿轮副在轻微制动下运转后齿侧面上分布的接触痕迹。接触斑点可用涂色法检查。将齿轮副的一个齿轮侧面涂上一层红铅粉，并在轻微制动下，按工作方向转动齿轮 2～3 转，在另一齿轮侧面上留下痕迹斑点。正常啮合的齿轮，接触斑点应在节圆处上下对称分布，并有一定面积，具体数值可查有关手册。

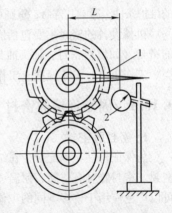

图 3-40　千分表法测量齿侧间隙
1—摇杆　2—千分表

影响齿轮接触精度的主要因素是齿形误差和装配精度。若齿形误差太大，会导致接触斑点位置正确但面积小，此时可在齿面上加研磨剂并转动两齿轮进行研磨以增加接触面积；若齿形正确但装配误差大，在齿面上易出现各种不正常的接触斑点，可在分析原因后采取相应措施进行处理。如图 3-41 所示，可根据接触斑点的分布判断啮合情况。

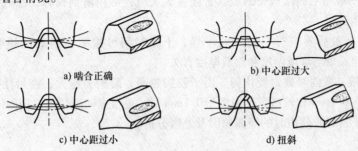

a) 啮合正确　　　　　　　　　　b) 中心距过大

c) 中心距过小　　　　　　　　　d) 扭斜

图 3-41　根据接触斑点的分布判断啮合情况

4）测量轴心线平行度误差值。轴心线平行度误差包括水平方向轴心线平行度误差 δ_x 和垂直方向平行度误差 δ_y。δ_x 的测量方法可先用内径千分尺测出两轴两端的中心距尺寸，然后计算出平行度误差。δ_y 可用千分表法，也可用涂色法及压铅法测量。

2. 锥齿轮的装配

锥齿轮的装配与圆柱齿轮装配基本相同。所不同的是锥齿轮传动两轴线相交，交角一般为 90°。装配时值得注意的问题主要是轴线夹角的偏差、轴线不相交偏差和分度圆锥顶点偏移、啮合齿侧间隙和接触精度应符合规定要求。

锥齿轮传动轴线的几何位置一般由箱体加工所决定，轴线的轴向定位一般以锥齿轮的背锥作为基准，装配时使背锥面平齐，以保证两齿轮的正确位置。锥齿轮装配后要检查齿侧间隙和接触精度。齿侧间隙一般是检查法向侧隙，检查方法与圆柱齿轮相同。若侧隙不符合规定，可通过齿轮的轴向位置进行调整。接触精度也可用涂色法进行检查，当载荷很小时，接触斑点的位置应在齿宽中部稍偏小端，接触长度约为齿长的 2/3；载荷增大，斑点位置向齿轮的大端方向延伸，在齿高方向也有扩大。如装配不符合要求，应进行调整。

3.10　密封装置的装配

为了防止润滑油从机械设备接合面的间隙中泄漏出来，不让外界的脏物、尘土、水和有害气体侵入，机械设备必须进行密封。密封性能的优劣是评价机械设备的一个重要指标。油、水、气等的泄漏，轻则造成浪费、污染环境，对人身、设备安全及机械本身造成损害，使机械设备失去正常的维护条件,影响其寿命;重则可能造成严重事故。因此,必须重视和认真搞好设备的密封工作。

机械设备的密封主要包括固定连接的密封(如箱体结合面、连接盘等的密封)和活动连接的密封(如填料密封、轴头油封等)。采用的密封装置和方法种类很多,应根据密封的介质种类、工作压力、工作温度、工作速度、外界环境等工作条件以及设备的结构和精度等进行选用。

3.10.1 固定连接的密封

1. 密封胶密封

为保证机件正确配合,在结合面处不允许有间隙时,不允许只加衬垫,而需要用密封胶进行密封。密封胶具有防漏、耐温、耐压、耐介质等性能,而又具有效率高、成本低、简便等优点,可以广泛应用于许多不同的工作条件。密封胶使用时应严格按照如下工艺要求进行。

(1)密封面的处理 各密封面上的油污、水分、铁锈及其他污物应清理干净,并保证其应有的粗糙度,以便达到紧密结合的目的。

(2)涂敷 一般用毛刷涂敷密封胶。若强度太大时,可用溶剂稀释,涂敷要均匀,不要过厚,以免挤入其他部位。

(3)干燥 涂敷后要进行一定时间干燥,干燥时间可按照密封胶的说明进行,一般为3~7min。干燥时间长短与环境温度和涂敷厚度有关。

(4)紧固连接 紧固施力要均匀。由于胶膜越薄,凝附力越大,密封性能越好,所以紧固后间隙为0.06~0.1mm比较适宜。当大于0.1mm时,可根据间隙数值选用固体垫片结合使用。

表3-5列出了密封胶使用时的泄漏原因及原因分析。

2. 密合密封

由于配合的要求,在结合面之间不允许加垫料或密封胶时,常常依靠提高结合面的加工精度和降低表面粗精度进行密封。这时,除了需要在磨床上精密加工外,还要进行研磨或刮研使其达到密合,其技术要求是有良好的接触精度和不泄漏试验。机件加工前,还需经过消除内应力退火。在装配时注意不要损伤其配合表面。

表3-5 密封胶泄漏原因及原因分析

泄漏原因	原因分析
工艺问题	结合处处理的不洁净 结合面间隙过大(不宜大于0.1mm) 涂敷不周 涂层太厚 干燥时间过长或过短 联接螺栓拧紧力矩不够 原有密封胶在设备拆除重新使用时未更换新密封胶
选用密封胶材质不当	所选用密封胶与实际密封介质不符
温度、压力问题	工作温度过高或压力过大

3. 衬垫密封

承受较大工作负荷的螺纹联接零件,为了保证连接的紧密性,一般要在结合面之间加刚性较小的垫片,如纸垫、橡胶垫、石棉橡胶垫、纯铜垫等。垫片的材料根据密封介质和工作条件选择。衬垫装配时,要注意密封面的平整和清洁,装配位置要正确,应进行正确的预紧。维修时,拆开后如发现垫片失去了弹性或已破裂,应及时更换。

3.10.2　活动连接的密封

1. 填料密封

填料密封如图 3-42 所示，它的装配工艺要点如下：

1）软填料可以是一圈圈分开的，各圈在轴上不要强行张开，以免产生局部扭曲或断裂。相邻两圈的切口应错开 180°。软填料也可以做成整条的，在轴上缠绕成螺旋形。

2）当壳体为整体圆筒时，可用专门工具把软填料推入孔内。

3）软填料由压盖 5 压紧。为了使压力沿轴向分布尽可能均匀，以保证密封性能和均匀磨损，装配时应由左到右逐步压紧。

4）压盖螺钉 4 至少有两只，必须轮流逐步拧紧，以保证圆周力均匀。同时用手转动主轴，检

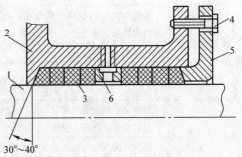

图 3-42　填料密封
1—主轴　2—壳体　3—软填料
4—螺钉　5—压盖　6—孔环

查其接触的松紧程度，要避免压紧后再自行松出。软填料密封在负荷运转时，允许有少量泄漏。运转后继续观察，如泄漏增加，应再缓慢均匀拧紧压盖螺钉（一般每次再拧进 1/6 ~ 1/2 圈）。但不应为争取完全不漏而压得太紧，以免摩擦功率消耗太大或发热烧坏。

2. 油封密封

油封是广泛用于旋转轴上的一种密封装置，如图 3-43 所示。油封按结构可分为骨架式和无骨架式两类。装配时应使油封的安装偏心量和油封与轴心线的相交度最小，要防止油封刃口、唇部受伤，同时要使压紧弹簧有合适的拉紧力。

油封的装配要点如下：

1）检查油封孔、壳体孔和轴的尺寸，壳体孔和轴的表面粗糙度是否符合要求，密封唇部是否损伤，并在唇部和主轴上涂以润滑脂。

2）压入油封要以壳体孔为准，不可偏斜，并应采用专用工具压入，绝对禁止棒打锤敲。壳体孔应有较大倒角。油封外圈及壳体孔内涂以少量润滑脂。

3）油封装配方向，应该使介质工作压力把密封唇部紧压在主轴上，不可装反。如果用作防尘时，则应使唇部背向轴承。如果需同时解决防漏和防尘，应采用双面油封。

4）油封装入壳体孔后，应随即将其装入密封轴上。当轴端有键槽、螺钉孔及台阶等时，为防止油封刃口在装配中损伤，可采用导向套，如图 3-44 所示。

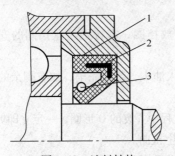

图 3-43　油封结构
1—油封体　2—金属骨架　3—压紧弹簧

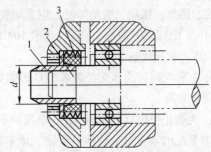

图 3-44　防止唇部受伤的装配导向套
1—导向套　2—轴　3—油封

装配时要在轴上与油封刃口处涂润滑油，防止油封在初运转时发生干摩擦而使刃口烧坏，另外还应严防油封弹簧脱落。油封泄漏的原因、原因分析及防止措施见表3-6。

表3-6 油封泄漏的原因、原因分析及防止措施

泄漏原因	原因分析	防止措施
唇部损伤或折叠	装配时由于与键槽、螺钉孔、台阶等的锐边接触，或飞边未去除干净	去除飞边、锐边、采用装配导向套，并注意保持唇部的正确位置
	轴端倒角不合适	倒角30°左右，并与轴颈光滑过渡
	由于包装、储藏、输送等工作未做好	油封不用时不要拆开包装，不要过多重叠堆积，应存储在阴凉干燥处
唇部早期磨损或老化龟裂	唇部和轴的配合过紧	配合过盈对低速可大点，对高速可小点
	拉紧弹簧径向压力过大	可改用较长的拉紧弹簧
	唇部与轴间润滑油不充分或无润滑油	加润滑油
	与主轴线速度不适应	低速油封不能用于高速
	前后轴承孔的同轴度超差，以至主轴做偏心旋转	装配前应校正轴承的同轴度
	与使用温度不相应	应根据需要选用耐热或耐寒的橡胶油封
	油液压力超过油封承受限度	压力较大时应采用耐压油封或耐压支撑圈
油封与主轴或壳体孔未完全密贴	主轴或壳体孔尺寸超差	装配前应进行检查
	在主轴或壳体孔装油封处有油漆或其他杂质	装油封处注意清洗并保持清洁
	装配不当	遵守装配规程

3. 密封圈密封

密封元件中最常用的就是密封圈，密封圈的断面形状有O形和唇形，其中用得最早、最多、最普遍的是O形密封圈。

（1）O形密封圈及装配 O形密封圈是压紧型密封，故在其装入密封沟槽时，必须保证O形密封圈有一定的预压缩量，一般截面直径压缩量为8%～25%。O形密封圈对被密封表面的粗糙度要求很高，一般规定静密封零件表面粗糙度 Ra 值为6.3～3.2，动密封零件表面粗糙度 Ra 值为0.4～0.2。

O形密封圈既可用于静密封，又可用于动密封。O形圈的安装质量对O形圈的密封性能与寿命均有重要影响，在装配O形圈时应注意以下几点：

1）装配前须将O形圈涂上润滑油。装配时轴端和孔端应有15°～20°的引入角。O形圈需通过螺纹、键槽、锐边、尖角等时，应采用装配导向套。

2）当工作压力超过一定值（一般10MPa）时，应安放挡圈，需特别注意挡圈的安装方向，单边受压，装于反侧。

3）在装配时，应预先把需装的O形圈如数领好，放入油中，装配完毕，如有剩余的O形圈，必须检查重装。

4）为防止报废O形圈的误用，装配换下来的或装配过程中弄废的O形圈，一定立即剪断收回。

5）装配时不得过分拉伸O形圈，也不得使密封圈产生扭曲。

6）密封装置固定螺孔深度要足够，否则两密封平面不能紧固封严，产生泄漏，或在高压下把O形圈挤坏。

（2）唇形密封圈及装配　唇形密封圈的应用范围很广，既适用于大、中、小直径的活塞、柱塞的密封，又适用于高低速往复运动和低速旋转运动的密封。

唇形密封圈的装配应按下列要求进行：

1）唇形圈在装配前，首先要仔细检查密封圈是否符合质量要求，特别是唇口处不应有损伤、缺陷等。其次仔细检查被密封部位相关尺寸精度和粗糙度是否达到要求，对被密封表面的粗糙度一般要求 $Ra \leqslant 1.6$。

2）装配唇形圈的有关部位，如缸筒和活塞杆的端部，均需倒成 15°～30° 的倒角，以避免在装配过程中损伤唇形圈唇部。

3）在装配唇形圈时，如果需通过螺纹表面和退刀槽，必须在通过部位套上专用套筒，或在设计时，使螺纹和退刀槽的直径小于唇形圈内径；反之，在装配唇形圈时，如果需通过内螺纹表面和孔口，必须使通过部位的内径大于唇形圈的外径或加工出倒角。

4）为减小装配阻力，在装配时，应将唇形圈与装入部件涂敷润滑脂。

5）在装配中，应尽力避免使其有过大的拉伸，以免引起塑性变形。当装配现场温度较低时，为便于装配，可将唇形圈放入 60℃ 左右的热油中加热，但不可超过唇形圈的使用温度。

6）当工作压力超过 20MPa 时，除复合唇形圈外，均须加挡圈，以防唇形圈挤出。挡圈均应装在唇形圈的根部一侧，当其随同唇形圈向缸筒里装入时，为防止挡圈斜切口被切断，放入槽沟后，用润滑脂将斜切口粘接固定，再行装入。

开口式挡圈在使用中，有时可能在切口处出现间隙，影响密封效果。因此，在一般情况下，应尽量采用整体式挡圈。聚四氯乙烯制作的挡圈，一旦拉伸，要恢复原尺寸，需要较长时间。因此，不应该将拉伸后装入活塞上的挡圈立即装入缸筒内，应等尺寸复原后再行装配。

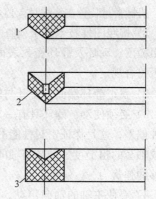

图 3-45　V 形密封圈的断面形状
1—支承环　2—密封环　3—压环

唇形密封圈种类很多，根据断面形状不同，可分为 V 形、Y 形、U 形、L 形等。V 形密封圈的断面形状，如图 3-45 所示，它是唇形密封圈中应用最早、最广泛的一种。根据采用材质的不同，V 形密封圈可分为 V 形夹织物橡胶密封圈、V 形橡胶密封圈和 V 形塑料密封圈。其中 V 形夹织物橡胶密封圈应用最普遍。

V 形夹织物橡胶密封圈由一个压环、数个重叠的密封环和一个支承环组成。使用时，必须将这三部分有机地组合起来，不能单独使用。密封环的使用个数随压力高低和直径大小而不同，压力高、直径大时可用多个密封环。在 V 形密封装置中真正起密封作用的是密封环，压环和支承环只起支承作用。

Y 形密封圈可分为两种：Y 形橡胶密封圈（见图 3-46）和 Yx 形聚氨酯密封圈（见图 3-47、图 3-48）。这两种 Y 形密封圈在使用中只要用单圈就可以实现密封。适用于运动速度较高的场合，工作压力可达 20MPa。Y 形密封圈对被密封表面的粗糙度要求：一般规定轴的表面粗精度 $Ra \leqslant 0.4$，孔的表面粗糙度 $Ra \leqslant 0.8$。

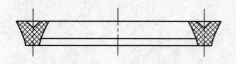

图 3-46　Y 形橡胶密封圈

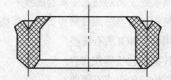

图 3-47　Yx 形聚氨酯密封圈（孔用不等高型）

Yx 形聚氨酯密封圈装配时，必须区分是孔用还是轴用，不得互相代替。所谓孔用即密封圈的短脚（外唇边）和缸筒内壁做相对运动，长脚（内唇边）和轴相对静止，起支承作用；所谓轴用即密封圈的短脚（内唇边）和轴做相对运动，长脚（外唇边）和缸筒相对静止，起支承作用。

图 3-48　Yx 形聚氨酯密封圈
（轴用不等高型）

4. 机械密封

机械密封是旋转轴用的一种密封装置。它的主要特点是密封面垂直于旋转轴线，依靠动环和静环端面接触压力来阻止和减少泄漏。

机械密封装置的密封原理如图 3-49 所示。轴 1 带动动环 2 旋转，静环 5 固定不动，依靠动环 2 和静环 5 之间接触端面的滑动摩擦保持密封。在长期的工作摩擦表面磨损过程中，弹簧 3 推动动环 2，以保证动环 2 与静环 5 接触而无间隙。为了防止介质通过动环 2 与轴 1 之间的间隙泄漏，装有动环密封圈 7；为防止介质通过静环 5 与壳体 4 之间的间隙泄漏，装有静环密封圈 6。

机械密封装置在装配时，必须注意的事项如下：

1）按照图样技术要求检查主要零件，如轴的表面粗糙度、动环及静环密封表面粗糙度和平面度等是否符合规定。

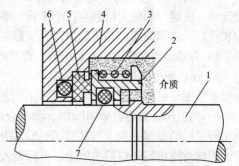

图 3-49　机械密封装置的密封原理
1—轴　2—动环　3—弹簧　4—壳体
5—静环　6—静环密封圈　7—动环密封圈

2）找正静环端面，使其与轴线的垂直度误差小于 0.05mm。

3）必须使动、静环具有一定的浮动性，以便在运动过程中能适应影响动、静环端面接触的各种偏差，这是保证密封性能的重要条件。浮动性取决于密封圈的准确装配、与密封圈接触的主轴或轴套的粗糙度、动环与轴的径向间隙以及动、静环接触面上摩擦力的大小等，而且还要求有足够的弹簧力。

4）要使主轴的轴向窜动、径向跳动和压盖与轴的垂直度误差在规定范围内，否则将导致泄漏。

5）在装配过程中应保持清洁，特别是主轴装置密封的部位不得有锈蚀，动、静环端面应无任何异物或灰尘。

6）在装配过程中，不允许用工具直接敲击密封元件。

复习思考题

1. 什么是机械装配？
2. 保证配合精度的装配方法有哪几种？
3. 机械装配工艺的技术要求有哪些？
4. 机械拆卸应遵循的规则和要求有哪些？
5. 常用的拆卸方法有哪些？
6. 零件清洗包括哪些内容？
7. 零件检验的内容有哪些？
8. 常用的零件检验方法有哪些？

9. 常温下的压装配合装入时有哪些注意事项？

10. 热装配合的加热温度怎样确定？温度怎样控制？有哪些方法？

11. 对于滚动轴承与轴配合的拆装，为什么作用力只能在内圈上？

12. 对于游隙可调整的滚动轴承，游隙调整方法有哪些？各是怎样调整的？

13. 什么是滑动轴承的接触角和接触点，通过什么方法满足要求？

14. 滑动轴承的间隙有何作用？怎样测量和调整间隙？

15. 圆柱齿轮传动的装配有哪些注意事项？

16. 齿侧间隙是怎样测量的？

17. 齿轮的接触精度是怎样检验的？怎样通过接触精度的检验调整装配偏差？

18. 固定连接密封方法有哪些？活动连接密封方法有哪些？

第4章 机械零件修复技术

4.1 概述

随着机械零件的磨损、变形、断裂、蚀损，机械设备的精度、性能和生产率就会下降，进而导致机械设备发生故障、事故甚至报废，因而需要及时进行维护和修理。机械零件修复的任务是恢复有修复价值的损伤零件的尺寸、几何形状和力学性能。大部分失效后的机械零件经过各种修复技术修复后可以重新使用。机械设备维修要确保以最短的时间、最少的费用来有效地消除故障，以提高设备的有效利用率。修复性工艺措施能有效地达到此目的。零件的修复技术是机修行业修理技术中的重要组成部分，合理地选择和运用修复技术，是提高维修质量、节约资源、缩短停修时间和降低维修费用的有效措施，尤其对贵重、大型、加工周期长、精度要求高、需要特殊材料和特种加工的零件，其意义就更为突出。

4.1.1 机械零件修复技术的特点

机械零件的修复不仅仅是恢复原样，很多工艺方法还可以提高零件的性能，延长零件的使用寿命。修复失效的机械零件与直接更换零件相比具有以下优点：

1）减少制造工时，节约原材料。

2）减少更换件制造，有利于缩短设备停修时间，提高设备利用率。

3）减少备件储备，提高资金的利用率。

4）利用新技术修复旧件还可以提高零件某些性能，如电镀、堆焊和热喷涂等表面处理技术，只将少量的高性能材料作用于零件表面，成本并不高，但大大提高了零件的耐磨性，延长了零件的使用寿命。

4.1.2 机械零件修复工艺的类型

零件的修复可以有多种工艺方案，如焊、补、喷、镀、铆、配、改、校、胀、缩、粘等。机械零件修复可采取三种基本方法：

1. 对已磨损的零件进行机械加工，以使其重新具有正确的几何形状（改变了原有尺寸），这种方法叫修理尺寸法。

2. 利用堆焊、喷涂、电镀和粘接等方法增补零件的磨损表面，然后再进行机械加工，并恢复其名义尺寸、几何形状以及表面粗糙度等，这种方法叫名义尺寸修理法。

3. 通过特别修复技术，改变零件的某些性能，或利用零件的金属塑性变形来恢复零件磨损部分的尺寸和形状等。

随着新材料、新工艺、新技术的不断涌现，机械零件修复技术得到了长足发展，工艺方法更是多种多样，技术成熟、应用广泛的几种机械零件修复工艺有金属扣合、工件表面强化、塑性变形、电镀、热喷涂、焊接及粘接等，如图 4-1 所示。

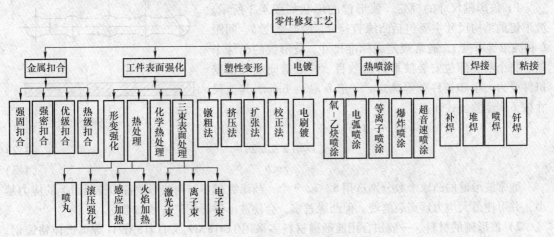

图 4-1　机械零件修复工艺类型

4.2　金属扣合技术

金属扣合技术是利用扣合件的塑性变形或热胀冷缩的性质将损坏的零件连接起来，以达到修复零件裂纹或断裂的目的。这种技术常用于不易焊补的钢件、不允许有较大变形的铸件以及有色金属的修复，对于大型铸件如机床床身、轧机机架等基础件的修复效果就更为突出。

4.2.1　金属扣合技术的特点

金属扣合技术的特点有：

1）整个工艺过程完全在常温下进行，排除了热变形的不利因素。

2）操作方法简便，不需特殊设备，可完全采用手工作业，便于现场就地修理工作，具有快速修理的特点。

3）波形槽分散排列，扣合件（波形键）分层装入，逐步铆击，避免了应力集中。

4.2.2　金属扣合技术的分类

金属扣合技术一般分为强固扣合法、强密扣合法、优级扣合法和热扣合法等 4 种。在实际应用中，可根据具体情况和技术要求，选择其中一种或多种联合使用，以达到最佳效果。

1. 强固扣合法

强固扣合法是先在垂直于损坏零件的裂纹或折断面上，加工出若干个一定形状和尺寸的凹槽（波形槽），然后把形状与波形槽相吻合的高强度材料制成的波形键镶入槽中，并在常温下铆击波形键，使其产生塑性变形而充满波形槽腔，甚至使其嵌入零件机体之内。这样，由于波形键的凸缘和波形槽相互扣合，便将损坏的零件重新牢固地连接成一体，如图 4-2 所示。

这种方法适用于修复壁厚为 8 ～ 40mm 的一般强度要求的机件。

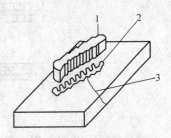

图 4-2　强固扣合法

1—波形键　2—波形槽　3—裂纹

（1）波形键的设计和制造

1）波形键尺寸的确定。波形键的形状如图4-3所示。波形键的结构尺寸主要包括凸缘直径 d、颈部宽度 b、间距 L 和波形键厚度 t，通常规定成标准尺寸。波形键的凸缘个数、每个断裂部位安装波形键的数目、波形键间距等根据机件受力大小和铸件壁厚确定。一般 b 取 $3 \sim 6\text{mm}$，其他尺寸按下列经验公式计算：

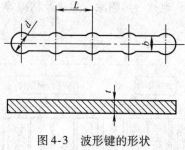

图4-3　波形键的形状

$$d = (1.4 \sim 1.6)b \qquad (4\text{-}1)$$

$$L = (2 \sim 2.2)b \qquad (4\text{-}2)$$

$$t \leqslant b \qquad (4\text{-}3)$$

通常波形键的凸缘个数分别选用5、7、9个，凸缘数越多，则波形槽各凹洼断面上的应力越小，并可使最大应力远离裂缝处。但凸缘过多，会使波形键镶配工作增加难度。

2）波形键的材料。一般扣合用波形键材料多采用1Cr18Ni9 或 1Cr18Ni9Ti 等奥氏体铬镍钢，扣合高温机件用的波形键材料是 Ni36 等高镍合金钢。

3）波形键的制造。成批制作波形键的工艺过程一般包括下料→挤压或锻压两侧波形→机械加工上、下平面和修整凸缘圆弧→热处理等4步，即液压压力机上用模具冷挤压成形，然后对其上、下两平面进行机加工并修整凸缘圆弧，最后需热处理，硬度要求达到140HBW 左右。

（2）波形槽的设计和加工

1）波形槽尺寸的确定。除槽深 T 大于波形键厚度 t 外，其余尺寸与波形键尺寸相同，它们之间的配合最大允许间隙可达到 $0.1 \sim 0.2\text{mm}$，波形槽深度 T 一般为工件壁厚 H 的 $0.7 \sim 0.8$ 倍，即 $T = (0.7 \sim 0.8)H$，如图4-4a、b所示。

2）波形槽的布置。对于承受弯曲载荷的机件，因机件外层承受最大拉应力，往里逐渐减少，可将波形槽设计成阶梯状，如图4-4c所示，以减小机件内壁因开槽而遭削弱的影响。为使最大应力分布在较大范围内，改善工件受力状况，在布置波形槽时，可采用一长一短式或一前一后式，如图4-4d所示。

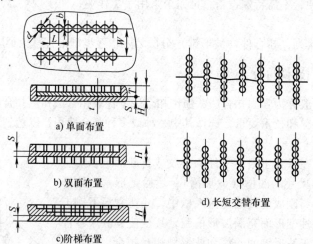

a) 单面布置

b) 双面布置

c) 阶梯布置

d) 长短交替布置

图4-4　波形槽的布置

波形槽间距 W 可根据波形键和与损坏机件原有承载能力相等的强度条件按下式计算：

$$W = bT/H(\sigma_{\text{p}}/\sigma_{\text{g}} + 1) \qquad (4\text{-}4)$$

式中，b 为波形键宽度，单位为 mm；T 为波形槽深度，单位为 mm；H 为机件壁厚，单位为 mm；σ_p 为波形键经铆击后的抗拉强度极限，单位为 N/mm^2；σ_g 为机件的抗拉强度极限，单位为 N/mm^2。

对于受载荷不大的机件，波形槽间距 W 也可根据经验公式来确定，一般取 $W=(5\sim6)b$。

3）波形槽的加工。小型机件的波形槽可在镗床、铣床等设备上加工。对于拆卸和搬运不便的大型机件，则可采用手电钻、钻模等简便工具现场加工。波形槽现场加工的简要工艺过程如下：

① 画出各波形槽的位置线。

② 借助于钻模加工波形槽各凸缘孔及凸缘间孔，钻孔至深度 T。

③ 钳工修整，保证槽与键之间的配合间隙。

（3）波形键的扣合与铆合　波形槽加工好后，将其清理干净，再将波形键镶入槽中，然后从波形键的两端向中间轮换对称铆击，使波形键在槽中充满，最后铆击裂纹上的凸缘，即用压缩空气吹净波形槽内的金属屑末，用频率高、冲击力小的小型铆钉枪铆击波形键，将其扣入波形槽内，压缩空气压力为 0.2～0.4MPa。铆击时应注意使铆击杆垂直于铆击面，先铆击波形键两端的凸缘，再逐渐向中间推进，轮换对称铆击，最后铆击裂纹的凸缘时不宜过紧，以免将裂纹撑开。根据机件要求、壁厚等因素正确掌握好铆紧度，一般控制每层波形键铆低 0.5mm 左右为宜。为使波形键充分冷却硬化，以提高其抗拉强度极限，操作时每个部位应先用圆弧面冲头铆击其中心，再用平底冲头铆击边缘。

2. 强密扣合法

强密扣合法是在强固扣合工艺原理的基础上，再在两波形键之间、裂纹或折断面的结合线上，每间隔一定距离加工缀缝栓孔，并使第二次钻缀缝栓孔稍微切入已装好的波形键和缀缝栓，形成一条密封的"金属纽带"，达到阻止流体受压渗漏的目的，如图 4-5 所示。对于承受高压的气缸和高压容器等的修复，此法具有很高的使用价值，是一种行之有效的方法。

3. 优级扣合法

优级扣合法也称加强扣合法，这种方法是在垂直于裂纹或断裂面的修复区上加工出一定形状的空穴，然后将形状、尺寸相同的钢制加强件镶入空穴中，在零件与加强件的结合处再加缀缝栓，使其一半嵌在零件机体上，必要时还可以再加入波形键，如图 4-6 所示。此方法主要用于要求承受高负荷的厚壁机件，如水压机横梁、轧钢机扎辊支架、辊筒等的修复。

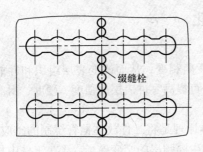

图 4-5　强密扣合法

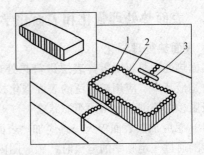

图 4-6　优级扣合法
1—加强件　2—缀缝栓　3—波形键

4. 热级扣合法

热级扣合法是利用金属热胀冷缩的原理，将制作的具有一定形状的扣合键放置在形状相同的凹槽中，扣合键在冷却过程中产生收缩，将破裂的机件重新密合，这种方法比其他扣合法更为简便实用，多用来修复大型飞轮、齿轮和重型设备的机身等。

4.3 工件表面强化技术

零件的修复，不仅仅是补偿尺寸，恢复配合关系，有的还能赋予零件表面更好的性能，如耐磨性、耐高温性等，表面强化技术便是例证。

工件表面强化技术是指采用某种工艺手段，通过材料表层的相变、改变表层的化学成分、改变表层的应力状态以及提高工件表面的冶金质量等途径来赋予机体材料本身所不具备的特殊力学、物理和化学性能，从而满足材料及其制品使用要求的一种技术。表面强化技术作为表面工程学的一项重要技术，对于改善材料的表面性质，提高零件表面的耐磨性、抗疲劳性，延长其使用寿命等具有重要意义。它可以节约稀有、昂贵的材料，对各种高新技术的发展具有重要作用。下面对常用的几种表面强化技术进行介绍。

4.3.1 表面形变强化

表面形变强化的基本原理是通过喷丸、滚压及挤压等手段使工件表面产生压缩变形，表面形成强化，其深度可达 $0.5 \sim 1.5\text{mm}$，从而有效地提高工件的表面强度和疲劳强度。

表面形变强化的成本低廉，强化效果显著，在机械设备维修中常用喷丸强化和滚压强化，其中喷丸强化应用最为广泛。

1. 喷丸强化

喷丸强化是利用高速弹丸强烈冲击工件表面，使之产生形变硬化层并引进残余应力的一种机械强化工艺方法。喷丸技术通常用于表面质量要求不高的零件。喷丸强化用于提高零件的抗疲劳及耐腐蚀能力，适合于如航空、航海、石油、矿山、铁路、运输等领域的各种重型机械。在飞机制造和维修中，零件磨削后，电镀、喷涂前，大都先进行喷丸强化处理。

2. 滚压强化

滚压强化是利用球形金刚石滚压头或表面有连续沟槽的球形金刚石滚压头以一定滚压力对零件表面进行滚压，使表面形变强化产生硬化层。目前滚压强化用的滚轮、滚压力大小等工艺规范尚无标准，滚压技术一般只适用于回转体类零件。

4.3.2 表面热处理强化和表面化学热处理强化

1. 表面热处理强化

表面热处理是仅对零件表层进行热处理，使表层发生相变，从而改变表层组织和性能的工艺，它是最基本、应用最广泛的表面强化技术之一。它可提高零件表层的强度、硬度、耐磨性及疲劳极限，而心部仍保留原组织状态。

（1）感应加热表面淬火 感应加热表面淬火的基本原理是将工件放在铜管绕制的感应圈内，当感应圈通过一定频率的电流时，感应圈内部和周围产生同频率的交变磁场，于是工件中相应产生了自成回路的感应电流。由于集肤效应，感应电流主要集中在工件表层，工件表面迅速升温到淬火温度，随即喷水冷却，使工件表层淬硬，如图4-7所示。经感应加热表面淬火的工件，表面不易氧化、脱碳，变形小，淬火层深度容易控制，生产率高，还便于实现生产机械化，多用于大批量生产形状较简单的零件。

（2）火焰加热表面淬火 火焰加热表面淬火是利用氧-乙炔或氧-煤气的混合气体燃烧的火

焰，将工件表面快速加热到淬火温度，然后立即喷水冷却，从而获得预期的硬度和淬硬层深度的表面淬火方法，如图4-8所示。火焰加热表面淬火的淬硬层一般为2～6mm。这种表面淬火方法简便，无须特殊设备，投资少，但加热时易过热，淬火质量往往不够稳定。适用于单件或小批量生产的大型零件或需要局部淬火的工件，如大型轴类、大模数齿轮等。

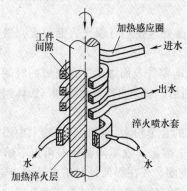

图4-7　感应加热表面淬火

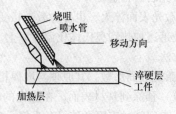

图4-8　火焰加热表面淬火

2. 表面化学热处理强化

表面化学热处理强化是将工件置于一定的活性介质中，加热到一定温度，使活性介质扩散并释放欲渗入元素的活性原子，使活性原子渗入到工作表层，从而改变表层的成分、组织和性能。

表面化学热处理可以提高工件表面的强度、硬度、耐磨性、疲劳强度和耐腐蚀性，使工件表面具有良好的抗粘着能力和低的摩擦系数。

表面化学热处理种类较多，一般以渗入的元素来命名。常用的表面化学热处理强化方法有渗碳、渗氮、碳氮共渗、渗硼及渗金属（通常为W、V、Cr等）等。

4.3.3　三束表面改性技术

随着激光束、离子束和电子束的出现与发展，采用激光束、离子束、电子束对材料表面进行改性已成为材料表面增强新技术，通常称为"三束表面改性技术"。

1. 激光束表面处理技术

激光束表面处理技术是应用光学透镜将激光束聚集到很高的功率密度和很高的温度，照射到材料表面，借助于材料的自身传导加热，改变表面层的成分和显微结构，从而提高表面性能的方法。它可以解决其他表面处理方法无法解决或不好解决的材料强化问题，可大幅度提高材料或零部件抗磨损、耐疲劳、耐腐蚀、防氧化等性能，延长其使用寿命。激光束表面处理技术广泛应用于汽车、冶金、机床领域以及刀具、模具等的生产和修复中。

（1）激光束表面处理技术的特点　激光束表面处理技术与其他表面处理技术相比，具有以下特点：

1）无须使用外加材料，仅改变被处理材料表面组织结构。处理后的改性层具有足够的厚度，可根据需要调整其厚度，一般可达0.1～0.8mm。

2）处理层和基体结合强度高。激光束表面处理的改性层和基体材料之间是致密的冶金结合，而且处理层本身是致密的冶金组织，具有较高的硬度和耐磨性。

3）被处理件变形极小。由于激光功率密度高，与零件的作用时间极短，故零件的热影响区和整体变化都很小。故适合于高精度零件处理，作为材料和零件的最后处理工序。

4）加工柔性好，适用面广。利用灵活的导光系统可将激光随意导向需处理部位，从而可方便地处理深孔、内孔、盲孔和凹槽等，还可进行选择性的局部处理。

5）工艺简单、优越。激光束表面处理均在大气环境中进行，免除了镀膜工艺中漫长的抽真空时间，没有明显的机械作用力和工具损耗，无噪声、无公害、劳动条件好，再加上激光器配以微机控制系统，很容易实现自动化生产，易于批量生产，产品成品率极高，几乎达到100%，效率很高，经济效益显著。

（2）常见的激光束表面处理技术　常见的激光束表面处理技术有激光表面淬火、激光表面涂敷和激光表面合金化等。

1）激光表面淬火，也称为激光相变强化，指用激光向零件表面加热，在极短的时间内，零件表面被迅速加热到奥氏体化温度以上，在激光停止辐射后，快速自冷淬火得到马氏体组织的一种工艺方法。

2）激光表面涂敷。其原理与堆焊相似，将预先配好的合金粉末（或在合金粉末中添加硬质陶瓷颗粒）预涂到基材表面。在激光的辐射下，混合粉末熔化（硬质陶瓷颗粒可以不熔化）形成熔池，直到基材表面微熔。激光停止辐射后，熔化体凝固，并在界面处与基材达到冶金结合。它可避免热喷涂方法在涂层内有过多的气孔、熔渣夹杂、微观裂纹和涂层结合强度低等缺陷。激光表面涂敷的目的是提高零部件的耐磨、耐热与耐腐蚀性能。

3）激光表面合金化。激光表面合金化是一种既改变表面的物理状态，又改变其化学成分的激光束表面处理技术。它预先用电镀或喷涂等技术把所需合金元素涂敷在金属表面，再用激光辐射该表面。也可以涂敷与激光照射同时进行。

4）激光表面非晶态处理。激光表面非晶态处理是指金属表面在激光束辐射下熔化并快速冷却，熔化的合金在快速凝固过程中来不及结晶，从而在表层形成厚度为 $1\sim10mm$ 的非晶相，这种非晶相薄层不仅具有高强度、高韧度、高耐磨性和高耐腐蚀性，而且还具有独特的电磁性和氧化性。

5）激光气相沉积。激光气相沉积是将激光束作为热源在金属表面形成金属膜，通过控制激光的工艺参数可精确控制表膜的形成。用这种方法可以在普通材料上涂敷与基体完全不同的具有各种功能的金属或陶瓷，节省资源，效果明显。

2. 离子束表面处理技术

离子束表面处理技术是指把所需元素的原子电离成离子，并使其在几十至几百千伏的电压下进行加速，进而轰击零部件表面，使离子注入表面一定深度，从而改变材料表面层的物理、化学和机械性能的真空处理工艺技术。

与激光束及其他表面处理工艺相比，离子束表面处理技术的优点如下：

1）离子注入是一个非热力学平衡过程，注入的离子能量很高，可以高出热平衡能量的 $2\sim3$ 个数量级，因此，原则上讲，元素周期表上的任何元素，都可注入任何基体材料内。

2）离子注入表层与基体材料无明显界面，使力学性能在注入层至基材为连续过渡，保证了注入层与基材之间具有良好的动力学匹配性，与基体结合牢固，避免了表面层的破裂与剥落。

3）注入元素的种类、能量、剂量均可选择，用这种方法形成的表面合金，不受扩散和溶解度等热力学参数的限制，可获得其他方法得不到的新合金相。

4）离子注入为常温真空表面处理技术，零部件经表面处理后，无形变、无氧化，能保持原有尺寸精度和表面状态，特别适合于高精密部件的最后工艺。

与其他表面处理技术相比，离子束注入技术也存在一些缺点，如设备昂贵、成本较高，故目前主要用于重要的精密关键部件。另外，离子注入层较薄，如十万电子伏的氮离子注入 GCr15 轴承钢中的平均深度为 $0.1\mu m$，这就限制了它的应用范围。离子注入不能用来处理具有复杂凹腔表面的零件，并且离子注入要在真空室中处理，受到真空室尺寸的限制。

3. 电子束表面处理技术

（1）电子束表面处理技术的主要特点：

1）加热和冷却速度快。电子束将金属材料表面由室温加热到奥氏体化温度或熔化温度仅需 0.001s，其冷却速度可达 106~108℃/s。

2）零件变形小。

3）与激光束表面处理技术相比，使用成本低。电子束设备一次投资约为激光束设备的三分之一，实际使用成本也只有激光束设备的一半。

4）能量利用率高。电子束与金属表面耦合性好，几乎不受反射的影响，能量利用率远高于激光，属节能型表面处理方法。

5）处理在真空中进行，减少了氧化、氮化的影响，可以得到纯净的表面处理层。

6）不论形状多复杂，凡是能观察到的地方就可用电子束处理。

（2）电子束表面处理技术的类型

1）电子束表面淬火。与激光表面淬火相似，采用聚焦方式的电子束轰击金属工件表面，控制加热速度为 103~105℃/s，使金属表面超过奥氏体转变温度，在随后高速冷却过程中发生马氏体转变，使表面强化。这种方法适用于碳钢、中碳合金钢、铸铁等材料的表面强化。例如，在柴油机阀门凸轮推杆的制造中，采用电子束对汽车缸底部球座部分进行淬火处理，可大大提高表层耐磨性。

2）电子束表面重熔。采用电子束轰击金属工件表面，使表面产生局部熔化并快速凝固，从而细化晶粒组织，提高表面强度与韧性。此外，电子束重熔可使表层中各组成相的化学元素重新分布，降低元素的微观偏析，改善工件的表面性能。电子束表面重熔技术主要用于模具的表面处理。近年来，电子束表面重熔技术在汽车制造业也得到了广泛应用，如汽车的转缸式发动机振动最厉害的顶部密封件的制造，采用电子束表面重熔处理后，大大提高了其使用寿命。

3）电子束表面合金化。预先将选择好的具有特殊性能的合金粉末涂敷在金属表面，再用电子束轰击加热熔化，冷却后形成与基材冶金结合的表面合金层，主要用来提高表面的耐磨、耐腐蚀与耐热性能。

4）电子束表面非晶态处理。与激光表面非晶态处理相似，只是热源不同。由于电子束的能量密度很高、作用时间短，工件表面在极短的时间内迅速冷却，金属液体来不及结晶而成为非晶态。这种非晶态的表面层具有良好的强韧性与抗腐蚀性能。

4.4　塑性变形修复技术

塑性变形修复技术是利用金属或合金的塑性变形性能，使零件在一定外力作用的条件下改变其几何形状而不损坏零件。这种方法是将零件不工作部位的部分金属向磨损的工作部位移动，以补偿磨损掉的金属，恢复零件工作表面原来的尺寸和形状。它实际上也就是一般的压力加工方法，但其工作对象不是毛坯，而是具有一定尺寸和形状的磨损件零件。因此，这种方法不仅可改变零件的外形，而且还可改变金属的机械性能和组织结构。

下面介绍利用塑性变形修复零件的几种方法。

4.4.1　镦粗法

镦粗法是借助压力来减小零件的高度、增大零件的外径或缩小内径尺寸的一种方法，主要用来修复有色金属套筒和圆柱形零件。

镦粗法可修复内径或外径磨损量小于 0.6mm 的零件。对必须保持内外径尺寸的零件，可采用镦粗法补偿其磨损量后，再用其他的修复方法来保证原来内外径尺寸。用镦粗法修复零件，零件被压缩后的缩短量不应超过其原高度的 15％，对于承载较大的则不应超过其原高度的 8％。为保证镦粗均匀，其高度与直径之比不应大于 2，否则不宜采用这种方法。

4.4.2 挤压法

挤压法是利用压力将零件不需严格控制尺寸部分的材料挤压到已磨损部位，主要用于筒形零件内径的修复。

一般都利用模具进行挤压，挤压零件的外径缩小其内径尺寸，然后再进行加工以达到恢复原尺寸的目的。模具锥形孔的大小根据零件材料塑性变形性的大小和需要挤压量数值的大小确定。当零件的塑性变形性质低，挤压值较大时，模具锥形孔可采用 10°～20°；挤压值较小时，模具锥形孔可采用 30°～40°；对塑性变形性质高的材料，模具锥形孔可采用 60°～70°。

4.4.3 扩张法

扩张法的原理与挤压法相同，所不同的是零件受压向外扩张，以增大外径尺寸，补偿磨损部分。扩张法主要应用于外径磨损的套筒形零件。根据具体情况可做简易模具，可在冷或热的状态下进行，使用设备的操作方法都与前两种方法相同。

例如，空心活塞销外圆磨损后，一般用镀铬法修复。但若没有镀铬设备时，可用扩张法进行修复，活塞销的扩张既可在热态下进行，也可在冷态下进行。扩张后的活塞销，应按技术要求进行热处理，然后磨削其外圆，直到达到尺寸要求。

4.4.4 校正法

零件在使用过程中，常会发生弯曲、扭曲等残余变形。利用外力或火焰使零件产生新的塑性变形，从而消除原有变形的方法称为校正。校正分为冷校和热校，而冷校又分为冷压校正与冷作校正。

1. 冷校

（1）冷压校正 将变形的零件放在压力机的 V 形铁中，使凸面朝上，施加压力使零件发生反方向变形，保持 1～2min 后去除压力，利用材料的弹性后效作用将变形抵消。检查校正情况，若一次不能校正，可进行多次，直到校正为止。

对于弯曲变形不大的小型钢制曲轴，可采用此方法校直。如果曲轴的弯曲度小于 0.05mm 时，可结合磨修曲轴得以修整；如果超过 0.05mm 时，则须加以校正。冷压校正时，将其主轴颈支承在 V 形铁上，使弯曲凸面朝上，并使最大弯曲点对准加压装置的压头，然后固定曲轴。在加压点相对 180°的位置架设百分表，借以观察加压时的变形量。当曲轴的弯曲变形较大时，必须分次进行，以防压校时反向弯曲变形量过大，而使曲轴折断，校正时的反向弹性变形量不宜超过原弯曲量的 1～1.5 倍。

冷压校正简单易行，但校正的精度不容易控制，零件内留下较大的残余应力，效果不稳定，疲劳强度下降。

（2）冷作校正 冷作校正是用锤子敲击零件的凹面，使其产生塑性变形，该部分的金属被挤压延展，在塑性变形层中产生压缩应力，弯曲的零件在变形层应力的推动下被校正。

下面介绍利用冷作校正法来校正弯曲的曲轴。根据曲轴弯曲的方向和程度，使用球形锤子与空气锤，沿曲柄臂的左右两侧进行敲击（锤击区应选在弯曲后曲柄臂受压应力的一侧），由于冷作而产生残余应力，使曲柄臂敲击侧伸长变形，曲轴轴线产生位移，在各个曲柄臂变形的综合作用下，达到校直曲轴的目的。

冷作校正的校正精度容易控制，效果稳定，且不降低零件的疲劳强度。但它不能较正弯曲量太大的零件，通常零件的弯曲量不能超过零件长的 0.05%。

2. 热校

热校一般是将零件弯曲部分的最高点用气焊的中性焰迅速加热到 450℃ 以上，然后快速冷却。由于加热区受热膨胀，塑性随温度升高而增加，又因受周围冷金属的阻碍，不可能随温度增高而伸展。当冷却时，收缩量与温度降低幅度成正比，收缩量大于膨胀量，造成收缩力很大，靠它校正零件的变形。

热校适用于校正变形量较大，形状复杂的大尺寸零件，其校正保持性好，对疲劳强度影响较小，应用比较普遍。热校的关键在于弯曲的位置及方向必须找正确，加热的火焰也要和弯曲的方向一致，否则会出现扭曲或更多的弯曲。

下面简单介绍利用热校法校正弯曲的轴，如图 4-9 所示，一般操作规范如下：

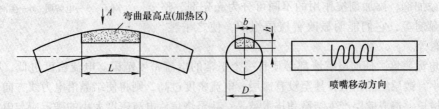

图 4-9　轴类零件的热校正

1）利用车床或 V 形铁，找出弯曲零件的最高点，确定加热区。

2）加热用的氧-乙炔火焰喷嘴，按零件直径决定其大小。

3）加热区的形状有：条状，在均匀变形和扭曲时常用；蛇形，在变形严重，需要热区面积大时采用；圆点状，用于精加工的细长轴类零件。

4）弯曲量较大时，可分数次加热校正，不可一次加热时间过长，以免烧焦工件表面。

4.5　电镀修复技术

电镀是应用电化学的基本原理，在含有待镀金属的盐溶液中，以被镀基体金属作为阴极，通过电解作用，使镀液中待镀金属的阳离子在基体金属表面上沉淀，形成牢固覆盖层的一种表面加工技术。

电镀法形成的金属镀层不仅可补偿零件表面磨损，而且还能改善零件的表面性质，如提高耐磨性（如镀铬、镀铁），提高防腐能力（如镀锌、镀铬等），形成装饰性镀层（如镀铬、镀银等），产生特殊用途，如防止渗碳用的镀铜、提高表面导电性的镀银等；有些电镀还可以改善润滑条件。因此，电镀是常用的修复技术之一，主要用于修复磨损量不大、精度要求高、形状结构复杂、批量较大和需要某特殊层的零件。

4.5.1　概述

1. 电镀的基本原理

图 4-10 所示为电镀的基本原理图。镀槽中的电解液，除镀铬采用铬酸溶液外，一般都用待

镀金属的盐溶液。镀槽的阴极为电镀的零件，阳极为与电镀待镀层材料相同的极板（镀铬除外）。接通电源，在电场的作用下，带正电荷的阳离子向阴极方向移动，带负电荷的阴离子向阳极方向移动。

电解液中的阳离子，主要是待镀金属的离子和氢离子，金属离子在阴极表面得到电子，生成金属原子，并覆盖在阴极表面上。同时氢离子也从阴极表面得到电子，生成氢原子，一部分进入零件镀层，另一部分溢出镀槽。

2. 影响镀层质量的基本因素

影响镀层质量的因素较多，包括镀液的成分以及电镀工艺参数等。下面对主要影响因素进行讨论。

（1）pH值　镀液中的pH值可以影响氢的放电电位、碱性夹杂物的沉淀、络合物的组成和平稳、添加剂的吸附程度等。最佳的pH值往往要通过试验来决定。

（2）添加剂　添加剂按作用的不同可分为光亮剂、整平剂、润湿剂等，它们能明显改善镀层组织，使之平整、光亮、致密等。

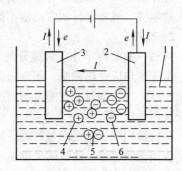

图4-10 电镀的基本原理图
1—电解液　2—阳极　3—阴极　4—阳离子　5—电解质　6—阴离子

（3）电流密度　任何电解液都必须有一个正常的电流密度范围。电流密度过低，则阴极极化作用较小，镀层结晶粗大，甚至没有镀层；电流密度过高，则将使结晶沿电力线方向向电解液内部迅速增长，造成镀层产生结瘤和技术结晶，甚至烧焦。电流密度大小的确定应与电解液的组成、主盐浓度、pH值、温度及搅拌条件相适应，加大主盐浓度、升温及搅拌等措施均可提高密度的上限。

（4）温度　温度升高使扩散加快，浓度极化、化学极化降低，使晶粒变粗；但温度升高可以提高电流密度，从而提高生产效率。

（5）搅拌　搅拌可以降低阴极极化，使结晶变粗，但可以提高电流密度，从而提高生产效率。此外，搅拌还可以增强整平剂的效果。

3. 电镀前后的处理

（1）电镀前预处理　电镀前预处理是使待镀面干净新鲜，以获得高质量镀层。首先通过表面磨光和抛光等方法使表面粗糙度达到一定要求，然后再用溶剂溶解以及用化学、电化学方法除油，接着用机械、酸洗以及电化学方法除锈，最后把表面反放在弱酸中浸蚀一定时间作镀前表面活性化处理等。

（2）电镀后处理　电镀后处理包括钝化处理和氢化处理。钝化处理是指把已镀表面放入一定的溶液中进行化学处理，在镀层上形成一层坚实致密的、稳定的薄膜的表面处理方法。钝化处理使镀层耐腐蚀性大大提高，并增加表面光泽和抗污染能力。有些金属如锌，在电沉积过程中，除自身沉积出来外，还会析出一部分氢，这部分氢渗入镀层中，使镀件产生脆性，甚至断裂，这称为氢脆。为了消除氢脆，往往在电镀后，使镀件在一定的温度下热处理数小时，称为氢化处理。

4. 电镀金属

在维修中最常用的有镀铬、镀铜和镀铁等。

（1）镀铬　镀铬层在大气层中稳定，不易变色和失去光泽，硬度高，耐磨性、耐热性较好，是用电解法修复零件最有效的方法之一。镀铬工艺具有以下特点：

1）铬具有较高的导热及耐热性能，在480℃以下不变色，到500℃以上才开始氧化，700℃

时硬度才显著下降。

2）镀铬层化学稳定性好，硬度高（高达 HR65 以上），摩擦系数小，所以耐磨性好。

3）镀铬层与基层金属有较高的结合强度，甚至高于它自身晶间的结合强度。

4）抗腐蚀性能强，镀铬层与有机酸、硫、硫化物、稀硫酸、硝酸或碱等均不起作用，能长期保持其光泽，使外表美观。

5）镀铬层性脆，不宜承受不均匀的载荷，不能抗冲击，一般镀铬层不宜超过 0.3mm。

镀铬工艺较复杂，成本高，一般不重要的零件不宜采用。

（2）镀铜　铜镀层较软，富有延展性，导电和导热性能好，对于水、盐溶液和酸在没有氧溶解或氧化反应条件下具有良好的耐腐蚀性，它与基层金属的结合能力很强，不需要进行复杂的镀前准备，在室温和很小的电流密度下即可进行，操作很方便。

镀铜在维修中常用于以下方面：改善间隙配合的摩擦表面，提高磨合质量，如缸套和齿轮镀铜；恢复过盈配合的表面，如滚动轴承、铜套、轴瓦、缸套外圈的加大；对紧固件起防松作用，如在螺母上镀铜可不用弹簧垫圈或开尾销；在钢铁零件镀铬、镀镍之前常用镀铜作底层；零件渗碳处理前，对不需要渗碳部分镀铜作防护层等。

（3）镀铁　镀铁是电镀工艺的一种，由于镀铁工艺比镀铬工艺成本低、效率高、对环境污染小，因此，近年来镀铁工艺发展很快，在维修中已逐渐取代镀铬，成为零件修复的重要手段之一。

镀铁按电解液的温度分为高温镀铁和低温镀铁。在 90～100℃ 温度下进行镀铁，使用直流电源的称为高温镀铁。这种方法获得的镀铁层硬度不高，且与基体结合不可靠；在 40～50℃ 常温下进行镀铁，采用不对称交流电源的称为低温镀铁。它解决了常温下镀铁层与基体结合强度不牢问题，镀铁层的力学性能较好，工艺简单、操作方便，在修复和强化机械零件方面可取代高温镀铁，并已得到广泛应用。

镀铁层的耐磨性能相当于甚至高于经过淬火的 45 号钢。镀铁层经过机械（磨削）加工后，宏观观察可发现其表面致密、无缺陷。在零件自身强度未到极限的前提下，镀铁修复后的使用寿命可与新件媲美。

4.5.2　电刷镀

电刷镀是电镀的一种特殊方式，不用镀槽，只需在不断供应电解液的条件下，用一支镀笔在工件表面上进行擦拭，从而获得电镀层，所以又被称为无槽镀或涂镀。电刷镀主要应用于改善和强化金属材料工件的表面性质，使之获得耐磨损、抗氧化、耐高温等一种或数种性能。在机械修理和维护方面，电刷镀广泛应用于修复因金属表面磨损失效、疲劳失效、腐蚀失效而报废的机械零部件，恢复其原有的尺寸精度，具有维修周期短、费用低、修复后的机械零部件使用寿命长等特点，特别是对大型和昂贵机械零部件的修复经济效益更加显著。在施镀过程中，基体材料无变形，镀层均匀致密，与基体结合力强，是修复金属工件表面失效的最佳工艺。

1. 电刷镀的基本原理、特点及应用

（1）基本原理　电刷镀也是一种电化学沉积过程，其基本原理如图 4-11 所示。将表面处理好的工件与刷镀电源的负极相连，作为电刷镀的阴极，将刷镀笔与电源的正极相连，作为电刷镀的阳极，阳极包套包裹着有机吸水材料（如脱脂棉或涤纶、棉套或人造毛套等）。刷镀时，阳极与

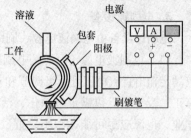

图 4-11　电刷镀基本原理

工件待刷镀表面接触并作相对运动，含有待镀金属离子的电刷镀做定向迁移，在工件表面获得电子还原成为镀层，在工件表面沉积。镀层的厚度随刷镀时间的延长而增厚，直至所需厚度为止。镀层厚度由专用的刷镀电源控制，镀层种类由刷镀液品种决定。

（2）特点

1）设备简单，操作灵活，不用镀槽，不需要很大的工作场地，投资少、收效快。工件尺寸不受限制，而且不拆卸解体就可在现场刷镀修复，可以进行槽镀困难或不能实现槽镀的局部电镀，如对某些重量大、体积大的零件实行局部电镀。操作简单，操作者经短期培训即可独立工作。

2）结合强度高。镀层是在电、化学、机械力（刷镀笔与工件的摩擦）的作用下沉积的，因而结合强度比槽镀高，比喷涂也高，结合强度≥70MPa。

3）工件加热温度低，通常小于70℃，不会产生变形和晶相变化。

4）镀层厚度可以控制，控制精度为±10%。镀后一般不必进行加工，表面粗糙度低，可以直接使用，修复时间短，维修成本低。

5）沉积速度快。电刷镀时电流密度一般可达50～300A/dm，因此镀层沉积速度是槽镀的5～10倍。

6）适用材料广。常用金属材料基本都可以用电刷镀修复，如低碳钢、中碳钢、高碳钢、铸铁、铝和铜及其合金、淬火钢等。焊接层、喷涂层、镀铬层等的返修或局部返修也可应用电刷镀技术；淬火层、氮化层不必进行软化处理，不必破坏原工件表面，可直接采用电刷镀修复。

7）操作安全，对环境污染小。电刷镀的溶液不含氰化物和剧毒药品，对人体无毒害，可循环使用，排除废液少。

（3）应用　近年来，电刷镀技术在我国推广迅速，在航空、船舶、机电、电子、化工、汽车、机械、冶金以及文物保护部门都得到了广泛应用，并已取得明显的经济效益。

2. 影响电刷镀镀层质量的主要因素

（1）工作电压和电流　一般来说，电压低时，电流小，沉积速度慢，获得的镀层光滑细密，内应力小；而电压高时，沉积速度快，生产率高，但容易使镀层粗糙、发黑，甚至烧伤。

（2）阴、阳极相对速度　相对速度过低时，易使镀层粗糙、脆化，有些镀层会发黑，甚至烧伤；相对速度过高时，会使电流效率和沉积速度降低，甚至不能沉积金属，并加剧阳极包套的磨损。

（3）镀液和工作温度　工件和镀液最好都预热到50℃再开始电刷镀，一般不能超过70℃。

（4）镀液的清洁度　各种镀液不能交叉使用，更换镀液时应清洗各部位。若全部使用旧镀液或在新镀液中掺入50%及以上的旧镀液，都会使电刷镀生产效率降低。

3. 电刷镀设备

电刷镀设备由电刷镀电源、刷镀笔和辅助装置组成。

（1）电刷镀电源　电源是电刷镀的主要设备，它的质量直接影响着电刷镀镀层的质量。它应满足输出直流电压可无级调节和有平稳的直流输出；有过电压和过电流保护功能；电源应设有正、反开关，以满足电净化、活化和电镀的需要；能监控镀层厚度等。同时为了适应现场作业，电源应尽可能体积小、重量轻、工作可靠、计量精度高、操作简单和维修方便。

考虑到实际应用中待镀面积的大小不同，常把电刷镀电源按输出电流和电压的最大值分成几个等级，并配套使用，见表4-1。

表 4-1 国产电刷镀电源的配套等级及主要用途

配套等级		主要用途
电流/A	电压/V	
5	30	电子、仪表零件，首饰及小工艺品的镀金、镀银
15	20	中小型工艺品、电气元件、印制电路板、量具、夹具的修复，模具保护和光亮处理等
30	30	小型工件的刷镀
60	30	中等尺寸零件的刷镀
75	30	中等尺寸零件的刷镀
100	30	大中型零件的刷镀
120	30	大中型零件的刷镀
150	30	大中型零件的刷镀
300	20	特大型工件的刷镀
500	20	特大型工件的刷镀

电刷镀电源主要有恒压式刷镀电源、恒流式刷镀电源和脉冲式刷镀电源。目前，恒压式刷镀电源技术比较成熟，因此，工业应用中电刷镀技术采用恒压式刷镀电源较多。在选择电刷镀电源时，主要根据镀件的尺寸大小和电源功能来选择电源型号及配套等级。在实际应用中，若主要对小型零件进行修复工作，可以选择 MS-30（~100）型恒压式电源或脉冲式电源等。

（2）刷镀笔 刷镀笔是电刷镀的主要工具，其作用是在电镀刷阳极与工件之间构成电流回路，使刷镀液沉积物质沉积到工件表面形成镀层，完成刷镀作业。它主要由阳极和导电手柄组成，它们之间的连接方式主要通过锁紧式螺母或螺纹联接，如图 4-12 所示。根据允许使用电流的大小分为大、中、小和回转

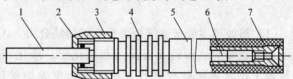

图 4-12 刷镀笔的结构
1—阳极 2—O 形密封圈 3—锁紧螺母 4—柄体
5—导电手柄 6—导电螺栓 7—电缆插头

镀笔等 4 种类型，可根据电刷镀的零件大小和形状不同选用不同类型的镀笔。

1）阳极。阳极是刷镀笔的工作部分，采用不熔性材料制成，一般是含碳量为 99.7% 以上的高纯度石墨阳极，其尺寸很小，为了保证其强度采用铂铱合金制造。为适用零件的不同形状，阳极有圆柱形、平板形、瓦片形、圆饼形、半圆形和板条形等，如图 4-13 所示。

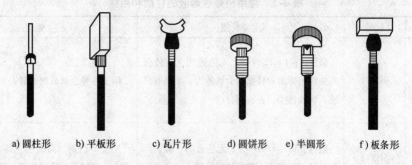

a) 圆柱形　　b) 平板形　　c) 瓦片形　　d) 圆饼形　　e) 半圆形　　f) 板条形

图 4-13 各种类型的阳极板

电刷镀阳极的表面用脱脂棉和针织套包裹，其作用是为了储存镀液和防止阳极与工件直接接触产生电弧，烧伤工件，同时对阳极脱落的石墨粒子起到过滤作用。

在电刷镀实际应用中，应当根据待镀件表面的形状、面积大小、镀液种类和工件空间等因素，考虑阳极的材料、形状及尺寸。对于特殊形状和尺寸的待镀表面，可根据需要设计阳极形状。为了保证电刷镀时的质量，避免镀液相互污染，阳极必须专用，即一个阳极只用于一种镀液。

2）导电手柄。导电手柄一般用不锈钢或铝制成，其作用是连接电源和阳极，使操作者可以握持或用机夹夹具夹持。握持部位均装有绝缘塑料套，以保证操作者的安全。

（3）辅助装置

1）电刷镀机床。它用来夹持工件并使其具有一定转速，保证刷镀笔与工件的相对运动，以获得均匀的镀层。电刷镀机床能调节转速，范围为 0～600r/min，并带有尾架顶尖，一般可利用锯车床代替。对于批量电刷镀的零部件，可以在专用机床上进行刷镀。

2）供液、集液装置。在进行电刷镀时，根据被镀零件的大小，可采用不同的方式为镀笔供液，如蘸取式、浇淋式和泵液式。流淌下来的电刷镀溶液一般使用塑料桶、塑料盘等容器收集，以供循环使用。

4. 电刷镀溶液

电刷镀溶液是电刷镀过程中的主要物质条件，对电刷镀质量有关键的影响。根据其作用可分为 4 大类：预处理溶液、金属电刷镀溶液、退镀液和钝化溶液。用量最大的是前两种，下面具体介绍。

（1）预处理溶液　镀层是否有良好的结合力，工件表面的制备工作是个关键。预处理溶液的作用就是除去待镀表面油污和氧化膜，净化和活化需要电刷镀的表面，保证电刷镀时金属离子化学还原顺利进行，获得结合牢固的镀层。预处理溶液分为电净化液和活化液两类。

1）电净化液。呈碱性，其主要成分是一些具有皂化能力和乳化能力的化学物质，用于清洗工件表面的油污。在电流作用下具有较强的去油污能力，同时也有轻度的去锈能力，适用于所有金属基本的净化。

2）活化液。呈酸性，主要成分是常用的无机酸，也有一些有机酸。用于去除金属表面的氧化膜和疲劳层，使金属表面活化，保证镀层与基层金属间有较强的结合力。常用预处理溶液的性能和用途见表4-2。

表4-2　常用预处理溶液的性能和用途

名称	代号	主要性能	主要用途
电净化液	SGY-1	碱性，pH = 12～13，无色透明，有较强的去油污能力和轻度的去锈能力，手搓有滑感，腐蚀性小，可长期存放	用于各种金属表面电解去油污
1 号活化液	SHY-1	酸性，pH = 0.8～1，无色透明，有去金属氧化膜能力，对基体腐蚀性小	用于不锈钢、高碳钢、高合金钢、铬镍合金、铸铁等的活化处理

（续）

名称	代号	主要性能	主要用途
2 号活化液	SHY-2	酸性，pH = 0.6 ~ 0.8，无色透明，有良好导电性，去除金属氧化物能力强，对金属的腐蚀作用较快，可长期保存	适用于铝及低镁的铝合金、钢、铁、不锈钢等活化处理
3 号活化液	SHY-3	酸性，pH = 4.5 ~ 5.5，浅绿色透明，导电性较差，腐蚀性小，可长期保存。对用其他活化液活化后残留的石墨或炭黑具有较强的去除能力	通常作为后继处理液使用。适用于去除经 1 号或 2 号活化液活化的碳钢和铸铁表面残留的石墨（或碳化物）或不锈钢表面的污物
4 号活化液	SHY-4	酸性，pH = 0.2，无色透明，去除金属表面氧化物的能力很强	用于经其他活化液活化仍难以镀上镀层的基体金属材料的活化，并可用于去除金属飞边和剥蚀镀层

（2）金属电刷镀溶液　这类溶液多为络合物水溶液，其金属离子含量高，沉积速度快。金属电刷镀溶液的品种很多，根据镀层成分可分为单金属和合金电刷镀溶液；根据镀液酸碱程度可分为酸性和碱性两类。酸性镀液的突出优点是沉积速度快，但它对基体金属有腐蚀性，故不宜用于多孔的基体（如铸铁等）及易被酸侵蚀的材料（如锌和锡等）。碱性镀液的优点是能适用于各种金属材料，其镀层致密，对边角、裂缝和盲孔部位有较好的刷镀能力，不腐蚀基体和邻近的镀层，且镀层晶粒细、致密度高，但沉积的速度慢。除镀镍溶液外，大多数使用中性或碱性镀液。表 4-3 列出了几种主要的刷镀溶液的性能特点和应用范围。

表 4-3　几种主要的刷镀溶液性能特点和应用范围

溶液名称	主要性能特点	应用范围
特殊镍	深绿色，pH = 0.9 ~ 1.0，金属离子含量 86g/L，工作电压为 6 ~ 16V，有较强烈的醋酸味，有较高的结合强度，沉积速度较慢	适用于铸铁、合金钢、镍、铬、铜及铝等材料的底层和耐磨表面层
快速镍	蓝绿色，pH = 7.5 ~ 8.0，金属离子含量 53g/L，工作电压为 8 ~ 20V，略有氨的气味，沉积速度快、镀层具有多孔倾向和良好的耐磨性	适用于恢复尺寸和作一般耐磨镀层
低应力镍	绿色，酸性，pH = 3 ~ 3.5，金属离子含量 75g/L，工作电压为 10 ~ 25V，有醋酸气味，组织致密孔隙少，镀层内具有压应力	可改善镀层应力状态，用作夹心镀层、防护层
镍钨合金	深绿色，酸性，pH = 1.8 ~ 2.0，金属离子含量 15g/L，工作电压为 6 ~ 20V，有轻度的醋酸气味，镀层致密，耐磨性很好，有一定耐热性，沉积速度低	主要用作耐磨涂层
碱铜	蓝绿色，碱性，pH = 9 ~ 10，金属离子含量 64g/L，工作电压为 5 ~ 20V，溶液在 -21℃ 左右结冰，回升到室温后性能不变，镀层组织细密，孔隙率小，结合强度好	主要作底层和防渗碳、防渗氮层，改善钎焊性镀层，抗黏着磨损镀层，特别适用于铝、锌和铸铁等难镀金属

（3）钝化液　是用在铝、锌、镉等金属表面，生成能提高表面耐蚀性的钝态氧化膜的溶液。

（4）退镀液　是用于退除镀件不合格镀层或多余镀层的溶液。退镀时一般是采用电化学方法，在镀件接正极情况下操作。使用退镀液时应注意退镀液对基体的腐蚀问题。

5. 电刷镀工艺

电刷镀工艺过程包括工件表面准备阶段、电刷镀阶段和镀后处理阶段。工件表面准备阶段又包括机械准备、电净化处理、活化处理。电刷镀阶段包括镀底层和镀工作层。

（1）机械准备　对工件表面进行预加工，除油、去锈、去除飞边和疲劳层，获得正确的几何形状和较低的表面粗糙度。当修补划伤和凹坑等缺陷时，需进行修正和扩宽。

（2）电净化处理　它是指采用电解方法对工件待镀表面及邻近部位进行除油。通电使电解液成分分解，形成气泡，撕破工件表面油膜，达到去油的目的。电净化一般为正极性进行，即工件接负极，刷镀笔接正极；反之，为负极性接电，工件接正极，刷镀笔接负极。只有对疲劳强度要求甚严的工件，采用负极性接电，旨在减少氢脆。

（3）活化处理　它是指使用活化液对工件进行处理，除去工件表面的氧化膜，使工件表面活化，呈现出坚实可靠的金属基体，为镀层与基体之间的良好结合创造条件。

（4）镀底层　在刷镀工作层之前，首先刷镀很薄一层特殊镍、碱铜或低氢脆镉作底层，它是位于基体金属和工件镀层间的特殊层，其作用主要是提高镀层与基体的结合强度及稳定性。

（5）镀工作层　根据工件的使用要求，选择合适的金属镀液刷镀工作层。它是最终镀层，将直接承受工作载荷、运动速度、温度等工况，应满足工件表面的力学、物理和化学性能要求。为保证镀层质量，合理地进行镀层设计很有必要。镀层设计时，要注意同一镀层一次连续刷镀的厚度。因为随着镀层厚度的增加，镀层内残余应力也随之增大，同种镀层厚度过大可能使镀层产生裂纹或剥离。由经验总结出的单一刷镀层一次连续刷镀的安全厚度见表4-4。

表4-4　单一刷镀层一次连续刷镀的安全厚度

刷镀液种类	镀层单边厚度/mm	刷镀液种类	镀层单边厚度/mm
特殊镍	底层 0.001 ~ 0.002	铁合金	0.2
快速镍	0.2	铁	0.4
低应力镍	0.13	铬	0.025
半光亮镍	0.13	碱铜	0.13
镍钨合金	0.103	高速酸铜	0.13
镍钨（D）合金	0.13	高堆积碱铜	—
镍钨合金	0.05	锌	0.13
镍钴合金	0.005	低氢脆镉	0.13

（6）镀后处理　刷镀后彻底清洗工件表面的残留镀液并擦干，检查质量和尺寸，需要时送机械加工。若镀件不再加工，采取必要的保护措施（如涂油等）。剩余镀液过滤后分别存放，阳极、包套拆下清洗、晾干、分别存放，下次对号使用。

6. 镀层剥离的主要原因及防止措施

（1）工件和镀液温度太低　工件和镀液温度太低，而选用的电压和电流又太大，造成镀层应力过大，从而开裂剥离。

措施：用温水浸泡加热工件，镀液加热到50℃，刚开始时用低电流刷镀，然后逐渐增大电流。

（2）电流脉冲太大　镀平面时，因操作不当，总停留在一处或总在一处开始刷镀，使工件多次承受大电流脉冲；夹持偏心或阳极与工件周期性地在某固定部位挤压接触，产生较大电流脉冲；停车或起车时，阳极与工件并未脱离也能造成大的脉冲电流。电流脉冲太大将导致镀层剥离。

措施：针对不同的产生原因，采用不同的措施。

（3）工件和镀层氧化　氧化的原因较多，如工序间停顿时间太长、极性用错等。

措施：工序间应紧凑、不中断；勤换笔，防止工件温升太大；极性一旦用错，一定要重新活化等。

（4）工件、阳极相对运动速度低　在刷镀有划痕、擦伤、凹坑等局部缺陷的工件时，由于阳极移动受限制，工件、阳极相对运动速度低，产生过热、结合力低等缺陷，容易造成镀层剥离。

措施：使用 SDB-4 型旋转刷镀笔或其他方法刷镀。

（5）其他原因　阳极混用，造成交叉污染；工件边缘未倒角；疲劳层未除去等。

措施：针对不同的原因，分别处理。

4.6　热喷涂修复技术

热喷涂技术是表面工程技术的重要组成部分。它是利用电弧、离子弧燃烧的火焰将粉末状或丝状的金属或非金属材料加热到熔融状态，在高速气流推动下，喷涂材料被雾化并以一定速度射向预处理过的零件基体表面，形成具有一定结合强度涂层的工艺方法。

热喷涂技术可用来喷涂几乎所有固体工程材料，如硬质合金、陶瓷、金属、石墨和尼龙等，形成具有耐磨、耐腐蚀、隔热、抗氧化、绝缘、导电、防辐射等各种特殊功能的涂层。该技术具有工艺灵活、施工方便、适应性强及经济效益好等优点，被广泛应用于宇航、机械、化工、冶金、地质、交通、建筑等工业部门，并获得了迅猛的发展。

4.6.1　热喷涂技术的分类及特点

1. 分类

按提供热源的不同，热喷涂技术可分为火焰喷涂（含爆炸喷涂、超音速喷涂）、电弧喷涂、等离子喷涂、激光喷涂和电子束喷涂等。几种热喷涂工艺特点的比较见表 4-5。

表 4-5　几种热喷涂工艺特点的比较

	火焰喷涂	电弧喷涂	等离子喷涂	爆炸喷涂
典型涂层孔隙率（%）	10~15	10~15	1~10	1~2
典型粘结强度/MPa	7.1	10.2	30.6	61.2
优点	成本低，沉积效率高，操作简便	成本低，沉积速度高	孔隙率低，能喷薄壁易变性件，热能集中，热影响区小，黏度强度高	空隙率很低，粘结强度极高
缺点	孔隙率高，粘结强度差	孔隙率高，喷涂材料仅限于导电丝材料，活性材料不能喷涂	成本高	成本极高，沉积速度慢

2. 特点

1）适用范围广。各种金属乃至非金属的表面都可以利用热喷涂工艺获得一定性能（如耐腐蚀、耐磨、抗氧化、绝缘等）的覆盖层。同时，喷涂材料广，金属及其化合物、非金属（如聚乙烯、尼龙等塑料，氧化物、氮化硅、氮化硼等陶瓷材料）以及复合材料等都可以作为喷涂材料。

2）工艺简便，沉积快，生产效率高。大多数喷涂技术的生产效率可达到每小时喷涂数千克喷涂材料，有些工艺方法更高。

3）设备简单，重量轻，移动方便，不受场地限制，特别适用于户外大型金属结构（如铁架，铁桥）和大型设备（如化工容器、储罐和船舶）的防蚀喷涂。

4）工件受热影响小。热喷涂过程中整体零件的温度不太高，一般控制在 70～80℃，故工件热变形小，材料组织不发生变化。

5）涂层厚度可控制，最薄可以为几毫米，而且喷涂层系多孔组织，易存油，润滑性好。

但热喷涂技术也存在缺点，例如喷涂层与基体结合强度不高，不能承受交变载荷和冲击载荷；涂层孔隙多，虽有利于润滑，但不利于防腐蚀；基体表面制备要求高，表面粗化处理也会降低零件的强度和刚性；涂层的质量主要靠工艺来保证，目前尚无有效检测方法。

4.6.2 热喷涂材料

热喷涂材料有粉、线、带和棒等不同形态，它们的成分是金属、合金、陶瓷、金属陶瓷及塑料等。粉末材料居重要地位，种类逾百种。线材与带材多为金属或合金（复合线材尚含有陶瓷或塑料）；棒料只有几十种，多为氧化陶瓷。

1. 自熔性合金粉末

它是在合金粉末中加入适量的硼、硅等强脱氧性元素，降低合金熔点，增加液态金属的流动性和湿润性。主要有镍基合金粉末、铁基合金粉末、钴基合金粉末等。它们在常温下具有较高的耐磨性和耐腐蚀性。

2. 喷涂合金粉末

喷涂合金粉末可分为结合层用粉和工作层用粉两类。

（1）结合层用粉　结合层用粉喷在基体与工作层之间，它的作用是提高基体与工作层之间的结合强度。结合层用粉又称打底粉，主要是镍、铝复合粉，其特点是每个粉末颗粒中镍和铝单独存在，常温下不发生反应，但在喷涂过程中，粉末加热到600℃以上时，镍和铝就发生强烈的放热反应。同时，部分铝被氧化，产生更多的热量。这种放热反应在粉末喷射到工件表面后还能持续一段时间，使粉末与工件表面接触瞬间达到900℃以上的高温。在此高温下镍会扩散到母材中去，形成微区冶金结合。大量的微区冶金结合可以使涂层的结合强度显著提高。

（2）工作层用粉　工作层用粉的种类较多，主要分为镍基、铁基、铜基3大类。每种工作粉所形成的涂层均有一定的适用范围。

3. 复合粉末

复合粉末是由两种或两种以上性质不同的固体物质组成的粉末，能发挥多材料的优点，得到综合性能的涂层。复合粉末涂层按使用性能大致可以分为以下几种：

（1）硬质耐磨复合粉末　常以镍或钴包覆碳化物，如碳化钨、碳化铬等，碳化物分散在涂层中，成为耐磨性能良好的硬质相，同时与铁、钴、镍合金有极好的液态润滑能力，增强与基体的结合能力，且有耐腐蚀、耐高温性能。

（2）抗高温耐热和隔热复合粉末 一般采用具有自黏结性能的耐热复合粉末（NiCr/Al$_2$O$_3$）或耐热合金线材打底，形成一层致密的耐热涂层，中间采用金属陶瓷型复合材料，外层采用导热率低的耐高温的陶瓷粉末。

（3）减磨复合粉末 常用的减磨复合粉末一般有镍包石墨、镍包二硫化钼、镍包硅藻土、镍包氟化钙等。镍包石墨、镍包二氧化钼具有减磨自润滑性能；镍包硅藻土、镍包氟化钙具有减磨性能和耐高温性能，可以在800℃以上使用。

（4）放热型复合粉末 常用的放热型复合粉末是镍包铝，其镍铝比为80∶20、90∶10、95∶5。它常作为涂层的打底材料。

4. 丝材

主要有钢质丝材，如 T12、T9A、80 及 70 高碳钢丝等，用于修复磨损表面；还有纯金属丝材，如锌、铝等，用于防腐。

4.6.3 热喷涂技术的主要方法及设备

1. 氧-乙炔火焰粉末喷涂

它是以氧-乙炔为热源，借助高速气流将喷涂粉末吸入火焰区，加热到熔融状态后再以一定的速度喷射到已制备好的工作表面上，形成喷涂层。图 4-14 所示为其典型装置示意图，图 4-15 所示为其原理简图。喷涂粉末随着压缩空气的流动，从喷枪上方通道吸入喷枪内部，与压缩空气一起运动到喷嘴出口处，遇到氧-乙炔燃烧气流而被加热，随后喷射到工件的表面上。

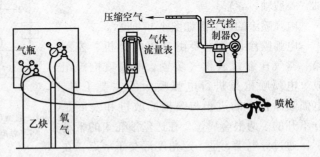

图 4-14 氧-乙炔火焰粉末喷涂装置示意图

氧-乙炔火焰粉末喷涂设备与一般气焊设备大体相似，主要包括喷枪、氧气和乙炔供给装置以及辅助装置等。

（1）喷枪 喷枪是氧-乙炔火焰粉末喷涂技术的主要设备。目前国产喷枪大体可分为中小型和大型两类。中

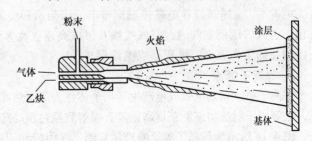

图 4-15 氧-乙炔火焰粉末喷涂原理简图

小型主要用于中小型零件和精密零件的喷涂，其适应性强。大型喷枪主要用于大直径和大面积的零件，生产率高。中小型喷枪的典型结构如图 4-16 所示。当送粉阀不开启时，其作用与普通气焊枪相同，可用作喷涂前的预热及喷枪后的重熔。按下送粉开关阀柄，送粉阀开启，喷涂粉末从粉斗流进枪体，随着氧-乙炔混合气被熔融，喷射到工作表面上。

（2）氧气供给装置 一般用瓶装氧气，通过减压阀供氧即可。

（3）乙炔供给装置 比较好的办法是使用瓶装乙炔。如使用乙炔发生器，以 3m^2/h 的中压乙炔发生器为好。

（4）辅助装置 一般包括喷涂机床、测量工具及粉末回收装置等。

2. 电弧喷涂

电弧喷涂是将两根被喷涂的金属丝作为自耗性电极，以电弧为热源，将融化的金属丝用高速气流雾化，并以高速喷射到工件表面形成涂层的一种工艺。其特点：涂层性能优异、效率高、节

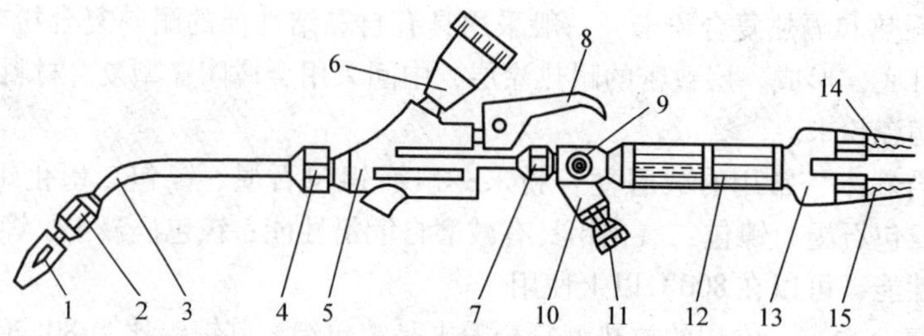

图 4-16 中小型喷枪的典型结构

1—喷嘴　2—喷嘴接头　3—混合气管　4—混合气管接头　5—送粉阀　6—粉斗
7—气接头螺母　8—送粉开关阀柄　9—中部主体　10—乙炔开关阀
11—氧气开关阀　12—手柄　13—后部接体　14—乙炔接头　15—氧气接头

能经济、使用安全。应用范围包括制备耐磨涂层、结构防腐涂层和磨损零件的修复（如曲轴、一般轴、导辊）等。

电弧喷涂的示意图如图 4-17 所示。

电弧喷涂设备主要由直流电焊机、控制箱、空气压缩机及供气装置、电弧喷枪等组成。电弧喷枪是进行电弧喷涂的主要工具，电弧喷涂技术的进步与喷枪的改进和发展是分不开的。两根金属丝 2 在送丝滚轮 3 的带动下，通过导电嘴 5 呈一定角度汇交于一点，在导电嘴 5 上紧固导电块 4，通过电缆软线连接

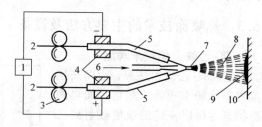

图 4-17 电弧喷涂示意图

1—直流电源　2—金属丝　3—送丝滚轮　4—导电块
5—导电嘴　6—空气喷嘴　7—电弧　8—喷涂射流
9—喷涂层　10—工件

直流电源 1。金属丝与导电嘴接触而带电。因而两根金属丝相交时短路产生电弧，不断被电弧融化。引入的压缩空气通过空气喷嘴 6 形成高速气流雾化熔化的金属，并以高速喷向工件 10，在已制备的工作表面上堆积形成喷涂层 9。

3. 等离子喷涂

等离子喷涂是以电弧放电产生等离子体作为高温热源，将喷涂材料迅速加热至熔化或熔融状态，在等离子射流加速下获得高速度，喷射到经过预处理的零件表面形成涂层。

图 4-18 所示为等离子喷涂原理示意图。在阴极和阳极（喷嘴）之间产生一直流电弧，该电弧把导入的工作气体加热电离成高温等离子流并从喷嘴喷出形成等离子焰。粉末材料从粉末口送入火焰中，熔化、加速、喷射到基件表面上形成涂层。工作气体可以用氩气、氮气，或者在这些气体中再掺入氢气，也可采用氩和氦的混合气体。

等离子喷涂设备主要包括喷枪、送粉器、整流电源、供气系统、水冷系统及控制系统等。

4.6.4　热喷涂工艺

氧-乙炔火焰喷涂技术设备简单、操作方便、成本低廉且劳动条件较好，因而广泛应用于机修等部门。下面就以氧-乙炔火焰喷涂技术为例来介绍热喷涂工艺过程。热喷涂施工基本有 4 个步骤：施工前的准备工作、工作表面预处理、喷涂及喷涂后处理。

1. 施工前的准备工作

喷涂的准备工作内容有材料、工具和设备的准备以及工艺的制订。在编制工艺前首先应了解被喷涂工件的实际状况和技术要求并进行分析，从本企业设备、工装等实际出发，努力创造条

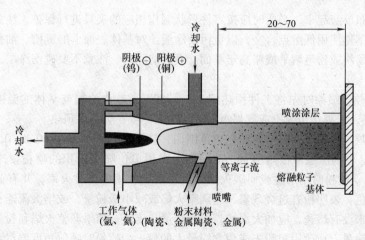

图 4-18　等离子喷涂原理示意图

件，定出最佳工艺方案。工艺制订中主要考虑以下几个方面。

（1）确定喷涂层的厚度　一般来说，喷涂后必须进行机械加工，因此涂层厚度中包括加工余量，同时还考虑喷涂时的热胀冷缩。

（2）确定涂层材料　选择涂层材料的依据是涂层材料的性能应满足被喷涂工件材料的配合要求、技术要求以及工作条件等，分别选择结合层和工作层用材料。

（3）确定喷涂参数　根据涂层的厚度、材料性能确定热喷涂的参数，包括乙炔、氧气的压力、喷距、喷枪与工件的相对运动速度等。

2. 工件表面预处理

工件表面预处理也称表面制备，它是保证涂层与基体结合质量的重要工序。

（1）凹切　表面存在疲劳层和局部严重拉伤的沟痕时，在强度允许的前提下，可以凹切处理。凹切是指为提供容纳喷涂层的空间在工件表面上车掉或磨掉一层材料。

（2）基体表面的清理　即清除油污、铁锈、漆层，使工件表面洁净。油污、油漆可用溶剂、清洗剂清除。如果油渍已渗入基体材料（如铸铁）内，可用氧-乙炔焰烘烤。对锈层可用酸浸、机械打磨或喷砂清除。

（3）表面粗化　基体表面粗化的目的是为了增强涂层与基体的结合力，并消除涂层的应力效应。常用的粗化方法有喷砂、开槽、车螺纹、滚花、拉毛等。这些方法可单用，也可并用。

1）喷砂。喷砂是最常见的粗化工艺方法。砂粒可采用石英砂、氧化铝砂、冷硬铁砂等，砂粒以锋利、坚硬为好，必须清洁干燥、有尖锐棱角。砂粒的尺寸、空气压力的大小、喷涂角度、距离和时间应根据具体情况进行确定。

2）开槽、车螺纹或滚花。对轴、套类零件表面的粗化处理，可采用开槽、车螺纹或滚花等粗化方法，槽或螺纹表面粗糙度以 $Ra = 6.3 \sim 12.5$ 为宜，加工过程中不加润湿剂和冷却液。对不适宜开槽、车螺纹的工件，可以在表面滚花纹，但应避免出现尖角。

3）拉毛。硬度较高的工件表面可用电火花拉毛进行粗化，但薄涂层工件应慎用。电火花拉毛是将细的镍丝作为电极，在电弧的作用下，电极材料与基体表面的局部熔合，产生粗糙的表面。

表面粗化呈现的新鲜表面应防止污染，严禁用手触摸，保存在清洁、干燥的环境中，粗化后应尽快喷涂，间隔时间一般不超过两小时。

（4）非喷涂部位表面的防护　喷涂表面附近的非喷涂表面需加以保护，常用的方法是用耐热的玻璃或石棉布屏蔽起来，必要时应按零件形状制作相应的夹具进行保护，注意夹具材料要有一定的强度，且不得使用低熔点合金，以免污染涂层。对基体表面上的键槽、油孔等不允许喷涂的部位，可用石墨块或粉笔堵平或略高于基面。喷后清除时，注意不要碰伤涂层，棱角要倒钝。

3. 喷涂

（1）喷前预热　喷涂时先将工件预热到 100～250℃，减少涂层与基体的温度差。通常工件用氧-乙炔焰预热，即直接用喷枪或气焊炬加热，小工件可在烘箱内预热。

（2）喷结合层　涂层厚度应控制在相应范围内，具体为：Ni/Ae 层为 0.1～0.2mm，Ni/Ae 层为 0.08～0.1mm。但因涂层薄很难测量，故一般考虑用单位喷涂面积的喷粉量来确定，大致为 0.08～0.15g/cm^2。喷粉时用中性或弱碳火焰，送粉后出现集中亮红火束，并有蓝白色烟雾；若火焰末端呈白亮色，表明粉有过烧现象，应调整火焰或减小送粉量，或增大流速；若火焰末端呈暗红色，说明粉末没有熔透，应加入火焰，控制粉量与流速。如果调整火焰和粉量无效时，可改变粉末粒度和含镍量，或改用粗粉末或用含镍量大的粉末。喷粉时喷射角度要尽量垂直于喷涂表面，喷涂距离一般掌握在 180～200mm。

（3）喷涂工作层　结合层喷完后，用钢丝刷去除灰粉和氧化膜，更换料斗喷涂工作层。使用铁基粉末时用弱碳化焰，使用铜基粉末用中性焰，使用镍基粉末时介于两者之间，视其成分进行调整。喷距控制在 180～200mm 为宜。喷距过大，熔粒温度降低、速度减慢而能量不足、结合强度低，组织疏松；喷距过小，粉粒熔不透，冲击力强，产生反弹，沉积效率低，结合强度也低。喷涂时，喷枪与工作相对移动速度最好在 70～150mm/s。喷涂过程中，应经常测量基体温度，超过 250℃ 时宜暂停喷涂。

（4）喷后工件冷却　喷涂后冷却时，主要防止涂层脱裂和工件变形。特别对一些特殊零件应采取一定预防措施，如长轴在机床上边转动边自然冷却，或将其垂直悬挂。

4. 喷涂后处理

喷涂后处理包括封孔、机械加工等工序。

涂层的孔隙约占总体积的 15%，而且有的孔隙相互连通，由表及里。零件为摩擦副时，可在喷涂后趁热将零件浸入润滑剂油中，利用孔隙储油，有利于润滑；但对于承受液压的零件，孔隙则容易产生泄漏，则应在零件喷涂后，用封孔剂填充孔隙，这一工序称为封孔。

对于封孔剂的性能要求是：浸透性好，耐化学作用（不溶解、不变质），在工作温度下性能稳定，能增强涂层性能等。常用的封孔剂有石蜡、环氧树脂及酚醛等。

当喷涂层的尺寸精度和表面粗糙度不能满足要求时，需对其进行机械加工，一般采用车削或磨削加工。

4.6.5　热喷涂技术的应用

热喷涂技术的应用领域几乎包括全部的工业生产部门。可以预见，随着对喷涂技术的不断研究及人们对材料性能要求的不断提高，热喷涂技术还将得到进一步的发展。

1. 热喷涂技术的应用

热喷涂技术在机修中的应用主要在以下几个方面：

1）修复旧件，恢复磨损零件的尺寸，如机床主轴、曲轴及凸轮轴轴颈，电动机转子轴以及机床导轨和溜板等经热喷涂修复后，既节约钢材，又延长寿命，还大大减少备件库存。

2）修补铸造和机械加工的废品，填补铸造裂纹，如修复大铸件加工完毕时发现的砂眼及气孔等。

3）制造和修复减磨材料。对铸造和冲压出来的轴瓦上以及在合金已脱落的瓦背上，喷涂一层"铅青铜"或"磷青铜"等材料,就可以制造和修复减磨材料的轴瓦。这种方法不仅造价低,而且含油性能强,并大大提高其耐磨性。

4)喷涂特殊的材料,可得到耐热或耐腐蚀等性能的涂层。

2. 实例

下面以发动机曲轴严重磨损后的修复为例来简介热喷涂技术在机修中的实例应用。

如果发动机曲轴磨损严重,磨削无法修复或修复效果较差,可采用等离子喷涂法来修复。

(1)喷涂前轴颈的表面处理

1)根据轴颈的磨损情况,在曲轴磨床上将其磨圆,直径一般减少 0.50~1.00mm。

2)用铜皮对所要喷涂轴颈的临近部位进行遮蔽保护。

3)用拉毛机对待涂表面进行拉毛处理。用镍条做电极,在 6~9V、200~300A 交流电下,使镍溶化在轴颈表面上。

(2)喷涂 将曲轴卡在可旋转的工作台上,调整好喷枪与工件的距离(100mm 左右)。选镍包铝(Ni/Al)为打底材料,耐磨合金铸铁与镍包铝的混合物为工作层材料;底层厚度一般为 0.20mm 左右,工作层厚度根据需要而定,喷涂规范见表 4-6。

表 4-6 喷涂规范

粉末材料	粒度(目)	送粉量/(g/min)	工作电压/V	工作电流/A	喷涂功率/kW
Ni/Al	160~260	23	70	400~500	28~32
Ni/Al+NT	140~300	20	70	260~400	18~22

喷涂过程中,所喷轴颈的温度一般要控制在 150~170℃。喷涂后的曲轴放入 150~180℃ 的烘箱内保温 2h,随箱冷却,以减少喷涂层与轴颈间的应力。

(3)喷涂后的处理 喷涂后要检查喷涂层与轴颈基体是否结合紧密,如果不够紧密,则除掉重喷。如果检查合格,可对曲轴进行磨削加工。由于等离子喷涂层硬度高,一般选用较软的碳化锡砂轮进行磨削。磨削时进给量要小一些(0.05~0.10mm),以免挤裂涂层。另外,磨削后一定要用砂条对油道孔进行研磨,以免飞边刮伤瓦片。清洗后,将曲轴浸入 80~100℃ 的润滑油中煮 8~10h,待润滑油充分渗入涂层后即可装车使用。

4.7 焊接修复技术

通过加热、加压或两者并用,用或不用填充材料,借助于金属原子扩散和结合使分离的材料牢固地连接在一起的加工方法称为焊接。将焊接技术应用于维修工程时称为焊接修复。

根据提供热能的不同方式,焊接可分为电弧焊、气焊和等离子焊等;按照焊接的工艺和方法不同,又可分为补焊、堆焊、喷焊和钎焊等,下面分别做简要介绍。

4.7.1 补焊

1. 钢制零件的补焊

钢的品种繁多,其可焊性差异很大。这主要与钢中的碳和合金元素的含量有关。一般来说含碳量越高、合金元素种类和数量越多,可焊性越差。可焊性差主要指在焊接时容易产生裂纹,钢中碳、合金元素含量越高尤其是磷和硫,出现裂纹的可能性越大。钢的裂纹可分为焊缝金属在冷却时发生的热裂纹和近焊缝区母材上由于脆化发生的冷裂纹两类。

1)热裂纹只产生在焊缝金属中,具有沿晶界分布的特点,其方向与焊缝的鱼鳞状波纹相垂直，在裂纹的断口上可以看到发蓝或发黑的氧化色。产生热裂纹的主要原因是焊缝中碳和硫含量高，特别是硫的存在，在结晶时，所形成的低熔点硫化铁以液态或半液态存在于晶间层中，在冷却收缩时引起裂纹。

2）冷裂纹主要发生在近焊缝区的母材上，产生冷裂纹的主要原因是钢材的含碳量增高，其淬火倾向相应增大，母材近焊缝区受焊接热的影响，加热和冷却速度都大，结果产生低塑性的淬硬组织。另外，焊缝及热影响区的含氢量随焊缝的冷却而向热区扩散，那里的淬硬组织由于氢作用而碳化，即因收缩应力而导致裂纹产生。

机械零件的补焊比钢结构焊接较为困难，主要因为机械零件多为承载件，除有物理性能和化学成分要求外，还有尺寸精度和形位精度要求及焊后可加工性要求。而零件损伤多是局部损伤，在补焊时要保持其他部分的精度，其多数材料的可焊性较差，但又要求维持原强度，则焊材与母材匹配困难，因而焊接工艺要严密合理。

（1）低碳钢零件　低碳钢零件的可焊性良好，补焊时一般不需要采取特殊的工艺措施。手工电弧焊一般选用 J42 型焊条即可获得满意的结果。若母材或焊条的成分不合格、碳偏高或硫过高、或在低温条件下补焊刚度大的工作件时，有可能出现裂纹，这时要注意选用抗裂性优质焊条，如 J426、J427、J506、J507 等，同时采用合理的焊接工艺以减少焊接应力，必要时预热工件。

（2）中、高碳钢零件　中、高碳钢零件，由于钢中含碳量的增加，焊接接头容易产生焊缝内的热裂纹，热影响区内由于冷却速度快而产生的低塑性淬硬组织引起的冷裂，焊缝根部由于氢的渗入而引起氢化裂纹等。

为防止中、高碳钢零件补焊过程中出现裂纹，可采取以下措施：

1）焊前预热　焊件的预热温度根据含碳量、零件尺寸及结构来确定。

2）选用多层焊　前层焊缝受后层焊缝热循环作用，使晶粒细化，改善性能。

3）焊后热处理　可有效消除焊接部位的残余应力，改善焊接接头的韧性和塑性，同时加强扩散氢的逸出，减少延迟裂纹的产生。

4）采取低氢焊条　可有效增强焊缝的抗裂性能。

5）加强清理工作　彻底清除焊接区的油、水、锈以及可能进入焊缝的任何氢的来源。

6）设法减少母材熔入焊缝的比例。

2. 铸铁件的补焊

铸铁件由于具有突出的优点，所以至今仍是制造形状复杂、尺寸庞大、易于加工、防振减磨的基础零件的主要材料。铸铁件在机械设备零件中所占的比例较大，且多数为重要基础件。由于这些铸铁件多是体积大、结构复杂、制造周期长，有高精度要求而且不作为常备件储备，所以它们一旦损坏很难更换，只有通过修复才能使用。补焊是铸铁件修复的主要方法之一。但铸铁含碳量高、组织不均匀、强度低、脆性大，对焊接温度较为敏感而且焊接性差。

（1）铸铁件补焊的种类　铸铁件的补焊分为热焊和冷焊两种，需根据外形、强度、加工性、工作环境及现场条件等特点进行选择。

1）热焊。热焊是焊前对工件高温预热（600℃以上），焊后加热、保温、缓冷。用气焊和电弧焊均可达到满意的效果。热焊的焊缝与基体的金相组织基本相同，焊后机加工容易，焊缝强度高、耐高压、密封性能好。特别适合铸铁件毛坯或机加工修整达到精度要求的铸铁件。但是，热焊需要加热设备和保温炉，劳动条件差，周期长，整体预热变形较大，长时间高温加热氧化严重。对大型铸铁来说，应用受到一定限制，主要用于小型或个别有特殊要求的铸铁补焊。

2）冷焊。冷焊是在常温下或仅低温度预热进行焊接，一般采用手工电弧焊或半自动电弧焊。冷焊操作简便、劳动条件好，施焊时间较短，具有更大的应用范围，一般铸铁件多采用冷焊。

常用铸铁件补焊方法见表 4-7。

表 4-7　常用铸铁件补焊方法

补焊方法		要点	优点	缺点	适用范围
气焊	热焊	焊前预热至 600℃ 左右，保持缓冷	焊缝强度高，裂缝、气孔小，不易产生白口，易修复加工	工艺复杂，加热时间长，容易变形，准备工艺的成本高，修复周期长	焊补非边角部位、焊接质量要求高的场合
	冷焊	焊前不预热，只用焊炬烘烤坡口周围或加热减应区（铸铁件上被预先加热，并在施焊中保持于焊缝同时冷却的区域），焊后缓冷	不易产生白口，焊缝质量好，基体温度低，成本低，易于修复加工	要求焊工技术水平高，对结构复杂的两件难以进行全方位焊补	适用焊补边角部位
电弧焊	热焊	采用铸铁心焊条，预热、保温、缓冷	焊后易加工，焊缝性能相近	工艺复杂、易变性	应用范围广泛
	半热焊	采用铸铁心石墨型焊条，预热至 400℃ 左右，焊后缓冷	焊缝强度与基体相近	工艺较复杂，切削加工性能不稳定	用于大型铸件，缺陷在中心部位，而四周刚度大的场合
	冷焊	用铜铁焊条冷焊	焊件变形小，焊缝强度高，焊条便宜，劳动强度低	易产生白口组织，切削加工性能差	用于焊后不需加工的地方，应用广泛
		用镍基焊条冷焊	焊件变形小，焊缝强度低，切削加工性能好	要求严格	用于零件的重要部位、薄壁件的修补，焊后需要加工
		用纯铁心焊条或低碳钢心铁粉型焊条冷焊	焊接工艺性能好，焊接成本低	易产生白口组织，切削性能差	用于非加工面的焊接
		用高帆焊条冷焊	焊缝强度高，加工性能好	要求严格	用于焊补强度要求较高的厚件及其他部件
钎焊		用气焊火焰加热，铜合金钎料，母材不熔化，焊后不易裂，加工性好，强度因钎料而异			

（2）冷焊工艺要点简介　铸铁件冷焊采用非常规焊接工艺来避免焊接缺陷，其原则是尽量减少焊剂的稀释率，降低 C、Si、S、P 含量；控制焊接温度，减少焊接热循环的影响；消除或减少焊接的内应力，防止裂纹。其工艺要点如下：

1）坡口的制备。坡口的形状、尺寸根据零件结构和缺陷情况而定，如图 4-19 所示。未穿透裂纹可开单面坡口，薄壁件单面坡口为 V 形，如图 4-19a 所示；厚壁件开 U 形单面坡口，如图 4-19b

所示；易穿透裂纹应开双面坡口，但开坡口之前应在裂纹终点钻止裂口，垂直裂纹或薄壁件钻小孔，斜裂纹或薄壁件钻较大孔，如图4-19c所示。

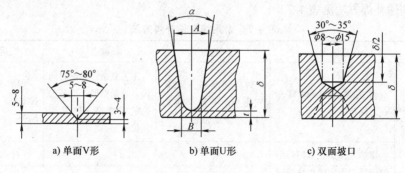

a) 单面V形　　　　　b) 单面U形　　　　　c) 双面坡口

图4-19　坡口形式

2）焊条的使用。焊条使用前应烘干（温度为150～250℃，保温2h，或按说明书进行）。冷焊电流尽量小些。但结构复杂件和薄壁件，应选用 $\phi2.5$ 或 $\phi3.2$ 焊条。结构简单件或厚大件用 $\phi4$ 焊条。

3）直流电源应用。直流电源的两极电弧温度不同，正极为4200℃，负极为3500℃。为减少母材熔深，采用直流反接，即焊条接正极。

4）施焊。引焊点应在始焊点前20mm处铺设引弧板，以防焊点形成白口、气孔等缺陷。焊条要直线快速移动（直线运动），不做摆动。为了达到限制发热量的目的，对于长焊缝应该采取分段、断续或分散施焊的方法，如图4-20a、b所示。当工件厚度较大时，则应采用多层施焊方法，如图4-20c所示。并行焊道应往前段焊道压入 $1/3\sim1/2$，这样可减少母材的熔入量，而且焊缝平齐美观，如图4-20d所示。每焊段熄弧后，立即用尖头小锤敲击，用力稍轻，使焊缝遍布麻点，以消除应力，防止裂纹，然后用铁刷消除焊皮残渣，小于60℃（不烫手）时才可继续施焊。

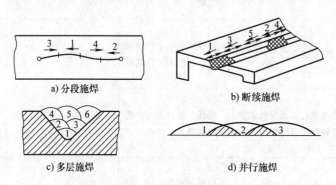

a) 分段施焊　　　　　　　　　　b) 断续施焊

c) 多层施焊　　　　　　　　　　d) 并行施焊

图4-20　焊条施焊方法

3. 有色金属的补焊

机械设备中常用的有色金属有铜及铜合金、铝及铝合金等。因为它们的导热性高、线膨胀系数大、熔点低，高温状态下脆性大、强度低，很容易氧化，所以可焊性差，补焊比较复杂、困难。下面介绍铜及铜合金焊修的特点以及在补焊中需要注意的问题。

（1）补焊材料及选择　目前国产的电焊条主要有：TCu（T107）——用于补焊铜结构件；TCuSi（T207）——用于补焊硅青铜；TCuSnA 或 TCuSnB（T227）——用于补焊磷青铜、纯铜和黄铜；TCuAl 或 TCuMnAl（T237）——用于补焊铝青铜及其他铜合金。

气焊和氩弧焊补焊时用焊丝，常用的有：SCu—1 或 SCu（丝 201 或丝 202）——适用于补焊纯铜；SCuZn—3（丝 221）——适用于补焊黄铜。

补焊纯铜和黄铜合金时，也可使用焊粉。

（2）补焊工艺　补焊时必须要做好焊前准备，对焊丝和焊件进行表面清理，开 60°～90° 的 V 形坡口。施焊时要注意预热，一般温度为 300～700℃，注意补焊速度，遵守补焊规范；气焊时，选择合适的火焰，一般为中性焰；电弧焊则要考虑焊法。焊后要进行热处理。

4.7.2　堆焊

堆焊用于修复零件表面因磨损而导致的尺寸和形状的变化，或赋予零件表面一定的特殊性能。用堆焊技术修复零件表面具有结合强度高，不受堆焊层厚度限制，以及随所用的堆焊材料的不同可得到不同耐磨性能的修复层的优点。现在，堆焊已广泛地用于矿山、冶金、农机、建筑、电站、铁路、车辆、石油、化工设备以及工具、模具等的制造和修理。

1. 堆焊的特点

1）堆焊层金属与基体金属有很好的结合强度，堆焊层金属具有很好的耐磨性和耐蚀性。

2）堆焊形状复杂的零件时，对基体金属的热影响最小，可防止焊件变形和产生其他缺陷。

3）可以快速得到大厚度的堆焊层，生产率高。

2. 堆焊方法

几乎所有熔焊方法均可用于堆焊，目前应用最广的有手工电弧堆焊、氧-乙炔焰堆焊、埋弧堆焊及等离子弧堆焊等。常用的堆焊方法及其特点见表 4-8。

表 4-8　常用的堆焊方法及其特点

堆焊方法		特　　点	注意事项
氧-乙炔焰堆焊		设备简单，成本低，操作较复杂，劳动强度大，火焰温度较低，稀释率小，单层堆焊厚度可小于 1.0mm，堆焊层表面光滑，常用合金铸铁及镍基、铜基的实心焊丝。堆焊批量不大的零件	堆焊时可采用熔剂，熔深越浅越好，尽量采用小号焊枪和焊嘴
电弧堆焊		设备简单、机动灵活、成本低，能堆焊几乎所有实芯和药芯焊条，目前仍是一种主要堆焊方法。常用于小型或复杂形状零件的全位置堆焊修复和现场修复	采用小电流、快速焊、窄道焊，防止产生裂纹。大件焊前预热，焊后缓冷
埋弧自动堆焊	单丝埋弧堆焊	是常用的堆焊方法，堆焊层平整，质量稳定，熔敷率高，劳动条件好。但稀释率较大，生产率不够理想	应用最广的高效堆焊方法，用于具有大平面和简单圆表面的零件，可配通用焊剂，也常用专用烧结焊剂进行渗合金
	双丝埋弧堆焊	双丝、三丝及多丝并列接在电源的一个极上，同时向堆焊区送进，各焊线交替堆焊，熔敷率大大增加，稀释率下降 10%～15%	
	带极埋弧堆焊	熔深浅，熔敷率高，堆焊层外形美观	
等离子弧堆焊		稀释率低，熔敷率高，堆焊零件变形小，外形美观，易于实现机械化和自动化	有填丝法和粉末法两种

4.7.3 喷焊

喷焊是在喷涂的基础上发展起来的。喷焊是指对经过预热的自熔性合金粉末涂层再加热，使喷涂层颗粒熔化（1000～1300℃），造渣浮到涂层表面，生成的硼化物和硅化物弥散在涂层中，对颗粒和基体表面润湿达到良好黏结，最终质地致密的金属结晶组织与基体形成0.05～0.10mm的冶金结合层。喷焊层与基体结合强度约为400MPa，它抗冲击性能较好，耐磨耐腐蚀。喷焊可以看成是合金喷涂和金属堆焊两种工艺的复合，它克服了金属喷涂层结合强度低、硬度低等缺陷，同时使用高合金粉末之后，可使喷焊层具有一系列特殊性能，这是一般堆焊所不易达到的。但喷焊适用范围也有一定的局限性，重熔过程中基体局部受热后温度达900℃，会产生热形变；对精度高、形状复杂的零件，变形后难以校正；对淬硬性高的基体材料，喷焊后的组织会使基体产生裂纹。

在用喷焊技术修复大面积磨损或成批零件时，因合金粉末价格高，故应考虑其经济性，技术上可用焊接工艺的一般不采用喷焊。

1. 喷焊用自熔性合金粉末

喷焊用自熔性合金粉末是以镍、钴、铁为基材的合金，其中添加适量硼和硅元素，起脱氧造渣焊接熔剂的作用，同时能降低合金熔点，适丁氧-乙炔火焰喷焊。

（1）镍基合金粉末　对硫酸、盐酸、碱、蒸汽等有较强的耐蚀性，抗氧化性达800℃，红硬性达650℃，耐磨性强。

（2）钴基合金粉末　最大特点是红硬性，可在700～750℃保持较好的耐磨性，抗氧化性达800℃，耐腐蚀性略低于镍基焊层，耐硝酸腐蚀近于不锈钢。

（3）铁基合金粉末　耐磨性好，自熔性比镍基粉差，耐硫酸、盐酸腐蚀性比1Cr18Ni9Ti不锈钢好，不耐硝酸的侵蚀，抗氧化温度不超过600℃。

2. 氧-乙炔火焰喷焊

喷焊方法主要有火焰粉末喷焊和等离子粉末喷焊等。用氧-乙炔喷焊枪把自熔性合金粉末喷涂在工件表面，并继续对其加热，使之熔融而与基体形成冶金结合的过程，称为氧-乙炔火焰喷焊。喷焊的工艺过程基本与喷涂相同。

（1）喷焊工艺　氧-乙炔火焰喷焊工艺过程与喷涂大体相似，包括喷前准备、喷粉和重熔及喷后处理等几个步骤。

1）喷前准备包括工件清洗、预加工和预热等。彻底清除油和锈；表面硬度较大时，需退火处理；去除电镀层、渗碳层及氮化层等；喷前预热，一般碳钢预热温度为250～300℃，合金钢一般为300～400℃。

2）喷粉和重熔分为一步法喷焊和二步法喷焊。

① 一步法喷焊就是边喷边熔交替进行，使用同一支喷枪完成喷涂、喷焊工序。首先，工件预热后喷0.2mm左右的薄层合金粉，将表面封严，以防表面氧化。接着按动送粉开关进行送粉，将喷上去的合金粉重熔。根据熔融情况及喷焊层厚度要求决定火焰的移动速度。火焰向前移动的同时，再送粉并重熔。这样，喷粉、重熔、移动周期进行，直至工件表面全部覆盖完成，一次厚度不足，可重复加厚。一步法喷焊对工件输入热量小，工件变形小，适合于小型零件或小面积喷焊。喷焊层总厚度以不超过2mm为宜。

②　二步法喷焊就是将喷涂合金粉和重熔分开进行，即先完成喷涂层再对其重熔。首先对工件进行大面积或整体预热，工件的预热温度合适后，将火焰调为弱碳化焰。抬高焊枪使火焰与待喷面垂直，焊嘴与工件相距 100~150mm。按动送粉开关进行送粉，喷涂每层厚度不超过 0.2mm，这有利于控制喷层厚度及保证各处粉量均匀，重复喷涂达到重熔厚度后停止喷粉，然后开始重熔。重熔是二步法喷焊的关键工序，在喷粉后立即进行。若有条件，最好使用重熔枪，将火焰调整成中性焰或弱碳化焰的大功率碳化焰，将涂层加热至固-液相线之间的温度。喷距为 20~30mm，重熔速度应掌握适当，即涂层出现"镜面反光"时，向前移动进行下一个部位的重熔。为了避免裂纹的产生，重熔后应根据具体情况采用不同冷却措施。中低碳钢、低合金钢的工件和薄焊层、形状简单的铸件可在空气中自然冷却；但对焊层较厚、形状复杂的铸铁件，锰、钼、钒合金含量较大的结构钢件，淬硬性高的工件等，要在石灰坑中缓冷；小件可用石棉材料包裹起来缓冷。

3）喷后处理包括喷后要缓慢冷却，并进行浸油、机械加工、清理及检验等。

（2）影响喷焊层质量的因素

1）合金的熔点。加热处理时，要求涂层熔融而基体并不熔化。因此，合金粉末的熔点必须低于基体金属的熔点，且合金粉末的熔点越低，重熔就越容易进行，喷焊层质量就越好。

2）涂层熔融后对基体表面的润滑。熔融的涂层能否很好地润滑基体表面，对喷焊层质量有重要影响。只有熔融的涂层合金能很好地润滑并均匀黏附在基体表面时，才能得到优质的喷焊层。影响润滑性的主要因素有工件表面的清洁程度；工件的表面粗糙度；基体金属性质；重熔温度。

3）工件材质的适应性。喷焊时，由于基体金属受热多，所以其成分、组织和热膨胀性能等对喷焊质量有较大影响。

4.7.4　钎焊

采用比母材熔点低的金属材料作钎料，把它放在焊件连接处一同加热到高于钎料熔点、低于母材熔点的温度，利用熔化后的液态钎料润湿母材，填充接头间隙并与母材产生扩散作用而将分离的两个焊件连接起来的焊接方法称为钎焊。

钎焊具有温度低，对焊接件组织和力学性能影响小，接头光滑平整，工艺简单，操作方便等优点。但钎焊较其他焊接方法焊缝连接强度低，因此适于强度要求不高的零件的裂纹和断裂的修复，尤其适用于低速运动零件的研伤、划伤等局部损伤的补修。

钎焊分为硬钎焊和软钎焊，钎料熔点高于 450℃ 的钎焊称为硬钎焊，而钎料熔点低于 450℃ 的钎焊就称为软钎焊。机修中常见的有铸铁件的黄铜钎焊（硬钎焊）和铸铁导轨的锡铋合金钎焊（软钎焊）。

小型铸铁件或大型铸铁件的局部修复往往采用黄铜钎焊，钎焊过程中，利用氧-乙炔焰加热，因母材不熔化，接头不会产生白口组织，不易产生裂纹，但其钎料与母材颜色不一致。

下面以铸铁拨叉的黄铜钎焊修复为例来说明其修复过程：

1）去除待焊部位的疲劳层、油污及铁锈等，最好是将其打磨光亮。

2）选 HS221（丝 221）、HS222（丝 222）或 HS224（丝 224）、HL103（料 103）等为钎料，该钎料熔点为 860~890℃。

3）选无水硼砂或硼砂与硼酸混合物（成分各半）作为钎剂。

4）选用较大的火焰能率，以弱氧化焰进行钎焊。**注意：**焊前要先将工件表面的石墨烧掉。

5）留有足够的加工余量，钎焊后进行成形加工。

4.8 粘接修复技术

借助粘结剂把相同或不同的材料连接成为一个连续牢固整体的方法称为粘接，也称为胶接或粘合。采用粘结剂来进行连接达到修复目的的技术就是粘接修复技术。粘接与焊接、机械连接（铆接、螺纹联接等）统称为三大连接技术。

4.8.1 粘接的特点

1. 粘接的优点

1）不受材质的限制，相同材料或不同材料、软的或硬的、脆性的或韧性的各种材料均可粘接，且可达到较高的强度。

2）粘接时的温度低，不会引起基体（或称母材）金相组织发生变化或产生热变形，不易出现裂纹等缺陷，因而可以修复铸铁件、有色金属及其合金零件、薄件及微小件等。

3）粘接工艺简便易行，不需要复杂设备，节省能源，成本低廉，生产率高，便于现场修复。

4）与焊接、铆接、螺纹联接相比，减轻结构重量的20%～25%，表面光滑美观。

5）粘接还可赋予接头密封、隔热、绝缘、防腐、防振以及导电、导磁等性能。两种金属间的胶层还可防止电化学腐蚀。

2. 粘接的缺点

1）不耐高温。一般有机合成胶只能在150℃以下长期工作，某些耐高温胶也只能达到300℃（无机胶例外）。

2）粘接强度不高（与焊接、铆接相比）。

3）使用有机粘结剂，存在易燃及有毒等安全问题。

4）有机胶受环境条件影响易变质，抗老化性能差。其寿命由于使用条件不同而差异较大。

5）粘接质量尚无可行的无损检测方法，主要依靠严格执行工艺来保证质量，因此应用受到一定限制。

4.8.2 粘接机理

粘接是一个复杂的过程，它包括表面浸润、粘结剂分子向被粘物表面移动、扩散和渗透，粘结剂与被粘物形成物理和机械结合等问题，所以有关粘接机理，人们提出了不少理论来解释，目前粘接机理尚无统一结论，以下几种理论从不同角度解释了粘接现象。

1. 机械理论

该理论认为被粘物表面存在着粗糙度和多孔状，胶粘剂渗透到这些孔隙中，固化后便形成无数微小的"销钉"，产生机械啮合或镶嵌作用，将两个物体连接起来。

2. 吸附理论

该理论认为任何物质分子之间都存在着物理吸附作用，认为粘接是在表面上产生类似吸附现象的过程。粘结剂分子向被粘物表面迁移，当距离小于0.5nm时，分子间引力发生作用而吸附，即胶接。

3. 扩散理论

该理论认为粘结剂的分子成链状结构且在不停地运动。在粘接过程中，粘结剂的分子通过运动进入到被粘物体的表层，同时被粘物体的分子也会进入到粘结剂中。这样相互渗透、扩散，使粘结剂和被粘物之间形成牢固的结合。

4. 化学键理论

该理论认为粘结剂与被粘物表面产生化学反应而在界面上形成化学键结合，化学键力包括离子键力及共价键力等。这种键如同铁链一样，把两者紧密有机地连接起来。

5. 静电理论

该理论认为粘结剂与被粘物之间互相接触，产生正负电层的双电层，由于静电相互吸引而产生粘接力。

4.8.3 粘结剂的组成和分类

1. 粘结剂的组成

粘结剂的组成因其来源不同而有很大差异，天然粘结剂的组成比较简单，多为单一组分，而合成粘结剂则较复杂，由多种组分配制而成，以获得优良的综合性能。粘结剂的组成包括基料、填料、增韧剂、固化剂、稀释剂及稳定剂等。其中基料是粘结剂的基本成分，是必不可少，其余组分则要视性能要求决定是否加入。

（1）基料　基料也称为胶料或粘料，是使两个被粘物体结合在一起时起主导作用的组分，是决定粘结剂性能的基本成分。常用的粘结剂基料有改性天然高分子化合物（如硝酸纤维素、醋酸纤维素、松香酚醛树脂、改性淀粉及氧化橡胶等）和合成高分子化合物。

（2）填料　填料又称填充剂，是为改善粘结剂的工艺性、耐久性、强度及其他性能或降低成本而加入的一种非黏性固体物质。加入填料可增加黏度，降低线膨胀系数和收缩率，提高抗剪强度、刚度、硬度、耐热度、耐磨度、耐腐蚀度及导电性等。

（3）增韧剂　增韧剂是为了改善粘结剂的脆性、提高其韧性而加入的成分，它可以减少固化时的收缩性，提高胶层的剥离强度和冲击强度。

（4）固化剂　固化剂能够参与化学反应，使粘结剂发生固化，将线性结构转变为交联或体型结构。

（5）稀释剂　稀释剂是用来降低粘结剂黏度的液体物质，它可以控制固化过程的反应热，延长粘结剂的使用期，增加填料的用量。

（6）稳定剂　稳定剂是指有助于粘结剂在配制、贮存和使用期间不变质的物质，包括抗氧化剂、光稳定剂和热稳定剂等。

2. 粘结剂的分类

常用的分类方法有以下几种。

（1）按粘结剂的基本成分性质分类　这种分类比较常用，见表4-9。

（2）按照固化过程中物理化学变化分类　可分为反应型、溶剂型、热熔型及压敏型等粘结剂。

（3）按照粘结剂固化工艺分类　按固化方式可分为室温固化型、中温固化型、高温固化型、紫外光固化型及电子束固化型粘结剂。

表4-9　粘结剂按其基本成分性质的分类

分　类				典型代表
粘结剂	有机粘结剂	合成粘结剂	树脂型	热固性粘结剂	酚醛树脂、不饱和聚酯
				热塑性粘结剂	α-氰基丙烯酸酯
			橡胶型	单一橡胶	氯丁胶浆
				树脂改性	氯丁-酚醛树脂
			混合型	橡胶与橡胶	氯丁-丁腈
				树脂与橡胶	酚醛树脂-丁腈，环氧树脂-聚硫
				热固性树脂与热塑性树脂	酚醛树脂-缩醛树脂、环氧树脂-尼龙
		天然粘结剂		动物粘结剂	骨胶、虫胶
				植物粘结剂	淀粉、松香、桃胶
				矿物粘结剂	沥青
				天然橡胶粘结剂	橡胶水
	无机粘结剂	磷酸盐			磷酸-氧化铝
		硅酸盐			水玻璃
		硫酸盐			石膏
		硼酸盐			硼酸钠

4.8.4　粘结剂的选用

粘结剂的选用是否得当，是粘接修复成败的关键。

1. 选用原则

粘结剂品种繁多、性能不一，一般来说，其选用原则如下。

1）依据被粘接零件材料和接头形态特征（刚性连接还是柔性连接）确定粘结剂种类。

2）根据粘接的目的和用途选用。粘接兼具连接、密封、固定、定位、修补、填充、堵漏、防腐以及满足某种特殊需要等多种功能，但应用胶接时，往往是某一方面的功能占主导地位。如目的是密封，则选用密封胶；如目的是定位、装修及修补，则应选用室温下快速固化的粘结剂；如需导电，则应选导电胶。

3）根据粘结剂的使用环境选用。常见的环境因素有温度、湿度、介质、真空、辐射、户外老化等。虽然粘结剂一般都有一定的耐介质性，但粘结剂不同，耐介质性也不同，有的甚至是矛盾的。如耐酸者往往不能耐碱；反之亦然。因此，必须按产品说明书进行合理选择。

4）明确胶接接头承载形式，如静态或动态，受力类型（剪切、剥离、拉伸、不均匀扯离），载荷大小等。如果受力状态复杂应选复合型热固树脂胶。

5）根据工艺上的可能性选择。使用结构粘结剂时，不能只考虑粘结剂的强度、性能，还要考虑工艺的可行性。如酚醛-丁腈胶综合性能好，但需要加压0.3~0.5MPa，并在150℃高温固化，不允许加热或无条件加热的情况下则不能选用；对大型设备及异形工件来说，加热与加压都难以实现。所以，粘接时只宜选用室温固化粘结剂。

6）根据粘结剂的经济性选用。采用粘接技术收益是很大的，往往使用很少的粘结剂就会解决大问题，而且节约材料和人力，但也要尽量兼顾经济性。在使用粘结剂量大的情况下，尤其要注意保证性能的前提下尽量选用适宜的粘结剂。

2. 常用的粘结剂

表 4-10 列出了机械设备修理中常用粘结剂的主要成分、主要性能及用途，供选用参考。

表 4-10　机械设备修理中常用的粘结剂

类别	牌号	主要成分	主要性能	用　途
通用胶	HY-914	环氧树脂，703 固化剂	双组分，室温快速固化，室温抗剪强度 22.5～24.5MPa	60℃以下金属和非金属材料粘补
	农机 2 号	环氧树脂，二乙烯三胺	双组分，室温固化，室温抗剪强度 17.4～18.7MPa	120℃以下各种材料
	KH-520	环氧树脂，703 固化剂	双组分，室温固化，室温抗剪强度 24.7～29.4MPa	60℃以下各种材料
	JW-1	环氧树脂，聚酰胺	三组分，60℃ 2h 固化，室温抗剪强度 22.6MPa	60℃以下各种材料
	502	α- 氰基丙烯酸乙酯	单组分，室温快速固化，室温抗剪强度 9.8MPa	70℃以下受力不大的各种材料
结构胶	J-19C	环氧树脂，双氰胺	单组分，室温加压固化，室温抗剪强度 52.9MPa	120℃以下受力大的部位
	J-04	钡酚醛树脂丁腈橡胶	单组分，室温加压固化，室温抗剪强度 21.5～25.4MPa	250℃以下受力大的部位
	204（JF-1）	酚醛-缩醛有机硅酸	单组分，室温加压固化，室温抗剪强度 22.3MPa	200℃以下受力大的部位
密封胶	Y-105 型厌氧胶	甲基丙烯酸	单组分，隔绝空气后固化，室温抗剪强度 10.48MPa	100℃以下螺纹堵头和平面配合处禁锢密封堵件
	7302 型液体密封胶	聚酯树脂	半干性，密封耐压 3.92MPa	200℃以下各种机械设备平面法兰螺纹联接不见的密封
	W-1 型密封耐压胶	聚醚环氧树脂	不干性，密封耐压 0.98MPa	

4.8.5　粘接工艺

一般的粘接工艺流程：粘接施工前的准备→基材表面处理→配胶→涂胶与晾置→对合→固化→检查→加工。

1. 粘接施工前的准备

1）选择粘结剂（具体见前述内容）。

2）粘接接头的设计与制备。接头结构对胶接强度有直接影响，接头的受力形式不同，其强度也不同，粘接接头的粘合强度的一般规律是：抗拉＞抗剪＞抗剥离（扯离）＞抗冲击。一般来说拉伸强度最高，但实际零件承载中纯拉伸状态并不多见，因此应以剪切强度作为设计强度指标，它的基本设计原则如下：

① 尽量扩大粘接面积，提高承载能力。

② 选择最有利的受力类型，尽可能使粘接接头承受或大部分承受剪切力，应尽量避免剥离力和不均匀扯离力的作用，确实不可避免时，可采取适当的加固措施，如图 4-21 所示。

③ 粘接接头强度不能满足工作负荷时，应采取与其他连接形式并用的复合接头，如粘接-螺纹，粘接-点焊等。

④ 接头胶层厚度与表面粗糙度应控制。有机胶胶层厚度与表面粗糙度分别为 0.05 ~ 0.1mm、$Ra = 2.5 ~ 20 \mu m$，无机胶层厚度与表面粗糙度分别为 0.1 ~ 0.2mm、$Ra = 20 ~ 80 \mu m$。

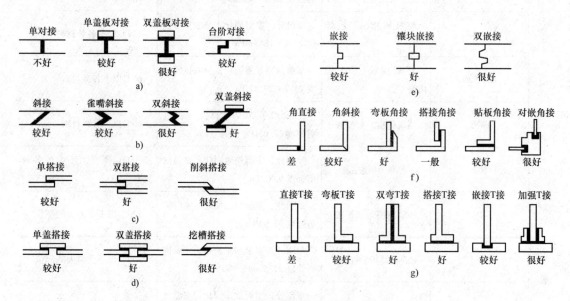

图 4-21　粘接接头对比

图 4-22 所示为经常采用的板条搭接、角接、T 接、嵌接及套接等接头形式。

接头的制备可采用机械加工或手工加工方法，要保证接头形状吻合、缝隙均匀，达到表面粗糙度要求。实践表明，表面经喷砂处理获得粗糙度后粘接强度最高。

粘接过程需要粘结剂固化定型达到连接强度，除快速胶外，一般胶在常温条件下固化时间为 24h。若加热到 40 ~ 60℃，可缩短到 4h，因此，需要考虑零件放置、加压、加热和定位问题，可依据零件实际情况设置一套装夹工具，若加热还需准备加热和保温设施。

2. 基材表面处理

基材表面处理的目的是获得清洁、干燥、粗糙、新鲜、活性的表面，以获得牢固的粘接接头。

（1）表面的一般处理　主要是保证去净油污，常用有机溶剂如丙酮、汽油、三氯乙烯、四氯化碳等去油脱脂，也可用碱溶液处理。同时利用锉削、打磨、粗车、喷砂等方法除去锈蚀及金属氧化物，并可粗化表面，其中喷砂效果为最好，金属件的表面粗糙度以 $Ra = 12.5 \mu m$ 为宜，干燥待用。

对一般工件采用一般处理方法即可，若要求粘接强度很高、耐久性好及在特殊环境使用，应

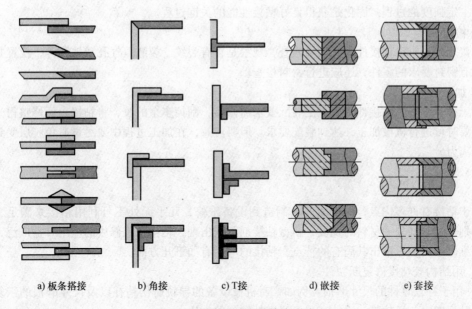

| a) 板条搭接 | b) 角接 | c) T接 | d) 嵌接 | e) 套接 |

图 4-22 常见的几种接头形式

进行化学方法处理。

（2）表面化学处理 目的是获得新活性表面，以提高粘接强度，尤其是塑料及橡胶类材料，表面是非极性的，活化尤为必要，化学处理是在上述一般处理后紧接着进行，其中有酸蚀法及阳极化法等。对于金属材料，采用电刷镀工艺中的表面处理方法（电净和活化）效果最好。

3. 配胶

单组分粘结剂一般可以直接使用，但一些相容性差、填料多、存放时间长的粘结剂会沉淀或分层，使用之前按规定的比例严格称取后，必须搅拌均匀。配胶时随配随用，配胶的容器和工具须配套购置，使用前用溶剂清洗干净，配胶场所应明亮干燥、通风。

4. 涂胶与晾置

基材处理完后应立即涂胶，最多不应超过 8h。基体温度不应低于室温，以保证胶体的流动和表面的浸润。涂胶方式依粘结剂的形态而定，对热熔胶可用热熔胶枪；对粉状胶可进行喷撒；对胶膜应在溶剂未完全挥发前贴上滚压；对常用的液态胶，涂胶则可采用涂、刷及刮等方法，以刷胶最普遍。刷胶时要顺着一个方向，不要往复，刷胶速度要慢，以免起泡，胶层尽量均匀、无漏缺，平均厚度为 0.2mm，中间应稍厚些。涂胶次数因粘结剂和被粘物不同而异。无溶剂的有机胶只涂一遍即可，有溶剂胶一般应涂 2~3 次，头遍胶应尽量薄些，中间要短时间间隔，待溶剂基本挥发后，再涂下次胶。涂胶后要晾置一段时间，使胶面暴露在空气中，使气体逸出和溶剂挥发，增加黏性并流匀胶层。无溶剂胶晾少许时间，含溶剂胶要晾置一定时间，以挥除溶剂，否则胶固化后，胶层结构疏松、有气孔，降低粘接强度。但晾置切忌过度，否则会失去黏性。

5. 对合

涂胶晾置后，将两基材接头合拢并对正位置，无溶剂胶应适当施压来回错动几次，以增加接触，排除空气，调匀胶层，如发现缺胶或有缝，应及时补充胶液。橡胶型胶对合时应一次对准位置，不准错动，并用圆棒滚压或木锤敲打，压平并排除空气，使之紧密接触。

6. 固化

固化是使粘结剂通过溶剂挥发、溶体冷却、乳液凝聚的物理作用或缩聚等化学反应变为固体并具有一定强度的过程。固化是获得良好粘接性能的关键过程。

7. 检查

粘接之后，应对粘接件进行全面检查，观察是否有裂纹、裂缝、气孔或缺胶等，位置是否错动。对有密封要求的零件，还应进行密封检查。

8. 加工

对于检验合格的粘接件，为满足装配要求需修整，刮掉多余的胶，将粘接表面修整得光滑平整。必要时可进行机械加工，达到装配要求，但要注意，在加工过程中要尽量避免胶层受到冲击力和剥离力。

4.8.6　粘接的应用

由于粘接有许多优点，从机械产品制造到设备维修，几乎无处不可利用粘接来满足工艺需要，特别是随着高分子材料的发展，新型粘接剂不断出现，粘接在维修中的应用日益广泛，尤其在应急维修中，更显示出其固有的特点。粘接的应用有如下几方面：

1）用结构胶粘接修复断裂件。

2）用于补偿零件的尺寸磨损。例如，对机械设备的导轨研伤粘补以及尺寸磨损的恢复，可采用粘贴聚四氟乙烯软带，涂抹高分子耐磨粘结剂等方法。

3）用于零件的密封堵漏、铸件砂眼、孔洞等，可用胶剂填空堵塞。

4）以粘代焊、代铆、代螺、代固等，如以环氧胶代替锡焊，既减小了刀具变形又保证了性能；量具的以胶代固，代替过盈配合；用粘接替代焊接时的初定位，可获得较准确的焊接尺寸。

5）用于零件的防松紧固。用粘接代替防松零件，如开口销、止动垫圈及锁紧螺母等。

6）用粘接代替离心浇铸制作滑动轴承的双金属轴瓦，既可保证轴承的质量，又可解决中小企业缺少离心浇铸专用设备的问题，是应急维修的可靠措施。

4.9　零件修复技术的选择

在机械设备维修中，充分利用修复技术，合理地选择修复工艺，是提高修理质量、降低修理成本、加快修理速度的有效措施。

4.9.1　修复技术的选择原则

合理选择修复技术是维修中的一个重要问题，特别是对于一种零件存在多种损坏形式或一种损坏形式可用几种修复技术维修的情况下，选择最佳修复技术就显得更加必要。在选择和确定合理的修复技术时，要保证质量，降低成本，缩短周期。从技术经济观点出发，结合本单位实际生产条件，需要考虑以下一些原则。

1. 技术合理

采用的修复技术应能满足待修零件的修复要求，修复后能保持零件原有技术要求。为此，要做以下几项考虑。

（1）待选的修复技术对零件材质的适应性　在现有修复技术中，任何一种方法都不能完全适应各种材料，都有其局限性，所以选择修复技术时，首先应考虑修复技术针对修复机械零件材质的适应性。

如喷涂技术在零件材质上的适用范围较宽，金属零件（如碳钢、合金钢、铸铁件和绝大部分有色金属及其合金等）几乎都能喷涂，但对少数有色金属及其合金（纯铜、钨合金、铝合金等）喷涂则较困难，主要是这些材料的导热系数很大，喷涂材料与它们熔合困难。

又如喷焊技术，它对材质的适应性较复杂，铝、镁及其合金，青铜，黄铜等材料不适用于喷焊。

表 4-11 中列出了几种修复工艺对常用材料的适应性，可供选择修复技术时参考。

表 4-11 几种修复工艺对常用材料的适应性

修复工艺	低碳钢	中碳钢	高碳钢	合金结构钢	不锈钢	灰铸铁	铜合金	铝
镀铬	+	+	+	−	−	+		
镀铁	+	+	+	+	+	+		
气焊	+	+		+		−		
手工电弧堆焊	+	+	+	+	+			
振动堆焊	+	+	+	+	+			
埋弧堆焊	+	+						
等离子弧堆焊	+	+		+	+			
金属喷涂	+	+	+	+	+	+	+	+
氧-乙炔火焰喷焊	+	+	+	+	+			
钎焊	+	+	+	+	+	+	+	−
粘接	+	+	+	+	+	+	+	+
金属扣合								
塑料变形	+	+					+	+

注：表中的"＋"为修复效果良好，"－"表示能修复，但需采取一些特殊措施，空格表示不适用。

（2）各种修复技术能达到的修补层厚度 各种零件由于磨损程度不同，要求的修复层厚度也不一样，所以在选择修复技术时，必须了解各种修复技术所能达到的修补层厚度。

（3）零件构造对修复工艺选择的影响 例如直径较小的零件用埋弧堆焊和金属喷涂修复就不合适；轴上螺纹车成直径小一级的螺纹时，要考虑到螺母的拧入是否受到临近轴直径尺寸较大的限制等。

（4）修复零件修补层的力学性能 修补层的强度、硬度、修补层与零件基体的结合强度以及零件修复后的强度变化情况是评价修理质量的重要指标，也是选择修复技术的重要依据。如铬镀层硬度可高达 800 ~ 1200HV，其与钢、镍、铜等机械零件表面的结合强度可高于其本身晶格间的结合强度；铁镀层硬度可以达到 500 ~ 800HV（45 ~ 60HRC），与基体金属的结合强度大约在 200 ~ 300MPa；如喷涂层的硬度范围为 150 ~ 450HBW，喷涂层与工件基体的抗拉强度为 20 ~ 30MPa，抗剪强度为 30 ~ 40MPa。

在考虑修补层力学性能时，也要考虑与其有关的问题。如果修复后的修补层硬度较高，虽有利于提高耐磨性，但加工困难；如果修复后修补层硬度不均匀，则会引起加工表面不光滑。机械零件表面的耐磨性不仅与表面硬度有关，而且与表面金相组织、表面吸附润滑油的能力等有关。如采用镀铬、镀铁、金属喷涂及振动电弧堆焊等修复技术均可以获得多孔隙的修补层，孔隙中能储存润滑油，使得机械零件即使在短时间内缺油也不会发生表面研伤现象。

2. 经济合算

在保证零件修复技术合理的前提下，应考虑到所选择修复技术的经济性。所谓经济合算是指不单纯考虑修复费用低，同时还要考虑零件的使用寿命，两者结合起来综合评价。

通常修复费用应低于新件制造的成本，即

$$S_修/T_修 < S_新/T_新 \qquad (4-5)$$

式中，$S_修$ 为修复旧件的费用，单位为元；$T_修$ 为旧件修复后的使用期，单位为 h 或 km；$S_新$ 为新件的制造成本，单位为元；$T_新$ 为新件的使用期，单位为 h 或 km。

式（4-5）表明，只要旧件修复后的单位使用寿命的修复费用低于新件的单位使用寿命的制造费用，即可认为此修复是经济的。在实际生产中，还需注意考虑因缺乏备品配件而停机、停产造成的经济损失情况，这时即使所采用的修复费用较高，但从整体的经济方面考虑还是可取的，则不应受上式限制。有的工艺虽然修复成本很高，但其使用寿命却高出新件很多，则也应认为是经济合算的工艺。

3. 生产可行

选择修复技术时，还要注意结合本单位现有的生产条件、修复技术水平、生产环境进行。同时应注意不断更新现有修复技术，通过学习、开发和引进，结合实际采用较先进的修复技术。

总之，选择修复技术时，不能只从一个方面考虑问题，而应综合地从几个方面分析比较，从中确定出最优方案。

4.9.2 零件修复工艺规程的制订

制订零件修复工艺规程的目的是为了保证修理质量及提高生产率降低修复成本。

1. 调查研究

1）了解和掌握待修机械零件的损伤形式、损伤部位和程度。

2）分析零件的工作条件、材料、结构和热处理等情况。

3）了解零件在设备中功能，明确修复技术要求。

4）根据本单位的具体情况（修复技术装备状况、技术水平和经验等）比较各种修复工艺的特点。

2. 确定修复方案

在调查研究的基础上，按照选择修复技术的基本原则，根据零件损坏部位情况和修复技术的适用范围，最后择优确定一个合理的修复方案。

3. 制订修复工艺规程

零件修复工艺规程的内容包括：名称、图号、硬度、损伤部位指示图、损伤说明、修理技术的工序及工步、每一工步的操作要领及应达到技术要求、工艺规范、修复时所用的设备、夹具、量具以及修复后的技术质量检验内容等。技术规程常以卡片的形式规定下来，必要时可附加文字说明。在制订修复工艺规程中，应注意考虑以下几个问题。

（1）合理安排工序

1）将会产生较大变形的工序安排在前面。电镀、喷涂等工艺一般在堆焊和塑性修复技术后进行，必要时在两者之间可增设校正工序。

2）精度和表面质量要求高的工序应安排在最后。

（2）保证精度要求　修复时尽量采用零件在设计和制造时的基准，若设计和制造的基准已损坏，需预先修复定位基准或给出新的定位基准。

（3）安排平衡工序　修复高速运动的机械零件，其原来平衡性可能受破坏，应考虑安排平衡工序以保证其平衡性的要求，如曲轴修复后应做动平衡试验。

（4）其他　必须保证零件的配合表面具有适当的硬度，绝不能为便于加工而降低修复表面的硬度。有些修复技术可能导致机械零件材料内部和表面产生微裂纹等，为保证其疲劳强度，要注意安排提高疲劳强度的工艺措施和采取必要的探伤检验手段等。

4.9.3 典型零件修复技术的选择

1. 轴的修复技术选择

轴的修复技术选择见表4-12。

表 4-12 轴的修复技术选择

序号	零件磨损部分	修理方法	
		达到公称尺寸	达到修配尺寸
1	滑动轴承的轴颈及外圆柱面	镀铬、镀铁、金属喷涂、堆焊、并加工公称尺寸	车削或磨削提高几何形状
2	装滚动轴承的轴颈及静配合面	镀铬、镀铁、堆焊、滚花、化学镀铜（0.05mm 以下）	
3	轴上键槽	堆焊修理键槽，转位新铣键槽	键槽宽度不大于原宽度的1/7，重配键
4	花键	堆焊重铣或镀铁后磨（最好用振动焊）	
5	轴上螺纹	堆焊，重车螺纹	车成小一级螺纹
6	外圆锥面	刷镀、喷涂、加工	磨到较小尺寸，恢复几何精度
7	圆锥孔	刷镀、加工	磨到较小尺寸，恢复几何精度
8	轴上销孔		重新铰孔
9	扁头、方头及球面	堆焊	加工修正几何形状
10	一端损坏	切去损坏的一段，焊接一段，加工至标称尺寸	
11	弯曲	校正	

2. 孔的修复技术选择

孔的修复技术选择见表4-13。

表 4-13 孔的修复技术选择

序号	零件磨损部分	修理方法	
		达到公称尺寸	达到修配尺寸
1	孔径	镗大镶套、堆焊、刷镀、粘补	镗孔或磨孔，恢复几何精度
2	键槽	堆焊修理，转位另插键槽	加宽键槽、另配键
3	螺纹孔	可改变位置的零件转位重钻孔	加大螺纹至大一级的标准螺纹
4	圆锥孔	镗孔后镶套	刮研或磨削恢复几何精度
5	销孔	移位重钻，铰销孔	铰孔、另配销
6	凹坑、球面窝及小槽	铣掉重镶	扩大修正形状
7	平面组成的导槽	镶垫板、堆焊、粘补	加大槽形

3. 齿轮的修复技术选择

齿轮的修复技术选择见表4-14。

表 4-14 齿轮的修复技术选择

序号	零件磨损部分	修理方法	
		达到公称尺寸	达到修配尺寸
1	轮齿	1）利用花键孔，镶新轮圈插齿 2）齿轮局部断裂，堆焊加工成型 3）内孔镀铁后磨	大齿轮加工成负修正齿轮（硬度低，可加工者）
2	齿角	1）对称形状的齿轮调头倒角使用 2）堆焊齿角加工	锉磨齿角
3	孔径	镶套、镀铬、镀镍、刷镀、堆焊，然后加工	磨孔齿角
4	键槽	堆焊加工或转位另开键槽	加宽键槽、另配键
5	离合器爪	堆焊后加工	

4. 其他典型的修复技术选择

其他典型零件的修复技术选择见表4-15。

表4-15　其他典型零件的修复技术选择

序号	零件名称	磨损部分	修理方法	
			达到公称尺寸	达到修配尺寸
1	导轨、滑板	滑动面研伤	粘或镶板后加工	达到修配尺寸
2	丝杠	螺纹磨损 轴颈磨损	1）调头使用 2）切除损坏的螺纹部分，焊接一段后重车螺纹 3）堆焊轴颈后加工	1）校正后车削螺纹重配螺母 2）轴颈部分车细或磨削
3	滑移拔叉	拔叉侧面磨损	铜焊，堆焊后加工	
4	楔铁	滑动面磨损		铜焊接长，粘接及钎焊巴氏合金、镀铁
5	活塞	外径磨损镗缸后与气缸的间隙增大，活塞环槽磨宽	移位、车活塞环槽	喷涂，着力部分浇铸巴氏合金，按分级修理尺寸拓宽活塞环槽
6	阀座	接合面磨损		车削及研磨接合面
7	制动轮	轮面磨损	堆焊后加工	车削至较小尺寸
8	杠杆及连杆	孔磨损	镶套、堆焊、焊堵后重加工孔	扩孔

复习思考题

1. 简述机械零件修复技术存在的意义和特点。
2. 金属扣合技术有什么特点？常用的有哪几种方法？
3. 表面强化技术的特点是什么？主要应用在哪些领域？
4. 塑性变形修复技术的原理是什么？包括哪几种方法？
5. 电镀的原理是什么？
6. 电镀修复技术有什么特点？为什么要进行电镀前预处理和电镀后处理？
7. 什么是电刷镀？它用在什么范围？一般包括哪些工艺？
8. 什么是热喷涂？
9. 热喷涂的工艺包括哪些？
10. 简述焊接在修复技术中的应用。
11. 什么是堆焊？特点是什么？
12. 粘接和焊接具有什么区别？
13. 粘接的接头形式有哪些？请指出其优势所在。
14. 简述零件的修复技术选择的原则、步骤和方法。

第5章　机床的故障诊断与维修

5.1　概述

近年来，随着制造业和自动化技术的发展，对机械产品提出了高精度、高复杂性的要求，而且产品的更新换代也在加快，对机床特别是数控机床的需求越来越大。因此，管好、用好机床，充分发挥每台机床的功能和加工效率，提高设备的利用率是获得良好经济效益的关键。

任何一台机床都是一种过程控制设备，这就要求它在实时控制的每一时刻都应准确无误地工作。任何部分的故障与失效，都会使机床停机，从而造成生产停顿。因此，对数控机床这样原理复杂、结构精密的装置进行诊断与维修就显得十分必要了。在许多行业中，花费了几十万到上千万美元引进数控机床，这些设备均处于关键的工作岗位，若在出现故障后不能及时维修、排除故障，就会造成较大的经济损失。

5.2　普通机床的故障诊断与检修

5.2.1　车床

机床维修的目的是使机床维持规定的工作能力，即使机床在一定的时间内能在保持规定精度和性能情况下运转，防止意外恶性事故的发生。下面以卧式车床和单柱立式车床的使用维修为例，介绍其常见的故障及排除方法。

1. 车床的使用及维护

（1）车床的使用方法

1）使用车床必须遵守安全操作制度。

2）应按车床说明书的规定操作车床。

3）车床开机前应检查车床各部分结构是否完好，各手柄位置是否正常；手动操作各移动部件有无碰撞或不正常现象，润滑部位要加润滑油；车床起动，应使主轴低速空转 1～2min；主轴变速装失工件、测量工件、消除切屑或离开机床应停车。

4）装卸卡盘或较重工件时，应该用木板保护床面。

5）校正卡盘或工件时，不能用榔头直接用力敲击，以免影响主轴精度，可用木锤轻敲。

6）工件必须装夹牢固，卡盘扳手随时取下，偏置工件应合理安装配重，复杂工件要注意防止碰撞。

7）需要挂轮时应切断电源。

8）车床开动时，不能用手摸工件表面，不能测量工件；清除铁屑要使用专用钩子。

下面以 C6132 型卧式车床为例来说明车床的使用。C6132 型车床采用操纵杆式开关，在光杆下面有一主轴起闭和变向手柄。手柄向上为反转，向下为正转，中间为停止位置。

① 主轴转速的调整。主轴的不同转速是靠床头箱上变速手轮与变速箱上的长、短手柄配合使用得到的。变速手轮有低速 Ⅰ 和高速 Ⅱ 两个位置，长手柄有左、右两个位置，短手柄有左、中、右三个位置。它们相互配合使用可使主轴获得 28.5～1430r/min 12 种不同的转速，详见床头箱上的主轴转速表。

② 进给量的调整。进给量的大小是靠变换配换齿轮及改变进给箱上两个手传输线的位置得到的。其中一手轮有 5 个位置，另一手轮有 4 个位置。当配换齿轮一定时，这两个手轮配合使用可以获得 20 种进给量。更换不同的配换齿轮，可获得多种进给量，详见进给箱上的进给量表。离合手柄是控制光杆和丝杆转动的，一般车削走刀时使用光杆，离合手柄向外拉；车螺纹时，使用丝杆，离合手柄向里推。

③ 手动手柄的使用。顺时针摇动纵向手动手柄，刀架向右移动；逆时针摇动，刀架向左移动。顺时针摇动横向手动手柄，刀架向前移动；逆时针摇动，刀架向后移动。

④ 自动手柄的使用。使用光杆时，当换向手轮处于"正向"（+）位置时，抬起纵向自动手柄，刀架自动向左进给；抬起横向自动手柄，刀架自动向前进给。使用丝杆时，向下按合螺母手柄，向左自动走刀车削右旋螺纹。当换向手柄处于"反向"（-）位置时，上述情况正好相反。当换向手柄处于"空档"（0）位置时，纵、横向自动进给机构失效。

⑤ 其他手柄的使用。当需要刀具短距离移动时，可使用小刀架手柄。装刀、卸刀和切削时，需要使用方刀架锁紧手柄。此外，尾架手轮用于移动尾架套筒，手柄用于锁紧尾架套筒。

（2）车床的维护

1）每班上班时，清洁导轨，观察油标，给各注油点注油。下班时，清除切屑及冷却液，擦净后加润滑油保养，床鞍摇至车尾，关闭电源。

2）加工铸件和焊接件前，应去除工件上的砂粒和焊锡；切削铸铁工件时，要擦去部分床身导轨上的润滑油，并装护轨罩；用砂纸、砂轮加工工件时，要保护好床身导轨。

3）工具和车刀不要放在床面上，以免损伤导轨。

4）使用切削液时，要在车床导轨上涂润滑油，清除导轨上的切屑和切削液盘中的杂物，冷却泵中切削液应定期更换。

5）车床外观的日常保养要做到无锈蚀、无油污、油漆清洁光亮。

6）车床运转 500h 后，需要进行一级保养。保养时，必须先切断电源，然后分别对主轴箱、床鞍及刀架、尾座、挂轮箱、冷却润滑系统、电气部分以及外观进行清洗、清扫、检查与调整间隙、紧固螺钉和注油。

车床维护保养知识详见表 5-1。

表 5-1　车床维护保养知识

日常保养 内容和要求	定期保养的内容和要求	
	保养部位	内容和要求
（1）班前 1）擦净机床各部位外露导轨及滑动面 2）按规定润滑各部位，油质、油量符合要求 3）检查各手柄位置 4）空车试运转 （2）班后 1）将铁屑全部清扫干净 2）擦净机床各部位 3）部件归位 4）认真填写交接班记录及其他记录	外表	1）清洗机床外表及死角，拆洗各罩盖，要求内外清洁，无锈蚀、无黄斑、漆见本色铁见光 2）清洗丝杠、光杠、齿条，要求无油垢 3）检查补齐螺钉、手柄、手球
	床头箱	1）拆洗滤油器 2）检查主轴定位螺钉，将其调整到合适位置 3）调整磨擦片间隙和刹车装置 4）检查油质保持良好

（续）

日常保养 内容和要求	定期保养的内容和要求	
	保养部位	内容和要求
（1）班前 1）擦净机床各部位外露导轨及滑动面 2）按规定润滑各部位，油质、油量符合要求 3）检查各手柄位置 4）空车试运转 （2）班后 1）将铁屑全部清扫干净 2）擦净机床各部位 3）部件归位 4）认真填写交接班记录及其他记录	刀架及拖板	1）拆洗刀架、小拖板、中溜板各件 2）安装时调整好中溜板、小拖板的丝杠间隙和斜铁间隙
	挂轮箱	1）拆洗挂轮及挂轮架，并检查轴套有无晃动 2）安装时调整好齿轮间隙，并注入新油质
	尾座	1）拆洗尾座各部 2）清除研伤毛刺，检查丝杠、丝母间隙 3）安装时要求达到灵活可靠
	起刀箱及溜板箱	清洗油线、油毡、注入新油
	润滑及冷却	1）清洗冷却泵，冷却槽 2）检查油质，要保证油质良好、油杯齐全、油窗明亮 3）清洗油线、油毡，注入新油，要求油路畅通
	电气	1）清扫电动机及电气箱内外灰尘 2）检查擦拭电气元件及触点，要求完好可靠无灰尘，线路安全可靠

2. 车床常见故障及其排除方法

卧式车床常见故障及排除方法见表5-2，单柱立式车床常见故障及排除方法见表5-3。

表5-2　卧式车床常见故障及排除方法

序号	故障内容	产生原因	排除方法
1	圆柱工件加工后，外径产生锥度	1）主轴箱主轴轴线相对滑板移动，导轨的平行度精度超差 2）床身导轨倾斜，一项精度超差，或装配后发生变形 3）床身导轨面严重磨损，主要三项精度均已超差 4）两顶尖装夹工件，尾座顶尖与主轴轴线在水平方向不对中 5）刀具磨损的影响 6）主轴箱温升过高，机床热变形 7）地脚螺栓松动	1）重新校正主轴轴线的安装位置 2）用调整垫铁来重新校正床身导轨的倾斜精度 3）刮研导轨，或进行大修 4）调整尾座两侧的横向螺钉 5）重新刃磨刀具，正确选择切削用量，或选用耐磨刀具材料 6）检查轴承与润滑，检查油泵进油管是否通畅，定期换油，降低油温 7）调整、紧固地脚螺栓
2	圆柱形工件加工后，外径产生椭圆及棱圆	1）主轴轴承间隙过大 2）主轴轴颈的圆度超差 3）主轴的轴承外环或箱体主轴孔有椭圆或装配间隙过大	1）调整主轴轴承的间隙 2）修理主轴轴颈使其达圆度精度要求 3）更换轴承，修整主轴孔，并保证它与滚动轴承外环的配合间隙
3	精车外圆时，圆周表面上出现规律性的波纹	1）刀具与工件之间有振动 2）因带轮等旋转件振幅太大而引起机床摆动 3）电动机旋转不平衡引起机床摆动	1）减少振动，刃磨刀具、调整刀杆伸出长度及刀尖安装位置 2）校正带轮或对带轮的外径进行光整加工 3）校正电动机转子的平衡，有条件时进行动平衡测试
4	精车外圆时，圆周表面有混乱的波纹	1）主轴滚动轴承的滚道磨损 2）主轴的轴向窜动太大 3）用卡盘装夹工件车削时，卡盘上的法兰盘松动造成工件不稳	1）更换主轴的滚动轴承 2）调整主轴推力轴承的间隙 3）紧固松动螺钉或修理更换法兰盘

（续）

序号	故障内容	产生原因	排除方法
4	精车外圆时，圆周表面有混乱的波纹	4）大、中、小滑板的滑动表面间隙过大 5）刀架座底面与底板表面接触不良 6）使用尾座顶尖支持工件切削时，顶尖套筒不稳定，或活顶尖有磨损、精度差	4）调整所有导轨副的镶条、压板，使间隙小于0.04mm，并使移动平稳、轻便 5）用涂色法检查接触精度，可用刮研修正 6）夹紧尾座套筒，更换活顶尖
5	精车外径时，主轴每转一转，在工件圆周表面上有一处振痕	1）主轴的滚动轴承有几粒滚子磨损严重 2）主轴上的传动齿轮节圆径向圆跳动误差大	1）逐个检查滚子，若确系磨损严重，更换轴承 2）修理或更换主轴上节圆径向圆跳动超差的齿轮副
6	精车外径时，在圆周表面上每隔一定距离重复出现一次波纹	1）溜板箱的纵向进给小齿轮与齿条啮合不良 2）光杠弯曲或光杠、丝杠、操纵杠的三孔不同轴，以及与车床导轨不平行 3）溜板箱内某一传动齿轮损坏或由于节径振摆而引起的啮合不良 4）主轴箱或进给箱中的轴弯曲，或齿轮损坏	1）若工件波纹间距与齿条齿距相同时，可认为波纹由齿条副引起，应调整齿条与齿轮的间隙，或更换新件 2）拆下光杠校直，装配时保证三孔同轴，滑板在移动时不得有轻、重现象 3）检查与校正溜板箱内传动齿轮，已损坏时应更换新件 4）校直传动轴或更换齿轮，用手转动各轴，在空转时应无轻、重现象
7	精车外径时，圆周表面上与主轴轴线平行或成一角度重复出现有规律的波纹	1）主轴上的传动齿轮的齿形误差大或啮合不良 2）主轴箱上的带轮外径（或带槽）振摆不符合要求	1）调整主轴轴承，使齿轮副的侧隙保持在0.05mm左右 2）消除带轮的偏心振摆，调整它的滚动轴承间隙
8	精车外径时，在圆周表面固定的长度上，有一节波纹凸起	1）床身导轨在固定长度位置处有碰伤、凸痕等 2）齿条之间接缝不良，齿条表面有凸出	1）修去凸痕 2）校正两齿条的接缝配合，遇到齿条某齿特粗时应修整到与其他齿的齿厚一致
9	精车端面后，端面跳动超差	主轴轴向游隙或轴向窜动量较大	调整主轴轴向游隙及窜动量
10	精车端面后，端面有凸起	1）滑板移动对主轴轴线平行度超差 2）滑板的上、下导轨垂直度超差，该项要求上导轨的外端必须偏向主轴箱	1）校正主轴箱主轴轴线位置，在保证工件正确合格下，要求主轴轴线向前偏移 2）对经过大修以后的机床出现该项误差时，必须重新刮研床鞍下导轨面
11	精车端面后，端面平面度超差	1）中滑板移动对主轴轴线的垂直度超差 2）滑板移动对主轴轴线平行度超差	1）调整中滑板镶条，使松紧合适，修刮床鞍上燕尾形导轨面 2）校正主轴轴线位置
12	精车大端面时，每隔一定距离重复出现一次波纹	1）横向导轨磨损，导轨副间隙不稳定 2）横向丝杠弯曲 3）横向丝杠与螺母的间隙过大	1）刮研横向导轨副及镶条 2）校直修理横向丝杠 3）调整丝杠与螺母间隙

（续）

序号	故障内容	产生原因	排除方法
13	精车大端面工件时，端面上出现螺旋形波纹	主轴后端的推力球轴承中某一滚珠尺寸特大	检查推力轴承，确定是它引起纹波时，更换新轴承
14	车制螺纹时，螺距不匀及乱扣	1）丝杠横向窜动过大 2）丝杠磨损 3）开合螺母磨损，与丝杠啮合不良或间隙过大或因燕尾形导轨磨损使开合螺母闭合时不稳 4）由主轴经交换齿轮而来的传动链间隙过大	1）调整丝杠连接轴的轴向间隙 2）修理丝杠和螺母，调整丝杠与螺母的间隙 3）调整交换齿轮的啮合间隙
15	精车螺纹表面有波纹	1）因机床导轨磨损而使溜板倾斜下沉，造成丝杠弯曲，与开合螺纹啮合不良 2）托架支承孔磨损，使丝杠回转中心线不稳定 3）丝杠的轴向间隙过大 4）进给箱交换齿轮轴弯曲、扭曲 5）滑动导轨副间隙过大 6）刀架与底板接触不良 7）因机床、电动机的固有频率而引起的振动	1）修复机床导轨，调整丝杠精度及对合螺母和燕尾形导轨的精度 2）托架支承孔镗孔镶套 3）调整丝杠轴向间隙 4）更换交换齿轮轴 5）调整各导轨镶条、压板 6）修刮刀架座底面 7）振动诊断与治理
16	用切槽刀切槽时，产生"倾动"或外径强力切削时产生"颤动"	1）主轴轴承径向间隙过大 2）主轴孔后轴承端面不垂直 3）主轴轴线的径跳误差过大 4）工件中心孔不合格	1）调整主轴轴承间隙 2）修理后端面，使垂直度达要求 3）可通过调整减小主轴径跳，也可采取更换新轴承及角度选配等方法减少主轴径跳 4）校正毛坯后，修中心孔
17	强力切削时，主轴转速低于标牌上的转速或发生自动停车	1）电动机传动带调得过松 2）摩擦离合器调整过松或磨损 3）开关杠手柄接头松动 4）摩擦离合器轴上弹簧垫圈或锁紧螺母松动 5）主轴箱内集中操纵手柄的销子及滑块磨损，手柄定位弹簧过松而使齿轮脱开	1）调整 V 带的松紧程度 2）调整摩擦离合器，更换摩擦片 3）打开配电箱盖，紧固接头上螺钉 4）调整弹簧垫圈、锁紧螺母 5）更换销子、滑块，将弹簧弹力加大
18	停车后主轴有自转现象	1）摩擦离合器调得过紧 2）制动器没调整好或过松	1）调整离合器，停车后可完全脱开 2）调整制动带
19	溜板箱自动进给手柄容易脱落	1）脱落蜗杆的压力弹簧调节过松 2）自动进给手柄的定位弹簧松动 3）蜗杆托架上的控制板与杠杆的倾角磨损	1）调吸压力弹簧 2）调紧弹簧，若定位孔磨损可补铆后重新打孔 3）将控制板补焊，并将挂钩处修锐

（续）

序号	故障内容	产生原因	排除方法
20	溜板箱自动进给手柄碰到定位挡铁后还脱不开	1）脱落蜗杆的压力弹簧调节过紧 2）蜗杆的锁紧螺母紧死	1）调松压力弹簧 2）松开锁紧螺母，调整间隙
21	尾座锥孔内的钻头顶不出来	尾座丝杠头部磨损	对丝杠顶端进行补焊修复
22	用小滑板进刀精车锥孔，呈喇叭形或表面粗糙	1）小滑板移动对燕尾形导轨直线度超差 2）小滑板移动对主轴线平行度超差 3）主轴径向回转精度低	1）刮研导轨 2）调整主轴轴承间隙
23	油窗油管不注油	1）滤油器、油管堵塞 2）油泵活塞磨损，压力低、油量小 3）进油管漏压	1）清洗、疏通 2）修复、更换油管等零件 3）拧紧管接头

表5-3　单柱立式车床常见故障及排除方法

序号	故障内容	产生原因	排除方法
1	液压泵开动后自动停止	1）热继电器调位较低 2）液压泵装配不良	1）将热继电器调整到适当位置 2）调整或重新装配液压泵
2	车削过程掉刀	1）刀架平衡液压缸油压力波动较大 2）当刀架向一个方向移动时，另一方向没有制动	1）检查溢流阀内小孔是否堵塞，吸油管和液压泵是否翻气、吸油量是否充足，然后修理 2）检查电气系统是否存在故障
3	刀架走刀出现爬行	1）刀架镶条和压板调得过紧 2）镶条有较大弯度 3）滑动导轨面润滑不良 4）电磁离合器电刷接触不良	1）适当调松刀架镶条和压板 2）校直镶条 3）增加润滑油 4）调整使电刷接触正常
4	横梁升降时声音较大	1）升降丝杠润滑不良 2）丝杠弯曲较大 3）横梁压板过紧 4）传动丝杠产生轴向窜动	1）增加润滑油 2）校直丝杠 3）调整压板，使之松紧适度 4）将螺母拧紧，消除窜动
5	按横梁升降按钮，或给出升降指令时横梁不动	1）电磁滑阀无电或滑阀不动 2）夹紧液压缸放松后没碰上限位开关 3）电气控制系统失灵	1）检修电路，并拆修滑阀 2）调整限位开关，使之接触正常，确保信号给出 3）检查修理电气系统
6	垂直刀架漏油严重	1）液压缸密封环松动 2）液压缸的放气孔螺钉松动 3）密封处局部缺陷 4）回油堵塞	1）调紧或更换密封环 2）将螺钉调紧 3）修复缺损面或换新件 4）检修回油管路及元件

（续）

序号	故障内容	产生原因	排除方法
7	床身与工作台漏油	1）床身与工作台底座结合面处的密封环槽太深，失去密封作用 2）底座结合面中部的加工用的工艺孔泄漏	1）在环槽内加垫 2）将底座卸下，测量孔径后堵上
8	工作台使用高速时，润滑压力下降较大	1）床身内油位低，致使液压泵吸油盘较少 2）滤油器堵塞 3）工作台导轨润滑油压力较高，使工作台浮升量大	1）增加储油量 2）清洗滤油器 3）适当降低液压油压力
9	工作台变速不灵	1）电磁阀动作不正常 2）推杆伸出后不能缩回 3）推杆已缩回，但灯不亮	1）先检查电磁阀是否有电，如有电则应拆卸修理 2）修理达灵活程度 3）调整限位开关，使之接触良好
10	工作台振摆过大	1）主轴轴承径向间隙过大 2）齿圈内孔中心线与主轴中心线不重合，运转过程中，迫使齿轮和齿圈啮合时紧时松，从而产生过大的周期性的工作台振摆	1）调整主轴轴承径向间隙 2）装配时，齿圈装在主轴、工作台组件上后，用塞尺试塞齿圈内孔和工作台结合面间隙，使四周间隙均匀，再紧固螺钉，装上销钉。不是这样结构的车床，采取定向装配，减少同轴度误差
11	液压泵开动后，工作台运转，导轨间形成不了油膜，造成导轨研伤	1）油路不畅通 2）导轨上油槽方向开反	1）检查油管是否有压扁和堵塞现象 2）重新开好油槽，注意方向
12	刀架导轨研伤	1）导轨质量不好 2）切削时，刀架滑枕伸出过长 3）刮研质量不高，切削力过大	1）可采用增加夹布胶木板和锌铝铜合金板，以改变摩擦副的摩擦系数 2）刀架滑枕伸出长度一般不得大于200mm 3）提高刮研修复质量和适当改变切削用量
13	上、下进给箱的传动光杠在箱体中发热	1）上、下传动光杠同轴度误差过大 2）进给箱中有研伤现象	1）重新安装传动光杠的支架，使上、中、下各点对床身导轨的距离一致，一般不得大于0.1mm 2）修复进给箱中的研伤部位
14	刀台无孔中心线，在多工位加工中不重合	1）心轴接触不良 2）定位销定位精度差	1）卸下刀台，修复心轴，要使接触面积达70% 2）调整定位销

（续）

序号	故障内容	产生原因	排除方法
15	变速箱中Ⅳ轴在使用过程中有断裂现象	1）变速箱体与床身结合面相对孔中心线垂直度误差太大 2）各孔中心线平行度超差	1）严格控制变速箱与床身结合面相对孔中心线垂直度误差，一般为0.02mm，不要随意加垫 2）加工时操作人员要注意
16	快速行程箱中蜗轮研损严重	1）蜗杆副装配调整不良 2）丝杠、螺母研伤	1）试车后运行初期，蜗杆研损大些，是正常现象。如使用一段时间后，仍研损过重，应检查蜗杆副装配调整是否正确 2）检查、修复研伤，调整丝杠、螺母间隙
17	切削时振动严重	1）各结合面有松动 2）各件有松动 3）刀架没锁紧	1）用塞尺检查各结合面，调整后固定，用0.04mm的塞尺不能插入 2）消除松动件的松动现象 3）切削时要锁紧刀架
18	立刀架向上开，没到极限位置就开不动了	滑枕与重锤相碰	重新调整重锤，使其与滑枕不碰

3. 车床的安装

车床的安装通常有两种方法：一种是用地脚螺栓固定在基础上。另一种方法是不用地脚螺栓固定，直接将车床放在混凝土地坪式基础上，并在车床与基础间垫调整铁或减振铁。

车床下面的垫铁数量一般是：车床每个地脚螺栓孔处放置一块，垫铁之间的间距一般不超过600mm，对于重量不均匀的车床，可在重量较重的部位适当增加垫铁；对于分段连接的床身应在各接缝处放置垫铁。

车床调整水平时，一般先将滑板置于导轨行程中间位置，再在车床导轨两端放置水平仪调整安装水平。车床调整水平一般应在车床处于自然状态下进行。自然调平是在调整导轨精度时，除车床自重外，不应使用地脚螺栓、压板等加压的方法使车床强制变形。车床的安装，应是自然调平之后，再拧紧地脚螺钉。地脚螺栓拧紧前后，车床导轨精度均应在允差范围之内。

长床身纵向安装水平度是指导轨两端点连线相对水平面的倾斜度，通常用水平仪测量。水平仪读数时的基准必须从零位开始，而且水平仪的零位误差必须消除。水平仪调整的原则是压高点、起低点，调整好后再试车，切削加工好后的试件形状为正锥（0.01/μm）方为安装成功。

4. 车床的验收

车床的验收一般由空转试验、负荷试验和精度检验3部分组成。

（1）车床的空转试验　试验前应对机床清洗并注好润滑油；检查各连接部分是否紧固；重要结合面用0.04mm的塞尺检验，不得插入；导轨面用0.04mm的塞尺检验，插入深度不超过20mm。将车床安装和调整好，使车床处于安装水平位置，进行空转试验，其内容和要求如下：

1）车床的主运动机构应从最低转速到最高转速依次运转。每级转速运转不得少于2min，在最高转速运转不应少于30min，应无明显冲击和震动，无周期性噪声，使主轴承达到稳定温度。此时检查主轴承的温度和温升。滑动轴承温度不得超过60℃，温升不得超过30℃；滚动轴承温度不得超过70℃，温升不得超过40℃。

2）车床的进给机构应做低、中、高进给速度的空转试验。具有快速移动机构的车床，应做快速移动的空转试验。进给和传动系统应运行平稳，无异常现象。

3）在上述各级速度下，检验机床的起动、停止、制动及自动等动作的灵活性和可靠性；变速转换动作的可靠性和准确性；重复定位、分度、转位的准确性；自动循环的可靠性；夹紧装置、快移机构、读数指示装置和其他附属装置的可靠性；有刻度装置的手轮反向空行程量；手轮、手柄的操纵力等。

4）检验车床的电气、液压、气动、润滑、冷却系统和光学、自动测量装置等，工作情况应良好；不得有漏油、漏气及漏水等现象。

5）检验安全防护装置和保险装置的可靠性。电器性能灵敏，刹车安全可靠；摩擦片工作可靠，无发热现象；润滑油正常，无漏油现象。

6）在各级速度下，检查车床的振动和噪声。

7）检验车床主运动空转功率。

空转试验过程中，不应调整影响车床性能和精度的机构或零件，否则，应重新试验。

（2）车床的负荷试验

1）车床主传动系统最大转矩的试验。

2）车床主传动系统短时间超过最大转矩 25% 的试验。

3）车床最大主切削力试验和短时间超过最大主切削力 25% 的试验。

4）车床传动系统达到最大功率的试验。

例如，CA6140 型车床负荷试验的方法是：将 $\phi 120mm \times 150mm$ 的中碳钢试件，一端用卡盘夹紧，一端用顶尖顶住。用硬质合金 YT15 的 45° 标准右偏刀，在主轴转速为 50r/min、背吃刀量为 12mm、进给量为 0.6mm/r 时，强力切削外圆。要求在负荷试验时，车床所有机构工作均应正常，主轴转速不得比空转时的转速低 5% 以上。在试验时允许将摩擦离合器适当调紧，切削完毕后再调松到正常状态。

（3）车床的精度检验　车床精度检验包括车床的工作精度检验和几何精度检验。工作精度检验应在车床负荷试验之后，车床处在热平衡状态下进行；几何精度检验应在工作精度检验之后进行。一般检验车床是几何精度的检验，它决定加工精度的运动件在低速空转时的运动精度，也决定加工精度的零部件及其运动轨迹之间的相对位置精度。例如主轴的回转精度、床身导轨的直线度、溜板移动方向与主轴轴线的平行度等。

5.2.2　铣床

1. 升降台铣床的保养及维护

铣床的日常保养和故障的及时排除，对保持铣床的加工精度和延长铣床的寿命起很大作用，必须由铣床操作者和机修人员共同执行。

（1）铣床操作者执行的铣床保养内容

1）铣床工作前，按规定对铣床需要加润滑油的地方比如各部油嘴、导轨面、丝杆等注入润滑油；工作过程中，经常观察主轴箱和进给箱上的油标指示器，注意润滑油的供给情况。

2）铣床工作结束后，对铣床进行清理，清除各部位积屑，擦拭工作台、各丝杆、操作手柄及手轮，特别应清除干净导轨面上的切屑、灰尘和冷却液等，并浇一层润滑油。

3）发现铣床有异常情况，应立刻停车并进行检查。

4）检查并紧固工作台压板螺钉、走刀传动机构及其他部分松动螺钉。

5）检查并调整传动带、压板、镶条及离合器等松紧适宜。

6）定期检查传动带、手柄、旋钮、按键是否损坏，磨损严重的应立即更换。

（2）铣床维修人员执行的工作内容

1）铣床电气故障的排除。

2）铣床主轴轴承间隙的调整。

3）制动用电磁离合器的调整。

4）弹性离合器的检修。

5）油泵供油的润滑油供给系统的检修。

6）其他机械故障的排除等。

2. 铣床容易出现的加工误差、故障分析及故障排除方法

卧式铣床容易出现的加工误差、故障分析及故障排除方法见表5-4。立式铣床容易出现的加工误差、故障分析及故障排除方法见表5-5。

表5-4 卧式铣床加工误差、故障分析及故障排除方法

加工误差、故障分析	故障排除方法
1）加工尺寸精度达不到工艺要求	
①铣削时工件没夹牢或振松 ②进刀处刻度盘松动转位，或进刀时未消除丝杠副的间隙 ③有关部件的刹紧装置未刹紧或失灵	①将工件夹持牢固 ②将刻度盘装紧，消除丝杠传动副的间隙 ③刹紧有关部件（除进给方向之外）
2）两被加工面间不垂直	
①夹具角度不准 ②工件基准面与夹具间有杂物 ③工件夹不牢或振松 ④铣床几何精度超差	①夹具设计制造应合理准确 ②装夹工件和夹具时要清洁杂物 ③工件要夹牢，夹紧力要有保证 ④应大修或二级保养，恢复铣床的几何精度
3）两被加工的平行面不平行	
①工件基准面与夹具间有杂物，或夹具基准面与工作台面有杂物，或垫铁不合格 ②工件未夹牢振松而窜动 ③铣刀磨钝 ④铣床几何精度超差	①清洁杂物，放好垫铁或修磨垫铁 ②夹牢工件 ③合理选择铣削方法（顺铣或逆铣），选好铣刀（结构选择），以减少刀具磨损 ④进行大修或二级保养，恢复铣床精度
4）被加工面呈凹或凸现象	
①工作台导轨磨损严重，精度超差 ②立铣头主轴轴线与工作台面不垂直	①大修或二级保养，修复工作台导轨精度 ②校正主轴头转角刻度盘，使之与工作台面垂直
5）铣削表面有较规律的波纹	
工作台导轨润滑不良，引起爬行	保证良好的润滑，消除工作台的爬行
6）加工表面在接刀处不平	
①主轴中心线与床身导轨面不垂直 ②各部件相对位置精度超差	①检查主轴中心线对床身导轨面的垂直度，检查工作台移动间隙：纵向≤0.04mm，横向≤0.03mm ②如多方面超差，应进行大修或二级保养

（续）

加工误差、故障分析	故障排除方法
7）表面粗糙度达不到要求	
①刀具磨钝 ②进给量过大 ③机床振动大 ④铣刀直径选择不当 ⑤刀杆弯曲，铣刀摆差大	①修磨或更换刀具 ②减少进给量 ③调整镶条间隙和丝杠副间隙，并将进给方向以外的部分刹紧 ④铣刀直径与铣削宽度比为 1.2~16 ⑤校正刀杆，重新装刀
8）主传动系统在运转中有周期性的响声	
①传动齿轮打齿，打齿后的齿轮在啮合过程中，由于缺齿或齿形不规则引起齿面撞击，发出周期性的响声 ②传动轴弯曲。传动轴可能因为闷车或打齿等故障的发生而弯曲，轴弯曲后，使轴上的传动齿轮的啮合状态遭到破坏，在传动中发出与该轴转速相同周期的响声	①更换齿轮 ②更换传动轴
9）主传动系统有非周期性的沉重声音	
①轴承磨损。轴承磨损后，摩擦力增大，或是轴承保持架损坏，都将导致主轴箱内声音不正常 ②某对传动齿轮的齿部严重磨损，导致齿面磨损加重，也会发出沉重的声音	①更换新轴承 ②更换新齿轮
10）主轴温升太高	
①润滑不良 ②主轴滚动轴承的间隙过小 ③主轴弯曲，一般系发生严重的打齿事故后造成	①主轴上的滚动轴承应保持良好的润滑，应使用合乎规格的润滑油 ②正确调整滚动轴承的间隙 ③更换主轴
11）主轴变速箱变速转换手柄扳不动	
①竖轴手柄与配合的孔咬死。可能是油污阻滞，也可能是由于研起的飞边使竖轴与孔咬死 ②扇形齿轮与齿条卡住 ③拨叉移动轴弯曲或咬死 ④齿条轴未对准孔盖子的孔眼	①拆下竖轴，进行清洗或修光飞边 ②保证扇形齿轮与齿条之间有 0.15mm 的啮合间隙，保证齿间的清洁，不得有切屑和异物 ③校正或更换拨叉移动轴 ④变换其他各级转速，或左右微动变速盘，调整星轮的定位器弹簧，使其定位可靠
12）主轴变速箱操纵手柄自动脱落或轴端漏油	
①操纵手柄内的弹簧松弛 ②间隙过大漏油	①更换弹簧或在弹簧尾端加垫圈，也可将弹簧拉长重新装入 ②更换轴套
13）变速时，主轴变速箱内齿轮有很重的碰撞声，齿轮有时啮合不上，或无冲动旋转	
①主轴电动机的冲动电路接触时间过长 ②主轴电动机的冲动电路接触点失灵而无冲动	①调整冲动销的调整螺钉 ②检查电路，调整冲动销尾端的调整螺钉，达到冲动接触要求

（续）

加工误差、故障分析	故障排除方法
14）工作台扳动纵向行程操纵手柄时无进给运动	
①升降台横直操纵手柄不在中间位置 ②升降及横向进给机构中联锁桥式接触没有闭锁	①把横直操纵手柄扳到中间位置 ②调整进给机构中凸轮下的终点开关上的销子
15）工作台或升降台的进给运动出现明显的间隙停顿现象	
①工作台或升降台的导轨副严重研伤或由于污垢阻滞，从而使导轨副的摩擦力增大，造成导轨爬行 ②纵向、横向、垂向丝杠副研伤，或轴承润滑不良，也会造成此故障，甚至咬死	①修刮或补焊导轨，清洗导轨 ②修好丝杠副的研伤处或更换丝杠，保证轴承的良好润滑
16）开动进给时，进给箱中声音沉重，摩擦片温度太高	
摩擦片总间隙过小	调整摩擦片间隙，总间隙为 2~3mm 即可

表5-5 立式铣床加工误差、故障分析及故障排除方法

加工误差、故障分析	故障排除方法
1）加工表面接刀处不平	
①主轴中心线与床身导轨面不平行，各部相对位置精度差 ②导轨研伤造成工作台爬行及进给保险失灵 ③主轴径向间隔大 ④离合器爪严重磨损，咬不住 ⑤工作台镶条过松	①检查和调整升降及纵、横向的镶条间隙，对准立铣头刻度盘0位，如果还不能达到几何精度，就进行中、小修，使之达到要求 ②修复导轨，并适当加大保险弹簧压力 ③调整主轴间隙 ④修理或更换离合器 ⑤调整镶条间隙
2）加工工件尺寸精度超差	
①主轴中心与工作台面不垂直 ②工件装夹不合理，没有及时清理切屑等 ③导轨间隙过大 ④工作台面不平	①调整镶条间隙或修复工作台导轨 ②正确夹紧工件，保持接合面的清洁 ③调整导轨间隙 ④修理工作台面至符合技术要求
3）加工工件不垂直或平行面不平行	
①立铣头转盘刻度不对0位 ②机床几何精度超差 ③主轴轴向窜动大 ④工作台面不平	①校正刻度对准0位，使铣头轴中心线与工作台面垂直 ②检查机床各部位，调整或修复，使之恢复原来的几何精度 ③调整主轴上的螺母，使之窜动范围在0.02mm之内 ④修复工作台面的平面度
4）工件加工时振动很大	
①主轴的径向跳动和轴向窜动量太大 ②工作台镶条太松 ③主轴套筒未夹紧	①调整主轴轴承的间隙，调整前，先测出主轴的径向跳动量和轴向窜动量，以确定修整环的修磨量。主轴径向间隙的调整是先修磨两个半圆调整环，并拧紧后轴承上面的螺母（操作时，卡住螺母，用扳手扳动主轴），从而调整前轴承的间隙。主轴轴向间隙的调整，是靠修磨两个后轴承的外隔套来实现的 ②调整镶条的松紧程度 ③夹紧主轴套筒

（续）

加工误差、故障分析	故障排除方法
5）加工工件角度精度超差	
①立铣头转盘刻度不准 ②转盘紧固螺母未上紧，产生振动	①旋转刻度时要对准基线，如有误差，进行检修 ②紧固螺母
6）主轴温升较高或在运转中有噪声	
①润滑不良 ②主轴箱内轴承磨损或齿轮啮合不良	①注意油路畅通，保证充分润滑 ②检修或更换轴承、齿轮
7）立式铣床与卧式铣床共性故障参考上表	

3. 铣床的验收

铣床的验收一般由空转试验、负载试验和精度检验三部分组成。

（1）空转试验

1）空转试验前的准备工作如下：

① 各种手动试验

a. 手动操作试验。

b. 点动试验。

c. 主轴变档试验。

d. 超程试验。

② 功能试验

a. 用按键、开关、人工操纵对机床进行功能试验。试验动作的灵活性、平稳性及功能的可靠性。

b. 任选一种主轴转速做主轴起动、正转、反转、停止的连续试验。操作不少于7次。

c. 主轴高、中、低转速变换试验。转速的指令值与显示值允差为±5%。

d. 任选一种进给量，在X、Z轴全部行程上，连续做工作进给和快速进给试验。快速行程应大于1/2全行程。正反向和连续操作不少于7次。

e. 在X、Z轴的全部行程上，做低、中、高进给量变换试验。转塔刀架进行各种转位夹紧试验。

f. 液压、润滑、冷却系统做密封、润滑、冷却性试验，做到不渗漏。

g. 卡盘做夹紧、松开、灵活性及可靠性试验。

h. 主轴做正转、反转、停止及变换主轴转速试验。

i. 转塔刀架进行正反方向转位试验。

2）空转试验步骤如下：

① 空转试验从低速开始，逐级加速，各级转速的运转时间不少于2min，最高转速运转时间不少于30min，主轴承达到稳定时温度应低于60℃。

② 起动进给电动机，进行逐级进给运动及快速移动试验，各级进给量的运转时间大于2min，最大进给量运转达到稳定温度时，轴承温度应低于50℃。

③ 所有转速的运转中，各工作机构应平稳，无冲击、振动和周期性噪声。

④ 铣床运转时，各润滑点应有连续和足够的油液。各轴承盖、油管接头均不得漏油。

⑤ 检查电气设备的工作情况，包括电动机起动、停止、反向、制动和调速的平稳性等。

（2）负载试验 机床负载试验的目的是考核铣床主运动系统能否承受标准所规定的最大切

削规范，也可根据铣床实际使用要求取最大切削规格的 2/3。负载试验可按如下三步进行：粗车、重切削、精车。每一步又分单一切削和循环程序切削。每一次切削完成后检验零件已加工部位实际尺寸并与指令值进行比较，检验机床在负载情况下的运行精度，即机床的综合加工精度、转塔刀架的转位精度。一般选下述项目中的一项进行切削实验。

1）切削钢的试验采用的切削材料为正火 210～220HBW 的 45 钢。

① 圆柱铣刀：直径 = 100mm，齿数 = 4。切削用量：宽度 = 50mm，深度 = 3mm，转速 = 750r/min，进给量 = 750mm/min。

② 端面铣刀：直径 = 100mm，齿数 = 14。切削用量：宽度 = 100mm，深度 = 5mm，转速 = 37.5r/min，进给量 = 190mm/min。

2）切削铸铁试验采用的切削材料为 180～220HBW 的 HT200。

① 圆柱铣刀：直径 = 90mm，齿数 = 18。切削用量：宽度 = 100mm，深度 = 11mm，转速 = 47.5r/min，进给量 = 118mm/min。

② 端面铣刀：直径 = 200mm，齿数 = 16。切削用量：宽度 = 100mm，深度 = 9mm，转速 = 60r/min，进给量 = 300mm/min。

（3）工作精度检验 铣床工作精度检验是通过标准试件的铣削，对铣床在工作状态下的综合性动态检验。应在铣床空转试验和负载试验之后，并确认铣床所有机构均处于正常状态，按照 GB/T 3933.2—2002 升降台铣床检验条件精度检验第 2 部分进行。

切削试件材料为铸铁，试件的形状尺寸如图 5-1 所示。用圆柱铣刀进行铣削加工，铣刀直径小于 60mm。铣削加工前，应对试件底面先进行精加工，在一次安装中，用工作台纵向机动、升降台机动和床鞍横向手动铣削 A、B、C 三个表面。用工作台纵向机动和升降台手动铣削 D 面，接刀处重叠 5～10mm。试件应安装于工作台纵向中心线上，使试件长度相等地分布在工作台中心线的两边。铣削后应达到的精度如下：

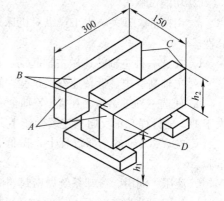

1）B 面的等高度公差为 0.03mm。

2）A 和 B 面、C 和 B 面的垂直度公差为 0.02mm；A、B、C 和 D 面的垂直度公差为 0.03mm。

3）D 面的平面度公差为 0.02mm。

4）各加工面的表面粗糙度值为 Ra = 1.6μm。

（4）几何精度检验 铣床的几何精度检验，可按照 GB/T3933.2—2002 进行。常用铣床的几何精度检验项目

图 5-1 试件的形状尺寸

有工作台平面度检验，主轴轴向窜动检验，主轴套筒移动对工作台台面的垂直度检验等。如果铣床已修过多次，有些项目达不到精度标准，则可根据加工工艺要求选择项目验收。

5.3 数控机床的故障诊断与维修

5.3.1 数控机床故障诊断与维修的基础知识

数控维修技术不仅是保障数控机床正常运行的前提，对数控技术的发展和完善也起到了巨大的推动作用。目前，数控维修技术已经成为一门专门的学科。我国现有的数控机床维修状况和水平，与国外进口设备的设计与制造技术水平还存在很大的差距。造成差距的原因在于：人员素质

较差，缺乏数字测试分析手段，数控机床故障诊断与维修的综合判断能力和测试分析技术有待提高等。

1. 常见故障的分类

数控机床是一种技术复杂的机电一体化设备，其故障发生的原因一般都比较复杂，这给故障诊断和排除带来很多困难。为了便于故障分析和处理，按故障部件、故障性质、故障原因等对常见故障做如下分类。

（1）按数控机床发生故障的部件分类

1）主机故障。数控机床的主机部分，主要包括机械、润滑、冷却、排屑、液压、气动及防护等装置。常见的主机故障包括因机械部件安装、调试及操作使用不当等原因引起的机械传动故障；因导轨主轴等部件的干涉运动摩擦过大等原因引起的故障；因机械零件的损坏，连接不良等原因引起的故障等。主机故障表现为传动噪声大，加工精度差，运行阻力大，机械部件动作不进行，机械部件损坏等。例如，轴向传动链的挠性联轴器松动，齿轮、丝杠与轴承缺油，导轨塞铁调整不当，导轨润滑不良，系统参数设置不当等原因均可造成以上故障。尤其应引起重视的是，机床各部位标明的注油点（注油孔）需定时、定量加注润滑油（剂），这是机床各传动链正常运行的保证。另外，液压、润滑与气动系统的故障主要是管路阻塞和密封不良，因此，数控机床更应加强污染控制和根除三漏现象发生。

2）电气故障。电气故障又可分为弱电故障与强电故障"弱电"部分是指控制系统中以电子元器件、集成电路为主的控制部分。数控机床的弱电部分主要指 CNC（计算机数字控制）装置、PLC（可编程序控制器）、CRT（阴极射线管）显示器、伺服单元及输入/输出装置等电子电路，这部分又有硬件故障与软件故障之分。硬件故障主要是指上述各装置的印制电路板上的集成电路芯片、分立元器件、接插件及外部连接组件等发生的故障。软件故障是指在硬件正常的情况下出现的动作出错、数据丢失等故障，常见的有加工程序出错、系统程序和参数的改变或丢失、计算机的运算出错等。强电部分是指控制系统中的主回路或高压、大功率回路中的继电器、接触器、开关、熔断器、电源变压器、电动机、电磁铁及行程开关等电气元器件及其所组成的控制电路。这部分的故障虽然维修、诊断方便，但由于它处于高压、大电流工作状态，发生故障十分常见，必须引起足够的重视。

（2）按数控机床发生的故障性质分类

1）确定性故障。确定性故障通常是指只要满足一定的条件或超过某一设定的限度，工作中的数控机床必然会发生的故障。这一类故障现象极为常见，又具有一定的规律性例如，液压系统的压力值随着液压回路过滤器的阻塞而降到某一设定参数时，必然会发生液压系统故障报警使系统断电停机；又如，润滑、冷却及液压等系统由于管路泄漏引起油标下降到使用限值，必然会发生液位报警使机床停机；再如，机床加工中因切削量过大达到某一限值时必然会发生过载或超温报警，致使系统迅速停机。因此，正确使用与精心维护是杜绝或避免这类系统性故障发生的切实保障。

2）随机性故障。随机性故障通常是指数控机床在同样的条件下工作时只偶然发生一次或两次的故障。有的文献上称此为"软故障"。由于此类故障在各种条件相同的状态下只偶然发生一两次，因此，随机性故障的原因分析与故障诊断较其他故障困难得多。一般而言，这类故障的发生通常与安装质量、组件排列、参数设定、元器件品质、软件设计、操作失误与维护不当，以及工作环境影响等因素有关。例如，接插件与连接组件因疏忽未加锁定，印制电路板上的元器件松动变形或焊点虚脱，继电器触头、各类开关触头因污染锈蚀以及直流电动机电刷不良等所造成的接触不可靠等。另外，工作环境温度过高或过低、湿度过大、电源波动与机械振动、有害粉尘与气体污染等原因均可引发此类偶然性故障。随机性故障具有可恢复性，故障发生后通过重新开机等措施，机床通常可恢复正常，但在运行过程中，又可能发生同样的故障。因此，加强数控系统的维护检查，确保电气箱门的密封，严防工业粉尘、有害气体的侵袭等，均可避免此类故障的发生。

（3）按故障发生后有无报警显示分类

1）有报警显示的故障。这类故障又可分为指示灯显示与显示器显示的故障两种。

① 指示灯显示的故障。指示灯显示通常是指各单元装置上的指示灯（一般由 LED 或小型指示灯组成）的显示报警。在数控系统中有许多用以指示故障部位的指示灯，如控制操作面板、位置控制印制电路板、伺服控制单元、主轴单元、电源单元等部位以及光电阅读机、穿孔机等外设装置上常设有这类指示灯。一旦数控系统的这些指示灯指示故障状态后，借助相应部位上的指示灯均可大致分析判断出故障发生的部位与性质，这无疑给故障分析诊断带来了极大方便。因此，维修人员日常维护和排除故障时应认真检查这些指示灯的状态是否正常。

② 显示器显示的故障。显示器显示通常是指通过 CNC 显示器显示出来的报警号和报警信息。由于数控系统具有自诊断功能，一旦检测到故障，即按故障的级别进行处理，同时在 CNC 上以报警号形式显示该故障信息。这类报警显示常见的包括存储器警示、过热警示、伺服系统警示、轴超程警示、程序出错警示、主轴警示、过载警示、断线警示等。通常，少则几十种，多则上千种，这无疑为故障判断和排除提供了极大的帮助。

上述软件报警有来自 NC（数控部分）的报警和来自 PLC 的报警，前者为数控部分的故障报警，可通过所显示的报警号，对照维修手册中有关 NC 故障报警及原因方面内容来确定可能产生该故障的原因。后者为 PLC 报警显示，由 PLC 的报警信息文本所提供，大多数属于机床侧的故障报警，可通过所显示的报警号，对照维修手册中有关 PLC 故障报警信息、PLC 接口说明、PLC 程序等内容，检查 PLC 有关接口和内部继电器状态，确定该故障所产生的原因。通常，PLC 报警发生的可能性要比 NC 报警高得多。

2）无报警显示的故障。这类故障发生时无任何硬件或软件的报警显示，因此分析诊断难度较大。例如，机床通电后，在手动方式或自动方式下运行 X 轴时出现爬行现象，无任何报警显示；又如，机床在自动方式运行时突然停止，而 CRT 显示器上无任何报警显示；还有在运行机床某轴时发生异常声响，一般也无故障报警显示等。一些早期的数控系统由于自诊断功能不强，尚未采用 PLC 控制器，无 PLC 报警信息文本，出现无报警显示的故障情况会更多一些。

对于无报警显示的故障，通常要具体情况具体分析，要根据故障发生的前后变化状态进行分析判断。例如，上述 X 轴在运行时出现爬行现象，可首先判断是数控部分故障还是伺服部分故障。具体做法是在手摇脉冲进给方式中，均匀地旋转手摇脉冲发生器，同时分别观察比较 CRT 显示器上 Y 轴、Z 轴与 X 轴进给数字的变化速率。通常，若数控部分正常，三个轴的上述变化速率应基本相同，从而可确定爬行故障是 X 轴的伺服部分还是机械传动所造成。

（4）按故障发生的原因分类

1）数控机床自身故障。这类故障的发生是由于数控机床自身的原因引起的，与外部使用环境条件无关。数控机床所发生的绝大多数故障均属此类故障，但应区别有些故障并非由机床本身而是由外部原因所造成的。

2）数控机床外部故障。这类故障是由于外部原因造成的。例如，数控机床的供电电压过低，波动过大，相序不对或三相电压不平衡；周围的环境温度过高，有害气体、潮气及粉尘侵入；外来振动和干扰，如电焊机所产生的电火花干扰等均有可能使数控机床发生故障；还有人为因素所造成的故障，如操作不当，手动进给过快造成超程报警；自动切削进给过快造成过载报警；又如操作人员不按时按量给机床机械传动系统加注润滑油，易造成传动噪声或导轨摩擦系数过大，而使工作台进给电动机超载。据有关资料统计，首次采用数控机床或由不熟练工人来操作，在使用第一年内，由于操作不当所造成的外部故障要占三分之一以上。

除上述常见故障分类外，还可按故障发生时有无破坏性分为破坏性故障和非破坏性故障；按故障发生与需要维修的具体功能部位可分为数控装置故障、进给伺服系统故障、主轴系统故障、刀架故障、刀库故障及工作台故障等。

2. 故障的常规处理方法

数控机床型号多，所产生的故障原因通常比较复杂，这里介绍故障处理的一般方法和步骤。一旦故障发生，通常按以下步骤进行。

1）调查故障现场，充分掌握故障信息。数控机床出现故障后，不要急于动手盲目处理，首先要查看故障记录，向操作人员询问故障出现的全过程。在确认通电对系统无危险的情况下，再通电亲自观察，特别要注意确定以下主要故障信息。

① 故障发生时报警号和报警提示是什么？哪些指示灯和发光二极管指示了什么报警？

② 如无报警，系统处于何种工作状态？系统的工作方式诊断结果是什么？

③ 故障发生在哪个程序段？执行何种指令？故障发生前进行了何种操作？

④ 故障发生在何种速度下？轴处于什么位置？与指令值的误差量有多大？

⑤ 以前是否发生过类似故障？现场有无异常现象？故障是否重复发生？

2）分析故障原因，确定检查的方法。在调查故障现象，掌握第一手材料的基础上分析故障的起因。故障分析可采用归纳法和演绎法。归纳法是从故障原因出发摸索其功能联系，调查原因对结果的影响，即根据可能产生该故障的原因分析，看其最后是否与故障现象相符来确定故障点。演绎法是从所发生的故障现象出发，对故障原因进行分割式的分析方法，即从故障现象开始，根据故障机理，列出多种可能产生该故障的原因；然后，对这些原因逐点进行分析，排除不正确的原因，最后确定故障点。分析故障原因时应注意以下几点：

① 要在充分调查现场掌握的第一手材料的基础上，将故障问题正确地列出来。能够将问题说清楚，就已经解决了问题的一半。

② 要思路开阔，无论是数控系统、强电部分，还是机械、液压、气动等，都要将有可能引起故障的原因以及每一种可能解决的方法全部列出来，进行综合、判断和筛选。

③ 在对故障进行深入分析的基础上，预测故障原因并拟定检查的内容、步骤和方法。

3）故障的检测和排除。在检测故障过程中，应充分利用数控系统的自诊断功能，如系统的开机诊断、运行诊断和 PLC 的监控功能。根据需要随时检测有关部分的工作状态和接口信息。同时还应灵活应用数控系统故障检查的一些行之有效的方法，如交换法、隔离法等。另外，在检测排除故障中还应掌握以下原则。

① 先外部后内部。数控机床是机械、液压、电气一体化的机床，故其故障的发生必然要从机械、液压、电气这三者综合反映出来。数控机床的检修要求维修人员掌握先外部后内部的原则。即当数控机床发生故障后，维修人员应先采用望、闻、听、问等方法，由外向内逐一进行检查。例如，数控机床中，外部的行程开关、按钮、液压气动元件以及印制电路板插头座、边缘插件与外部或相互之间的连接部位、电控柜插座或端子排等机电设备之间的连接部位，因其接触不良造成信号传递失灵，是产生数控机床故障的重要因素。此外，由于工业环境中温度、湿度变化较大，且存在油污或粉尘对元件及印制电路板的污染、机械的振动等，对于信号传送通道的接插件都将产生严重影响。在检修中应重视这些因素，检查这些部位就可以迅速排除较多的故障。另外，尽量避免随意地启封、拆卸。不适当的大拆大卸，通常会扩大故障，使机床大伤元气，丧

失精度，降低性能。

②先机械后电气。由于数控机床是一种自动化程度高、技术复杂的先进机械加工设备。一般来说，机械故障较易察觉，而数控系统故障的诊断则难度要大些。先机械后电气就是在数控机床的检修中，首先检查机械、气动、液压部分是否正常，行程开关是否灵活等。根据以往的经验来看，数控机床的故障中有很大部分是由机械动作失灵引起的。所以，在故障检修之前，首先注意排除机械性故障，通常可以达到事半功倍的效果。

③先静后动。维修人员本身要做到先静后动，不可盲目动手，应先询问机床操作人员故障发生的过程及状态，阅读机床说明书、图样资料后，方可动手查找和处理故障。其次，对产生故障的机床也要本着先静后动的原则，先在机床断电的静止状态下，通过观察、测试、分析，确认为非恶性循环性故障，或非破坏性故障后，方可给机床通电；在运行工况下，进行动态的观察、检验和测试，查找故障。然而对恶性的破坏性故障，必须先排除危险后，方可通电，在运行工况下进行动态诊断。

④先公用后专用。公用性的问题往往影响全局，而专用性的问题只影响局部。如机床的几个进给轴都不能运动，这时应先检查和排除各轴公用的 CNC、PLC、电源、液压等公用部分的故障，然后再设法排除某轴的局部问题；又如电网或主电源故障是全局性的，因此，一般应首先检查电源部分，看看熔丝是否正常，直流电压输出是否正常。总之，只有先解决影响大的主要矛盾，局部的、次要的矛盾才有可能迎刃而解。

⑤先简单后复杂。当出现多种故障互相交织掩盖、一时无从下手时，应先解决容易的问题，后解决难度较大的问题。常常在解决简单故障的过程中，难度大的问题也可能变得容易，或者在排除简易故障时受到启发，对复杂故障的认识更为清晰，从而也有了解决办法。

⑥先一般后特殊。在排除某一故障时，要先考虑最常见的可能原因，然后再分析很少发生的特殊原因。例如，一台 FANUC-OT 数控车床 Z 轴回零不准，通常是由于降速挡块位置走动所造成。一旦出现这一故障，应先检查该挡块位置，在排除这一常见的可能性之后，再检查脉冲编码器、位置控制等环节。

3. 常用故障诊断方法

（1）直观法

1）问：机床的故障现象、加工状况等。

2）看：CRT 报警信息、报警指示灯、熔丝断否、元器件是否烟熏烧焦、电容器是否膨胀变形或开裂、保护器是否脱扣、触头是否有火花等。

3）听：是否有异常声响（铁心、欠电压、振动等）。

4）闻：是否有电气元件焦煳味及其他异味。

5）摸：是否有发热、振动及接触不良等现象。

（2）系统自诊断法　系统内部自诊断程序通电后自动对 CPU、存储器、总线和 I/O 等模块及功能板、CRT、软盘等外围设备进行功能测试，确定主要硬件能正常工作。例如，运行中的故障信息在 CRT 上提示——发生故障，查阅维修手册确定故障原因及排除方法。

FANUC 10TE 系统的数控机床，开机后 CRT 显示：

FS107E　1399B；

ROM　TEST：END；

RAM　TEST；

未通过测试，故障可能：参数丢失、支持电池失效或接触不良等。

（3）参数检查法　指在 CRT 上调用参数设置画面，利用检查参数来判断故障类型、诊断与排除故障的方法。

　　数控系统的机床参数是整个数控系统中很重要的一部分，它们直接影响着数控机床的性能。参数通常存放在系统存储器中，一旦电池不足或受到外界的干扰，可能导致部分参数的丢失或变化，使机床无法正常工作，所以在维修调试时一定要注意检查参数：首先排除因为参数设置不合理而引起的故障，然后再从别的位置查找问题的根源。

　　（4）功能测试法　是指通过功能测试程序，检查机床的实际动作，从而判别故障的一种方法。功能测试法可以将系统的功能（如：直线定位、圆弧插补、螺纹切削、固定循环、用户宏程序等），用手工编程方法，编制一个功能测试程序，并通过运行测试程序，来检查机床执行这些功能的准确性和可靠性，进而判断出故障发生的原因。长期不用的数控机床或是机床第一次开机时，不论动作是否正常，都应使用本方法进行一次检查以判断机床的上述状况。

　　（5）部件交换法　是指在故障范围大致确认，并在确认外部条件完全正确的情况下，利用同样的印制电路板、模块、集成电路芯片或元器件替换有疑点的部分的方法。部件交换法是一种简单、易行、可靠的方法，也是维修过程中最常用的故障判别方法之一。交换的部件可以是系统的备件，也可以用机床上现有的同类型部件替换，通过部件交换就可以逐一排除故障可能的原因，把故障范围缩小到相应的部件上。必须注意的是：在备件交换之前应仔细检查、确认部件的外部条件，若线路中存在短路、过电压等情况时，切不可以轻易更换备件。此外，备件（或交换板）应完好，且与原板的各种设定状态一致。

　　在交换 CNC 装置的存储器板或 CPU 板时，通常还要对系统进行某些特定的操作，如存储器的初始化操作等，并重新设定各种参数，否则系统不能正常工作。这些操作步骤应严格按照系统的操作说明书、维修说明书进行。

　　（6）测量比较法　数控系统的印制电路板制造时，为了调整、维修的便利通常都设置有检测用的测量端子。维修人员利用这些检测端子，可以测量、比较正常的印制电路板和有故障的印制电路板之间的电压或波形的差异，进而分析、判断故障原因及故障所在位置。通过测量比较法，有时还可以纠正他人在印制电路板上的调整、设定不当而造成的故障。

　　测量比较法使用的前提是：维修人员应了解或实际测量正确的印制电路板关键部位、易出故障部位的正常电压值、正确的波形，才能进行比较分析，而且这些数据应随时做好记录并作为资料积累。

　　（7）原理分析法　这是根据数控系统的组成及工作原理，从原理上分析各点的电平和参数，并利用万用表、示波器或逻辑分析仪等仪器对其进行测量、分析和比较，进而对故障进行系统检查的一种方法。运用这种方法要求维修人员有较高的水平，对整个系统或各部分电路有清楚、深入的了解才能进行。对于具体的故障，也可以通过测绘部分控制线路的方法进行维修。

　　除了以上介绍的故障检测方法外，还有插拔法、电压拉偏法、敲击法和局部升温法等，这些检查方法各有特点，维修人员可以根据不同的故障现象加以灵活应用，以便对故障进行综合分析，逐步缩小故障范围，排除故障。

5.3.2　数控机床机械故障诊断与维修

1. 机械故障诊断的定义

　　通过对振动、温度、噪声等进行测定分析，将测定结果与规定值进行比较，以判断机械装置的工作状态是否正常。当机械系统发生异常时，会使某些特性发生改变，发出不同的信息。维修人员捕捉这些变化的征兆、检测变化的信号及规律，从而判定数控机床的异常及故障的部位和原因，并预测数控机床未来的状态，判断损坏情况，然后做出决策，消除故障隐患，防止事故的发生，这就是机械故障诊断。

2. 机械故障诊断的任务

1）了解机械系统的性能、强度和效率等。

2）诊断引起机械系统的劣化或故障的主要原因。

3）掌握机械系统劣化、故障发生的部位、程度及原因等。

4）预测机械系统的可靠性及使用寿命。

3. 数控机床机械故障的诊断方法

数控机床机械系统故障的诊断方法可以分为简易诊断法和精密诊断法。

（1）简易诊断法　简易诊断法，也称机械检测法，是由现场维修人员靠自身的感官功能（视觉、听觉、嗅觉、触摸和询问等），利用一般的检查工具根据设定的标准或人的经验分析对数控机床的运行状态进行监测和判断的过程。简易诊断法能快速地测定故障部位，监测劣化趋势，以选择有疑难问题的故障进行精密诊断。简易诊断一般包含以下步骤：

1）问诊。就是询问机床故障发生的经过，弄清故障是突发的，还是渐发的。一般操作者熟知机床性能，故障发生时又在现场耳闻目睹，故他所提供的情况对故障的分析是很有帮助的。在对机械故障进行诊断之前，首先应问清楚下列情况：机床开动时有何异常情况，故障是在什么情况下发生的，操作者都做过什么操作；对比故障前后工件的精度和表面粗糙度，分析故障可能产生的原因；机床的主轴系统和进给系统工作是否正常；润滑油的牌号和用量是否适当；机床以前出现过什么故障，是怎样处理的，机床的保养检修如何。

2）看诊。在完成问诊之后，要通过视觉仔细观察数控机床的机械部件。一般分为：

① 看转速。观察主传动速度的变化，如带传动的线速度变慢，可能是传动带过松或负荷太大；对主传动系统中的齿轮，主要看它是否跳动、摆动；对传动轴主要看它是否弯曲或跳动。

② 看颜色。主要看机床外表和油的颜色。如果机床转动部位，特别是主轴和轴承运转不正常，就会发热。长时间升温会使机床外表颜色发生变化，大多呈黄色。油箱里的油也会因温升过高而变稀，颜色改变；有时也会因久不换油、杂质过多或油变质而变成深墨色。

③ 看伤痕。看有无裂纹、松动或其他损伤。数控机床零部件碰伤损坏部位很容易发现，若发现裂纹时，应做记号，隔一段时间后再比较它的变化情况，以便进行综合分析。

④ 看工件。从工件来判断数控机床的好坏。若车削后的工件表面粗糙度 Ra 数值大，则主要是由于主轴与轴承之间的间隙过大，溜板、刀架等压板楔铁有松动以及滚珠丝杠松动等原因所致；若是磨削后的表面粗糙度 Ra 数值大，则主要是由于主轴或砂轮动平衡差、数控机床出现共振以及工作台爬行等原因所引起的；若工件表面出现波纹，则看波纹数是否与数控机床传动齿轮的啮合频率相等，如果相等，则表明齿轮啮合不良是引起波纹的主要原因。

⑤ 看变形。观察机床主传动及进给系统的传动轴、滚珠丝杠是否变形，轮系中的各主要元件是否跳动等。

3）听诊。用以判断机床运转是否正常。一般运行正常的机床，其声音具有一定的韵律和节奏，并持续稳定。机械运动发出的正常声响大致可归纳为以下3种：

① 一般做旋转运动的机件，在运转区间较小或处于封闭系统时，多发出平静的声音；若处于非封闭的系统或运动区较大时，多发出较大的蜂鸣声；各种大型数控机床则产生低沉而很大的振动声音。

② 正常运行的齿轮副，一般在低速下无明显的声响；链轮和齿条传动副一般发出平稳的声音；直线往复运动的机件，一般发出周期性的"咯噔"声；常见的凸轮顶杆机构、曲柄连杆机构和摆动摇杆机构等，通常都发出周期性的"滴答"声；多数轴承副一般无明显的声响，借助

传感器（通常用金属杆或螺钉旋具）可听到较为清晰的"嘤嘤"声。

③ 各种介质的传输设备产生的输送声，一般均随传输介质的特性而异，如气体介质多为"呼呼"声；流体介质为"哗哗"声；固体介质发出"沙沙"声。

利用听觉对发生了故障的机床所出现的杂、重、乱、怪等异常噪声与正常声响进行比较，可判定机床内各部件是否运转正常，有没有松动、撞击、不平衡等异常现象；维修人员可以用锤子轻轻敲击零件，可判别零件是否有缺损、有无裂纹等。另外，维修人员还可以借助于简单的诊断仪器来对机床故障进行听诊。

4）触诊。借助于人手指触觉的灵敏性来判定机床的温升和振动。用手感来判断机床的故障，通常有以下几方面：

① 温升。人的手指触觉的灵敏性很高，可以比较准确地分辨出 80℃ 以内的温度，其误差可准确到 3～5℃。根据经验，触摸 0℃ 左右的机床时，手指感觉冰凉，长时间触摸会产生刺骨的痛觉；10℃ 左右时，手感觉较凉，但可忍受；20℃ 左右时，手感到稍凉，随着接触时间延长，手感渐温；30℃ 左右时，手感微温有舒适感；40℃ 左右时，手感较热，有微烫的感觉；50℃ 左右时，手感觉较烫，如果掌心接触的时间较长，会有汗感；60℃ 左右时，手感觉很烫，但一般能忍受 10s 左右；70℃ 左右时，手有灼痛感，一般只能忍受 3s，并且手的触摸处会很快变红；80℃ 以上时，瞬间接触后手感觉"麻热"，时间过长，可出现烫伤。所以，在用手指触觉判断温度高低时，应当注意触摸方法，即一般先用右手微微弯曲的食指、中指、无名指指背中节部位试探性触及机床表面，无灼痛感时，才可用手指肚或手掌触摸机床表面，来判断温升。

② 振动和爬行。用手指触摸机床表面可以感觉出振动的强弱以及是否产生冲击，从而判断机床振动的情况。同时，还可用手指直接感觉出机床的移动部件是否爬行。

③ 伤痕和波纹。肉眼看不清的伤痕和波纹，若用手指去触摸则可以很容易地感觉出来。正确的方法是：对圆形零件要沿切向和轴向分别去触摸；对平面则要左、右、前、后均匀去触摸。触摸时不能用力太大，只需轻轻把手指放在被检查面上接触便可。

④ 松或紧。用手转动主轴或摇动手轮，即可感到接触部位的松紧是否均匀适当，从而可判断出这些部位是否完好可用。

5）嗅诊。机床某些部位发生故障，摩擦加剧，使机床某些表面附着的油脂或其他可燃物发生氧化、蒸发，以及因各种原因引起的燃烧都会发出难闻的气味。利用嗅觉，对这些气味进行判断，一方面可以帮助维修人员迅速找到故障部位，另一方面可根据气味的种类判别是何种材料发出的，以便为故障诊断提供依据。

采用简易诊断法来判断数控机床的机械故障，是定性的、粗略的和经验性的，它一般要求维修人员具有丰富的实践经验。目前，它被广泛应用于现场诊断。

（2）精密诊断法　精密诊断法，是对简易诊断法选出的疑难故障，由专职人员利用先进测试手段进行精确的定量检测与分析。根据故障位置、原因和数据，确定应采取的最合适的修理方法和时间，这样的方法称为精密诊断法。常用的精密诊断法有以下几种：

1）温度监测法。温度的异常变化表明有热故障，反映的是数控机床机械零部件的热力过程，所以温度与数控机床的运行状态密切相关。温度监测也在数控机床机械故障诊断的各种方法中占有重要的地位，一般用于机床运行中发热异常的检测。根据测量时测温传感器是否与被测对象接触，可将测温方式分为接触式测温和非接触式测温两大类。其中接触式测温是将测温传感器（温度计、热电偶、测量贴片及热敏涂料等）直接接触被测对象（轴承、电动机、齿轮箱等装置）的表面进行测量。它具有快速、正确、方便的特点。目前，广泛应用的接触式测温法主要有热电偶法、热电阻法和集成温度传感器法 3 种。非接触式测温主要是采用物体热辐射的原理进行的，一般在数控机床上很少用。

2）振动测试法。振动是一切做回转或往复运动的机械设备最普遍的现象。在机床运转时，总是伴随着振动。当数控机床处于完好状态时，其振动强度是在一定的允许范围内波动的，而出现故障时，其振动强度必然增强，振动性质也发生变化。因此，振动信号中携带着大量有关机床运行状态的信息。故障振动信号一般有以下两种：

① 平稳性故障信号：机械结构在正弦周期性力信号、复杂周期性力信号和准周期性力信号（轴弯曲、偏心、滚子失圆等渐变性故障）作用下产生的响应信号，如图5-2所示。

特点：响应信号的频率成分与激励信号的频率成分相同。频谱为有限根谱线，而且能量集中在故障的特征频率及其倍频上。

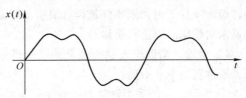

图5-2 平稳故障信号时域图

② 冲击性故障信号：机械结构在周期性冲击力作用下的脉冲响应，它与冲击信号本身有很大的不同。

特点：信号能量在短时间内释放，其频谱为无穷根谱线，间隔等于脉冲发生的频率。能量集中于基频，如图5-3和图5-4所示。

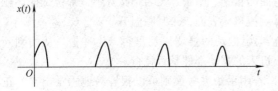

图5-3 冲击信号的时域图

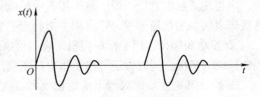

图5-4 冲击故障信号的时域图

振动测试法是通过安装在机床某些特征点上的传感器，利用振动计巡回检测机床上特定测量处的总振级的大小，如位移、速度、加速度和幅频特性等，对故障进行预测和监测。

3）噪声检测法。噪声检测法就是利用数控机床运转时发出的声音来进行诊断的。数控机床的噪声主要有两类：一类是来自运动的部件，如电动机、油泵、齿轮及轴承等，其噪声频率与它们的运动频率或固有频率有关；另一类是来自不动的零件，如箱体、盖板及机架等，其噪声是由于受其他振源的诱发而产生共鸣引起的。

噪声检测法一般用测量计、声波计对机床齿轮、轴承在运行中的噪声信号频谱的变化规律进行深入分析，识别和判断齿轮、轴承磨损失效故障状态等。

噪声和振动是数控机床机械故障的主要信息来源，也是在检测中用得最多的诊断信息。一般是先强度测定，确认有异常时，再做定量分析。

4）油液分析法。数控机床中的润滑油，就如同人体中的血液，不同的是它在机床中循环而血液在人体中循环，且其所涉及的各摩擦副的磨损碎屑都将落入其中并随其一起流动。所以，通过对工作油液的合理采样，并进行分析处理，就能间接获得磨损的类型、判断磨损的部位、找出磨损的原因，并对机床的运行状况进行科学地分析和判断。

油液分析的步骤：

① 采样。采集能反映当前数控机床中各个零部件运行状态的油样，即具有代表性的油样。

② 监测。对油样进行分析时，用适当的方法测定油样中磨粒的各种特性，初步判断机床的磨损状态是正常磨损还是异常磨损。

③ 诊断。如机床属于异常磨损状态，则须进一步进行诊断已确定磨损零件和磨损类型。

④ 预测。预测处于异常磨损状态的机床零件的剩余寿命和今后的磨损类型。

⑤ 处理。根据所预测的磨损零件和磨损类型来选择合理的解决办法。

5) 无损伤探伤法。疲劳裂纹可能导致重大事故，当确认重要设备的内部或表面不存在危险性或非允许缺陷后，才可以使用和运行。无损伤探伤是在不损坏检测对象的前提下，探测其内部或外表的缺陷（伤痕）的现代检测技术。目前，用于机械设备故障诊断的无损伤探伤方法有几十种，常用的有磁性探伤法、超声波法、电阻法、声发射法及渗透探伤等。除此之外，许多现代的无损伤探伤检测技术（如红外线探伤、激光全息摄影及同位素射线示踪等）也获得了应用。这些先进的检测技术可有效地提高数控机床运行的可靠性，对数控技术的发展具有重大的现实意义。

5.3.3　数控机床机械部件的故障诊断与维护保养

数控机床机械部分的故障诊断与维护保养主要包括：机床主轴部件、进给运动系统及导轨等的维护与保养。

1. 数控机床主轴部件的维护与故障诊断

（1）主轴部件的维护与保养　主轴部件是数控机床机械部分中的重要组成部件，主要由主轴、轴承、主轴准停装置、自动夹紧和切屑清除装置组成。

数控机床主轴部件的润滑、冷却与密封是机床使用和维护过程中值得重视的几个问题。

第一，良好的润滑效果，可以降低轴承的工作温度和延长使用寿命。为此，在操作使用中要注意到：低速时，采用油脂、油液循环润滑；高速时采用油雾、油气润滑方式。但是，在采用油脂润滑时，主轴轴承的封入量通常为轴承空间容积的10%，切忌随意填满，因为油脂过多，会加剧主轴发热。对于油液循环润滑，在操作使用中要做到每天检查主轴润滑恒温油箱，看油量是否充足，如果油量不够，则应及时添加润滑油；同时要注意检查润滑油温度范围是否合适。

为了保证主轴有良好的润滑，减少摩擦发热，同时又能把主轴组件的热量带走，通常采用循环式润滑系统，用液压泵强力供油润滑，使用油温控制器控制油箱油液温度。高档数控机床主轴轴承采用了高级油脂封存方式润滑，每加一次油脂可以使用7~10年。新型的润滑冷却方式不单要减少轴承温升，还要减少轴承内外圈的温差，以保证主轴热变形小。

常见主轴润滑方式有两种，油气润滑方式近似于油雾润滑方式，但油雾润滑方式是连续供给油雾，而油气润滑则是定时定量地把油雾送进轴承空隙中，这样既实现了油雾润滑，又避免了油雾太多而污染周围空气。喷注润滑方式是用较大流量的恒温油（每个轴承3~4L/min）喷注到主轴轴承，以达到润滑、冷却的目的。这里较大流量喷注的油必须靠排油泵强制排油，而不是自然回流。同时，还要采用专用的大容量高精度恒温油箱，油温变动控制在±0.5℃。

第二，主轴部件的冷却主要是以减少轴承发热，有效控制热源为主。

第三，主轴部件的密封则不仅要防止灰尘、屑末和切削液进入主轴部件，还要防止润滑油的泄漏。主轴部件的密封有接触式和非接触式密封。对于采用油毡圈和耐油橡胶密封圈的接触式密封，要注意检查其老化和破损；对于非接触式密封，为了防止泄漏，重要的是保证回油能够尽快排掉，要保证回油孔的通畅。

综上所述，在数控机床的使用和维护过程中必须高度重视主轴部件的润滑、冷却与密封问题，并且仔细做好这方面的工作。

（2）主轴部件的故障诊断与维修

1) 加工精度达不到要求。可能是机床在运输过程中受到冲击，应检查对机床精度有影响的各部位，特别是导轨副，按出厂精度要求重新调整或修复；也可能是因安装不牢固、安装精度低或有变化引起的，应重新调平、紧固。

2）切削振动大。主轴箱和床身连接螺钉松动，需恢复精度后紧固连接螺钉；轴承预紧力不够，游隙过大，应重新调整轴承游隙，注意预紧力不能过大，否则损坏轴承；轴承预紧螺母松动，使主轴窜动，应紧固螺母，确保主轴精度合格；轴承拉毛或损坏，应及时更换轴承；主轴与箱体超差，应修理主轴或箱体，使其配合精度及位置精度符合要求；对于数控车床的振动，可能是转塔刀架运动部件松动或压力不足而未卡紧，应及时进行调整；当然，也应检查刀具或切削工艺上是否存在问题。

3）主轴无变速。电器变挡信号是否输出，可组织技术人员检查处理；压力是否足够，需检查并调整压力；变挡液压缸研损或卡死，应修去飞边或研伤，清洗后重装；变挡电磁阀卡死，需检修并清洗电磁阀；变挡液压缸拨叉脱落，可修复或更换；变挡液压缸窜油或内泄，需更换密封圈；变挡复合开关失灵，应更换新开关。

4）液压变速时，齿轮推不到位。一般是主轴箱内拨叉磨损，可选用球墨铸铁作拨叉材料；或者在每个垂直滑移齿轮下方安装塔簧作为辅助平衡装置，以减轻对拨叉的压力；也可调整活塞的行程，使之与滑移齿轮的定位相协调；如果是拨叉损坏，应予以更换。

5）主轴不转动。主轴转动指令无输出，应组织技术人员检查处理；保护开关没压合或失灵，可检修压合开关或更换；卡盘未夹紧工件，需调整或修理卡盘；变挡复合开关损坏，应更换复合开关；变挡电磁阀体内泄漏，可修理或更换电磁阀。

6）主轴在强力切削时停转。电动机与主轴连接的带过松，可移动电动机座，张紧带，然后将电动机座重新锁紧；带表面有油，可用汽油清洗后擦干净，再装上；带使用过久失效，需更换新带；摩擦离合器调整过松，应调整摩擦离合器，修磨或更换摩擦片。

7）主轴噪声。缺少润滑，可涂抹润滑脂，保证每个轴承涂抹润滑脂量约为轴承空间的1/3；传动轴承损坏或传动轴弯曲，应修复或更换轴承，校直传动轴；齿轮啮合间隙不均匀或齿轮损坏，需调整啮合间隙或更换新齿轮；主轴与电动机连接的带过紧，只需移动电动机座以调整带的松紧程度；小带轮与大带轮传动平衡情况不佳，可能是带轮上的动平衡块脱落，应重新进行动平衡调整。

8）主轴发热。主轴前后轴承损坏或轴承不清洁，应更换轴承，清除脏物；主轴前端盖与主轴箱体压盖研伤，可修磨主轴前端盖使其压紧主轴前轴承，保证轴承与后盖的间隙为0.02～0.05mm；轴承润滑脂耗尽或润滑脂涂抹过多，可涂抹润滑脂或减少润滑脂，使每个轴承润滑脂的填充量约为轴承空间的1/3。

9）主轴无润滑油循环或润滑不足。油泵转向不正确，或间隙过大，应改变油泵转向或修理油泵；吸油管未插入油箱液面之下，需将吸油管插入液面下2/3处；油管或滤油器堵塞，应清除堵塞物；润滑油压力不足，可调整供油压力。

10）润滑油泄漏。润滑油量过多，应调整供油量；密封件损坏，需更换密封件；管件损坏，可更换管件。

11）齿轮或轴承损坏。变挡压力过大，齿轮受冲击而破损，可按液压系统原理图调整到适当的压力和流量；变挡机构损坏或固定销脱落，应修复或更换零件；轴承预紧力过大或无润滑，需重新调整预紧力，并使其润滑充足。

12）刀具不能夹紧。蝶形弹簧位移量较小，应调整蝶形弹簧行程长度；检查松夹刀弹簧上的螺母是否松动，可顺时针旋转松夹刀弹簧上的螺母，使其最大工作载荷为13kN。

13）刀具夹紧后不能松开。松夹刀弹簧压合过紧，可逆时针旋转松夹刀弹簧上的螺母，其使最大工作载荷不超过13kN；液压缸压力或行程不够，应调整系统压力和活塞行程开关位置。

2. 数控机床进给运动系统的维护与故障诊断

数控机床进给运动系统的故障大部分是由运动质量下降造成的，如机械执行部件不能到达规定位置、运动中断、定位精度下降、反向间隙过大、机械出现爬行、轴承磨损严重、噪声超标、机械摩擦力过大等。这类故障的排除，一般通过调整各运动副的预紧力，调整松动环节或补偿环节等来实现，以达到提高运动精度的目的。

进给传动机构的机电部件主要有：伺服电动机及检测元件、减速机构、滚珠丝杠螺母副、丝杠轴承和运动部件（工作台、主轴箱、立柱等）。这里主要对滚珠丝杠螺母副的维护与故障诊断问题加以说明。

（1）滚珠丝杠螺母副的维护 数控机床的进给机械传动采用滚珠丝杠将旋转运动转换为直线运动。因丝杠与螺母之间存在几何间隙，而负载时滚珠与滚道型面相接触的弹性变形导致螺母相对丝杠产生一定的位移量，这些因素产生的轴向间隙是传动中的反向运动死区，会使丝杠在反向转动时螺母运动滞后，直接影响传动精度。所以，滚珠丝杠螺母副轴向间隙的调整和预紧是滚珠丝杠螺母副维护的主要内容。其结构形式通常有以下 3 种：双螺母垫片调隙式、双螺母螺纹调隙式及双螺母齿差调隙式，如图 5-5、图 5-6 和图 5-7 所示。调整原理是利用双螺母结构，使丝杠上的两个螺母产生轴向相对位移，以达到消除间隙和产生预紧的目的。

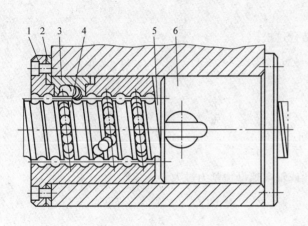

图 5-5 双螺母垫片调隙式
1、6—螺母 2—调整垫片 3—反向器
4—刚球 5—螺杆

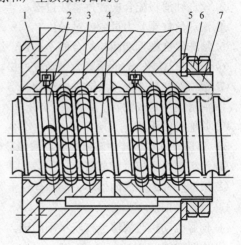

图 5-6 双螺母螺纹调隙式
1、7—螺母 2—反向器 3—刚球
4—螺杆 5—垫圈 6—圆螺母

滚珠丝杠螺母副和其他滚动摩擦的传动元件一样，应避免硬质灰尘和切屑污物进入，因此，必须有防护装置。如果滚珠丝杠副在机床上外露，则采用封闭的防护罩，安装时将防护罩的一端连接在滚珠螺母的端面，另一端固定在滚珠丝杠的支承座上。如果滚珠丝杠螺母副位置隐蔽，则采用密封圈防护，密封圈安装在螺母的两端。工作时应避免碰击防护装置，一旦损坏及时更换。

为提高滚珠丝杠螺母副的耐磨性及传动效率，要合理使用润滑剂。润滑剂分为润滑油和润滑脂，润滑油一般为全损耗系统用油，

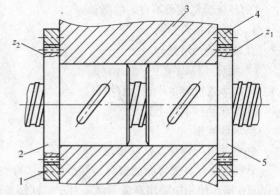

图 5-7 双螺母齿差调隙式
1、4—内齿圈 2、5—螺母 3—螺母座

润滑脂可采用锂基润滑脂。润滑脂一般加在螺纹滚道和安装螺母的壳体空间内,而润滑油则经过壳体上的油孔注入螺母的空间内。每半年对滚珠丝杠上的润滑脂更换一次,即清洗丝杠上的旧润滑脂,涂上新的润滑脂。用润滑油润滑的滚珠丝杠螺母副,可在每次机床工作前加油一次。

另外,要定期检查丝杠支承与床身的连接是否松动、支承轴承是否损坏等。出现类似问题,应检查紧固部件并更换支承轴承。

(2) 滚珠丝杠螺母副常见的故障

1) 加工件表面粗糙度值高。故障诊断:

① 导轨的润滑油不足,致使溜板爬行。

② 滚珠丝杠有局部拉毛或研损。

③ 丝杠轴承损坏,运动不平稳。

④ 伺服电动机未调整好,增益过大。

2) 反向误差大,加工精度不稳定。故障诊断:

① 丝杠轴联轴器锥套松动。

② 丝杠轴滑板配合压板过紧或过松。

③ 丝杠轴滑板配合楔铁过紧或过松。

④ 滚珠丝杠预紧力过紧或过松。

⑤ 滚珠丝杠螺母端面与结合面不垂直,结合过松。

⑥ 滚珠丝杠支座轴承预紧力过紧或过松。

⑦ 滚珠丝杠制造误差大或轴向窜动。

⑧ 润滑油不足或没有。

⑨ 其他机械干涉。

3) 滚珠丝杠在运转中转矩过大。故障诊断:

① 滑板配合压板过紧或研损。

② 滚珠丝杠螺母反向器坏,滚珠丝杠卡死或轴端螺母预紧力过大。

③ 丝杠研损。

④ 伺服电动机与滚珠丝杠联接不同轴。

⑤ 无润滑油。

⑥ 超程开关失灵造成机械故障。

⑦ 伺服电动机过热报警。

4) 丝杠螺母润滑不良。故障诊断:

① 分油器是否分油。

② 油管是否堵塞。

5) 滚珠丝杠副噪声。故障诊断:

① 滚珠丝杠轴承压盖压合不良。

② 滚珠丝杠润滑不良。

③ 滚珠破损。

④ 电动机与滚珠丝杠联轴器松动。

(3) 滚珠丝杠螺母副的密封与润滑的日常检查　滚珠丝杠螺母副的密封与润滑的日常检查是我们在操作使用中要注意的问题。对于丝杠螺母的密封,就是要注意检查密封圈和防护套,以防止灰尘和杂质进入滚珠丝杠螺母副。对于丝杠螺母的润滑,如果采用油脂,则定期润滑;如果使用润滑油,则要注意经常通过注油孔注油。

3. 数控机床导轨的维护与故障诊断

（1）导轨的维护　机床导轨的维护与保养主要是导轨的润滑和导轨的防护。

1）导轨的润滑。导轨润滑的目的是减少摩擦阻力和摩擦磨损，以避免低速爬行和降低高温时的温升。因此导轨的润滑很重要。对于滑动导轨，采用润滑油润滑；而滚动导轨，则润滑油或者润滑脂均可。数控机床常用的润滑油的牌号有：L-AN10、15、32、42、68。导轨的油润滑一般采用自动润滑，我们在操作使用中要注意检查自动润滑系统中的分流阀，如果它发生故障则会造成导轨不能自动润滑。此外，必须做到每天检查导轨润滑油箱油量，如果油量不够，则应及时添加润滑油；同时要注意检查润滑油泵是否能够定时起动和停止，并且要注意检查定时起动时是否能够提供润滑油。

2）导轨的防护。在操作使用中要注意防止切屑、磨粒或者切削液散落在导轨面上，否则会引起导轨的磨损加剧、擦伤和锈蚀。为此，要注意导轨防护装置的日常检查，以保证导轨的防护。

（2）导轨故障诊断

1）导轨研伤。故障诊断：

① 地基与床身水平有变化使局部载荷过大。

② 长期短工件加工局部磨损严重。

③ 导轨润滑不良。

④ 导轨材质不佳、刮研不符合要求。

⑤ 导轨维护不良，落入脏物。

2）加工面在接刀处不平。故障诊断：

① 导轨直线度超差。

② 工作台塞铁松动或塞铁弯度过大。

③ 机床水平度差使导轨发生弯曲。

5.3.4　数控机床电气系统故障诊断与维修

1. 电气系统的维护

电气系统的维护主要包括以下三方面内容：

1）数控系统。

2）伺服系统。

3）强电柜及操作面板。

2. 电气系统故障诊断与维修

数控机床电气系统故障的调查、分析与诊断的过程也就是故障的排除过程，一旦查明了原因，故障也就几乎等于排除了。本节列举几个常见电气故障做一简要介绍。

1）电源。电源是维修系统乃至整个机床正常工作的能量来源，它的失效或者故障轻者会丢失数据、造成停机，重者会毁坏系统局部甚至全部。西方国家由于电力充足，电网质量高，因此其电气系统的电源设计考虑较少，这对于我国有较大波动和高次谐波的电力供电网来说就略显不足，再加上某些人为的因素，难免出现由电源而引起的故障。我们在设计数控机床的供电系统时应尽量做到：

① 提供独立的配电箱而不与其他设备串用。

② 电网供电质量较差的地区应配备三相交流稳压装置。

③ 电源始端有良好的接地。

④ 进入数控机床的三相电源应采用三相五线制，中性线（N）与接地（PE）严格分开。

⑤ 电柜内电器件的布局和交、直流电线的敷设要相互隔离。

2）数控系统位置环故障。

① 位置环报警。可能是位置测量回路开路；测量元件损坏；位置控制建立的接口信号不存在等。

② 坐标轴在没有指令的情况下产生运动。可能是漂移过大；位置环或速度环接成正反馈；反馈接线开路；测量元件损坏。

3）机床坐标找不到零点。可能是回零方在远离零点；编码器损坏或接线开路；光栅零点标记移位；回零减速开关失灵。

4）机床动态特性变差，工件加工质量下降，甚至在一定速度下机床发生振动。这很可能是由机械传动系统间隙过大、磨损严重或者导轨润滑不充分导致的磨损引起的；对于电气控制系统来说则可能是速度环、位置环和相关参数已不在最佳匹配状态，应在机械故障基本排除后重新进行最佳化调整。

5）偶发性停机故障。这里有两种可能的情况：一种情况是如前所述的相关软件设计中的问题造成在某些特定的操作与功能运行组合下的停机故障，一般情况下机床断电后重新通电便会消失；另一种情况是由环境条件引起的，如强力干扰（电网或周边设备）、温度过高、湿度过大等。这种环境因素往往被人们所忽视，例如南方地区将机床置于普通厂房甚至靠近敞开的大门附近，电柜长时间开门运行，附近有大量产生粉尘、金属屑或水雾的设备等。这些因素不仅会造成故障，严重的还会损坏系统与机床，务必注意改善。

5.3.5 数控机床刀库与自动换刀装置故障诊断与维修

自动换刀装置（ATC）和工作台自动交换装置（APC）是数控机床加工中心的重要执行机构，其可靠性如何将直接影响机床的加工质量和生产率。

大部分数控机床的自动换刀是由带刀库的自动换刀系统，依靠机械手在机床主轴与刀库之间自动交换刀具；也有少数数控机床是通过主轴与刀库的相对运动而直接交换刀具；数控车床及车削中心的换刀装置大多依靠电动或液压回转刀架完成，对于小直径零件，也有用排刀式刀架完成换刀的。刀库的结构类型很多，大都采用链式、盘式结构。换刀系统的动力一般采用电动机、液动机、减速机及气动缸等。

工作台自动换刀装置在数控加工中心上设置"双工作台装置"，能使机床的机动时间与工件装卸时间重合，提高了生产率。其动力一般采用电、液驱动。

ATC 和 APC 结构比较复杂，工作中运动频繁，故障率较高。ATC 的常见故障包括：刀库运动故障、定位误差过大、机械手夹持刀柄不稳定及机械手动作误差过大等。这些故障最终将造成换刀动作卡位，整机停止工作。

对于机械、液压（或气动）方面的故障，主要调查现场设备操作人员的操作情况。由于ATC 和 APC 装置都是由可编程序控制器通过应答信号控制的，故大多数故障出现在反馈环节（电路或反馈元件）上，需综合分析判断故障所在，难度较大。

1. 刀库及换刀机械手的维护要求

1）严禁将超重、超长的刀具装入刀库，防止在机械手换刀时掉刀或刀具与工件、夹具等发生碰撞。

2）顺序选刀方式必须注意刀具放置在刀库中的顺序要正确。其他选刀方式应注意所换刀具是否与所需刀具一致，防止换错刀具导致事故发生。

3）用手动方式往刀库上装刀时，要确保安装到位、牢靠。检查刀座上的锁紧是否可靠。

4）经常检查刀库的回零位置是否正确，检查机床主轴回换刀点位置是否到位，并及时调整，否则不能完成换刀动作。

5）要注意保持刀具刀柄和刀套的清洁。

6）开机时，应先使刀库和机械手空运行，检查各部分工作是否正常，特别是各行程开关和电磁阀能否正常动作。检查机械手液压系统的压力是否正常，刀具在机械手上锁紧是否牢靠，发现不正常时应及时处理。

2. 刀具和换刀机械手的故障诊断与维修

1）转塔刀架没有抬起动作。控制系统是否有 T（控制）指令输出信号，若未能输出，请电气人员排除；抬起电磁铁断线或抬起阀杆卡死，应修理或清除污物，更换电磁阀；压力不足，检查油箱，调整系统工作压力；抬起液压缸研损或密封圈损坏，应修复研损部分或更换密封圈；与转塔抬起连接的机械部分研损，需修复研损部分或更换零件。

2）转塔转位速度缓慢或不转位。检查是否有转位信号输出，可检查转位继电器是否吸合；转位电磁阀断线或阀杆卡死，应及时修理或更换；压力不足，应检查是否出现液压故障，调整工作压力；转位速度节流阀是否卡死，可清洗节流阀或进行更换；液压泵研损卡死，需检修或更换液压泵；凸轮轴压盖过紧，可调整调节螺钉；抬起液压缸体与转塔平面产生摩擦、研损，需松开连接盘进行转位试验，或取下连接盘配磨平面轴承下的调整垫并使相对间隙保持在 0.04mm；安装附具不配套，需重新调整附具安装，减少转位冲击。

3）转塔转位定时碰刀。抬起速度快或抬起延时时间短，应调整抬起延时参数，增加延时时间。

4）转塔不正位。转位盘上的撞块与选位开关松动，可拆下护罩，使转塔处于正位状态，重新调整撞块与选位开关的位置并紧固；上下连接盘与中心轴花键间隙过大，产生位移偏差大，落下时易碰牙顶，引起不到位，应重新调整连接盘与中心轴的位置，间隙过大可更换零件；转位凸轮与转位盘间隙大，用塞尺测试滚轮与凸轮，将凸轮调整至中间位置，并使转塔左右窜量保持在两齿中间，确保落下时顺利咬合，且转塔抬起时用手摆动，摆动量不超过两齿的 1/3；凸轮在轴上窜动，应调整并紧固固定转位凸轮的螺母；转位凸轮轴的轴向预紧力过大或有机械干涉，使转塔不到位，应重新调整预紧力，排除干涉。

5）转塔转位不停。两计数开关不同时计数或复置开关损坏，应调整两个撞块的位置及两个计数开关的计数延时，修复复置开关；转塔上的 24V 电源断线，应接好电源线。

6）转塔刀重复定位精度差。液压夹紧力不足，应检查压力并调到额定值；上下牙盘受冲击，定位松动，应重新调整固定；两牙盘间有污物或滚针脱落在牙盘中间，需清除污物保持转塔清洁，检修更换滚针；转塔落下夹紧时有机械干涉，应立即排除机械干涉；夹紧液压缸拉毛或研损，需检修拉毛研损部分，更换密封圈；转塔坐落在二层滑板之上，由于压板和楔铁配合不牢产生运动偏大，应修理调整压板和楔铁，直到 0.04mm 塞尺塞不入为止。

7）刀具不能夹紧。风泵气压不足，应保证风泵气压在额定范围内；增压漏气，应关紧增压；刀具卡紧液压缸漏油，需更换密封装置，保证卡紧液压缸可靠地密封；刀具松卡弹簧上的螺母松动，应旋紧螺母。

8）刀具夹紧后不能松开。属于松锁刀的弹簧压力过紧，应调整松锁刀弹簧上的螺母，使其最大载荷不超过额定数值。

9）刀套不能夹紧刀具。应调整刀套上的调节螺母，可顺时针旋转刀柄两端的调节螺母，压紧弹簧，顶紧卡紧销。

10）刀具从机械手中脱落。一般因刀具超重，机械手卡紧销损坏，应更换机械手卡紧销，同时保证刀具不超重。

11）机械手换刀速度过快。可能是气压太高或节流阀开口过大，应保证气泵的压力和流量，旋转节流阀使得换刀速度合适。

12）换刀时找不到刀。可能因刀位编码用组合选择开关、接近开关等元件损坏、接触不好或灵敏度降低，需更换已损坏的元件。

5.3.6　数控机床液压与气动系统故障诊断与维修

1. 液压系统维护及其故障诊断与维修

（1）数控机床的液压系统维护　液压系统在数控机床的机械控制与系统调整中占据很重要的地位，被广泛应用于主轴的自动装夹、主轴箱齿轮的换挡和主轴轴承的润滑、自动换刀装置、静压导轨、回转工作台及尾座等结构中。图5-8所示为数控机床的液压系统。

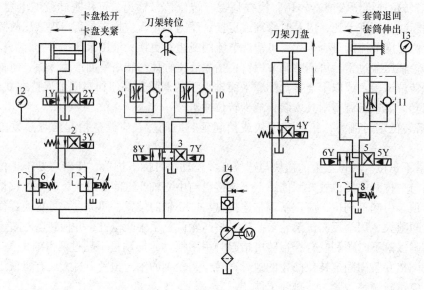

图 5-8　数控机床的液压系统

1、2、3、4、5—换向阀　6、7、8—减压阀　9、10、11—调速阀　12、13、14—压力表

数控机床中液压系统维护内容主要有以下几个方面：

1）定期对油箱内的油进行检查、过滤、更换。

2）检查冷却器和加热器的工作性能，控制油温。

3）定期检查更换密封件，防止液压系统泄漏。

4）定期检查清洗或更换液压件、滤芯，定期检查清洗油箱和管路。

5）严格执行日常点检制度，检查系统的泄漏、噪声、振动、压力及温度等是否正常。

（2）液压系统故障诊断　液压系统故障产生的原因多种多样：有的因某一液压元件失灵引起，有的则由多个元件的综合性因素造成；有的因油液污染引起，有的则由机械、电气或其他外界因素产生。但液压元件均在润滑充分的环境下工作，液压系统亦有可靠的过载保护装置，很少发生金属零件破损、严重磨坏等现象。有些故障用调整的方法即可排除，有些故障可用更换易损件（如密封圈等）、换液压油、换某个标准的液压元件或清洗液压元件的方法排除。液压系统维护的基本原则是：先外后内，先调后拆，先洗后修。

1）油液污染造成的故障及其排除。液压系统 75% 以上的故障与液压油的污染有关，故防止油液污染可有效地减少液压系统故障。故障原因及排除方法：

① 油液中侵入空气。如果系统中侵入大量空气，油箱中就会出现大量气泡，油液则会变质，以致不能使用。同时，液压系统会出现振动、噪声、压力波动、液压元件工作不稳定、运动部件产生爬行、换向冲击、定位不准或动作错乱等故障。空气的侵入主要由管接头、液压泵、液压阀、液压缸等元件的密封不良或油液质量差等原因引起。防止空气入侵的方法是及时更换不良密封件，经常性检查管接头与液压元件的连接处并及时将松动的螺母拧紧。若发现系统有空气侵入，可利用排气装置排出空气，也可在油箱中设置滤泡网等装置滤去气泡。

② 油液中混入水分。油液中混入一定的水分后，会变成乳白色，甚至变质不能继续使用。油液中的水分还会使金属元件锈化、磨损以致产生故障。以下因素均可导致油液中混入水分：水从油箱盖上进入冷却液；水冷却器或热交换器渗漏；存放液压油的油桶底部有水及湿度大的空气进入油箱等。防止油液混入水分的主要方法是严防水由油箱盖进入冷却液和及时更换破损的水冷却器、热交换器。若油中含水量过大，应更换液压油。

③ 油液中混入各种杂质。油液中混入切屑、金属粉末、砂土、灰渣、木屑、纤维或由于密封圈、蓄能器皮囊、油箱涂漆被油液侵蚀导致油液变质，使油液中产生胶状物质、沥青等杂质，从而引起泵、阀等元件的相对运动部件卡死及小孔或缝隙的堵塞，导致液压系统故障的产生。油液中混入杂质，还会加速元件的磨损，降低元件的使用寿命。防止杂质混入的方法有：加油前清洗油箱；使用过滤网加油；系统工作时，将油箱覆盖严密，及时更换变质的密封件，经常清洗过滤器和定期换油；若发现油中杂质含量大，也可经多次过滤以后再用。

2）液压系统产生噪声及故障排除。故障原因及排除方法：

① 液压泵吸入空气引起连续不断的嗡嗡声并伴随杂声。液压泵本身或其他进油管路密封不良、漏气，可拧紧泵的连接螺栓及管路各管螺母；油箱油量不足，需将油量加至油标处；液压泵进油管口过滤器堵塞，只需清洗过滤器；油箱不透空气，则要清洗空气滤清器；油液黏度过大，应选择黏度合适的油液。

② 液压泵故障造成杂声。轴向间隙因磨损而增大，输油量不足，应修磨轴向间隙；泵内轴承、叶片等元件损坏或精度变差，需拆开检修并更换已损元件。

③ 控制阀产生噪声。调压弹簧永久变形、扭曲或损坏，需更换弹簧；阀座磨损、密封不良，要修研阀座；阀芯拉毛、变形、移动不灵活甚至卡死，则修研阀芯、去飞边，使阀芯移动灵活；阻尼小孔被堵塞，要清洗、疏通阻尼孔；阀芯与阀孔配合间隙大，高低压油互通，可研磨阀孔，重新配置阀芯；阀开口小，流速高，产生空穴现象，应尽量减少进出口压差。

④ 机械振动引起噪声。液压泵与电动机安装不同轴，需重新安装或更换柔性联轴器；油管振动或相互撞击，可适当加设支承管夹；电动机轴承严重磨损，则更换电动机轴承。

⑤ 液压冲击声。液压缸缓冲装置失灵，应及时检修和调整；背压阀调整压力变动，需进行检查和调整；电液换向阀端的单向节流阀故障，可调节节流螺钉、检修单向阀。

3）系统不能运转或压力无法提高。故障原因及排除方法：

① 电动机线路接反，应调换电动机接线。

② 液压泵故障。泵进出油口接反，应及时调换吸、压油口位置；泵轴向、径向间隙过大，应检修液压泵；叶片泵叶片与定子内表面接触不良，需检修叶片或修研定子内表面；柱塞泵柱塞卡死，应检修柱塞泵。

③ 控制阀故障。压力阀主阀芯或锥阀芯卡死在开口位置，应立即清洗、检修压力阀，使阀芯移动灵活；压力阀弹簧断裂或永久变形，则需更换弹簧；控制阀阻尼孔堵塞，应疏通阻尼孔。

④ 液压油黏度不合适，应选用指定的液压油。

4）运动部件不动或运动速度无法提高。故障原因及排除方法：

① 流量阀节流孔堵塞，应清洗、疏通节流孔。

② 液压缸密封圈损坏，需更换密封圈。

③ 导轨润滑不充分，摩擦阻力过大，要调节润滑油油量和压力，使其润滑充分。

5）运动部件爬行。故障原因及排除方法：

① 流量阀的节流口处有污物，通油量不均匀，应检修或清洗流量阀。

② 液压缸有空气侵入，需进行排气。

③ 导轨接触精度不好，摩擦力不均匀，或润滑油不足，应检修导轨或及时调节润滑油油量。

6）运动部件换向故障。故障原因及排除方法：

① 换向有冲击。活塞杆与运动部件连接不牢固，应检查并紧固连接螺栓；不在缸端部换向，缓冲装置不起作用，可在回油路上设置背压阀；电液换向阀中的节流螺钉松动，需调整节流螺钉；电液换向阀中的单向阀卡死或密封不良，应修研单向阀。

② 换向冲出量大。节流阀口有污物，运动部件速度不匀，应清洗流量阀节流口；换向阀阀芯移动速度变化，需检查电液换向阀的节流螺钉；导轨润滑油过多，运动部件"漂浮"，应调节润滑油压力或流量；系统油温过高，油液黏度下降，需排除油温上升的因素；系统泄漏量大，有空气侵入，应严防泄漏，排出空气。

2. 气动系统维护及其故障诊断与维修

（1）数控机床的气动系统维护　数控机床的气动系统用于主轴锥孔吹风和开关防护门。有些加工中心依靠气液转换装置实现机械手的动作和主轴松刀。

1）保证供给洁净的压缩空气。压缩空气中通常含有水分、油分及粉尘等杂质，水分会使管道、阀和气缸腐蚀；油分会使橡胶、塑料和密封材料变质；粉尘易造成阀体失灵。选用合适的过滤器，可以清除压缩空气中的杂质，使用过滤器时应及时排除积存的液体，否则，当积存液体接近挡水板时，气流仍可将积存物卷起。

2）保证空气中含有适量的润滑油。大多数气动执行元件和控制元件均需适度的润滑，若润滑不良将会发生以下故障：因摩擦阻力增大造成气缸推力不足，阀芯动作失灵；因生锈造成元件损坏以致动作失灵；因密封材料的磨损引起空气泄漏。润滑的方法一般是采用油雾器喷雾润滑，油雾器安装在过滤器和减压阀之后，通常每10ml的自由空气按1ml的油量（40~50滴油）供油。

3）保持气动系统的密封性。漏气会增加能耗，引起供气压力下降，造成气动元件工作失常。当系统停止运行时，严重的漏气引起的响声很容易发现，而轻微的漏气要借助仪表或以涂抹肥皂水的办法检查。

4）保证气动元件中运动零件的灵敏性。从空气压缩机排出的压缩空气，包含粒度为0.01~0.08μm的压缩机油微粒，在排气温度为120~220℃的高温下，这些油粒会迅速氧化，氧化后油粒颜色变深，黏性增大，并逐步由液态固化成油泥。这种微米级以下的颗粒，一般过滤器无法清除。当它们进入换向阀后便附着在阀芯上，使阀的灵敏度逐渐降低，甚至动作失灵。为清除油泥，可在过滤器之后安装油雾分离器，另外应定期清洗元件，以保证阀的灵敏度。

5）保证气动系统具有合适的工作压力和运动速度。调压时，压力表应工作可靠，度数准确。减压阀与节流阀调好后，需紧固调压阀盖、锁紧螺母，以防松动。

（2）气动系统的点检和定检

1）管路系统的点检，主要是对冷凝水和润滑油的管理。冷凝水的排放，一般应当在气动装置运行之前进行。当温度低于0℃时，为防止冷凝水冻结，在运行结束后，应开启放水阀门排放冷凝水。补充润滑油时，需检查油雾器中油的质量和滴油量是否符合要求。另外，点检还应包括检查供气压力是否正常，有无漏气现象等。

2）气动元件的定检，主要是彻底处理系统的漏气现象。如更换密封元件，处理管接头或连接螺钉的松动，定期检查仪表、安全阀、压力继电器等。其定检内容有：

① 气缸。管接头、配管是否松动、损坏；活塞杆是否划伤、变形；活塞杆与端盖之间是否漏气；气缸动作时有无异常声音；缓冲效果是否符合要求等。

② 电磁阀。电磁阀外壳温度是否过高；电磁阀动作时，阀芯移动是否灵敏；气缸行程至终端时，通过检查阀的排气口是否漏气来确诊电磁阀是否漏气；螺栓及管接头是否松动；电压是否正常，电线有无破损；通过检查排气口是否被油润湿或排气是否会在白纸上留下油雾斑点来判断润滑是否正常。

③ 油雾器。油杯内油量是否足够，润滑油是否变色、混浊，油杯底部是否沉积有水和灰尘；滴油量是否适当。

④ 减压阀。压力表读数是否在允许范围内；减压阀阀盖或锁紧螺母是否锁紧；是否漏气。

⑤ 过滤器。储水杯中是否积存冷凝水；是否定期清洗或更换滤芯；冷凝水排放阀动作是否可靠。

⑥ 安全阀及压力继电器。在调定压力下动作是否可靠；校验合格后，是否有铅封；电线是否破损、绝缘是否合格等。

3. 其他辅助装置的维护

（1）润滑系统的维护　数控机床的润滑系统主要用于对机床导轨、传动齿轮、滚珠丝杆及主轴箱的润滑，形式有电动间歇润滑泵、定量式集中润滑泵等，而电动间歇润滑泵用得较多，其自动润滑间歇时间和每次泵油量，可根据润滑要求设定参数并进行调整。润滑泵内的过滤器必须定期清洗、更换，通常每年更换一次。

（2）冷却系统的维护　数控机床的冷却系统主要用于加工过程中刀具和工件的冷却，同时兼有冲屑作用。为获得较理想的冷却效果，冷却泵打出的切削液应通过刀架或主轴前的喷嘴喷出，直接冲向刀具与工件的切削发热处。冷却泵的开、停由数控程序中的辅助指令分别控制。

（3）排屑装置的维护　为使数控机床的自动加工顺利进行并减少数控机床的发热，数控机床应具有合适的排屑装置。在数控车床和磨床的切屑中往往混合着切削液，排屑装置应从其中分离出切屑，并将它们送入切屑收集箱（车）内；而切屑液则被回收到切削液箱。数控铣床、数控镗床和加工中心的工件装夹在工作台面上，切屑不能直接落入排屑装置，故需大流量切削液冲洗，或利用压缩空气吹扫，使切屑进入排屑槽，然后回收切削液并排出切屑。排屑装置功能独立，其结构及工作形式应根据数控机床的种类、规格、加工工艺特点、工件的材质和使用的切削液种类进行选择，常用的排屑装置有平板链式、刮板式、螺旋式等。

5.3.7 数控机床的起、停运动故障诊断

1. 机床起、停运动故障

（1）主轴不能起动　主轴起动运转的必备条件是：PLC 和 CNC 系统正常。即机床准备信号 MRDY1 与 MRDY2 接通必须具备两个条件：

1）PLC 输出至机床的不同信号分别控制起动信号接通和变频器接通。

2）机床电源开关的辅助触点接通。

当出现主轴不能起动时，应按照起动主轴的必备条件——检测，排除疑点，直至找出真正故障。另外，也可能因干扰信号引起，或插头接触不良，电缆有问题，或电缆屏蔽线虚焊等原因均可能导致起动故障。

（2）机床起动后出现失控现象 数控系统接通后进入准备状态，无任何报警产生，屏幕显示也正常，各种操作开关、按钮也起作用，但是各种功能均处于不正常状态，如可以点动快移，但快移修调开关不起作用；循环起动按钮有效，但进给率都不正常等。机床起动后，运行速度及方向失去控制，直至出现超程报警，这种情况常称为失控现象。机床失控现象常出现在机床安装调试或大修后，也可能在系统运行中突然出现。实际操作中，应针对不同情况查找原因。

1）在安装调试或大修后出现机床失控现象的可能原因包括：从位置或速度检测出来的信号不正常，其中，最大可能是机床数据设定错误，造成位置控制环路将负反馈接成正反馈，或电动机和位置检测器之间的连接异常，可以通过观察位置偏差的诊断信号（如 DNG3000）的值来确认。

2）若在运行中突然出现失控而停止运行，一般是由于信号反馈线因机床移动而拉断，或数控系统的主控板及进给伺服单元的故障所致，如伺服电动机内检测元件的反馈信号接反或元件本身有故障。

3）还有可能是这样一些原因：数控系统的故障、CNC 装置输出至驱动单元的指令或极性有错误、相关参数设定得不匹配及参数设置错误等。排除这类故障的方法是进行全机清零，然后重新输入正常的参数，系统就会进入正常状态。

2. 机床不能动作，出现"死机"

CRT 屏幕无显示而且机床不能动作，这类故障的最大可能原因是主控制印制电路板或存储系统控制软件的 ROM 板不良。

另外，从数控系统方面分析机床不能动作的原因，一般有两种情况：一是系统处于不正常状态，如系统处于报警状态，或处于紧急停止状态，或是数控系统的复位按钮处于被接通状态；二是设定错误，如将进给速度设定为零值，或将机床设定为锁住状态。此时如果运行程序，虽然在CRT 会有位置显示变化，但机床却不能运动。

3. 机床返回基准点时出现故障

基准点是机床在停止加工或交换刀具时，机床坐标轴移动到一个预先指定的准确位置。机床不能正确返回基准点是数控机床常见的故障之一。机床返回基准点的方式随机床所配用的数控系统不同而异，但多数采用栅格方式（在用脉冲编码器作位置检测元件的机床中）或磁性接近开关方式。

1）机床不能返回基准点。此类故障有 3 种情况：

① 偏离基准点一个栅格距离。造成此类故障的原因有：减速挡块位置不正确、减速挡块的长度太短、基准点用的接近开关位置不当等。该故障一般在机床大修后发生，可以通过重新调整挡块位置排除故障。

② 偏离基准点任意位置，即偏离一个随机值。产生此类故障的原因可能有：外界干扰，如电缆屏蔽层接地不良，脉冲编码器的信号线与强电电缆靠得太近；脉冲编码器用的电源电压太低（低于 4.75V）或有故障；数控系统主控板的位置控制部分不良；进给轴与伺服电动机之间的联轴器松动。

③ 微小偏移。产生微小偏移的原因包括两个方面：电缆连接器接触不良或电缆损坏；漂移补偿电压变化或主板不良。

2）机床在返回基准点时发出超程警报。此类故障有 3 种情况：

① 无减速动作。无论是发生软件超程还是硬件超程，均不减速，一直移动到触及限位开关而停机。可能是返回基准点减速开关失效，开关触头压下后，不能复位，或减速挡块处的减速信号线松动，返回基准点脉冲不起作用，致使减速信号没有输入到数控系统。

② 返回基准点过程中有减速，但以切断速度移动（或改变方向移动）到触及限位开关而停机。可能原因有：减速后，返回基准点标记指定的基准脉冲不出现。其中，一种可能是光栅在返回基准点操作中没有发出返回基准点脉冲信号，或返回基准点标记失效，或由基准点标记选择的返回基准点脉冲信号在传送或处理过程中丢失；或测量系统硬件故障，对返回基准点脉冲信号无识别和处理能力。另一种可能是减速开关与返回基准点标记位置错位，减速开关复位后，未出现基准点标记。

③ 返回基准点过程有减速，且在返回基准点标记指定的脉冲出现后制动到零速的过程中，未到基准点就触及限位开关而停机，该故障原因可能是返回基准点的脉冲被超越后，坐标轴未移动够指定距离就触及限位开关。

3）机床在返回基准点过程中，数控系统突然变成"NOT READY"状态，但 CRT 画面却无任何报警显示。出现这种故障也大多是因为返回基准点用的减速开关失灵。

4）机床在返回基准点过程中，发出"未返回基准点"报警，可能是由于改变了设定参数所致。

例如，某数控铣床，在 B 轴进行返回基准点操作时，应该能够快速寻找基准点，但找不到，而是以低速移动。根据故障现象，首先检测伺服系统和测量系统，一切正常。数控系统返回基准点指令也正常。通过观察 PC 接口指示，可见减速开关信号正常。用显示器检查 B 轴测量系统所用的脉冲编码器信号，发现无零标志信号输出。由此可以确认故障是由于脉冲编码器零标志脉冲丢失所致。拆开脉冲编码器检查，发生油污染严重，用无水酒精清洗脉冲编码器后，重新装机试车，机床恢复正常工作。

5.3.8　数控系统的日常维护及故障诊断与维修

1. 数控系统的日常维护与保养

数控系统的日常维护与保养的目的是延长元器件的寿命和零部件的磨损周期，保证机床长时间稳定可靠地运行。为了做好数控机床的日常维护工作，要求数控机床的操作人员必须经过专门培训；操作前必须详细阅读数控机床的说明书；严格遵守操作规程。在随机的数控机床使用、维修说明书中，一般都会对日常维护和保养做出具体的要求。总的来说，要注意以下几个方面：

1）制定数控系统日常维护的规章制度。根据各种部件的特点，确定各自的保养条例（如明文规定哪些地方需要天天清理，哪些部件要定期更换等）。对数控编程、操作和维修人员应进行必要的培训，要求他们正确、合理地使用数控系统，尽量避免因操作不当引起的故障。

2）应尽量少开数控柜和强电柜的柜门。由于机床加工车间的空气中，一般都含有油雾、浮尘甚至金属粉末。一旦它们落在数控装置内的印制电路板或电子元器件上，就很容易造成元器件间的绝缘电阻下降，甚至使元器件及印制电路板损坏，引起系统的故障。所以，除了要进行必要的调整和维修外，平时不允许随意开启柜门。

3）经常检查机床电气柜的散热通风装置。安装在电控柜门上的散热交换器或冷却风扇能使电控柜内、外空气循环，促使电控柜内的发热装置或元器件（如驱动装置等）散热。所以，应每天检查它们的工作情况是否正常。安装在数控装置后门底部的空气过滤器灰尘过多，会造成柜内冷却空气通道不畅，引起柜内的温度过高，导致系统不能正常工作甚至发生过热报警现象。因此，应根据工作环境的不同，每半年或一季度检查一次。若有通道堵塞现象，应及时清理。具体做法是：先拧下螺钉，拆下空气过滤器，然后在轻轻振动过滤器的同时，用压缩空气由里向外吹掉空气过滤器内的灰尘。若用上述方法还不能去除，则可用中性清洁剂冲洗（切不可揉擦），然后置于阴凉处晾干。

另外，有些伺服电动机或主轴电动机，为了加强散热效果，在其端部设有冷却装置。若冷却装置的保护网或散热片很脏时，会因通风不畅，而使其冷却能力下降，故也应对它们进行定期（一般为半年）检查、清扫。当散热片积尘过多时，可用压缩空气吹净或用细棒等将积尘除去。**但要注意：**不得将散热片挤成一堆，重叠在一起，以免影响散热效果。

4）定期检查和更换直流电动机的电刷。虽然在现代数控机床上有用交流伺服电动机和交流主轴电动机取代直流伺服电动机和直流主轴电动机的倾向，但以前用户所用的，大多数还是直流电动机。直流电动机带有的数对电刷，在工作时会与换向器摩擦并逐渐磨损，而电刷的过度磨损会影响电动机的性能，甚至造成电动机的损坏，故须对它进行定期检查和更换。检查电刷的周期随机床的使用频率而定（一般为每半年或一年检查一次）。

检查电刷要在数控系统处于断电状态，且电动机已完全冷却的情况下才能进行。其方法是：拧下电刷盖，取出电刷，测出其长度。一般来说，当电刷磨损到新电刷的1/2时，就必须换上同型的新电刷。装新电刷时，要先用不含金属粉末及水分的压缩空气吹净粘在装电刷的刷握孔壁上的电刷粉末，如果难以吹净，则可用螺丝旋具轻轻清理（但要注意避免螺钉旋具刮伤换向器表面和刷握孔壁）。然后装入新电刷，拧紧刷盖，并让伺服电动机跑合一段时间，使电刷表面与换向器表面吻合。

5）经常监视电网电压。数控装置通常允许电网电压在额定值的 +10% ~ -15% 范围内波动，如果超出此范围，就会造成系统无法正常工作，甚至损坏数控装置内部的电子元器件。为此，需要经常监视数控装置所用的电网电压。

6）存储器和绝对位置脉冲编码器所用电池应定期更换。采用 CMOS RAM 来存储参数的数控装置，是为了避免断电不用时参数丢失，需要用 +5V 干电池提供电源予以保持。这种数控装置若在 CRT 上显示电池报警，则表示电池电压过低（同样，当绝对脉冲编码器所用的电池电压过低时也会出现报警），需要换用新电池。若采用锰碱干电池时，其寿命约为一年，即使没有产生电池报警，也应每年定期更换一次。更换电池时，一定要在接通电源的情况下进行，避免断电丢失信息。另外，要**注意**不可将电池极性接反。

7）数控系统长期不用时的维护。为提高系统的利用率，减少系统的故障率，数控系统不宜长期闲置不用。若数控系统处于长期闲置时，应注意以下两点：

① 经常给数控系统通电，特别是在环境湿度较大的梅雨季节更应如此。在机床锁住不动的情况下，让系统空运行，利用电气元件本身所发的热来驱除数控柜内的潮气，保证电子部件性能的稳定可靠。

② 如果数控机床的进给轴和主轴采用直流电动机驱动，那么在闲置半年以上时，应将直流电动机的电刷取出，以免由于化学腐蚀作用，使换向器表面腐蚀，造成换向器性能变坏，甚至导致整台电动机损坏。

8）备用印制电路板的维护。印制电路板长期不用时，很容易出故障。因此，对于已购置的备用印制电路板应定期装到 CNC 装置上通电运行一段时间，以防损坏。

9）做好维修前期的准备工作。为了在一旦发生系统故障时，能及时排除故障，还应在平时做好维修前充分的准备工作。它主要包括技术准备、资料准备、工具准备和备件准备四个方面。

① 技术准备是指操作维修人员在平时要充分了解系统的性能，理解随机提供的各种说明书。

② 资料准备是指认真做好每次的维护和保养记录工作，并存档。为今后的故障诊断提供技术数据。

③ 工具准备是指数控系统维修时所需的一些常规仪器设备的准备。它包括准备电压表、万用表及示波器等。

④ 备件准备是指数控系统中一些常用备件的准备。它包括准备各种熔断器、晶体管模块以及直流电动机用电刷等。

10）CNC 输入输出装置的定期维护。用户现有的数控装置绝大部分都带有光电式纸带阅读机。它们是 CNC 装置外部信息输入的一个重要途径。如果读带部分被污染，将导致读入信息错误。为此，需要做到以下几点：

① 一旦纸带阅读机使用完毕，就应将装有纸带阅读机的小门关上，防止灰尘落入。

② 每天必须将光电阅读机的表面、纸带压板、纸带通道用蘸有酒精的纱布进行擦拭。

③ 每周定时擦拭纸带阅读机的主动轮滚轴、压紧滚轴以及导向滚轴等运动部件。

④ 对导向滚轴、张紧臂滚轴等应每半年加注一次润滑油。

2. 数控系统的软件故障诊断与维修

数控机床运行的过程就是在数控软件的控制下机床的动作过程。完好的硬件和完善的软件以及正确的操作是数控机床能够正常进行工作的必要条件。所以数控机床在出现故障之后，除了硬件控制系统故障之外，还可能是软件系统出现了问题。因为数控机床停机故障多数是由软件错误或操作不当引发的，优先检查软件可以避免拆卸机床而引发的许多麻烦。

软件故障只要将软件内容恢复正常之后就可排除故障，所以软件故障也称为可恢复性故障。

（1）软件故障形成原因　软件故障是由软件变化或丢失而形成的。机床软件存储于 RAM 中，以下情况可能造成软件故障。

1）调试方式的误操作。可能删除了不该删除的软件内容或写入了不该写入的软件内容，使软件丢失或变化。

2）供电电池电压不足。为 RAM 供电的电池电压经过长时间的使用后，电池电压降低到额定值以下，或在停电情况下拔下为 RAM 供电的电池或电池电路断路或短路、接触不良等都会造成 RAM 得不到维持电压，从而使系统丢失软件及参数。这里要特别注意以下几点：

① 对长期闲置不用的数控机床要经常定期开机，以防电池长期得不到充电，造成机床软件的丢失。实际上，数控机床开机也是对电池充电的过程。

② 为 RAM 供电的电池里出现电量不足报警时，应及时更换新的电池，以防最后连报警都无法提供，出现软件和数据的丢失。

③ 有时电源的波动及干扰脉冲会窜入数控系统总线，引起时序错误或造成数控装置等停止运行。

④ 软件死循环。运行复杂程序或进行大量计算时，有时会造成系统死循环引起系统中断，造成软件故障。

⑤ 操作不规范。这里指操作者违反了机床的操作规程，从而造成机床报警或停机现象，如数控机床开机后没有进行回参考点，就进行加工零件的操作。

⑥ 用户程序出错。由于用户程序中出现语法错误、非法数据，运行或输入中出现故障报警等现象，都是用户程序出错。

零件加工程序也属于数控软件的范畴，无论对数控机床的维修人员还是编程人员来说，能熟练掌握和运用手工编程指令进行零件加工程序的编制是必需的。

（2）软件故障排除方法

其基本原则就是把出错的软件改过来，但问题是不容易被查出的，所以有时只能删掉重新输入。

1）对于软件丢失或变化造成的运行异常、程序中断、停机故障等故障的排除，可采取对数据、程序更改补充法，也可采用清除再输入法。

这类故障，主要指存储于 RAM 中的 NC 机床数据、设定数据、PLC 机床程序、零件程序出错或丢失。这些数据是确定系统功能的依据，是系统适配于机床所必需的。出错后造成系统故障或某些功能失效，PLC 机床程序出错亦可能造成故障停机。对这种情况进行检索，找出出错位置或丢失位置，更改补充后即可排除故障；若出错较多或丢失较多，采用清除重新写入法恢复更好。需注意到，许多系统在清除所有的软件后会使报警消失。但执行清除前应有充分准备，必须将现行可能被清除的内容记录下来，以便清除后恢复它们。

2）对于机床程序和数据处理中发生了引起中断的运行结果而造成的故障停机，可采取硬件复位法、开关系统电源法排除。

NC RESET 和 PLC RESET 分别可对系统和 PLC 复位，使后继操作重新开始。但它们不会破坏有关软件及正常的中间处理结果。不管任何时候都允许这样做，以消除报警。亦可采用清除法，但对 NC、PLC 采用清除法时，可能会使数据、程序全部丢失，这时应注意保护不欲清除的部分。

开关系统电源法的作用与使用 RESET 法类似，系统出现故障后，有必要这样做。

例如，一台配置 SINUMERIK 820T 数控系统的车床在通电后，数控系统起动失败，所有功能操作键都失效，CRT 上只显示系统页面并锁定，同时，CPU 模块上的硬件出错红色指示灯点亮。

故障诊断：

① 故障了解。经过对现场操作人员的询问，了解到故障发生之前，有维护人员在机床通电的情况下，曾经按过系统位控模块上伺服轴位置反馈的插头，并用螺钉旋具紧固了插头的紧固螺钉，之后就造成了上述故障。

② 故障分析。无论在断电或通电的情况下，如果用带电的螺钉旋具或人的肢体去触摸数控系统的连接接口，都容易使静电窜入数控系统而造成电子元器件的损坏。在通电的情况下紧固或插拔数控系统的连接插头，很容易引起接插件短路从而造成数控系统的中断保护或电子元器件的损坏，故判断故障是由上述原因引起的。

解决方法：

① 在机床通电的状态下，一手按住电源模块上的复位按钮（RESET），另一手按下数控系统起动按钮，系统即恢复正常，页面可翻转。

② 按下系统功能键 INITIAL CLEAR（初始化）及 SET UP END PW（设定结束），进行系统的初始化，系统即进入正常运行状态。

如果上述解决方法无效，则说明系统已损坏，必须更换相应的模块甚至系统。

3. 数控系统的硬件故障诊断

数控机床的控制系统比较复杂，而且各单元模块之间的关系比较紧密，当数控机床的硬件系统出现故障时，很难准确地确定故障部位与故障原因。要解决数控系统的硬件故障，不仅要求维修人员具有较高的电子技术水平，熟练掌握控制系统中各模块/单元的工作原理，还要具有熟练运用各种故障诊断方法进行综合分析的能力。

硬件故障一般是由控制、检测、驱动、液气、机械装置等部分失效而引起的。硬件故障的检查与分析有以下几种：

（1）常规检查　常规检查包括以下几个方面：

1）外观检查。系统发生故障后，首先进行外观检查，查找明显的故障，有针对性地检查有关元器件。在整体检查中注意断路器、热继电器是否有跳闸现象，各熔断器是否有熔断的现象，各印制电路板是否有元器件破损、断裂、过热现象，连接线是否有断线现象，插接件是否有脱落现象。还要检查开关的位置、电位器的设定、短路棒的选择是否与原来状态相同。并且注意观察机床在故障出现时，是否有噪声、振动、焦煳味、异常发热等现象。另外，还要注意冷却风扇是否旋转正常等。对于故障发生时有什么异常现象，操作人员如何操作，要进行详细询问，这对分析故障的原因十分重要。

2）连接电缆与连接线检查。针对故障有关部分，用常用的仪表或工具检查连接线是否正常，电线、电缆是否断裂，或电阻值是否增大等。尤其注意经常活动的电缆或电线，由于拐角处受力或摩擦可能导致断线或绝缘层损坏。

3）连接端及接插件的检查。针对故障有关部分，检查其相关的接线端子、单元插接件。这些部件容易松动、发热、氧化、电化学腐蚀，而出现断线或者是接触不良。

4）易损部位的元器件检查。元器件易损部位应按规定定期检查；直流伺服电机电枢的电刷、整流子，测速发电机电刷、整流子都易磨损，而且是容易出现各种问题的部位，甚至损害电机。

5）定期保养的部件及元器件的检查。这些部件、元器件应按照规定及时进行清洗与润滑。如果不进行保养很容易出故障。有的电机整流子已磨出了沟，电机转子由于电刷粉的吹入，造成放电，轴承缺润滑油，这些都是未及时维护造成的；冷却风扇长期不转，甚至通风道堵塞，风扇电动机转不动，结果电动机烧毁；由于轴承没有润滑，造成上下端盖过热，最后电机抱住，甚至电机烧损。

（2）故障现象分析法　故障分析是寻找故障的特征，它所涉及的专业知识面很广，根据捕捉到的现象进行分析，找出故障的规律，然后分析发生的原因。

（3）面板显示与指示灯分析法　面板显示提供的故障信息非常重要，自诊断系统提供了报警号及文字显示，一定要详细地分析这些信息。这些信息是由计算机模拟系统提供的可靠的、科学的信息。面板上的指示灯或印制电路板上的指示灯只是粗线条地提供一些故障的信息，但这些信息可以使维修人员比较快地找到故障发生的部位。作为维修人员一定要熟悉报警表、报警内容，当然各种维修手册中都有这些详细的内容。

（4）系统分析法　这也是一种查找故障、缩小故障范围的方法。这种方法的要点就是弄清楚整个系统的框图，特别是要清楚每一个单元的输入与输出信号。然后测试这个单元的输入与输出信号，确定是否正常。有时，甚至分割开来，另外单独输入一个相应的信号来判断这个单元是否正常。如果输出不正常则可以肯定问题是出在这个单元。单独供给输入信号时，要特别注意原来信号的性质、大小、不同运行状态下它的信号状态以及它的作用。确定是某一个单元之后，就要对这个单元内部状况及工作原理分析清楚，必要时，可以测绘出来这个局部的电气原理图。详细地分析各单元的输入与输出关系。

（5）信号追踪法　追踪故障信号相关联的信号可能找到故障单元。按照控制系统框图从前往后或从后往前检查有关信号的性质、大小及不同运行方式的状态，与正常情况比较，看有什么差异或者是否符合逻辑。如果线路由各元件"串联"组成，则"串联"的所有元件和连接线都有可能存在问题。在较长的"串联"电路中，适宜的做法是将电路分成两半，从中间开始向两个方面追踪，直到找到有问题的元件（单元）为止。两个相同的线路，可以对它们部分地交换试验。这个方法类似于将一个电机从某电源上拆下，接到另一个电源上试验电机。但对数控机床来说，问题就不是那么简单，交换一个单元一定要保证所处的大环节（如位置环）的完整性，否则闭环可能受到破坏，保护环节失效。

4. 西门子系统的故障诊断

西门子（SIEMENS）系统的硬件特点是模块少、整体结构简单，用户一般无须调整，硬件的可靠性较高。系统硬件故障时，通常情况下，需要对模块进行检测与维修，且应具备一定的测试条件、工装和相应的维修器件。因此，现场维修时，一般只要求能够根据模块的功能结合故障现象，判断、查找出发生故障的模块，进行备件替换。CPU 或存储器等模块更换后，还需要重新进行数据的输入和系统的初始化调整，使系统恢复正常工作。

现以 SIEMENS 810/820 系统为例，说明硬件故障的一般检查方法，其他系统的故障诊断方法与此类似。

（1）电源模块的故障诊断　SIEMENS 810/820 系统电源模块的区别仅在于输入电压不同，模块的输出电压及外部接口一致。810 系统电源模块采用的是直流 24V 输入，显示器电源为直流 15V；820 采用交流 220V 输入，显示器为交流 220V。电源模块的输出直流电压有 +5V、−5V、+12V、−12V 和 +15V 等，具有过电流、短路等保护功能。测量、控制端有 +5V 电压测量孔、电源正常（POWER SUPPLY OK）信号输出端子、系统启动（NC − ON）信号输入端子及复位按钮（RESET）等。

电源模块的工作过程如下：

1）外部直流 24V 或交流 220V 电压加入。

2）通过短时接通系统启动（NC − ON）信号，接通系统电源。

3）若控制电路正常，直流输出线路中无过电流，则电源正常信号输出触点闭合；否则输出触点断开。

电源模块的故障通常可以通过测量 +5V 测量孔的电压进行判断，若接通 NC − ON 信号后，+5V 测量孔有 +5V 电压输出，则表明电源模块工作正常。若无 +5V 电压输出，则表明电源模块可能损坏。维修时可取下电源模块，检查各电子元器件的外观与电源输入熔丝是否熔断；在此基础上，再根据原理图逐一检查各元器件。

当系统出现开机时有 +5V 电压输出，但几秒钟后 +5V 电压又断开的故障时，一般情况下，电源模块本身无损坏，故障是由于系统内部电源过载引起的。维修时可以将电源模块拔出，使其与负载断开，再通过接通 NC − ON 正常上电，若这种情况下 +5V 电压输出正常且电源正常信号输出触点闭合，则证明电源模块本身工作正常，故障原因属于系统内部电源过载。这时可以逐一取下系统各组成模块，进一步检查判断故障范围。若电源模块取下后，无 +5V 输出或仍然只有几秒的 +5V 电压输出，则可能是因为电源模块本身存在过载或内部元器件损坏，可根据原理图进行进一步的检查。

（2）显示系统的故障诊断　SIEMENS 810/820 系统显示控制主要由 CRT、视频板等部件组成。CRT 的作用是将视频信号转换为图像进行显示；视频板的作用是将字符及图像点阵转换为视频信号进行输出。

CRT 故障时一般有以下几种现象：

1）屏幕无任何显示，系统无法启动。当按住系统面板上的诊断键（带有"眼睛"标记的键），接通系统电源，系统启动时，面板上方的 4 个指示灯闪烁。

2）屏幕显示一条水平或垂直的亮线。

3）屏幕左右图像变形。

4）屏幕上下线性不一致，或被压缩，或被扩展。

5）屏幕图像发生倾斜或抖动。

以上故障一般是由显示驱动线路的不良引起的，维修时应重点针对显示驱动线路进行检查。

视频板故障时一般有以下几种现象：

1）屏幕无任何显示，系统无法启动。当按住系统面板上的诊断键（带有"眼睛"标记的键），接通系统电源，系统启动时，面板上方的 4 个指示灯闪烁。

2）屏幕图像不完整。

3）显示器有光栅，但屏幕无图像。

（3）CPU 板的故障诊断　CPU 板是整个系统的核心，它包括了 PLC，CNC 的控制、处理线路。CPU 板上主要安装有 80186 处理器、插补器、RAM、EPROM、通信接口、总线等部件。系统软件固化在 EPROM 中。PLC 程序、NC 程序、机床数据可通过两个 V. 24 口用编程器或计算机进行编辑、传输；同时，NC 程序、机床数据亦可通过 V. 24 接口进行输入/输出操作。在系统内部，CPU 板通过系统总线与存储板、接口板、视频板、位置控制板进行数据传输，实现对这些部件的控制。

当 CPU 板故障时，一般有如下现象：

1）屏幕无任何显示，系统无法启动，CPU 板上的报警指示红灯亮。

2）系统不能通过自检，屏幕有图像显示，但不能进入 CNC 正常画面。

3）屏幕有图像显示，能进入 CNC 画面，但不响应键盘的任何按键。

4）通信不能进行。

当 CPU 板故障时，一般情况下只能更换新的 CPU 备件板。

（4）接口板的故障诊断　SIEMENS 810/820 接口板上主要安装有系统软件子程序模块、两个数字测头的信号输入端、PLC 输入/输出模块的接口部件等。

接口板故障时，一般有如下几种现象：

1）系统死机，无法启动。

2）接口板上系统软件与 CPU 板上系统软件不匹配，导致系统死机或报警。

3）PLC 输入/输出无效。

4）电子手轮无法正常工作。

此板发生故障时，通常应更换一块新的备件板。

（5）存储器板的故障诊断　SIEMENS 810/820 存储器板上安装有 UMS 用户存储子模块、系统存储器子模块等，其中 UMS 可以是固化用户 WS800A 开发软件的用户程序子模块，或是西门子提供的固定循环子模块，或是 RAM 子模块。

存储器板故障时，一般有如下几种现象：

1）系统死机，无法启动。

2）存储器上的软件与 CPU 板上系统软件不匹配，导致系统死机或报警。

存储器板发生故障时，若通过更换软件仍然不能排除故障，一般应更换一块新的备件板。

（6）位置控制板的故障诊断　位置控制板是 CNC 的重要组成部分，它由位置控制、编码器接口、光栅尺的前置放大（EXE）等部件组成。

位置控制板故障时，一般有如下现象：

1）CNC 不能执行回参考点动作，或每次回参考点位置不一致。

2）坐标轴、主轴的运动速度不稳定或不可调。

3）加工尺寸不稳定。

4）出现测量系统或接口电路硬件故障报警。

5）在驱动器正常的情况下，坐标轴不运动或定位不正确。

位置控制板发生故障时，一般应先检查测量系统的接口电路，包括编码器输入信号的接口电路、位置给定输出的 D - A 转换器回路等，在现场不能修理的情况下，一般应更换一块新的备件板。

5.4 数控机床故障诊断与维修实例

5.4.1 数控机床机械故障的诊断与维修实例

实例1：电主轴高速旋转发热的故障维修

【故障现象】

电主轴高速旋转时发热严重。

【分析及处理过程】

电主轴运转中的发热和温升问题始终是研究的焦点。电主轴单元的内部有两个主要热源：一是主轴轴承；另一个是内藏式主电动机。

电主轴单元最突出的问题是内藏式主电动机的发热。由于主电动机旁边就是主轴轴承，如果主电动机的散热问题解决不好，将会影响机床工作的可靠性。其主要的解决方法是采用循环冷却结构，分外循环和内循环两种，冷却介质可以是水或油，使电动机与前后轴承都能得到充分冷却。

主轴轴承是电主轴的核心支承，也是电主轴的主要热源之一。当前高速电主轴大多数采用角接触陶瓷球轴承，因为陶瓷球轴承具有以下特点：

1）由于滚珠重量轻，离心力小，动摩擦力矩小。

2）因温升引起的热膨胀小，使轴承的预紧力稳定。

3）弹性变形量小，刚度高，寿命长。

由于电主轴的运转速度高，因此对主轴轴承的动态，热态性能有严格要求。合理的预紧力，良好而充分的润滑是保证电主轴正常运转的必要条件。采用油雾润滑，雾化发生器进气压为 $0.25 \sim 0.3$ MPa，选用20号汽轮机油，油滴速度控制在 $80 \sim 100$ 滴/min。润滑油雾在充分润滑轴承的同时，还带走了大量的热量。前后轴承的润滑油分配是非常重要的问题，必须加以严格控制。进气口截面大于前后喷油口截面的总和，排气应顺畅，各喷油小孔的喷射角与轴线呈 $15°$ 夹角，使油雾直接喷入轴承工作区。

实例2：加工尺寸不稳定的故障维修

【故障现象】

一数控铣床加工的零件，在检验中发现工件 X 轴方向的实际尺寸与程序编辑的实际尺寸存在不规则的偏差。

【分析及处理过程】

根据数控机床原理分析，X 轴尺寸偏差是由 X 轴位置环偏差造成的。该机床数控系统为 FANUC OiMA，控制方式为半闭环控制。检查有关位置控制参数，如伺服环增益、反向间隙、轴切削进给到位宽度等均在要求范围内，因此排除参数设置不当或变化引起故障的因素。检查 X 轴传动链，因为传动链中任何连接部分存在间隙或松动，均可引起位置偏差，从而造成加工零件超差。将一千分表吸在主轴端面上，把主轴下降使表头压到工作台上，并使表头压缩到 $50 \mu m$ 左右，然后把表刻度对零。将机床操作面板上的工作方式开关置于增量方式（INC）的 $\times 10$ 档，沿 X 轴按正或负方向进给，观察千分表读数的变化。理论上应该每按一下，千分表的读数增加 $10 \mu m$。经测量，X 轴正、负两个方向的增量运动都存在不规则的偏差。检查与 X 轴伺服电动机连接的丝杆，发现与伺服电动机和丝杆连接的联轴器的锥套有松动，使得进给传动与伺服电动机驱动不同步。由于在运行中松动是不规则的，从而造成位置偏差的不规则，最终造成零件的加工尺寸出现不规则的偏差。由于 X 轴为半闭环的位置控制，因此编码器检测的位置值不能真正反映 X 轴的实际位置，位置控制精度在很大程度上取决于传动链的传动精度。因此在日常维护中要注意对进给传动链的检查，特别是连接元件，看有无松动现象，以便随时进行机械调整。

实例 3：电动机速度不稳定的维修

【故障现象】

一加工中心主轴起动时主轴速度慢慢达到指令速度，停车也是慢慢停下来的。

【分析及处理过程】

主轴起动时通过主轴运行监控画面发现主轴电动机速度是正常的，齿轮变速后出现不正常，因此排除驱动控制系统的故障，故障可能是由于主轴输送带过松、输送带表面有油污、输送带使用过久而失效、摩擦离合器调整过松或磨损等原因引起。通过排除法逐一检查发现电动机与主轴连接的输送带过松，因此移动电动机座，张紧输送带，然后将电动机锁紧，试机故障消失。经过两小时的运行，电动机不发热，说明输送带张紧度调节合适。因此故障原因就是输送带过松，主轴在起动和停车时由于力的冲击而使输送带打滑，从而出现上述故障。

实例 4：机床定位精度不合格的故障维修

【故障现象】

某加工中心运行时，工作台 Y 轴方向位移接近行程终端过程中丝杠反向间隙明显增大，机床定位精度不合格。

【分析及处理过程】

故障部位明显在 Y 轴伺服电动机与丝杠传动链一侧；拆卸电动机与滚珠丝杠之间的弹性联轴器，用扳手转动滚珠丝杠进行手感检查，发现工作台 Y 轴方向位移接近行程终端时，感觉到阻力明显增加。拆下工作台检查，发现 Y 轴导轨平行度严重超差，故而引起机械转动过程中阻力明显增加，滚珠丝杠弹性变形，反向间隙增大，机床定位精度不合格。经过认真修理、调整后，重新装好，故障排除。

实例 5：滚珠丝杠螺母松动引起的故障维修

【故障现象】

配套了西门子公司生产的 SINUMEDIK 8MC 数控装置的数控镗铣床，机床 Z 轴运行（方滑枕为 Z 轴）抖动，瞬间即出现 123 号报警，机床停止运行。

【分析及处理过程】

出现 123 号报警的原因是跟踪误差超出了机床数据 TEN345/N346 中所规定的值。导致此种现象有 3 个可能：

1）位置测量系统的检测器件与机械位移部分连接不良。

2）传动部分出现间隙。

3）位置闭环放大系数 K_v 不匹配。

通过详细检查和分析，初步断定是后两个原因，使方滑枕（Z 轴）运行过程中产生负载扰动而造成位置闭环振荡。基于这个判断，首先修改设定 Z 轴 K_v 系数的机床数据 TEN152，将原值 S1333 改成 S800，即降低了放大系数，有助于位置闭环稳定；经试运行发现虽振动现象明显减弱，但未彻底消除。这说明机械传动出现间隙的可能性增大，可能是滑枕镶条松动、滚珠丝杠或螺母窜动。对机床各部位采用先易后难、先外后内逐一否定的方法，最后查出故障源：滚珠丝杠螺母背帽松动，使传动出现间隙，当 Z 轴运动时由于间隙造成的负载扰动导致位置闭环振荡而出现抖动现象。紧固好松动的背帽，调整好间隙，并将机床数据 TEN152 恢复到原值后，故障排除。

实例6：行程终端产生明显的机械振动故障维修

【故障现象】

某加工中心运行时，工作台 X 轴方向位移接近行程终端过程中产生明显的机械振动故障，故障发生时系统不报警。

【分析及处理过程】

因故障发生时系统不报警，但故障明显，故通过交换法检查，确定故障部位应在 X 轴伺服电动机与丝杠传动链一侧。为区别电动机故障，可拆卸电动机与滚珠丝杠之间的弹性联轴器，单独通电检查电动机。检查结果表明，电动机运转时无振动现象，显然故障部位在机械传动部分。脱开弹性联轴器，用扳手转动滚珠丝杠进行手感检查。通过手感检查，发现工作台 X 轴方向位移接近行程终端时，感觉到阻力明显增加。拆下工作台检查，发现滚珠丝杠与导轨不平行，故而引起机械转动过程中的振动现象。经过认真修理、调整后，重新装好，故障排除。

实例7：变速无法实现的故障维修

【故障现象】

TH5840 型立式加工中心换挡变速时，变速气缸不动作，无法变速。

【分析及处理过程】

对图5-9所示的气动控制原理图进行分析，变速气缸不动作的原因有：

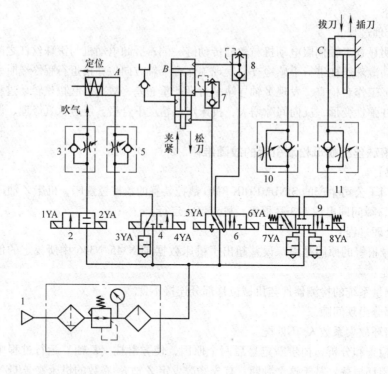

图5-9　某立式加工中心的气动控制原理图

1）气动系统压力太低或流量不足。

2）气动换向阀未得电或换向阀有故障。

3）变速气缸有故障。

根据分析，首先检查气动系统的压力，压力表显示气压为 0.6MPa，压力正常；检查换向阀电磁铁已带电，用手动换向阀，变速气缸动作，故判定气动换向阀有故障。拆下气动换向阀，检查发现有污物卡住阀芯。进行清洗后，重新装好，故障排除。

实例 8：刀柄和主轴的故障维修

【故障现象】

TH5840 型立式加工中心换刀时，主轴锥孔吹气，把含有铁锈的水分子吹出，并附着在主轴锥孔和刀柄上，致使刀柄和主轴接触不良。

【分析及处理过程】

TH5840 型立式加工中心气动控制原理图如图 5-9 所示。故障产生的原因是压缩空气中含有水分。如采用空气干燥机，使用干燥后的压缩空气即可解决问题。若受条件限制，没有空气干燥机，也可在主轴锥孔吹气的管路上进行两次分水过滤，设置自动放水装置，并对气路中相关零件进行防锈处理，故障即可排除。

5.4.2　数控系统的故障诊断与维修实例

实例 1：FANUC 7T 系统只能输入少量程序段的故障维修

【故障现象】

一台采用 FANUC 7T 系统的数控车床，在输入较短的程序（如 10 个程序段）时，系统能正常工作；但输入的程序大于 30 个程序段时，系统则出现 T08000001 报警。

【分析及处理过程】

此系统的 T08000001 报警，为系统存储器的奇偶出错报警。由于它出现在输入加工程序时发生，所以初步判定故障原因在 MEM 板（即 01GN715 号板）上。FANUC 7T 系统的 RAM 由 17 片 HM43152P 芯片组成，通过对它们进行诊断，发现第一组和第二组的诊断数据在第 10 位上出现错误，说明第 10 位 RAM 芯片故障（该芯片位于 MEM 板的 A36 位置上）。更换后，故障排除，车床恢复正常。

实例 2：FANUC（7M 系统主板）的故障维修

【故障现象】

FANUC 7M 数控系统主板故障，致使铣床无法起动，通用显示器上显示 9999 R202 存储器报警。

【分析及处理过程】

FANUC 7M 的整个程序实际上是一个大的多重中断系统，中断一共有八级。其中第六级中断主要完成位置控制、4ms 定时和存储器奇偶校验工作。ROM 的奇偶校验是以一块 ROM 为单位，通过求该块 ROM 的累加和的方法来实现。若出错，则使伺服系统停止工作，点亮报警灯，找出出错的芯片，并在通用显示器上显示出该 ROM 在印制电路板上的安装位置，报警号显示 9999。系统出现“9999 R202”报警，说明系统出现主板上编号为 202# 的 ROM 芯片输出错误，而这一报警不同于“9999 C”“9999 T”和“9999 S”报警，无法通过关闭所有电源，再重新起动机床和数控系统等方法消除报警，按照报警提示内容和厂家维修手册的建议，应将此主板返回厂家进行更换。考虑到维修周期问题，没有马上将主板返回厂家，而是谨慎从事，对故障做进一步的诊断。为了弄清是 ROM 芯片本身问题，还是芯片的外围电路问题，又进行了以下检查：查出此存储器为 8 位 2KB 的 2516 存储器，采取静态测试法对主板（01GN700）上编号为 R202 的 2516 芯片进行静态阻值测试，首先对 $A_0 \sim A_{10}$ 地址线对应的 1 ~ 8 脚、19、22、23 脚进行静态阻值测试，测得它们的阻值均为 1.2kΩ 左右，根据电路图分析，判断该组数据正常。然后对 D1 ~ D8 数据线对应的 9 ~ 11、13 ~ 17 脚进行测试，测得为 9 ~ 11Ω，而测试 16 脚的阻值时却得到一个极不稳定的数据，阻值在几兆欧到无穷大之间变化，由此看出问题应该出在芯片的第 16 脚上。为了进一步判断是否是芯片问题，将此芯片从底座上拔出，继续对底座上的对应的引脚进行测试，测得结果未变，由此判断出 2516ROM 芯片没有问题。经过对与该脚相连元件的仔细排查，发现与该脚相连的 47kΩ 的电阻 R112 的另一端连线的通孔处（PCB 板的背面）有一细微的断裂现象，问题就出在此处。用一导线，通过 PCB 板的通孔，将电路板的正反面连接起来，再进行 16 脚的测试，其阻值恢复正常。将芯片、主板恢复原位，重新起动数控系统，报警消除，机床起动、运行正常。

实例 3：FANUC 10T 系统主板出现报警"B"的故障维修

【故障现象】

一台车床，配置 FANUC 10T 系统，CRT 无显示，主板上报警指示"B"和"WATCHDOG"灯亮。

【分析及处理过程】

经检查，并通过互换处理确认，本机床的故障原因是主板存在故障。经更换主板（A16B-1010-0041），并对系统进行初始化处理，重新输入 NC 参数、PC 参数后，车床即恢复正常工作。

实例 4：SIEMENS PRIMO-S 系统电池故障维修

【故障现象】

配套 SIEMENS PRIMO-S 系统的数控滚齿机，开机后系统显示（数码管）混乱，机床无法正常开机。

【分析及处理过程】

根据 SIEMENS PRIMO-S 说明书，按住 M 键，同时接通数控系统电源，发现系统参数混乱；重新输入参数后，系统进行正常显示，机床恢复正常工作。但在本例中经关机后，故障又重新出现，由此判断故障原因是系统的 RAM 无法记忆，测量系统电池发现只有 0.5V 左右，已经完全失效。重新更换电池后，系统恢复正常。

实例 5：SIEMENS PRIMO-S 系统的显示器故障维修

【故障现象】

一配套进口 SIEMENS PRIMO-S 系统的机床，当机床送电时，CRT 无显示，经查 NC 电源，+24V、+15V、-15V、+5V 均无输出。

【分析及处理过程】

由此现象可以确定是电源方面出了问题，所以可以根据电气原理图逐步从电源的输入端进行检查。当检查到熔断器后的电噪声滤波器时发现性能不良，后面的整流、振荡电路均正常。拆开噪声滤波器外壳发现里面烧焦，更换噪声滤波器后，数控系统故障排除。当遇到无法修复的电源时，可采用市面上出售的开关电源，但是一定要保证电压等级、容量符合要求。

实例 6：SINUMERIK 802D 系统 PROFIBUS 连接出错的故障维修

【故障现象】

配套 SINUMERIK 802D 系统的数控铣床，开机时出现报警：ALM380500，ALM400015，ALM400000，ALM025201，ALM026102，ALM025202，驱动器显示报警号 ALM599。

【分析及处理过程】

查阅系统诊断说明书，可知以上报警的内容：ALM380500 表示 PROFIBUS DP 驱动器连接出错；ALM400015 表示 PROFIBUS DP I/O 连接出错；ALM400000 表示 PLC 停止；ALM025201 表示驱动器 1 出错；ALM025202 表示驱动器 1 出错，通信无法进行；ALM026102 表示驱动器不能更新；伺服驱动器 ALM599 表示 802D 与驱动器之间的循环数据转换中断。鉴于本铣床的系统报警众多，维修时必须分清主次，否则维修工作将难以开展。根据以上报警内容与发生故障时的现象观察，首先进行了如下分析：

1）开机时，伺服驱动器可以显示"RUN"，表明伺服驱动系统可以通过自诊断，驱动器的硬件应无故障。

2）系统初始化完成后，驱动器"使能"信号尚未输出，系统就出现报警；并且，驱动器也随之报警。

根据以上两点，可以暂时排除伺服驱动器的原因，而且由于伺服驱动的使能信号尚未加入，从而排除了由于电动机励磁产生的干扰，由此判定故障是由系统引起的。

3）系统报警 ALM400015（PROFIBUS DP I/O 连接出错）与 ALM400000（PLC 停止）的分析。ALM400015（PROFIBUS DP I/O 连接出错）属于硬件故障报警，如果系统的 I/O 单元工作正常，即使是 ALM400000（PLC 停止），一般也不会引起系统产生硬件报警。

综合以上分析，报警的检查应重点针对 I/O 单元（PP72/48）进行。经检查，该机床的 I/O 单元（PP72/48）指示灯"POWER"不亮，表明 I/O 单元无 DC 24V。测量外部供电 DC 24V 正常，I/O 单元内部熔断器都正常，由此初步判定故障原因在 DC 24V 的输入回路或外部 DC 24V 与 I/O 单元的连接上。进一步检查 I/O 单元与外部 DC 24V 的连接，发现 I/O 单元电源连接端子的接触不良，重新连接后，I/O 单元的"POWER"、"READY"指示灯亮，系统报警消失，铣床恢复正常工作。

5.4.3　数控伺服系统的故障诊断与维修实例

实例 1：机床剧烈抖动、驱动器显示 AL-04 报警

【故障现象】

一台配套 FANUC 6 系统的立式加工中心，在加工过程中，机床出现剧烈抖动，交流主轴驱动器显示 AL-04 报警。

【分析及处理过程】

FANUC 交流主轴驱动系统 AL-04 报警的含义为"交流输入电路中的 F1、F2、F3 熔断器熔断"，故障可能的原因有：

1）交流电源输出阻抗过高。

2）晶体管逆变器模块不良。

3）整流二极管（或晶闸管）模块不良。

4）浪涌吸收器或电容器不良。

针对上述故障原因，逐一进行检查。检查交流输入电源时，在交流主轴驱动器的输入电源，测得 L_1、L_2 相输入电压为 220V，但 L_3 相的交流输入电压仅为 120V，表明驱动器的三相输入电源存在问题。

进一步检查主轴变压器的三相输出，发现变压器输入、输出，机床电源输入均同样存在不平衡，从而说明故障原因不在机床本身。

检查车间开关柜上的三相熔断器，发现有一相阻抗为数百欧姆。将其拆开检查，发现该熔断器接线螺钉松动，从而造成三相输入电源不平衡；重新连接后，机床恢复正常。

实例 2：过载的故障诊断与维修

【故障现象】

一配套 FANUC-OM 系统的数控立式加工中心，在加工中经常出现过载报警，报警号为 434，表现形式为 Z 轴电动机电流过大，电动机发热，停上 40min 左右报警消失，接着再工作一阵，又出现同类报警。

【分析及处理过程】

经检查电气伺服系统无故障，估计是负载过重带不动造成的。为了区分是电气故障还是机械故障，将 Z 轴电动机拆下与机械脱开，再运行时该故障不再出现。由此确认为机械丝杠或运动部位过紧造成。调整 Z 轴丝杠防松螺母后，效果不明显，后来又调整 Z 轴导轨镶条，机床负载明显减轻，该故障消除。

实例 3：驱动器出现过电流报警的故障维修

【故障现象】

一台配套 FANUC 11M 系统的卧式加工中心，在加工时主轴运行突然停止，驱动器显示过电流报警。

【分析及处理过程】

经查交流主轴驱动器主回路，发现再生制动回路、主回路的熔断器均熔断，经更换后机床恢复正常。但机床正常运行数天后，再次出现同样故障。

由于故障重复出现，证明该机床主轴系统存在问题，根据报警现象，分析可能存在的主要原因有：

1）主轴驱动器控制板不良。

2）电动机连续过载。

3）电动机绕组存在局部短路。

在以上几点中，根据现场实际加工情况分析，电动机过载的原因可以排除。考虑到换上元器件后，驱动器可以正常工作数天，故主轴驱动器控制板不良的可能性也较小。因此，故障原因可能性最大的是电动机绕组存在局部短路。维修时，仔细测量电动机绕组的各相电阻，发现 U 相对地绝缘电阻较小，证明该相存在局部对地短路。拆开电动机检查发现，电动机内部绕组与引出线的连接处绝缘套已经老化；经重新连接后，对地电阻恢复正常。再次更换元器件后，机床恢复正常，故障不再出现。

实例 4：机床无法正常回参考点的故障维修

【故障现象】

一数控车床（系统为 FANUC-TD）回零时，X 轴回零动作正常（先正方向快速运动，碰到减速开关后，能以慢速运动），但机床出现系统因 X 轴硬件超程而急停报警。此时 Z 轴回零控制正常。

【分析及处理过程】

根据故障现象和返回参考点控制原理，可以判定减速信号正常，位置检测装置的零标志脉冲信号不正常。产生该故障的原因可能是来自 X 轴进给电动机的编码器故障（包括连接的电缆线）或系统轴板故障。因为此时 Z 轴回零动作正常，所以可以采取交换方法来判断故障部位。交换后，发现 X 轴回零操作正常而 Z 轴回零报警，则判定故障在系统轴板。最后更换轴板，机床恢复正常工作。

实例 5：主轴驱动器 AL-12 报警的维修

【故障现象】

一台配套 FANUC 11M 系统的卧式加工中心，在加工过程中，主轴运行突然停止，驱动器显示 AL-12 号报警。

【分析及处理过程】

交流主轴驱动器出现 AL-12 号报警的含义是"直流母线过电流"，故障可能的原因如下：

1）电动机输出端或电动机绕组局部短路。

2）晶体管逆变器模块不良。

3）驱动器控制板故障。

根据以上原因，维修时进行了仔细检查。确认电动机输出端、电动机绕组无局部短路。然后断开驱动器（机床）电源，检查了逆变晶体管模块。然后打开驱动器，拆下电动机电枢线，用万用表检查逆变晶体管模块的集电极（1C，2C）和发射极（1E，2E）、基极（1B，2B）之间，以及基极（1B，2B）和发射极（1E，2E）之间的电阻值，与正常值比较，检查发现 1C、1E 之间短路，即逆变晶体管模块已损坏。

为确定故障原因，又对驱动器控制板上的晶体管驱动回路进行了进一步的检查。检查方法如下：

1）取下直流母线熔断器 F7，合上交流电源，输入旋转指令。

2）按表 5-6、表 5-7 中的引脚，通过驱动器的连接插座 CN6 和 CN7，测定 8 个晶体管（型号为 ET191）的基极 B 与发射极 E 间的控制电压，并根据 CN6 和 CN7 插脚与各晶体管管脚的对应关系逐一检查（以发射极为参考，测量 B、E 间电压正常值一般在 2V 左右）。检查发现 1C、1B 之间电压为 0V，证明 C、B 极击穿，同时发现二极管 VD27 也被击穿。

表 5-6　CN6 的引脚

1	2	3	4	5	6	7	8	9	10	11	12
5C	5B	5E	6C	6B	6E	7C	7B	7E	8C	8B	8E

表 5-7　CN7 的引脚

1	2	3	4	5	6	7	8	9	10	11	12
1C	1B	1E	2C	2B	2E	3C	3B	3E	4C	4B	4E

在更换上述部件后，再次起动主轴驱动器，显示报警成为 AL-19。驱动器 AL-19 报警为 U 相电流检测电路过流报警。

为了进一步检查 AL-19 报警的原因，维修时对控制回路的电源进行了检查。

检查驱动器电源测试端子，交流输入电源正常；直流输出 +24V、+15V 和 +5V 均正常，但 −15V 电压为 "0"。进一步检查电源回路，发现集成稳压器（型号：7915）损坏。更换 7915 后，−15V 输出电压正常，主轴 AL-19 报警消除，卧式加工中心恢复正常。

实例 6：伺服电动机不转的维修

【故障现象】

一台配套 FANUC OM 系统的加工中心，机床起动后，在自动方式运行下，CRT 显示 401 号报警。

【分析及处理过程】

FANUC OM 出现 401 号报警的含义是 "轴伺服驱动器的 VRDY 信号断开，即驱动器未准备好"。根据故障的含义以及机床上伺服进给系统的实际配置情况，维修时按下列顺序进行了检查与确认：

1）检查 L/M/N 轴的伺服驱动器，发现驱动器的状态指示灯 PRDY、VRDY 均不亮。

2）检查伺服驱动器电源 AC100V、AC18V 均正常。

3）测量驱动器控制板上的辅助控制电压，发现 ±24V，±15V 异常。

根据以上检查，可以初步确定故障与驱动器的控制电源有关。仔细检查输入电源，发现 X 轴伺服驱动器上的输入电源熔断器电阻大于 2MΩ，远远超出规定值。

更换熔断器后，再次测量直流辅助电压，±24V、±15V 恢复正常，状态指示灯 PRDY、

VRDY 均恢复正常, 重新运行机床, 401 号报警消失。

5.4.4 数控机床电气故障的诊断与维修实例

实例1: FANVC-BESK7M 系统, 出现01号报警

【故障现象】

某配套 FANVC-BESK7M 系统的 JCS-018 立式加工中心, 出现 01 号报警。

【分析及处理过程】

查维修手册, 01 号报警为主轴系统内的故障, 可由主轴伺服装置内的指示灯指示内容。检查交流主轴伺服装置内的指示灯为 8421 中的 4 号灯亮, 4 号灯亮指示内容为交流耦合电路的 F1、F2 和 F3 熔断, 而 4 号故障又分为以下 4 种情况:

1) 交流电源阻抗过高。

2) 功率晶体管烧毁。

3) 二极管或晶闸管组件烧坏。

4) 浪涌吸收器和电容损坏。

据此分析依次检查各项, 只有保险断两相, 其他无问题, 故更换保险; 打开机床电源开关, 测交流电压正常; 开 NC 电源, 正常操作, 当程序执行到 M03 时, 主轴刚一起动, 就又产生了 01 号报警, 检 F1、F2、F3 又断原先两相, 故综合分析, 抛开维修手册提示的内容, 检测外围, 当检测到母线排分线盒时, 发现其中一相线断, 因此故障现象为断其他两相。修复分线盒, 开机后, 执行 M03 时正常, 故障解决。

实例2: FANVC-BESK7M 系统, 出现08号报警

【故障现象】

某配套 FANVC-BESK7M 系统的 JCS-018 立式加工中心, 出现 08 号报警。

【分析及处理过程】

查机床维修手册, 08 号报警为主轴定位故障, 根据手册要求, 打开机床电源柜, 在交流主轴控制电路板上, 找到 7 个发光二极管 (6 绿 1 红), 这 7 个指示灯 (从左到右) 分别表示: 定向指令; 低速挡; 磁道峰值检测; 减速指令; 精定位; 定位完成; 试验方式。

在机床定向时, 观察这 7 个指令灯的情况如下, 1 号灯亮, 3 号和 5 号灯闪烁, 这表明定位指令已经发出, 磁道峰值和精定位信号已检测到, 但是系统不能完成定位, 主轴仍在低速运行, 故 3 号, 5 号灯不断闪烁。根据以上情况分析, 可能是主轴箱上的放大器问题。打开主轴防护罩, 检查放大器的同时, 发现主轴上的刀具夹紧油缸软管绕成绞形, 缠绕在主轴上, 分析这个不正常现象, 可判断就是该软管盘绕, 致使主轴定位偏移而不能准确定位, 造成 08 号报警, 将该软管卸下回直后装好, 又将主轴控制器中的调节器进行重新调节后, 故障排除。

实例3: FANUC7 数控系统的某数控机床产生99号报警

【故障现象】

数控机床产生 99 号报警, 该报警无任何说明。

【分析及处理过程】

利用机床 PMC (机床可编程序控制器) 诊断, 发现数据 T6 的第 7 位数据由 "1" 变 "0", 该数据位为数控柜过热信号, 正常时为 "1", 过热时为 "0"。故障处理如下:

1) 检查数控柜中的热控开关。

2) 检查数控柜的通风是否良好。

3) 检查数控柜的稳压装置是否损坏。

实例 4：配备 FANUC 0T 系统的数控车床奇偶报警

【故障现象】

配备 FANUC 0T 数控车床产生刀架奇偶报警，奇数位刀架能定位，而偶数位刀架不能定位。图 5-10 所示为 PMC 控制刀架信号的地址。

【分析及处理过程】

从机床侧输入 PMC 信号时，刀架位置编码器有 5 根信号线，这是一个二进制的 8421 编码，它们对应 PMC 的输入信号的地址为 X06.0、X06.1、X06.2、X06.3 和 X06.4。在刀架的转动过程中，这 5 个信号根据刀架位置的变化而进行不同的组合，从而输出刀架的奇偶位置信号。根据故障现象分析，若刀架位置编码器最低位 #634 线信号恒为 "1"

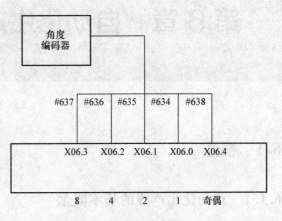

图 5-10　PMC 控制刀架信号的地址

时，即在二进制中第 0 位恒为 "1" 时，则刀架信号将恒为奇数，而无偶数信号，从而产生奇偶报警。为验证分析，将 PMC 输入参数从 CRT 上调出观察，当刀架回转时，X06.0 值恒为 "1"，而其余 4 根线的信号则根据刀架位置的变化情况显示为 "0" 或 "1"，从而证实了刀架位置编码器发生了故障。

复习思考题

1. 车床常见的故障有哪些？
2. 铣床常见的故障有哪些？
3. 车床、铣床如何维护？验收要点有哪些？
4. 伺服系统有哪些故障？
5. 试分析滚珠丝杠螺母副反向误差大的故障原因及排除方法。
6. 造成数控机床主轴噪声大的原因有哪些？
7. 数控机床液压系统主要故障现象有哪些？
8. 数控机床电气系统主要故障现象有哪些？

第6章　自动化生产线的安装与维修

6.1　概述

6.1.1　自动化生产线的基本概念

自动化生产线是指按照工艺过程，把一条生产线上的机器联结起来，形成包括上料、下料、装卸和产品加工等全部工序都能自动控制、自动测量和自动连续的生产线。

自动化生产线的任务就是实现自动生产，怎样才能达到这一要求呢？

自动化生产线综合应用机械技术、控制技术、传感技术、驱动技术及网络技术等，通过一些辅助装置按工艺顺序将各种机械加工装置连成一体，并控制液、气压系统和电气控制系统将各个部分动作联系起来，完成预定的生产加工任务。

6.1.2　自动化生产线的条件

1）很高的产品需求量。要求有很高的生产量。

2）稳定的产品设计。自动化生产线很难应对设计的频繁变更。

3）较长的产品寿命。在大多数情况下产品寿命至少是几年。

4）多种加工工艺。产品制造过程中需要使用多种加工工艺。

6.1.3　自动化生产线的特点

1）产品或零件在各工位的工艺操作和辅助工作以及工位间的输送等均能自动进行，具有较高的自动化程度。

2）生产节奏性更为严格，产品或零件在各加工位置的停留时间相等或成倍数。

3）产品对象通常是固定不变的，或在较小范围内变化，而且在改变品种时要花费许多时间进行人工调整。

4）全线具有统一的控制系统，普遍采用机电一体化技术。

5）自动化生产线初始投资较多。

6.1.4　自动化生产线的类型

自动化生产线的类型多种多样，可按其不同的特征进行分类。根据工作性质不同可以分为：切削加工自动线、装配自动线及综合性自动线（即具有不同性质的工序，如机械加工、装配检验、热处理、防锈包装等工艺范围）；根据工件输送方式可分为：料槽输送自动线、机械手输送自动线、传送带输送自动线以及带随行夹具的自动线等；根据生产批量的大小又可分为大批量生产的专用自动线和多品种成批生产的可变自动线。按生产线所用加工装备和节拍特性对机械加工自动线作如下分类。

1. 按所用加工装备类型分类

（1）通用机床自动线　这类自动线多数是在流水线的基础上，利用现有的通用机床进行自动化改装后连接而成，有时也根据需要配置少量专用机床。这类自动线建线周期短、成本低，多用于加工盘类、环类、轴、套等中小尺寸旋转类工件。

（2）专用机床自动线　这类自动线以专用自动机床为主要加工装备，因而设计、制造周期长、投资较大、专用性强、产品改变后使用的灵活性小，但生产效率高、产品质量稳定，适用于大批量生产类型。此类生产线建线前必须进行充分的市场预测和分析，不能盲目建线。

（3）组合机床自动线　组合机床不仅具有专用机床的结构简单、生产率和自动化程度高的特点，而且由于大部分部件是通用部件，还具有设计制造周期短、成本低等优点。以这种通用化程度高的组合机床为主要装备，加上工件输送、转位和排屑等辅助设备所组成的自动线称为组合机床自动线。此类自动线主要适用于箱体和杂类工件的大批量生产，设计制造简单、使用可靠、生产效率高。其应用较专用机床生产线更为普遍。

（4）柔性制造自动线（Flexible Manufacturing Line，FML）　"柔性"是指生产组织形式和自动化制造设备对加工任务的适应性。前述三类机械加工自动线主要适用于单一品种（或少量品种）的大批量生产，难以满足产品向多品种、中大批量生产方向发展的需求。为了解决这一矛盾，便出现了以数控机床或由数控操作的组合机床为主要加工装备组成的自动线，它具有一定的柔性。实现柔性化的关键是其基本组成设备——加工单元的柔性。FML 一般由自动化加工设备、托板（工件）输送系统和控制系统组成。

2. 按自动线生产节拍特性分类

自动线完成一个工作循环所需要的时间称为自动线的生产节拍。按其生产节拍特性可分为固定节拍和非固定节拍两种形式。

（1）固定节拍自动线　固定节拍是指自动线中所有单元设备的工作节拍等于或成倍于自动线的生产节拍。在这类自动线上工序间没有储料装置，机床按照工件工艺顺序依次排列，工件由输送装置严格地按生产线的生产节拍强制性地沿固定路线从一个工位送到下一个工位，直到加工完毕。

（2）非固定节拍自动线　非固定节拍自动线是指自动线中各设备的工作节拍不同，各设备的工作周期是其完成各自工序所需要的实际时间。

6.1.5　自动化生产线的发展趋势

1）继续向大型化发展。大型化包括大输送能力、大单机长度和大输送倾角等几个方面。水力输送装置的长度已达 440km 以上。带式输送机的单机长度已近 15km，并已出现由若干台组成联系甲乙两地的"带式输送道"。不少国家正在探索长距离、大运量连续输送物料的更完善的输送机结构。

2）扩大输送机的使用范围。发展能在高温、低温条件下，有腐蚀性、放射性、易燃性物质的环境中工作的，以及能输送炽热、易爆、易结团、黏性的物料的输送机。

3）使输送机的构造满足物料搬运系统自动化控制对单机提出的要求。如邮局所用的自动分拣包裹的小车式输送机，应能满足分拣动作的要求等。

4）降低能量消耗以节约能源，已成为输送技术领域内科研工作的一个重要方面。已将 1t 物料输送 1km 所消耗的能量作为输送机选型的重要指标之一。

5）减少各种输送机在作业时所产生的粉尘、噪声和排放的废气。

6.2 自动化生产线的组成

自动化生产线由工艺设备、辅助系统、控制系统和工件的输送系统组成，根据产品或零件的具体情况、工艺要求、工艺过程、生产率要求和自动化程度等因素不同，自动线的结构及其复杂程度，往往有很大差别，但一般自动化生产线都由以下几个基本部分组成，如图6-1所示。

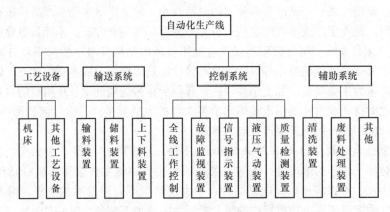

图6-1　自动化生产线的组成

对于具体的自动化生产线，其组成并非完全相同，按照结构特点，可分为通用设备自动线、专用设备自动线、无储料装置自动线和有储料装置自动线等。

6.2.1　控制系统

高度自动化生产线中，能够根据实际情况实现自动开关的传感器无疑是至关重要的。在自动化生产线中常用的开关有光电开关、接近开关及行程开关等。

自动化生产线中常用到的传感器有光敏传感器、温度传感器、位移传感器、压力传感器、超声波测距传感器、压阻式传感器、电阻式传感器、电阻应变式传感器和热电阻传感器等。

1. 传感器

传感器就是能感受规定的被测量并按照一定的规律转换成可用输出信号的器件或装置，如图6-2所示。或者说是接受物理或化学变量（输入变量）形式的信息，并按一定规律将其转换成相同或其他性质的输出信号的装置。

国家标准 GB/T 7665 - 2005 对传感器下的定义是：能感受规定的被测量并按照一定的规律转换成可用信号的器件或装置，通常由敏感元件和转换元件组成。敏感元件通常据其基本感知功能可分为热敏元件、光敏元件、气敏元件、力敏元件、磁敏元件、湿敏元件、声敏元件、放射线敏感元件、色敏元件和味敏元件等。

图6-2　传感器

人们为了从外界获取信息，必须借助于感觉器官。而单靠人们自身的感觉器官，在研究自然现象和规律时以及生产活动中，它们的功能就远远不够了。为适应这种情况，就需要传感器。因此可以说，传感器是人类五官的延长，又称之为电五官。

在现代工业生产尤其是自动化生产过程中，要用各种传感器来监视和控制生产过程中的各个参数，使设备工作在正常状态或最佳状态，并使产品达到最好的质量。因此可以说，没有众多的优良的传感器，现代化生产也就失去了基础。

传感器早已渗透到诸如工业生产、宇宙开发、海洋探测、环境保护、资源调查、医学诊断、生物工程、甚至文物保护等极其广泛的领域。可以毫不夸张地说，从茫茫的太空到浩瀚的海洋，以至各种复杂的工程系统，几乎每一个现代化项目，都离不开各种各样的传感器。

由此可见，传感器技术在发展经济、推动社会进步方面的重要作用是十分明显的。世界各国都十分重视这一领域的发展。相信不久的将来，传感器技术将会出现一个飞跃，达到与其重要地位相称的新水平。

2. 开关

开关是用来接通和断开电路的元件。开关应用在各种电子设备和家用电器中。

（1）光电开关

1）概述。光电开关是传感器大家族中的成员，它把发射端和接收端之间光的强弱变化转化为电流的变化以达到探测的目的。由于光电开关输出回路和输入回路是电隔离的（即电缘绝），所以它可以在许多场合得到应用。

采用集成电路技术和 SMT（表面安装）工艺而制造的新一代光电开关器件，具有延时、展宽、外同步、抗相互干扰、可靠性高、工作区域稳定和自诊断等智能化功能。这种新颖的光电开关是一种采用脉冲调制的主动式光电探测系统型电子开关，它所使用的冷光源有红外光、红色光、绿色光和蓝色光等，可非接触、无损伤地迅速控制各种固体、液体、透明体、黑体、柔软体和烟雾等物质的状态和动作。

接触式行程开关存在响应速度低、精度差、接触检测容易损坏被检测物及寿命短等缺点，而晶体管接近开关的作用距离短，不能直接检测非金属材料。但是，新型光电开关则克服了它们的上述缺点，而且体积小、功能多、寿命长、精度高、响应速度快、检测距离远以及抗光、电、磁干扰能力强。

目前，这种新型的光电开关已被用于物位检测、液位控制、产品计数、宽度判别、速度检测、定长剪切、孔洞识别、信号延时、自动门传感、色标检出、冲床和剪切机以及安全防护等诸多领域。此外，利用红外线的隐蔽性，还可在银行、仓库、商店、办公室以及其他需要的场合作为防盗警戒之用。

2）光电开关的分类。

① 按检测方式分类：可分为反射式、对射式和镜面反射式三种类型。

② 按结构分类：可分为放大器分离型、放大器内藏型和电源内藏型三类。

3）光电开关的工作原理。图 6-3 所示是反射式光电开关的工作原理框图。图中，由振荡回路产生的调制脉冲经反射电路后，由发光二极管辐射出光脉冲。当被测物体进入受光器作用范围时，被反射回来的光脉冲进入光敏晶体管，并在接收电路中将光脉冲解调为电脉冲信号，再经放大器放大和同步选通整形，然后用数字积分或 *RC* 积分方式排除干扰，最后经延时（或不延时）触发驱动器输出光电开关控制信号。光电开关一般都具有良好的回差特性，因而即使被检测物在小范围内晃动也不会影响驱动器的输出状态，从而可使其保持在稳定工作区。同时，自诊断系统还可以显示受光状态和稳定工作区，以随时监视光电开关的工作。

4）光电开关的特点。MGK 系列光电开关是现代微电子技术发展的产物，是 HGK 系列红外光电开关的升级换代产品。与以往的光电开关相比具有其显著的特点：

① 具有自诊断稳定工作区指示功能，可及时告知工作状态是否可靠。

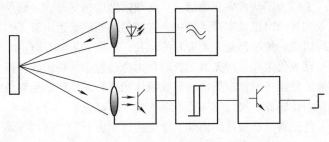

图 6-3　反射式光电开关的工作原理框图

② 对射式、反射式、镜面反射式光电开关都有防止相互干扰功能，安装方便。

③ 对 ES 外同步（外诊断）控制端的进行设置后，可在运行前预检光电开关是否正常工作，并可随时接受计算机或可编程序控制器的中断或检测指令，外诊断与自诊断的适当组合可使光电开关智能化。

④ 响应速度快，高速光电开关的响应速度可达到 0.1ms，每分钟可进行 30 万次检测操作，能检出高速移动的微小物体。

⑤ 采用专用集成电路和先进的 SMT（表面安装）工艺，具有很高的可靠性。

⑥ 体积小（最小仅 20mm×31mm×12mm）、重量轻，安装调试简单，并具有短路保护功能。

（2）接近开关

1）接近开关的工作原理。接近开关是一种无须与运动部件进行机械接触就可以操作的位置开关，当物体接近开关的感应面到动作距离时，不需要机械接触及施加任何压力即可使开关动作，从而驱动交流或直流电器或给计算机装置提供控制指令。接近开关是一种开关型传感器（即无触头开关），它即有行程开关及微动开关的特性，同时具有传感性能，且动作可靠，性能稳定，频率响应快，使用寿命长，抗干扰能力强，并具有防水、防振及耐腐蚀等特点。产品有电感式、电容式、霍尔式和交及直流型。

接近开关又称无触头接近开关，是理想的电子开关量传感器。当金属检测体接近开关的感应区域，开关就能在无接触、无压力、无火花的情况下迅速发出电气指令，准确反映出运动机构的位置和行程，即使用于一般的行程控制，其定位精度、操作频率、使用寿命、安装调整的方便性和对恶劣环境的适用能力，是一般机械式行程开关所不能相比的。它广泛地应用于机床、冶金、化工、轻纺和印刷等行业。在自动控制系统中可作为限位、计数、定位控制和自动保护环节。接近开关具有使用寿命长、工作可靠、重复定位精度高、无机械磨损、无火花、无噪声、抗振能力强等特点。因此到目前为止，接近开关的应用范围日益广泛，其自身的发展和创新的速度也是极其迅速。

2）接近开关的主要功能。

① 检验距离。检测电梯等升降设备的停止、起动、通过位置；检测车辆的位置；检测两物体的位置，防止两物体相撞；检测工作机械的设定位置和移动机械或部件的极限位置；检测回转体的停止位置和阀门的开或关位置；检测气缸或液压缸内的活塞移动位置。

② 尺寸控制。控制金属板冲剪的尺寸；自动选择、鉴别金属件长度；检测自动装卸时堆物高度；检测物品的长、宽、高和体积。

③ 检测物体是否存在。检测生产包装线上有无产品包装箱；检测有无产品零件。

④ 转速与速度控制。控制传送带的速度；控制旋转机械的转速；与各种脉冲发生器一起控制转速和转数。

⑤ 计数及控制。检测生产线上流过的产品数；高速旋转轴或盘的转数计量；零部件计数。

⑥ 检测异常。检测瓶盖有无；进行产品合格与不合格判断；检测包装盒内的金属制品是否缺乏；区分金属与非金属零件；进行产品有无标牌检测；起重机危险区报警；安全扶梯自动起停。

⑦ 计量控制。产品或零件的自动计量；检测计量器、仪表的指针范围而控制数量或流量；检测浮标控制测面高度和流量；检测不锈钢桶中的铁浮标；进行仪表量程上限或下限的控制；进行流量控制和水平面控制。

⑧ 识别对象。根据载体上的码识别是与非。

⑨ 信息传送。ASI（总线）连接设备上各个位置上的传感器在生产线（50～100m）中的数据往返传送等。

3）接近开关的分类。接近开关的作用是当某物体与接近开关接近并达到一定距离时，能发出信号。它不需要外力施加，是一种无触头式的主令电器。它的用途已远远超出行程开关所具备的行程控制及限位保护。接近开关可用于高速计数、检测金属体的存在、测速、液位控制、检测零件尺寸以及用作无触头式按钮等。

① 目前应用较为广泛的接近开关按工作原理可以分为以下几种类型。

高频振荡型：用以检测各种金属体。

电容型：用以检测各种导电或不导电的液体或固体。

光电型：用以检测所有不透光物质。

超声波型：用以检测不透过超声波的物质。

电磁感应型：用以检测导磁或不导磁金属。

② 接近开关按其外形可分为圆柱形、方形、沟形、穿孔（贯通）型和分离型。圆柱形比方形安装方便，但其检测特性相同；沟形的检测部位是在槽内侧，用于检测通过槽内的物体；贯通型在我国很少生产，而日本则应用较为普遍，可用于小螺钉或滚珠之类的小零件和浮标组装成水位检测装置等。

③ 接近开关按供电方式可分为直流型和交流型；按输出形式又可分为直流两线制、直流三线制、直流四线制、交流两线制和交流三线制。

两线制接近开关。两线制接近开关安装简单，接线方便；应用比较广泛，但有残余电压和漏电流大的缺点。

直流三线制接近开关。直流三线制接近开关的输出型有 NPN 和 PNP 两种。PNP 输出接近开关较多应用在 PLC 或计算机作为控制指令；NPN 输出接近开关较多应用于控制直流继电器。在实际应用中要根据电路的特性选择其输出形式。

3. PLC

PLC（可编程序控制器）是一种数字运算操作的电子系统，专为在工业环境应用而设计的。它采用一类可编程的存储器，用于其内部存储程序，执行逻辑运算、顺序控制、定时、计数与算术操作等面向用户的指令，并通过数字或模拟式输入/输出控制各种类型的机械或生产过程。

自 20 世纪 60 年代美国推出可编程序控制器（PLC）取代传统继电器控制装置以来，PLC 得到了快速发展，在世界各地得到了广泛应用。同时，PLC 的功能也不断完善。随着计算机技术、信号处理技术、控制技术和网络技术的不断发展和用户需求的不断提高，PLC 在开关量处理的基础上增加了模拟量处理和运动控制等功能。现在，PLC 不再局限于逻辑控制，在运动控制、过程控制等领域也发挥着十分重要的作用。

可编程序控制器在问世初期被称为可编程序逻辑控制器（Programmable Logic Controller），简称 PLC，最初的目的是取代继电器，执行继电器逻辑及其他计时或计数等功能的顺序控制为主，所以也称为顺序控制器，其结构也像一部微型计算机，所以也可称为微型计算机可编程序控制器（MCPC）。1976 年，美国电机制造协会正式给予命名为 Programmable Controller，即可编程序控制器，简称 PC。由于目前个人计算机（Personal Computer）极为普遍，加上常与可编程序控制器配合使用，为了区分两者。所以一般都称可编程序控制器为 PLC 以加以分别，目前市面上的 PLC 种类繁多，依照制造厂商及适用场所的不同而有所差异，但是每种品牌可依机组复杂度分为大、中、小型。可编程序控制器的内部基本结构包括 CPU、输入模块、输出模块三大部分。PLC 的 CPU 会经由输入模块取得输入元件所产生的信号，再从存储器中逐一取出原先输入的控制指令，经由运算部分逻辑运算后，再将结果通过输出模块来驱动外在的输出元件。

（1）PLC 内部结构

1）程序输入装置：负责提供操作者输入、修改、监视程序运作的功能。

2）中央处理单元（CPU）：负责 PLC 管理、执行、运算及控制等功能。

3）程序存储器：负责存储使用者设计的顺序程序参数及注解等。

4）数据存储器：负责存储输入、输出装置的状态及顺序程序的转换数据。

5）系统存储器：存储 PLC 执行顺序控制所需的系统程序。

6）输入回路：负责接收外部输入元件信号。

7）输出回路：负责接收外部输出元件信号。

（2）PLC 的工作原理　当 PLC 投入运行后，其工作过程一般分为 3 个阶段，即输入采样、用户程序执行和输出刷新 3 个阶段。完成上述 3 个阶段称为一个扫描周期。在整个运行期间，PLC 的 CPU 以一定的扫描速度重复执行上述 3 个阶段。

1）输入采样阶段。在输入采样阶段，PLC 以扫描方式依次读入所有输入状态和数据，并将它们存入 I/O（输入/输出）映像区中的相应的单元内。输入采样结束后，转入用户程序执行和输出刷新阶段。在这两个阶段中，即使输入状态和数据发生变化，I/O 映像区中的相应单元的状态和数据也不会改变。因此，如果输入是脉冲信号，则该脉冲信号的宽度必须大于一个扫描周期，才能保证在任何情况下，该输入均能被读入。

2）用户程序执行阶段。在用户程序执行阶段，PLC 总是按由上而下的顺序依次地扫描用户程序（梯形图）。在扫描每一条梯形图时，又总是先扫描梯形图左边的由各触头构成的控制电路，并按先左后右、先上后下的顺序对由触头构成的控制电路进行逻辑运算，然后根据逻辑运算的结果，刷新该逻辑线圈在系统 RAM（存储器）中对应位的状态；或者刷新该输出线圈在 I/O 映像区中对应位的状态；或者确定是否要执行该梯形图所规定的特殊功能指令。

即在用户程序执行过程中，只有输入点在 I/O 映像区内的状态和数据不会发生变化，而其他输出点和软设备在 I/O 映像区或系统 RAM 内的状态和数据都有可能发生变化，而且排在上面的梯形图，其程序执行结果会对排在下面且用到这些线圈或数据的梯形图起作用；相反，排在下面的梯形图，其被刷新的逻辑线圈的状态或数据只能到下一个扫描周期才能对排在其上面的程序起作用。

3）输出刷新阶段。当扫描用户程序结束后，PLC 就进入输出刷新阶段。在此期间，CPU 按照 I/O 映像区内对应的状态和数据刷新所有的输出锁存电路，再经输出电路驱动相应的外部设备。这时，才是 PLC 的真正输出。

同样的若干条梯形图，其排列次序不同，执行的结果也不同。另外，采用扫描用户程序的运行结果与继电器控制装置的硬逻辑并行运行的结果有所区别。当然，如果扫描周期所占用的时间对整个运行来说可以忽略，那么二者之间就没有什么区别了。一般来说，PLC 的扫描周期包括自诊断、通信等，即一个扫描周期等于自诊断、通信、输入采样、用户程序执行、输出刷新等所有时间的总和。

（3）PLC 的应用领域 目前，PLC 在国内外已广泛应用于钢铁、石油、化工、电力、建材、机械制造、汽车、轻纺、交通运输、环保及文化娱乐等各个行业，大致可归纳为如下几类。

1）开关量的逻辑控制。这是 PLC 最基本、最广泛的应用领域，它取代传统的继电器电路，实现逻辑控制、顺序控制，既可用于单台设备的控制，也可用于多机群控及自动化流水线，如注塑机、印刷机、订书机械、组合机床、磨床、包装生产线及电镀流水线等。

2）模拟量控制。在工业生产过程当中，有许多连续变化的量，如温度、压力、流量、液位和速度等都是模拟量。为了使可编程序控制器处理模拟量，必须实现模拟量（Analog）和数字量（Digital）之间的 A-D 转换及 D-A 转换。PLC 厂家都生产配套的 A-D 和 D-A 转换模块，使可编程序控制器用于模拟量控制。

3）运动控制。PLC 可以用于圆周运动或直线运动的控制。从控制机构配置来说，早期直接用于开关量 I/O 模块连接位置传感器和执行机构，现在一般使用专用的运动控制模块。如可驱动步进电动机或伺服电动机的单轴或多轴位置控制模块。世界上各主要 PLC 厂家的产品几乎都有运动控制功能，广泛用于各种机械、机床、机器人及电梯等场合。

4）过程控制。过程控制是指对温度、压力及流量等模拟量的闭环控制。作为工业控制计算机，PLC 能编制各种各样的控制算法程序，完成闭环控制。PID（比例-积分-微分）调节是一般闭环控制系统中用得较多的调节方法。大中型 PLC 都有 PID 模块，目前许多小型 PLC 也具有此功能模块。PID 处理一般是运行专用的 PID 子程序。过程控制在冶金、化工、热处理及锅炉控制等场合有非常广泛的应用。

5）数据处理。现代 PLC 具有数学运算（含矩阵运算、函数运算、逻辑运算）、数据传送、数据转换、排序、查表及位操作等功能，可以完成数据的采集、分析及处理。这些数据可以与存储在存储器中的参考值比较，完成一定的控制操作，也可以利用通信功能传送到别的智能装置，或将它们打印制表。数据处理一般用于大型控制系统，如无人控制的柔性制造系统；也可用于过程控制系统，如造纸、冶金及食品工业中的一些大型控制系统。

6）通信及联网。PLC 通信含 PLC 间的通信及 PLC 与其他智能设备间的通信。随着计算机控制技术的发展，工厂自动化网络发展得很快，各 PLC 厂商都十分重视 PLC 的通信功能，纷纷推出各自的网络系统。新近生产的 PLC 都具有通信接口，通信非常方便。

4. 工控机

工控机（Industrial Personal Computer，IPC）是一种加固的增强型个人计算机，它可以作为一个工业控制器在工业环境中可靠运行。

早在 20 世纪 80 年代初期，美国 AD 公司就推出了类似 IPC 的 MAC-150 工控机，随后美国 IBM 公司正式推出工业个人计算机 IBM7532。由于 IPC 性能可靠、软件丰富、价格低廉，因而在工控机中异军突起，后来居上，应用日趋广泛。

（1）工控机的定义 工控机即工业控制计算机，但现在，更时髦的叫法是产业计算机或工业计算机。工控机通俗地说就是专门为工业现场而设计的计算机。

（2）主要结构

1）全钢机箱。IPC 的全钢机箱是按标准设计的，抗冲击，抗振动，抗电磁干扰，内部可安装同 PC 总线兼容的无源底板。

2）无源底板。无源底板的插槽由 ISA（工业标准结构）和 PCI（外设部件互连标准）总线的多个插槽组成，ISA 或 PCI 插槽的数量和位置根据实际需要有一定选择，该板为四层结构，中间两层分别为地层和电源层，这种结构方式可以减弱板上逻辑信号的相互干扰和降低电源阻抗。底板可插接各种板卡，包括 CPU 卡、显示卡、控制卡及 I/O 卡等。

3）工业电源。为 AT 开关电源，平均无故障运行时间达到 250 000h。

4）CPU 卡。IPC 的 CPU 卡有多种，根据尺寸可分为长卡和半长卡，根据处理器可分为 386、486、586、PII、PIII 主板，用户可视自己的需要任意选配。其主要特点：工作温度为 0 ~ 60℃；装有计时器；低功耗，最大为 5V/2.5A。

5）其他配件。IPC 的其他配件基本上都与 PC 兼容，主要有 CPU、内存、显卡、硬盘、软驱、键盘、鼠标、光驱及显示器等。

（3）适用领域　目前，IPC 已被广泛应用于工业及人们生活的方方面面，例如，控制现场、路桥收费、医疗、环保、通信、智能交通、监控、语音、排队机、POS 机、数控机床、加油机、金融、石化、物探、环保、军工、电力、铁路、高速公路、航天及地铁等。

（4）工控机特点　工控机通俗地说就是专门为工业现场而设计的计算机，而工业现场一般具有强烈的振动，灰尘特别多，另有很高的电磁场力干扰等特点，且一般工厂均是连续作业，即一年中一般没有休息。因此，工控机与普通计算机相比，必须具有以下特点：

1）机箱采用钢结构，有较高的防磁、防尘、防冲击的能力。

2）机箱内有专用底板，底板上有 PCI 和 ISA 插槽。

3）机箱内有专门电源，电源有较强的抗干扰能力。

4）要求具有连续长时间工作能力。

5）一般采用便于安装的标准机箱（4U 标准机箱较为常见）。

尽管工控机与普通的商用计算机相比，具有得天独厚的优势，但其劣势也是非常明显：

1）配置硬盘容量小。

2）数据安全性低。

3）存储选择性小。

4）价格较高。

6.2.2　输送系统

输送系统通常采用各种输送线，其作用一方面是自动输送工件，另一方面是将各种自动化装配专机连接成一个协调运行的系统。输送系统通常都采用连续运行的方式。

1. 输料装置

（1）分类　具有牵引件的输料装置一般包括牵引件、承载构件、驱动装置、张紧装置和支承件等。牵引件用以传递牵引力，可采用输送带、牵引链或钢丝绳；承载构件用以承放物料，有料斗、托架或吊具等；驱动装置给输料装置以动力，一般由电动机、减速器和制动器（停止器）等组成；张紧装置一般有螺杆式和重锤式两种，可使牵引件保持一定的张力和垂度，以保证输送机正常运转；支承件用以承托牵引件或承载构件，可采用托辊、滚轮等。

具有牵引件的输料装置的结构特点是：被运送物料装在与牵引件连接在一起的承载构件内，或直接装在牵引件（如输送带）上，牵引件绕过各滚筒或链轮首尾相连，形成包括运送物料的有载分支和不运送物料的无载分支的闭合环路，利用牵引件的连续运动输送物料。

具有牵引件的输料装置种类繁多，主要有带式输送、板式输送、小车式输送、自动扶梯、自动人行道、刮板输送、埋刮板输送、斗式输送、斗式提升、悬挂链输送和架空索道等。

没有牵引件的输料装置的结构组成各不相同，用来输送物料的工作构件亦不相同。它们的结构特点是：利用工作构件的旋转运动或往复运动，或利用介质在管道中的流动使物料向前输送。例如，辊子输送机的工作构件为一系列辊子，辊子做旋转运动以输送物料；螺旋输送机的工作构件为螺旋，螺旋在料槽中做旋转运动以沿料槽推送物料；振动输送机的工作构件为料槽，料槽做往复运动以输送置于其中的物料等。

（2）发展趋势 输料装置的发展趋势是：

1）继续向大型化发展。大型化包括大输送能力、大单机长度和大输送倾角等几个方面。水力输送装置的长度已达 440km 以上。带式输送装置的单机长度已近 15km，并已出现由若干台组成联系甲乙两地的"带式输送道"。不少国家正在探索长距离、大运量连续输送物料的更完善的输送机结构。

2）扩大输送装置的使用范围。发展能在高温、低温条件下，有腐蚀性、放射性、易燃性物质的环境中工作的，以及能输送炽热、易爆、易结团、黏性的物料的输送装置。

3）使输送装置的构造满足物料搬运系统自动化控制对单机提出的要求。如邮局所用的自动分拣包裹的小车式输送装置应能满足分拣动作的要求等。

4）降低能量消耗以节约能源，已成为输送技术领域内科研工作的一个重要方面。已将 1t 物料输送 1km 所消耗的能量作为输送装置选型的重要指标之一。

5）减少各种输送装置在作业时所产生的粉尘、噪声和排放的废气。

2. 各种自动上下料装置

由于主要的装配工序都是由各种自动化装配专机完成的，各种自动化装配专机自然也相应需要各自的自动上下料装置，应用最多的就是振盘及机械手。振盘用于自动输送小型零件，如螺钉、螺母、铆钉、小型冲压件、小型注塑件及小型压铸件等；而机械手抓取的对象更广，既可以抓取很微小的零件，也可以抓取具有一定尺寸和重量的零件。

为了简化结构，在自动化专机的设计中，通常将自动上下料机械手直接设计成专机的一部分，而且通常的上下料操作只需要两个方向的运动即可实现。所以这种机械手采用配套的直线导轨机构与气缸组成上下、水平两个方向的直线运动系统，在上下运动手臂的末端假设吸盘或气动手指即可。

对于某些简单的工艺操作，专机不需要将工件从输送线上移出，可以在工件在输送线上的输送过程中直接进行，例如喷码打标、条码贴标操作，这就使专机的结构大大简化；有些工艺需要使工件在静止状态下进行，这时就需要通过挡停机构使工件停留在输送线上，然后直接进行。而有些工序不仅需要工件在静止状态下进行，而且还需要一定的精度，例如激光打标操作，这时如果仅仅将工件挡停在输送线上还不够，因为输送线通常是连续运行的，在输送线的作用下工件仍然会产生轻微的抖动，需要设计气动机构将工件向上顶升一定距离，使工件脱离输送带或输送链板后再进行工序操作，完成工序操作后再将工件放下到输送带或输送链板上继续输送。

6.3 自动化生产线的安装与调试

YL-335A 型自动化生产线采用模块组合式的结构，各工作单元是相对独立的模块，并采用了标准结构和抽屉式模块放置架，具有较强的互换性。可根据实训需要或工作任务的不同进行不同的组合、安装和调试。下面以 YL-335A 型自动化生产线为例介绍自动化生产线的安装与调试。

6.3.1 YL-335A 型自动化生产线概述

1. YL-335A 型自动化生产线的基本组成

YL-335A 型自动化生产线由安装在铝合金导轨式实训台上的供料单元、加工单元、装配单元、输送单元和分拣单元组成。其外观如图 6-4 所示。

其中，每一工作单元都可自成一个独立的系统，同时也都是一个机电一体化的系统。各个单元的执行机构基本上以气动执行机构为主，但输送单元的机械手装置整体运动则采取步进电动机驱动、精密定位的位置控制，该驱动系统具有长行程、多定位点的特点，是一个典型的一维位置控制系统。分拣单元的传送带驱动则采用了通用变频器驱动三相异步电动机的交流传动装置。位置控制和变频器技术是现代工业企业应用最为广泛的电气控制技术。

在该自动化生产线上应用了多种类型的传感器，分别用于判断物体的运动位置、物体通过的状态、物体的颜色及材质等。传感

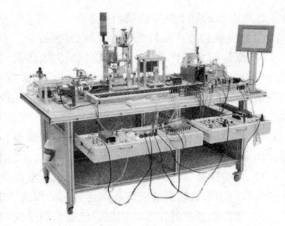

图6-4　YL-335A型自动化生产线的外观

器技术是机电一体化技术中的关键技术之一，是现代工业实现高度自动化的前提之一。

在控制方面，采用了基于RS485串行通信的PLC网络控制方案，即每一个工作单元由一台PLC承担其控制任务，各PLC之间通过RS485串行通信实现互连的分布式控制方式。用户可根据需要选择不同厂家的PLC及其所支持的RS485通信模式，组建成一个小型的PLC网络。小型PLC网络以其结构简单，价格低廉的特点在小型自动化生产线中仍然有着广泛的应用，在现代工业网络通信中仍占据相当的份额。

2. 基本功能

1）供料单元的基本功能：按照需要将放置在料仓中待加工的工件自动送出到物料台上，以便输送单元的抓取机械手装置将工件抓取送往其他工作单元。

2）加工单元的基本功能：把该单元物料台上的工件（工件由输送单元的抓取机械手装置送来）送到冲压机构下面，完成一次冲压加工动作，然后再送回到物料台上，待输送单元的抓取机械手装置取出。

3）装配单元的基本功能：完成将该单元料仓内的黑色或白色小圆柱工件嵌入到已加工的工件中的装配过程。

4）分拣单元的基本功能：完成将上一单元送来的已加工、装配的工件的分拣，使不同颜色的工件从不同的料槽分流。

5）输送单元的基本功能：该单元具有精确定位到指定单元的物料台，在物料台上抓取工件，把抓取到的工件输送到指定地点然后放下。

3. 特点

YL-335A型自动化生产线是一套半开放式的设备，用户在一定程度上可根据自己的需要选择设备组成单元的数量、类型，最多可由五个单元组成，最少时一个单元即可自成一个独立的控制系统。由多个单元组成的系统，其PLC网络的控制方案可以体现出自动生产线的控制特点。

总的来说，此生产线综合应用了多种技术知识，如气动控制技术、机械技术（机械传动、机械连接等）、传感器应用技术、PLC控制和组网、步进电动机位置控制和变频器技术等。利用该系统，可以模拟一个与实际生产情况十分接近的控制过程。

6.3.2　供料单元的结构与控制

1. 供料单元的功能与结构组成

（1）供料单元的功能　供料单元是自动化生产线中的起始单元，在整个系统中，起着向系

统中的其他单元提供原料的作用。具体的功能是：按照需要将放置在料仓中待加工工件（原料）自动地推出到物料台上，以便输送单元的机械手将其抓取，输送到其他单元上。图 6-5 所示为供料单元实物的全貌。

（2）供料单元的结构组成　供料单元的主要结构组成包括工件推出与支撑装置、工件漏斗、阀组、端子排组件、PLC、急停按钮和起动/停止按钮、走线槽、底板等。

1）工件推出与支撑装置及漏斗部分。该部分如图 6-6 所示。用于储存工件原料，并在需要时将料仓中最下层的工件推出到物料台上。它主要由大工件、装料管、推料气缸、夹紧气缸（又称顶料气缸）、磁感应接近开关及漫射式光电传感器等组成。

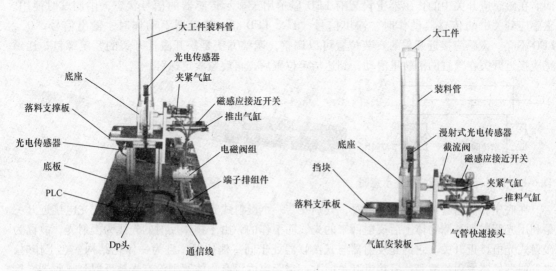

图 6-5　供料单元实物的全貌　　　　图 6-6　进料模块和物料台

该部分的工作原理是：工件垂直叠放在料仓中，推料气缸处于料仓的底层并且其活塞杆可从料仓的底部通过。当活塞杆在退回位置时，它与最下层工件处于同一水平位置，而夹紧气缸则与次下层工件处于同一水平位置。在需要将工件推出到物料台上时，首先使夹紧气缸的活塞杆推出，压住次下层工件；然后使推料气缸活塞杆推出，从而把最下层工件推到物料台上。在推料气缸返回并从料仓底部抽出后，再使夹紧气缸返回，松开次下层工件。这样，料仓中的工件在重力的作用下，就自动向下移动一个工件，为下一次推出工件做好准备。

为了使气缸的动作平稳可靠，气缸的作用气口都安装了限出型气缸截流阀。气缸截流阀的作用是调节气缸的动作速度。截流阀上带有气管快速接头，只要将合适外径的气管往快速接头上一插就可以将管连接好了，使用时十分方便。图 6-7 是安装了带快速接头的限出型气缸截流阀的气缸外观。

图 6-8 是一个双动气缸装有两个限出型气缸节流阀的连接和调节原理示意图，当调节节流阀 A 时，可以调整气缸的伸出

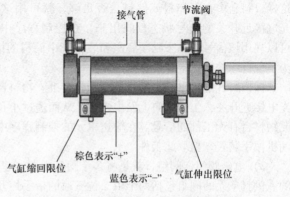

图 6-7　安装上气缸节流阀的气缸

213

速度；而当调节节流阀 B 时，可以调整气缸的缩回速度。

从图 6-7 上可以看到，气缸两端分别有缩回限位和伸出限位两个极限位置，这两个极限位置都分别装有一个磁感应接近开关，其实物图如图 6-9 所示。磁感应接近开关的基本工作原理是：当磁性物质接近磁感应开关中的传感器时，传感器便会动作，并输出传感器信号。若在气缸的活塞（或活塞杆）上安装上磁性物质，在气缸缸筒外面的两端位置各安装一个磁感应接近开关，就可以用这两个磁感应开关中的传感器分别标识气缸运动的两个极限位置。当气缸的活塞杆运动到哪一端时，哪一端的磁感应式接近开关就动作并发出电信号。在 PLC 的自动控制中，可以利用该信号来判断推料及夹紧气缸的运动状态或所处的位置，以确定工件是否被推出或气缸是否返回。在磁感应开关中的传感器上设置有 LED 显示用于显示传感器的信号状态，供调试时使用。磁感应开关中的传感器动作时，输出信号 "1"，LED 亮；传感器不动作时，输出信号 "0"，LED 不亮。磁感应接近开关的安装位置可以调整，调整方法是松开磁性开关的紧定螺钉，让磁感应接近开关在气缸的滑轨里滑动，到达指定位置后，再旋紧紧定螺钉。

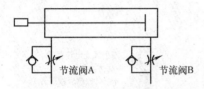

图 6-8　节流阀连接和调整原理示意图

图 6-9　磁感应接近开关实物图

在底座和装料管第 4 层工件位置，分别安装一个漫射式光电接近开关。漫射式光电接近开关是利用光照射到被测物体上后反射回来的光线而工作的，由于物体反射的光线为漫射光，故称为漫射式光电接近开关。它的光发射器与光接收器处于同一侧位置，且为一体化结构。在工作时，光发射器始终发射检测光，若接近开关前方一定距离内没有物体，则没有光被反射到接收器，接近开关处于常态而不动作；反之若接近开关的前方一定距离内出现物体，只要反射回来的光强度足够，则接收器接收到足够的漫射光就会使接近开关动作而改变输出的状态。图 6-10 所示为漫射式光电接近开关的工作原理示意图。

由此可见，若该部分机构内没有工件，则处于底层和第 4 层位置的两个漫射式光电接近开关均处于常态；若仅在底层起有 3 个工件，则底层处光电接近开关动作而次底层处光电接近开关常态，表明工件已经快用完了。这样，料仓中有无储料或储料是否足够，就可用这两个光电接近开关的信号状态反映出来。在控制程序中，就可以利用该信号状态来判断底座和装料管中储料的情况，为实现自动控制奠定了硬件基础。

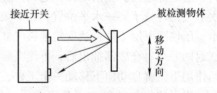

图 6-10　漫射式接近开关的工作原理示意图

被推料气缸推出的工件将落到物料台上。物料台面开有小孔，物料台下面也设有一个漫射式光电接近开关，工作时向上发出光线，从而透过小孔检测是否有工件存在，以便向系统提供本单元物料台有无工件的信号。在输送单元的控制程序中，就可以利用该信号状态来判断是否需要驱动机械手装置来抓取此工件。

2）电磁阀组。阀组，就是将多个阀集中在一起构成的一组阀，而每个阀的功能是彼此独立的。供料单元的阀组包括两个由二位五通的带手控开关的单电控电磁阀，这两个阀集中安装在汇流板上，汇流板中两个排气口末端均连接了消声器。消声器的作用是减少压缩空气在向大气排放时的噪声。阀组的组装如图 6-11 所示。本单元的两个阀分别对夹紧气缸和推料气缸的气路进行控制，以改变各自的动作状态。

本单元所采用的电磁阀，带手动换向、加锁钮，有锁定（LOCK）和开启（PUSH）两个位置。用螺钉旋具把加锁钮旋到在"LOCK"位置时，手控开关向下凹进去，不能进行手控操作。只有在"PUSH"位置，可用工具向下按，信号为"1"，等同于该侧的电磁信号为"1"；常态时，手控开关的信号为"0"。在进行设备调试时，可以使用手控开关对阀进行控制，从而实现对相应气路的控制，以改变推料气缸等执行机构的控制，达到调试的目的。

3）接线端口。接线端口采用双层接线端子排，用于集中连接本工作单元所有电磁阀、传感器等器件的电气连接线、PLC 的 I/O 端口及直流电源。上层端子用于连接公共电源正、负极（Vcc 和 0V），连接片的作用是将各分散端子片进行电气短接，下层端子用于信号线的连接，固定端板是将各分散的组成部分进行横向固定，保险座内插装有 2A 的保险管。接线端口上的每一个端子旁都有数字标号，以说明端子的位地址。接线端口通过导轨固定在底板上。图 6-12 是本单元的接线端口外观图。

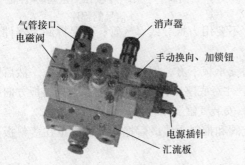

图 6-11　阀组的组装

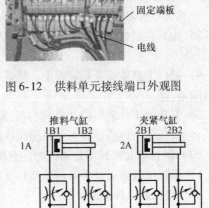

图 6-12　供料单元接线端口外观图

（3）气动控制回路　气动控制回路是本工作单元的执行机构，该执行机构的逻辑控制功能是由 PLC 实现的。气动控制回路的工作原理如图 6-13 所示。图中 1A 和 2A 分别为推料气缸和夹紧气缸。1B1 和 1B2 为安装在推料气缸的两个极限工作位置的磁感应接近开关，2B1 和 2B2 为安装在顶料气缸的两个极限工作位置的磁感应接近开关。1Y1 和 2Y1 分别为控制推料气缸和夹紧气缸的电磁阀的电磁控制端。

2. 供料单元的 PLC 控制及编程

前面主要讨论的是组成供料单元的各部件（器件）。为了使工作单元按工艺要求正常运转，必须正确地编制 PLC 应用程序（简称编程）。

（1）PLC 的 I/O 接线　本单元中，传感器信号占用 7 个输入点，留出 1 个点提供给起/停按钮作本地主令信号，则所需的 PLC I/O 点数为 8 点输入/2 点输出。选用西门子 S7-222 主单元，共 8 点输入和 6 点继电器输出。

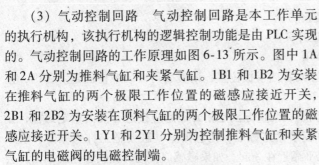

图 6-13　供料单元气动控制回路工作原理图

（2）供料单元的本地控制和网络控制

1）本地控制。YL-335A 型自动化生产线允许各工作单元作为独立设备运行，但在供料单元中，主令信号输入点被限制为 1 个，如果需要有起动和停止 2 种主令信号，只能由软件编程实现。图 6-14 是由软件编程实现的用一个按钮产生起动/停止信号的程序。

2）网络控制。自动化生产线着重考虑采用 RS485 串行通信实现的网络控制方案，系统的主令信号均从连接到输送站 PLC（主站）的按钮/指示灯模块发出，经输送站 PLC 程序处理后，把控制要求存储到其发送缓冲区，通过调用 NET_EXE 子程序，向各从站发送控制要求，以实现各站的复位、起动、停止等操作。供料、加工、装配及分拣各从站单元在运行过程中的状态信号，应存储到该单元 PLC 规划好的数据缓冲区，等待主站单元的读取而回馈到系统，以实现整个系统的协调运行。

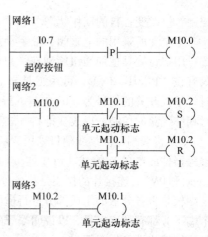

图 6-14　用一个按钮产生起动/停止信号的程序

3. 供料单元的安装和调试

（1）供料单元机械部分的安装步骤

1）观察了解本单元结构。在实际观察结构时，不要用力扯导线、气管；不要拆卸元器件和其他装置。

2）开始安装时，首先把传感器支架安装在落料支承板下方，把底座装在支承板上，然后安装两个传感器支架，把以上整体装在落料支承架上。注意底座出料口方向朝前，与挡料板方向一致，支承架的横架方向是在后面，螺钉先不要拧紧，安装气缸支承板之后再进行固定。

3）先后在气缸支承板上安装两个气缸，装节流阀和推料头，最后把支承板固定在落料板支架上。

4）把以上整体安装到底板上，将底板固定于工作台上，在工作台第4道、第10道槽沟安装螺钉固定。

5）安装大工件装料箱（俗称料筒或料仓）。

6）安装 3 个传感器和 4 个磁感应接近开关。

（2）供料单元机械部分调试的注意事项

1）推料位置要通过手动调整推料气缸或者挡料板位置，调整后再安装螺栓固定。否则，位置不到位将引起工件推偏。

2）磁感应接近开关的安装位置可以调整，调整方法是松开磁感应接近开关的紧定螺栓，让它沿着气缸滑动，在到达指定位置后，再旋紧紧定螺栓。注意夹紧气缸要把工件夹紧，行程很短，因此其上面的两个磁感应接近开关几乎靠近在一起。如果磁感应接近开关安装位置不当，会影响控制过程。

3）底座及装料管安装光电接近开关，若该部分机构没有工件，光电接近开关上的指示灯不亮；若在底层起有 3 个工件，底层处光电接近开关亮，而第 4 层处光电接近开关不亮；若在底层起有 4 个工件或者以上，则 2 个光电接近开关都亮。否则，须调整光电接近开关位置或者光强度。

4）物料台面开有小孔，物料台下面也设有一个光电接近开关，工作时向上发出光线，从而透过小孔检测是否有工件存在，以便向系统提供本单元物料台有无工件的信号。在输送单元的控制程序中，就可以利用该信号状态来判断是否需要驱动机械手装置来抓取此工件。该光电接近开关选用圆柱形的光电接近开关（MHT15-N2317 型）。

（3）供料单元的 PLC 的 I/O 地址分配　供料单元的 PLC 的 I/O 地址分配见表 6-1。

表 6-1　PLC 的 I/O 地址分配

序号	地址	设备符号	设备名称	设备用途
1	I0.0	1B2	磁感应接近开关	判断夹紧到位
2	I0.1	1B1	磁感应接近开关	判断夹紧复位
3	I0.2	2B1	磁感应接近开关	判断推料到位
4	I0.3	2B2	磁感应接近开关	判断推料复位
5	I0.4	B5	光电传感器	物料不够检测
6	I0.5	B6	光电传感器	物料有无检测
7	I0.6	B7	光电传感器	物料台物料检测
8	I0.7	START/STOP	按钮	起/停按钮
9	Q0.1	1Y	顶料电磁铁	控制夹紧动作
10	Q0.2	2Y	推料电磁铁	控制推料动作

（4）生产工艺流程与程序　在自动连续控制模式下，在料仓中有工件，各个执行机构都在初始位置情况下，当按下起/停按钮时，供料单元执行机构的夹紧气缸的活塞杆推出，压住次下层工件，推料气缸将存放在料仓中的工件推出到挡料板。在推料气缸返回后，夹紧气缸返回，料仓中的工件下移。只要料仓中有工件，挡料板工件被取走，此工件就继续。在运行过程中，料仓中无工件或者挡料板工件没有用手取走时，停止运行；当再次按下起/停按钮时，供料单元应该在完成当前的工作循环后停止运行，并且各个执行机构应该回到初始状态。

在起动前，供料单元的执行机构如果不在初始位置，料仓中无工件，不允许起动。料仓中工件少于 4 个时，可设计提示报警。

在编写满足控制要求和安全要求的控制程序时，首先要了解设备的基本结构；其次要清楚各个执行结构之间的准确动作关系，也就是清楚生产工艺；再次要考虑安全、效率等因素；最后才是通过编程实现控制功能。

（5）调试运行　在编写、传输、调试程序过程中，进一步了解掌握设备调试的方法、技巧及注意点，培养严谨的作风。

1）在下载、运行程序前，必须认真检查程序。在检查程序时，重点检查各个执行机构之间是否发生冲突，采用了什么样措施避免冲突，同一执行机构在不同阶段所做的动作是否区分开。

2）只有在认真、全面检查程序，确认无误时，才可以运行程序并进行实际调试，不可以在不检查的情况下直接在设备上运行所编写的程序，如果程序存在问题，很容易造成设备损毁和人员伤害。

3）在调试过程中，仔细观察执行机构的动作，并且做好实时记录（有动作填"1"，无动作填"0"），作为分析的依据，从而分析程序可能存在的问题。如果程序能够实现预期的控制功能，则应进行多次运行，检查运行的可靠性并进行程序优化。

4）总结经验，把调试过程中遇到的问题、解决的方法记录下来。

5）在运行过程中，应该时刻注意现场设备的运行情况，一旦发生执行机构相互冲突事件，应及时采取措施，如急停、切断执行机构控制信号，切断气源或切断总电源等，以避免造成设备的损毁。其他单元的调试过程与之类似，下面就不再介绍了。

6.3.3　加工单元的结构与控制

1. 加工单元的功能与结构

（1）加工单元的功能　加工单元的功能是完成把待加工工件从物料台移送到加工区域冲压气缸的正下方；完成对工件的冲压加工，然后把加工好的工件重新送回物料台的过程。图 6-15 所示为加工单元实物的全貌。

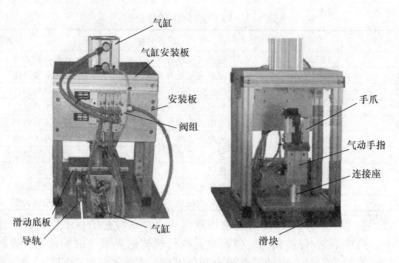

图 6-15 加工单元实物的全貌

（2）加工单元的结构组成　加工单元主要结构组成：物料台及滑动机构、加工（冲压）机构、电磁阀组、接线端口、PLC 模块、急停按钮和起动/停止按钮、底板等。

1）物料台及滑动机构。物料台及滑动机构如图 6-16 所示。物料台用于固定被加工件，并把工件移到加工（冲压）机构正下方进行冲压加工。它主要由配套手爪、气动手指、伸缩气缸、线性导轨及滑块、磁感应接近开关、漫射式光电传感器组成。

滑动物料台的工作原理：滑动物料台原始位置是处于物料台伸缩气缸伸出和物料台配套手爪张开的状态，当输送机构把物料送到料台上，漫射式光电传感器检测到工件后，PLC 控制程序驱动机械手将工件夹紧→物料台回到加工区域冲压气缸下方→冲压气缸向下伸出冲压工件→完成冲压动作后向上缩回→物料台重新伸出→到位后机械手指松开，按此顺序完成工件加工工序，并向系统发出加工完成信号。并为下一次工件到来后的加工做准备。

在移动料台上安装一个磁感应接近开关。若物料台上没有工件，则磁感应接近开关均处于常态；若物料台上有工件，则磁感应接近开关动作，表明物料台上已有工件，需将工件输送到加工位置进行加工。漫射式光电传感器的输出信号送到加工单元 PLC 的输入端，用以判别物料台上是否有工件需要进行加工；当加工过程结束，已加工工件被送回到物料台后，PLC 通过通信网络把加工完成信号回馈给系统，以协调控制。

2）加工（冲压）机构。加工（冲压）机构如图 6-17 所示。加工机构用于对工件进行冲压加工。它主要由冲压气缸、冲压头、安装板和铝合金支架等组成。

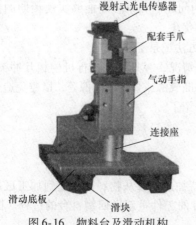

图 6-16　物料台及滑动机构

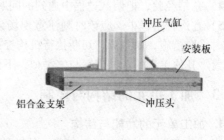

图 6-17　加工（冲压）机构

冲压机构的工作原理：当工件到达冲压位置时，冲压气缸伸出对工件进行加工，完成加工动作后冲压气缸缩回，为下一次冲压做准备。

冲压头根据工件的要求对工件进行冲压加工，冲压头安装在冲压气缸头部。冲压台用于安装冲压气缸，对冲压气缸进行固定。

3）电磁阀组。加工单元的手爪、物料台伸缩气缸和冲压气缸均用三个二位五通的带手控开关的单电控电磁阀控制，三个控制阀集中安装在带有消声器的汇流板上，如图6-18所示。由于冲压气缸对气体的压力和流量要求比较高，故冲压气缸的配套气管较粗。这三个阀分别对冲压气缸、物料台手爪气缸和物料台伸缩气缸的气路进行控制，以改变各自的动作状态。

电磁阀所带手控开关有锁定（LOCK）和开启（PUSH）两种位置。在进行设备调试时，使手控开关处于开启位置，可以使用手控开关对阀进行控制，从而实现对相应气路的控制，以改变对冲压气缸等执行机构的控制，达到调试的目的。

4）接线端口。图6-19是加工单元的接线端口外观图。

图6-18 电磁阀组

图6-19 加工单元的接线端口外观图

（3）气动控制回路 本工作单元气动控制回路的工作原理如图6-20所示。1B1和1B2为安装在冲压气缸的两个极限工作位置的磁感应接近开关，2B1和2B2为安装在物料台伸缩气缸的两个极限工作位置的磁感应接近开关，3B1和3B2为安装在手爪气缸工作位置的磁感应接近开关。1Y1、2Y1和3Y1分别为控制冲压气缸、物料台伸缩气缸和物料夹紧气缸的电磁阀的电磁控制端。

从图6-20可以看到，当气源接通时，物料台伸缩气缸的初始状态是在伸出位置。这一点，在进行气路安装时应予注意。

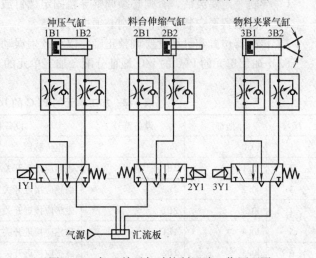

图6-20 加工单元气动控制回路工作原理图

2. 加工单元的PLC控制及编程

（1）PLC的I/O接线 本单元中，传感器信号占用6个输入点，留出2个点提供给急停按钮和起/停按钮作本地主令信号，则所需的PLC I/O点数为8点输入/3点输出，故选用西门子S7-222 AC/DC/RLY主单元，共8点输入和6点继电器输出。

（2）加工单元的编程要点

1）在加工单元中，提供起动/停止按钮和急停按钮各一个作为该单元的主令信号。如果需要有起动和停止两种主令信号，则只能由软件编程实现，实现方法与供料单元相同，这里不再重复介绍。本单元的急停按钮是当本单元出现紧急情况时提供的局部急停信号，一旦发生，本单元所有机构应立即停止运行，直到急停解除为止；同时，急停状态信号应回馈到系统，以便协调处理。

2）加工单元的工艺过程也是一个顺序控制：物料台的物料检测传感器检测到工件后，按照"机械手指夹紧工件→物料台回到加工区域冲压气缸下方→冲压气缸向下伸出冲压工件→完成冲压动作后向上缩回→物料台重新伸出→到位后机械手指松开"的顺序完成工件加工，并向系统发出加工完成信号。读者可按上述工艺要求编写PLC程序。这里假设该单元用本地控制，按一下起/停按钮，单元起动，按上述顺序工作；再按一下起/停按钮，发出停止工作信号，加工单元在完成本周期的动作后停止工作，即使物料台的物料检测传感器检测到工件，也不再运行。

3. 加工单元安装与调试

（1）加工单元机械部分的安装步骤

1）对安装好的实物进行观察，培养自己的观察能力。例如，在观察气动控制回路的组成情况时，可通过观察到有无节流阀、气缸的进排气推断气动控制回路；通过手动操作控制阀，控制气缸动作，观察执行机构的动作特征；认识所使用的传感器的类型、安装位置、作用及其与PLC的接口地址；查明PLC的接口地址和输入/输出控制信号。

2）在工作台上，先安装支架，再安装上下气缸的安装板，然后安装气阀安装板。

3）将导轨固定在导轨滑板上后，再按顺序安装前后气缸、气爪、气缸支架后，整体连接到气缸滑块上，最后将传感器安装板安装到气爪气缸上。

（2）调试注意点

1）导轨一定要灵活，否则必须调整导轨固定螺钉或滑板固定螺钉。

2）气缸位置要安装正确，否则必须进行调整。

3）传感器位置和灵敏度要调整正确，以免产生误动作。

（3）加工单元的PLC的I/O地址分配　加工单元的PLC的I/O地址分配见表6-2。

表6-2　加工单元的PLC的I/O地址分配

序号	地址	设备符号	设备名称	设备用途
1	I0.0	B6	光电传感器	物料台物料检测
2	I0.1	3B1	磁感应接近开关	物料台夹紧检测
3	I0.2	2B2	磁感应接近开关	物料台伸出到位
4	I0.3	2B1	磁感应接近开关	物料台缩回到位
5	I0.4	1B1	磁感应接近开关	加工压头上限
6	I0.5	1B2	磁感应接近开关	加工压头下限
7	I0.6	STAR/STOP	按钮	起/停按钮
8	I0.7	SB	按钮	急停
9	Q0.0	3Y1	夹紧电磁铁	控制夹紧动作
10	Q0.1	2Y1	物料台伸缩电磁铁	控制物料台伸缩动作
11	Q0.2	1Y1	加工冲压头电磁铁	控制加工冲压头动作

6.3.4　装配单元的结构与控制

1. 装配单元的结构

（1）装配单元的功能　装配单元是将该生产线中分散的两种物料进行装配的装置。主要是通过对自身物料仓库的物料按生产需要进行分配，并使用机械手将其插入来自加工单元的物料中心孔的装置。装配单元总装实物如图 6-21 所示。

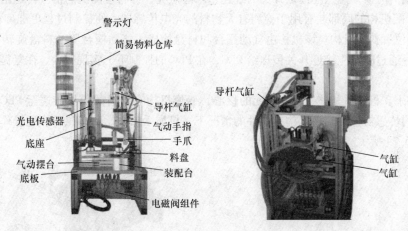

图 6-21　装配单元总装实物

竖直的简易物料仓库中的物料在重力作用下自动下落，通过两导杆气缸的共同作用，分别对底层相邻两物料夹紧与松开，完成对连续下落的物料的分配，被分配的物料按指定的路径落入由气动摆台构成的物料位置转换装置，由气动摆台完成 180°位置变换后，由前后导杆气缸和气动手指所组成的机械手夹持后位移，并插入已定位的半成品工件中。

（2）装配单元的结构组成　由于装配单元不仅要完成对分散物料的装配过程，而且配有自身的物料仓库，因此它的结构组成包括：简易物料仓库，物料分配机构，被分配物料位置变换机构，机械手，半成品工件的定位机构，气动系统及其阀组，信号采集及其自动控制系统，用于电气连接的端子排组件，整条生产线状态指示的信号灯和用于其他机构安装的铝型材支架及底板，传感器安装支架等其他附件。

1）简易物料仓库。简易物料仓库是由塑料圆棒加工而成，它直接插装在物料分配机构的底座连接孔中，并在顶端放置加强金属环，用以防止空心塑料圆柱的破损。物料竖直放入料仓的空心圆柱内，由于二者之间有一定的间隙，使其能在重力作用下自由下落。

为了能对料仓缺料时即时报警，在料仓的外部安装漫反射式光电传感器，并在料仓塑料圆柱上纵向铣槽，以使光电传感器的红外光斑能可靠照射到被检测的物料上，如图 6-22 所示。简易物料仓库中的物料外形一致，颜色分为黑色和白色。

2）物料分配机构。它的动作过程是由上下安装水平动作的两直线气缸在 PLC 的控制下完成的。当供气压力达到规定气压后，打开气路阀门，此时分配机构底部气缸在单电控电磁阀的作用下，恢复到初始状态，即该气缸活塞杆

图 6-22　简易物料仓库

伸出，因重力下落的物料被阻挡，系统上电并正常运行后，当位置变换机构料盘旁的光电传感器检测到位置变换机构需要物料时，物料分配机构中的上部气缸在电磁阀的作用下活塞杆伸出，将与之对应的物料夹紧，使其不能下落，底部气缸活塞杆缩回，物料掉入位置变换机构的料盘中，底部气缸复位伸出，上部的气缸缩回，物料连续下落，为下一次分料做好准备。在两直线气缸上均装有检测活塞杆伸出与缩回到位的磁感应接近开关，用于动作到位检测，当系统正常工作并检测到活塞磁钢的时候，磁感应接近开关的红色指示灯点亮，并将检测到的信号传送给控制系统的PLC。物料分配机构的底部装有用于检测有无物料的光电传感器，使控制过程更准确可靠。

3）物料位置变换机构。该机构由气动摆台和料盘构成，气动摆台驱动料盘旋转180°，并将摆动到位信号通过磁感应接近开关传送给PLC，在PLC的控制下，实现有序、往复循环动作，如图6-23所示。

4）机械手。机械手是整个装配单元的核心，变换机构有物料的信号传送至PLC，在半成品工件定位机构传感器检测到该机构有工件的情况下，机械手从初始状态执行装配操作过程。机械手外形如图6-24所示。

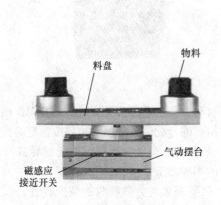

图6-23 物料位置变换机构

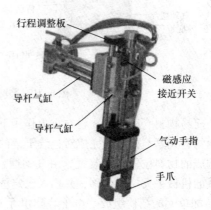

图6-24 机械手外形

PLC驱动与竖直移动气缸相连的电磁换向阀动作，由竖直移动带导杆气缸驱动气动手指向下移动，磁感应接近开关检测到下移到位后，气动手指驱动手爪夹紧物料，并将夹紧信号通过磁感应接近开关传送给PLC，在PLC控制下，竖直移动气缸复位，被夹紧的物料随气动手指一并提起，离开位置变换机构的料盘，提升到最高位后，水平移动气缸在与之对应的换向阀的驱动下，活塞杆伸出，移动到气缸前端位置后，竖直移动气缸再次被驱动下移，移动到最下端位置，气动手指松开，经短暂延时，竖直移动气缸和水平移动气缸缩回，机械手恢复初始状态。

在整个机械手动作过程中，除气动手指松开到位无传感器检测外，其余动作的到位信号检测均采用与气缸配套的磁感应接近开关，将采集到的信号输入PLC，由PLC输出信号驱动电磁阀换向，使由气缸及气动手指组成的机械手按程序自动运行。

5）半成品工件的定位机构。输送单元运送来的半成品工件直接放置在该机构的料斗定位孔中，由定位孔与工件之间的较小的间隙配合实现定位，从而完成准确的装配动作和定位精度，如图6-25所示。

6）电磁阀组就是将多个阀集中在一起构成的一组阀，而每个阀的功能是彼此独立的。装配单元的阀组由6个二位五通单电控电磁换向阀组成，如图6-26所示。这些阀分别对物料分配、位置变换和装配动作气路进行控制，以改变各自的动作状态。

图 6-25　半成品工件的定位机构

图 6-26　电磁阀组

（3）气动控制回路（如图 6-27 所示）

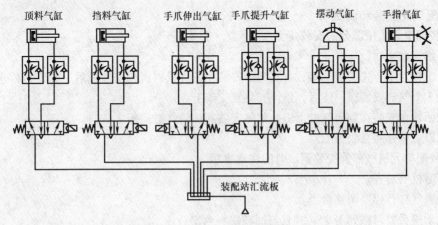

图 6-27　气动控制回路

1）警示灯。本工作单元上安装有红、黄、绿三色警示灯，但它是作为整个系统警示用的。警示灯有六根引出线，其中并在一起的两根粗线是电源线（红线接"＋24V"，黑红双色线接"GND"），其余四根是信号控制线（棕色线为控制信号公共端，如果将控制信号线中的红色线和棕色线接通，则红灯亮；将控制信号线中的绿色线和棕色线接通，则绿灯亮；将控制信号线中的黄色线和棕色线接通，则黄灯亮）。

2）气动摆台。它是由直线气缸驱动齿轮齿条实现回转运动的，回转角度能在 0°～180°之间任意可调，而且可以安装磁感应接近开关，检测旋转到位信号，多用于方向和位置需要变换的机构，如图 6-28 所示。

3）导杆气缸。该气缸由直线运动气缸带双导杆和其他附件组成。其外形如图 6-29 所示。安装支架用于导杆导向件的安装和导杆气缸整体的固定，连接件安装板用于固定其他需要连接到该导杆气缸上的物件，并将两导杆和直线气缸活塞杆的相对位置固定，当直线气缸的一端接通压缩空气后，活塞被驱动做直线运动，活塞杆也一起移动，被连接件安装板固定到一起的两导杆也随活塞杆伸出或缩回，从而实现导杆气缸的整体功能。安装在导杆末端的行程调整板用于调整该导杆气缸的伸出行程。具体调整方法是松开行程调整板上的紧定螺钉，让行程调整板在导杆上移动，当达到理想的伸出距离以后，再完全锁紧紧定螺钉，完成行程的调节。

2. 装配单元的 PLC 控制及编程

装配单元的控制过程均为逻辑控制，编程时不仅要注意网络数据的读取与写入，更要理清输入继电器与输出继电器之间的逻辑关系。让整个装配单元的动作过程稳定可靠，逻辑严谨，与其他单元的配合井然有序，满足该自动生产线的需要。

图 6-28 气动控制回路

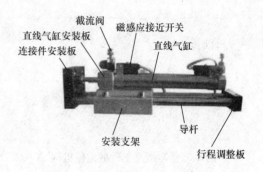

图 6-29 导杆气缸外形

3. 装配单元安装和调试

（1）装配单元机械部分的安装步骤

1）仔细观察实物。

2）在工作台上，先安装支架，在支架上安装小工件投料机构安装板后，安装物料仓库。

3）把3个气缸安装成一体后，整体安装到支架上。

4）把回转台安装在旋转气缸上后，整体安装到旋转气缸底板上。

5）把以上整体装在底板上。

（2）装配单元机械部分安装调试时的注意事项

1）铝型材要对齐。

2）导轨气缸行程要调整恰当。

3）气动摆台要调整到180°，并且与回转物料台平行。

4）挡料气缸和夹紧气缸位置要适当。

5）传感器位置与灵敏度调整适当。

（3）装配单元的PLC的I/O地址分配　装配单元的PLC的I/O地址分配见表6-3。

表 6-3　装配单元的 PLC 的 I/O 地址分配

序号	地址	设备编号	设备名称	设备用途
1	I0.0	B1	光电传感器	物料不足检测
2	I0.1	B2	光电传感器	物料有无检测
3	I0.2	B3	光电传感器	物料左检测
4	I0.3	B4	光电传感器	物料右检测
5	I0.4	B5	光电传感器	物料台检测
6	I0.5	1B1	磁感应接近开关	顶料到位检测
7	I0.6	1B2	磁感应接近开关	顶料复位检测
8	I0.7	2B1	磁感应接近开关	挡料状态检测
9	I1.0	2B2	磁感应接近开关	落料状态检测
10	I1.1	5B1	磁感应接近开关	回转缸左旋到位
11	I1.2	5B2	磁感应接近开关	回转缸右旋到位
12	I1.3	6B1	磁感应接近开关	手爪夹紧检测
13	I1.4	4B1	磁感应接近开关	手爪下降到位

（续）

序号	地址	设备编号	设备名称	设备用途
14	I1.5	4B2	磁感应接近开关	手爪上伸到位
15	I1.6	3B1	磁感应接近开关	手爪缩回到位
16	I1.7	3B2	磁感应接近开关	手爪伸出到位
17	I2.0	SB1	起/停按钮	起/停
18	I2.1	SB2	按钮	急停
19	Q0.0	2Y1	电磁铁	挡料
20	Q0.1	1Y1	电磁铁	顶料
21	Q0.2	5Y1	电磁铁	回转
22	Q0.3	6Y1	电磁铁	手爪夹紧
23	Q0.4	4Y1	电磁铁	手爪下降
24	Q0.5	3Y1	电磁铁	手爪伸出
25	Q0.6		红警示灯	报警显示
26	Q0.7		黄警示灯	报警显示
27	Q1.0		绿警示灯	报警显示

6.3.5　分拣单元的结构与控制

1. 分拣单元的结构

（1）分拣单元的功能　分拣单元是自动化生产线中的最末单元，完成对上一单元送来的已加工、装配的工件进行分拣，使不同颜色的工件从不同的料槽分流的功能。当输送站送来工件放到传送带上并被入料口光电传感器检测到时，即起动变频器，工件开始送入分拣区进行分拣。图6-30所示为分拣单元实物的全貌。

（2）分拣单元的结构组成　分拣单元的主要结构组成：传送和分拣机构，传动机构，变频器模块，电磁阀组，接线端口，PLC模块，底板等。

1）传送和分拣机构。传送和分拣机构如图6-31所示。传送已经加工、装配好的工件，在光纤传感器检测并进行分拣。它主要由传送带、料斗、物料槽、推料（分拣）气缸、漫射式光电传感器、光纤传感器、磁感应接近式传感器组成。

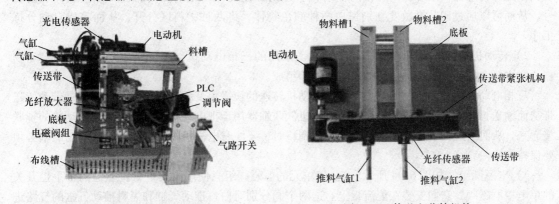

图 6-30　分拣单元实物的全貌　　　　图 6-31　传送和分拣机构

传送带是把机械手输送过来加工好的工件进行传输，输送至分拣区。料斗是用于纠偏机械手输送过来的工件。两条物料槽分别用于存放加工好的黑色工件和白色工件。

传送和分拣的工作原理：本站的功能是对从装配站送来的装配好的工件进行分拣。当输送站送来的工件放到传送带上并被入料口漫射式光电传感器检测到时，将信号传输给PLC，通过PLC的程序起动变频器，电动机运转驱动传送带工作，把工件带进分拣区，如果进入分拣区的工件为白色，则检测白色物料的光纤传感器动作，作为1号槽推料气缸的起动信号，将白色料推到1号槽里；如果进入分拣区的工件为黑色，则检测黑色的光纤传感器作为2号槽推料气缸起动信号，将黑色料推到2号槽里。自动生产线的加工结束。

在每个料槽的对面都装有推料（分拣）气缸，把分拣出的工件推到对号的料槽中。在两个推料（分拣）气缸的前极限位置分别装有磁感应接近开关，PLC的自动控制可根据该信号来判别分拣气缸当前所处位置。当推料（分拣）气缸将物料推出时磁感应接近开关动作输出信号为"1"，反之，输出信号为"0"。

为了准确且平稳地把工件从滑槽中间推出，需要仔细地调整两个分拣气缸的位置和气缸活塞杆的伸出速度。

在传送带入料口位置装有漫射式光电传感器，用以检测是否有工件输送过来进行分拣。当有工件时，漫射式光电传感器将信号传输给PLC，用户PLC程序输出起动变频器信号，从而驱动三相电动机起动，将工件输送至分拣区。

在传送带上方分别装有两个光纤传感器如图6-32所示，光纤传感器由光纤检测头、光纤放大器两部分组成。放大器和光纤检测头是分离的两个部分，光纤检测头的尾端部分分成两条光纤，使用时分别插入放大器的两个光纤孔。

图6-32 光纤传感器

光纤传感器也是光电传感器的一种，相对于传统电量型传感器（热电偶、热电阻、压阻式、振弦式、磁电式），光纤传感器具有下述优点：抗电磁干扰，可工作于恶劣环境，传输距离远，使用寿命长，此外，由于光纤头具有较小的体积，所以可以安装在很小空间。

光纤传感器的灵敏度调节范围较大。当光纤传感器灵敏度调得较小时，反射性较差的黑色物体，其内部的光电探测器无法接收到反射信号；而反射性较好的白色物体，光电探测器就可以接收到反射信号。反之，若调高光纤传感器灵敏度，则即使对反射性较差的黑色物体，光电探测器也可以接收到反射信号。从而可以通过调节灵敏度判别黑白两种颜色物体，将两种物料区分开，从而完成自动分拣工序。

2）传动机构。传动机构如图6-33所示。采用的三相电动机，用于拖动传送带从而输送物料。它主要由电动机支架、电动机及联轴器等组成。

三相电动机是传动机构的主要部分，电动机转速的快慢由变频器来控制，其作用是带动传送带从而输送物料。电动机支架用于固定电动机。联轴器用于把电动机的轴和传送带主动轮的轴联接起来，从而组成一个传动机构。在安装和调整时，要注意电动机的轴和传送带主动轮的轴必须要保持在同一直线上。

3）电磁阀组（如图6-34所示）。分拣单元的电磁阀组只使用了两个二位五通的带手控开关的单电控电磁阀，它们安装在汇流板上。这两个阀分别对白料推动气缸和黑料推动气缸的气路进行控制，以改变各自的动作状态。

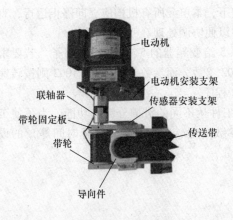

图 6-33　传动机构　　　　　　　图 6-34　电磁阀组

电磁阀所带的手控开关有锁定（LOCK）和开启（PUSH）两个位置。在进行设备调试时，使手控开关处于开启位置，可以使用手控开关对阀进行控制，从而实现对相应气路的控制，以改变推料气缸等执行机构的控制，达到调试的目的。

分拣单元的两个电磁阀安装时需注意：一是安装位置，应使得工件从滑槽中间推出；二是要安装水平，或稍微略向下，否则推出时将导致工件翻转。

4）接线端口。分拣单元与前述几个单元电气接线方法有所不同，该单元的变频器模块是安装在抽屉式模块放置架上的。因此，该单元 PLC 输出到变频器控制端子的控制线，须首先通过接线端口连接到实训台面上的接线端子排上，然后用安全导线插接到变频器模块上。同样，变频器的驱动输出线也须首先用安全导线插接到实训台面上的接线端子排插孔侧，再由接线端子排连接到三相交流电动机。分拣单元的接线端口则与其他单元相仿。

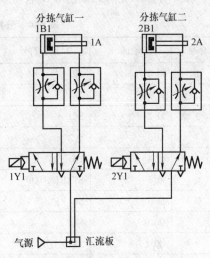

图 6-35　分拣单元气动控制回路
工作原理图

（3）气动控制回路　分拣单元气动控制回路的工作原理如图 6-35 所示。图中 1A 和 2A 分别为分拣一气缸和分拣二气缸。1B1 为安装在分拣一气缸的前极限工作位置的磁感应接近开关，2B1 为安装在分拣二气缸的前极限工作位置的磁感应接近开关。1Y1 和 2Y1 分别为控制分拣一气缸和分拣二气缸的电磁阀的电磁控制端。

2. 分拣单元的 PLC 控制及编程

（1）分拣单元的 PLC 控制　在分拣单元中，传感器信号占用 5 个输入点，留出 2 个点提供给急停按钮和起/停按钮作为本地主令信号，共需 7 点输入；输出点数为 4 个，其中 2 个输出点提供给变频器使用。选用西门子 S7-222 AC/DC/RLY 主单元，共 8 点输入和 6 点继电器输出。

如果希望增加变频器的控制点数，可重新组态，更改输出端子的接线，即把 Q0.4 和 Q0.5 分配给分拣气缸电磁阀，而把 Q0.0 ~ Q0.2 分配给变频器的 5、6、7 号控制端子用。

（2）分拣单元的编程要点

1）在加工单元中，提供起动/停止按钮和急停按钮各一个作为该单元的主令信号。与供料单元同样，如果需要有起动和停止 2 种主令信号，只能由软件编程实现。本单元的急停按钮是当

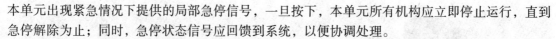

本单元出现紧急情况下提供的局部急停信号，一旦按下，本单元所有机构应立即停止运行，直到急停解除为止；同时，急停状态信号应回馈到系统，以便协调处理。

2）在 PLC 的输出端子接线中，分配 Q0.4 和 Q0.5 给变频器的 5、6 号控制端子。若要求电动机转速可分级调整，则应调整变频器的 P701 和 P702 参数，而参数 P1001 和 P1002 则按转速要求设定为固有频率值。与此同时，应编制相应的 PLC 程序。

3）分拣单元需要完成在传送带上把不同颜色的工件从不同的滑槽分流的功能。为了使工件能准确地推出，光纤传感器灵敏度的调整、变频器参数（运转频率、斜坡下降时间等）的设置以及软件编程中定时器设定值的设置等，应相互配合。

3. 分拣单元的安装和调试

（1）分拣单元机械部分的安装步骤

1）仔细观察实物，培养自己的观察能力。

2）在工作台上，先把支架、传送带定位安装后，再整体安装到底板上。

3）安装传感器支架、气缸。

4）安装物料槽，同时根据气缸位置调整到与物料槽支架两边平衡。

5）安装电动机。

6）调试位置，将两个气缸调整到物料槽中间。

（2）分拣单元的 PLC 的 I/O 地址分配　分拣单元的 PLC 的 I/O 地址分配见表 6-4。

表 6-4　分拣单元的 PLC 的 I/O 地址分配

序号	地址	设备符号	设备名称	设备用途
1	I0.0	1B1	磁感应接近开关	判断推杠 1 到位
2	I0.1	2B1	磁感应接近开关	判断推杠 2 到位
3	I0.2	SC1	光纤传感器	判断黑色
4	I0.3	SC2	光纤传感器	判断白色
5	I0.4	B5	光电传感器	物料台物料检测
6	I0.5	START/STOP	按钮	起/停按钮
7	I0.6	SB	按钮	急停按钮
8	Q0.0	1Y1	电磁铁	控制推杠 1 动作
9	Q0.1	2Y1	电磁铁	控制推杠 2 动作
10	Q0.4	5 控制端	变频器	控制变频器起停

6.3.6　输送单元的结构与控制

1. 输送单元的功能和结构

（1）输送单元的功能　输送单元是生产线中最为重要同时也是承担任务最为繁重的工作单元。该单元主要功能：将驱动它的抓取机械手装置精确定位到指定单元的物料台，在物料台上抓取工件，把抓取到的工件输送到指定地点然后放下。同时，该单元在 PPI 网络系统中担任着主站的角色，它接收来自按钮/指示灯模块的系统主令信号，读取网络上各从站的状态信息，加以综合后，向各从站发送控制要求，协调整个系统的工作。

（2）输送单元的结构　输送单元由抓取机械手装置、步进电动机传动组件、PLC 模块、按钮/指示灯模块和接线端子排等部件组成。

1）抓取机械手装置（如图 6-36 所示）。具体构成如下：

① 气动手爪：气动手爪由一个二位五通双向电控阀控制，带状态保持功能，用于各个工作站抓取物体。双向电控阀工作原理和双稳态触发器类似，即输出状态由输入状态决定，如果输出状态确认了，即使无输入状态，双向电控阀一样保持被触发前的状态。

② 双杆气缸：双杆气缸由一个二位五通单向电控阀控制，用于控制手爪伸出与缩回。

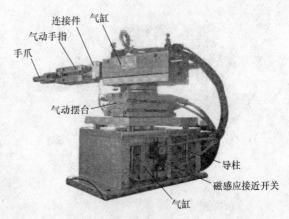

图 6-36　抓取机械手装置

③ 回转气缸：回转气缸由一个二位五通单向电控阀控制，用于控制手臂正反向 90°旋转，气缸旋转角度可以任意调节，范围为 0～180°，可通过节流阀下方两颗固定缓冲器进行调整。

④ 提升气缸：双作用气缸由一个二位五通单向电控阀控制，用于整个机械手提升与下降。

以上气缸运行速度快慢由进气口节流阀调整进气量进行速度调节。

2）步进电动机传动组件。步进电动机传动组件用以拖动抓取机械手装置做往复直线运动，完成精确定位的功能。图 6-37 所示为该组件的正视和俯视示意图。图中，抓取机械手装置已经安装在组件的滑动溜板上。

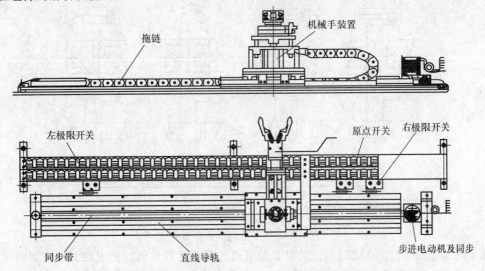

图 6-37　步进电动机传动组件的正视和俯视示意图

已经安装好的步进电动机传动组件和抓取机械手装置如图 6-38 所示。

3）按钮/指示灯模块。该模块放置在抽屉式模块放置架上，模块上安装的所有元器件的引出线均连接到面板上的安全插孔，其面板布置如图 6-39 所示。

按钮/指示灯模块内安装了按钮/开关、指示灯/蜂鸣器和开关稳压电源等三类元器件，具体如下：

① 按钮/开关：急停按钮 1 只，转换开关 2 只，黄、绿、红复位按钮各 1 只，黄、绿、红自锁按钮各 1 只。

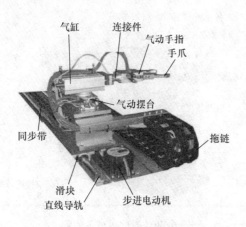

图6-38　安装好的步进电动机传动组件和
抓取机械手装置

图6-39　按钮/指示灯模块的面板布置

② 指示灯/蜂鸣器：24V黄、绿、红指示灯各2只，蜂鸣器1只。

③ 开关稳压电源：DC 24V/6A、DC 12V/2A各一组。

（3）气动控制回路　输送单元的抓取机械手装置是气动驱动的，其气动控制回路原理图如图6-40所示。

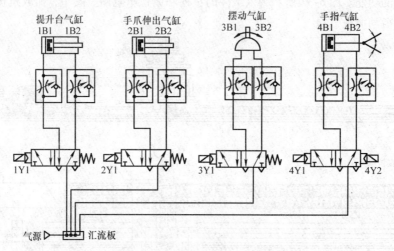

图6-40　气动控制回路原理图

驱动气动手指气缸的电磁阀采用的是二位五通的带手控开关的双侧电磁先导控制阀（简称双电控电磁阀），双电控电磁阀采用两端都用电磁线圈控制的方式。双电控电磁阀外形如图6-41所示。

双电控电磁阀与单电控电磁阀的区别在于：对于单电控电磁阀，在无电控信号时，阀芯在弹簧力的作用下会被复位；而对于双电控电磁阀，在两端都无电控信号时，阀芯的位置是取决于前一个电控信号。

注意：双电控电磁阀的两个电控信号不能同时为"1"，即在控制过程中不允许两个线圈同时得电，否则，可能会造成电磁线圈烧毁，当然，在这种情况下阀芯的位置是不确定的。

2. 输送单元的PLC控制

（1）PLC的选型和I/O接线　输送单元所需的I/O点较多。其中，输入信号包括来自按钮/

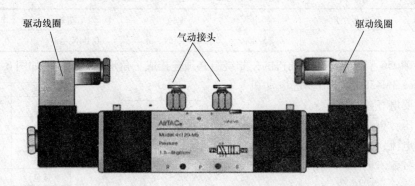

图 6-41 双电控电磁阀外形

指示灯模块的按钮、开关等主令信号和单元各构件的传感器信号等；输出信号包括输出到抓取机械手装置各电磁阀的控制信号和输出到步进电动机驱动器的脉冲信号和驱动方向信号；此外尚须考虑在需要时输出信号到按钮/指示灯模块的指示灯、蜂鸣器等，以显示本单元或系统的工作状态。

由于需要输出驱动步进电动机的高速脉冲，PLC 应采用晶体管输出型。

基于上述考虑，选用西门子 S7-226 AC/DC/DC 型 PLC，共 24 点输入和 16 点晶体管输出。PLC 安装在模块盒中，如图 6-42 所示。PLC 的引出线都连接到面板上的安全插孔处。面板上每一输入插孔旁都设有一个钮子开关，该开关的两根引出线分别连接到 PLC 输入端的公共参考点和相应的输入点，开关扳到接通位置时，使该输入点 ON，可以用于程序调试。

注意： 在调试后要把开关扳回 OFF 位置，以免影响正常程序的运行。

输送单元的电气接线与其他单元不同，PLC 与按钮/指示灯/直流电源模块、步进电动机驱动器模

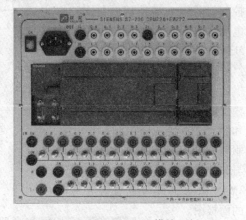

图 6-42 S7-226 PLC 模块面板

块间的接线是通过安全导线插接的，而 PLC 与该单元的传感器、气动电磁阀等的接线则是用安全导线插接到接线端子排上的安全插孔中，再由接线端子排引出的。同样，步进电动机驱动器输出电源线、分拣单元变频器的输出线和控制端子引出线也是经接线端子排引出，此外，其他各工作单元的直流工作电源，也是由按钮/指示灯/直流电源模块提供，经接线端子排引到各单元上。

（2）输送单元的控制要求　如前所述。输送单元是 YL-335A 型自动化生产线最为重要同时也是承担任务最为繁重的工作单元，可以把该单元所需完成的工作任务归纳为如下三方面：

1）网络控制。

2）抓取机械手装置控制。

3）步进电动机定位控制。

（3）输送单元的步进电动机及其驱动器　输送单元所选用的步进电动机是 Kinco 3S57Q-04056 型三相步进电动机，与之配套的驱动器为 Kinco 3M458 型三相步进电动机驱动器。

1）3S57Q-04056 型三相步进电动机部分技术参数见表 6-5。

表 6-5 3S57Q-04056 型三相步进电动机的部分技术参数

参数名称	步距角	相电流	保持扭矩	阻尼扭矩	电动机惯量
参数值	1.8°	5.8A	1.0N·m	0.04N·m	0.3kg·cm²

3S57Q-04056 型三相步进电动机的三相绕组必须连接成三角形，其接线图如图 6-43 所示。

2）Kinco 3M458 型三相步进电动机驱动器的主要电气参数如下。

供电电压：直流 24 ~ 40V。

输出相电流：3.0 ~ 5.8A。

控制信号输入电流：6 ~ 20mA。

冷却方式：自然风冷。

在 3M458 型驱动器的侧面连接端子中间有一个红色的 8 位 DIP 功能设定开关，可以用来设定驱动器的工作方式和工作参数。

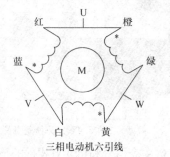

线色	电动机信号
红色	U
橙色	U
蓝色	V
白色	V
黄色	W
绿色	W

三相电动机六引线

图 6-43 3S57Q-04056 型三相步进电动机的接线图

3M458 型驱动器的典型接线图如图 6-44 所示，在此生产线中，控制信号输入端使用的是 DC24V 电压，图 6-44 中的限流电阻 R 为 2kΩ，此外，FREE 端也没有使用。

该生产线为 3M458 驱动器提供的外部直流电源为 DC24V、6A 输出的开关稳压电源，直流电源和驱动器一起安装在模块盒中，驱动器的引出线均通过安全插孔与其他设备连接。图 6-45 所示为 3M458 型步进电动机驱动器模块的面板图。

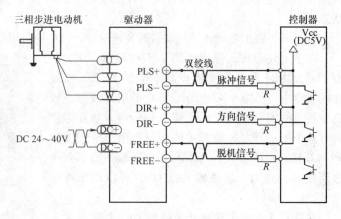

图 6-44 3M458 型驱动器的典型接线图

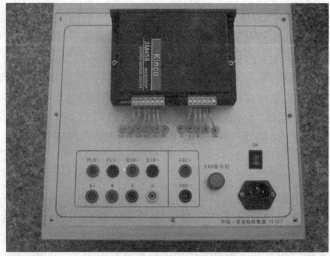

图 6-45 3M458 型步进电动机驱动器模块的面板图

3）步进电动机传动组件的基本技术数据。3S57Q-04056 型步进电动机步距角为 1.8°，即在无细分的条件下 200 个脉冲电动机转一圈（通过驱动器设置细分精度最高可以达到 10000 个脉冲电动机转一圈）。

步进电动机传动组件采用同步轮和同步带传动。同步轮齿距为 5mm，共 11 个齿，即旋转一周机械手装置位移 55mm。

为达到控制精度，驱动器细分设置为 10000 步/转（即每步机械手位移 0.0055mm），电动机驱动电流设为 5.2A。

3. 输送单元的安装和调试

（1）输送单元的机械安装过程

1）在工作台上，将安装支架、传送带定位完成后，把该整体安装到底板上。

2）安装传感器支架和气缸支架。

3）安装 2 个气缸。

4）安装料槽，并调整气缸位置，使物料槽支架两边平衡。

5）安装电动机，调整气缸到物料槽中间。

（2）输送单元的 PLC 的 I/O 地址分配　输送单元的 PLC 的 I/O 地址分配见表 6-6。

表 6-6　输送单元的 PLC 的 I/O 地址分配

序号	地址	设备编号	设备名称
1	I0.0	SQ1	原点行程开关
2	I0.2	SQ2	右限位行程开关
3	I0.3	SQ3	左限位行程开关
4	I0.4	1B1	提升台下限
5	I0.5	1B2	提升台上限
6	I0.6	3B1	转缸左转到位
7	I0.7	3B2	转缸右转到位
8	I1.0	2B1	手爪伸出到位
9	I1.1	2B2	手爪缩回到位
10	I1.2	4B1	手爪夹紧状态
11	I1.6	SA1	工作方式选择
12	I1.7	SB1	复位按钮
13	I2.0	SB2	起动按钮
14	I2.1	SB3	停止按钮
15	I2.2	SB4	紧急停止
16	Q0.0	2K	电阻
17	Q0.2	2K	电阻
18	Q0.3	1Y1	提升台上升电磁铁
19	Q0.4	5Y1	转缸左转电磁铁
20	Q0.5	2Y1	手爪伸出电磁铁
21	Q0.6	4Y1	手爪夹紧电磁铁
22	Q0.7	4Y2	手爪放松电磁铁

6.3.7 公共模块和器件

1. 供电电源模块

供电电源模块如图6-46所示。外部供电电源为三相五线制AC 380V/220V，三根相线经三相三线漏电保护开关后连接到三个安全导线插孔处，零线和接地线也连接到安全导线插孔处。另外，模块上还提供两个单相电源插座，为PLC模块和按钮/指示灯模块提供AC 220V电源。

2. 气源处理组件

气源处理组件及其气动原理图分别如图6-47和图6-48所示。气源处理组件是气动控制系统中的基本组成器件，它的作用是除去压缩空气中所含的杂质及凝结水，调节并保持恒定的工作压力。该气源处理组件的气路入口处安装一个快速气路开关，用于关闭气源。在使用时，应注意经常检查过滤器中凝结水的水位，在超过最高标线以前，必须排放，以免被重新吸入。

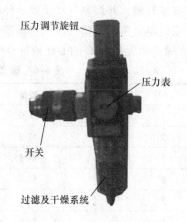

图6-46　供电电源模块　　　　　　　　图6-47　气源处理组件

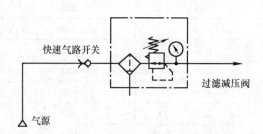

图6-48　气源处理组件的气动原理图

气源处理组件输入气源来自空气压缩机，所提供的压力为0.6～1.0MPa，输出压力为0.6～0.8MPa可调。输出的压缩空气通过快速三通接头和气管输送到各工作单元，提供它们的工作气源。YL-335A型自动化生产线的气动控制系统原理图如图6-49所示。

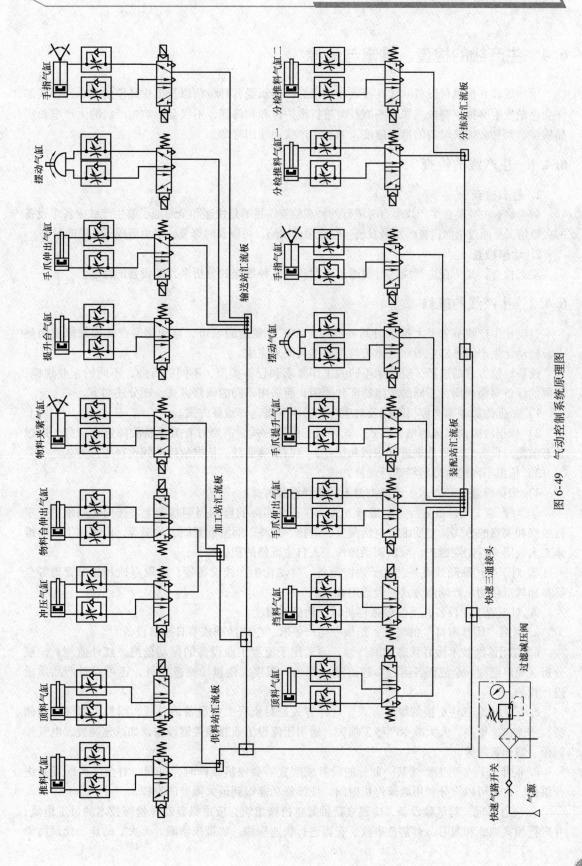

图 6-49　气动控制系统原理图

6.4 生产线的检查、维修与保养

生产线和其他机械设备一样在投入使用以后，要承受各种负荷以及工作环境的影响，各零部件会逐渐发生磨损、腐蚀。如果不能及时进行维护保养和修理，不仅会影响生产线的生产率和产品质量，而且会加快设备的损坏速度，缩短生产线的使用寿命。

6.4.1 生产线的检查

1. 静态检查

静态检查主要是在生产线运行时进行的外观检查，目的是快速和全面地了解生产线中各个设备的大概情况。通过全面检查，如果发现一些致命的缺陷，可以及时修复，避免造成不必要的损失。

2. 动态检查

动态检查，是指在生产线运行时通过观察和对各种数据的分析来判断设备的性能。

6.4.2 生产线的维修

自动化生产线节省了大量的时间和成本，在工业发达的城市，自动化生产线的维修成为热点。自动化生产线维修主要靠操作工与维修工共同来完成。

设备维修方式的选择，应根据不同的工作要求和设备类型，不同的行业，不同的企业规模，不同的设备寿命周期，不同的故障特征和原因，而采用不同的维修方式，现分述如下。

1）依据故障频率、停机时间及对生产的影响程度选择维修方式。

2）依据故障曲线选择维修模式。选择状态维修方式，需要对有关设备故障进行研究，通过状态监测对设备的故障数据进行积累和统计，绘制故障曲线，依据故障曲线选择维修方式。

3）依据不同的故障特征选择维修方式。

4）依据行业生产方式、设备类型不同选择维修方式。

① 对普通工艺设备实行定期维修方式，在符合实际的修理周期基础上，选用定期维护、项目维修和大修的方式，定期维护包括调整、清扫、清洗、润滑、紧固、治漏等，由操作工人与维修工人共同进行定期维护，可以调动操作工人自主维修的积极性。

② 对于生产联动线设备、电子数控设备、自动化生产线设备等，采取点检和故障管理等全员参加规范化的生产维修方式，较适用有效。

③ 对流程工业设备，要使设备停机减少到最低限度。

a. 利用"维修窗口"的概念，组织在生产停歇、生产淡季或节日检修设备。

b. 应用诊断技术做好状态监测维修。除适用于流程工业设备的振动监测、红外监测、油液分析、噪声监测、全流程各运行参数监测（压力、温度、流量、流速）外，还可以对产品质量进行检测。

c. 采用成套部件更换的维修方式。这种方式是对流程工业设备的总成、组件、部件合理储备，整体快速更换，大大减少产停工损失。适用于流程工业瓶颈关键设备，如减速装置、电气控制柜、输送装置等。

d. 同步修理。当生产线某一部分的设备或装置需要停机维修时，可同时对全生产线设备进行维修，这样可以充分利用维修停机时间，使维修功能得到最大限度的发挥。

e. 应急修理。对危险设备，应建立特种紧急抢修组织，应由具有特殊检修技术的员工组成，并进行预案训练和演习，对紧急事故、灾害进行快速检修，如带压堵漏、灭火、防炸、处理污染环境、进行紧急处理和抢救病员等。

6.4.3　气动系统常见故障及其解决方法

1. 气动执行元件（气缸）故障

由于气缸装配不当或长期使用，气动执行元件（气缸）易发生内、外泄漏，输出力不足和动作不平稳，缓冲效果不良，活塞杆和缸盖损坏等故障现象。

1）气缸出现内、外泄漏，一般是因活塞杆安装偏心，润滑油供应不足，密封圈和密封环磨损或损坏，气缸内有杂质及活塞杆有伤痕等造成的。所以，当气缸出现内、外泄漏时，应重新调整活塞杆的中心，以保证活塞杆与缸筒的同轴度；须经常检查油雾器工作是否可靠，以保证执行元件润滑良好；当密封圈和密封环出现磨损或损坏时，须及时更换；若气缸内存在杂质，应及时清除；活塞杆上有伤痕时，应更换。

2）气缸的输出力不足和动作不平稳，一般是因活塞或活塞杆被卡住、润滑不良、供气量不足，或缸内有冷凝水和杂质等原因造成的。对此，应调整活塞杆的中心，检查油雾器的工作是否可靠，供气管路是否被堵塞。当气缸内存有冷凝水或杂质时，应及时清除。

3）气缸的缓冲效果不良，一般是因缓冲密封圈磨损或调节螺钉损坏所致。此时，应更换密封圈和调节螺钉。

4）气缸的活塞杆和缸盖损坏，一般是因活塞杆安装偏心或缓冲机构不起作用而造成的。对此，应调整活塞杆的中心位置；更换缓冲密封圈或调节螺钉。

2. 电磁阀故障

若电磁阀的进、排气孔被油泥等杂物堵塞，封闭不严，活动铁心被卡死，电路有故障等，均可导致电磁阀不能正常换向。而电路故障一般又分为控制电路故障和电磁线圈故障两类。在检查电路故障前，应先将换向阀的手动旋钮转动几下，看换向阀在额定的气压下是否能正常换向，若能正常换向，则是电路有故障。检查时，可用仪表测量电磁线圈的电压，看是否达到了额定电压，如果电压过低，应进一步检查控制电路中的电源和相关联的行程开关电路，如果在额定电压下换向阀不能正常换向，则应检查电磁线圈的接头（插头）是否松动或接触不实。方法是，拔下插头，测量线圈的阻值，如果阻值太大或太小，则说明电磁线圈已损坏，应更换。

另外，对于快速接头拔插时，如果不按规定操作，也容易引起损坏。

3. 气动辅助元件故障

气动辅助元件的故障主要有油雾器故障、自动排污器故障和消声器故障等。

1）油雾器故障：调节针的调节量太小、油路堵塞、管路漏气等都会使液态油滴不能雾化。对此，应及时处理堵塞和漏气的地方。正常使用时，对油杯底部沉积的水分应及时排除。

2）自动排污器内的油污和水分有时不能自动排除，特别是在冬季温度较低的情况下尤为严重。此时，应将其拆下并进行检查和清洗。

3）当换向阀上装的消声器太脏或被堵塞时，也会影响换向阀的灵敏度和换向时间，故要经常清洗消声器。

6.4.4　生产线的保养

生产线的维护保养可以分为日常维护保养和定期维护保养，按照机械行业的习惯，前者也称为一级保养，是由生产线操作工来完成的；后者称为二级保养，是由机械维修工在操作工的配合下完成的。

1. 日常维护保养

日常维护保养由生产线操作工来完成，每次交接班时都要进行，并且要记录在案。其主要内容如下：

1）查看上一班的生产记录和产品质量记录。检查设备传动系统的工作是否正常；减速箱、变速箱润滑油油位、油温是否正常，润滑油有无泄漏，链有无松弛等内容，发现问题立即处理，恢复正常才可以接班继续生产。

2）仔细监听、检查螺杆转动和其他转动部件（电动机、减速箱、变速箱、水泵、真空泵等）有无异常噪声和异常振动；触摸和检查轴承的温度是否正常，检查料斗座的温度是否正常；检查电动机安全保护装置是否到位；带、链条的安全保护装置是否到位。发现有不正常的情况，应及时通知机械维修工来修理，待不正常情况消除后，方能接班继续生产。

3）检查显示温度。压力、真空、电流、电压等的仪表，确认所显示数据是否正确、稳定。发现问题立即调整处理，如果处理有困难，通知仪表工、电工进行修理。

4）检查冷却水、压缩空气各接口有无泄漏，发现问题立即处理。

5）按照规定给每个油杯、油嘴加润滑油（脂）。

6）擦拭机台，清除灰尘和油污，清扫工作场所。

7）做好接班记录，特别是修理的记录。

2. 定期维护保养

定期维护保养一般每年进行两次（或每开机3000h保养一次），可以利用生产间隙或者节假日进行。其主要内容如下：

1）清扫、擦拭生产线各部位的灰尘和油污，拧紧松动的螺栓。

2）检查减速箱、变速箱有无异常噪声。打开减速箱、变速箱、水泵、真空泵，仔细清洗运动部件和箱体，清洗轴承；更换润滑油，更换油过滤器，清理油冷却器的水路；张紧链条和带，记录轴承、链条、带型号；检查运动部件（齿轮、链轮、带轮、水泵及真空泵转子等）的磨损状况，更换已严重磨损的零部件，提出备件计划。

3）检查并校对显示压力、真空、电流、电压等的仪表；检查加热元件电流，提出备件计划。疏通加料斗座的冷却水系统，清理机筒冷却风道，更换压缩空气和真空软管。

4）打开电动机，检查电刷磨损情况，或更换电刷；检查转子磨损状况，如果有明显磨损，要送专业修理厂进行修理。清洗电动机轴承，更换已经严重磨损的轴承。保养完毕，装好电动机，接线运转，检查电动机火花是否正常，有无过大的振动，提出备件计划。

5）拆卸清理螺杆、机筒、机头；测量螺杆外径；检查机筒内壁和口模有无磨损和伤痕。研磨修整工作面上的局部划痕和毛刺，达到光滑不挂料为止。最后在机头流道表面涂以薄层硅油，以保护成型面，并且使再次开机时，熔体挤出比较容易。

6）用压缩空气或者吸尘器清理控制柜；紧固松动的电缆、电线接头；检查电缆绝缘情况，有问题要立即处理；更换电缆、电线的护套软管。

7）做好保养记录，特别是经修理或者更换的零部件的记录。整理好备件计划，送交有关管理部门。

3. 备件和润滑油

生产线投入运行后，应该预先准备易损件的备件。

复习思考题

1. 自动化生产线的定义及种类是什么？
2. 简单说明各种传感器的作用。
3. 接近开关的主要功能有哪些？
4. 简述 PLC 的工作原理。
5. YL-335A 型自动化生产线的基本组成及各部分的结构组成是什么？
6. 简述供料单元机械部分的安装步骤。
7. 加工单元的编程要点有哪些？
8. 装配单元安装调试的注意事项是什么？
9. 简述分拣单元机械部分的安装步骤。
10. 简述输送单元的结构和功能。
11. 自动化生产线维修常用方法有哪些？

第7章 常用电气设备的故障诊断与维修

7.1 电气设备故障诊断概述

7.1.1 电气设备故障诊断的内容和过程

电气设备故障诊断的内容包括状态监测、分析诊断和故障预测三个方面。其具体实施过程可以归纳为以下四个步骤。

1. 信号采集

开关设备在运行过程中必然会有力、热、振动及能量等各种量的变化，由此会产生各种不同信息。根据不同的诊断需要，选择能表征设备工作状态的不同信号，如振动、压力及稳度等是十分必要的。这些信号一般是用不同的传感器来拾取的。

2. 信号处理

这是将采集到的信号进行分类处理、加工，获得能表征机器特征的参数，也称特征提取过程，如对振动信号从时域变换到频域进行频谱分析。

3. 状态识别

将经过信号处理后获得的开关设备特征参数与规定的允许参数或判别参数进行比较，对比以确定设备所处的状态，是否存在故障及故障的类型和性质等。为此应正确制定相应的判别准则和诊断策略。

4. 诊断决策

根据对开关设备状态的判断决定应采取的对策和措施，同时根据当前信号状态预测可能发展的趋势，进行趋势分析。上述诊断内容如图 7-1 所示。

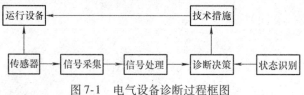

图 7-1 电气设备诊断过程框图

7.1.2 电气设备故障检测诊断的方法

电气设备故障检测诊断的方法见表 7-1。

表 7-1 电气设备故障检测诊断的方法

技术方法	物理特征	检测目标	适用范围
振动诊断噪声	振动声学	稳态振动、瞬态振动模态参数等噪声	旋转机械、旋转电动机、断路器
温度及热像	温度	温度、温差、温度场热像图	热力设备、旋转电动机及电器、变压器、断路器、架空线路、电缆

（续）

技术方法		物理特征	检测目标	适用范围
无损检测及声发射		声学	设备（部件）的内部和表面缺陷	旋转机械、旋转电动机、热力设备、核电设备
			声阻、超声波、声发射	热力设备、压力容器、变压器、断路器、管道、阀门
化学诊断	油液	油液	绝缘油油气分析，润滑油光谱、铁谱	旋转电动机、变压器（电抗器）、互感器
	水汽	水汽	水汽品质	热力设备、化水设备
	烟雾	烟雾	烃类成分	旋转电动机
绝缘诊断		电气参数	电压、电流、电阻、功率、电磁特性、绝缘性能等	旋转电动机、变压器、断路器、避雷器、互感器、架空线路、电缆、控制设备
人工智能	专家系统神经网络模糊集			热力设备、旋转机械、旋转电动机、输变电设备

7.1.3 用人体感官诊断电气设备的异常或故障

1. 利用手摸诊断电气设备的异常或故障

（1）用手测定温度　用手测定电气设备温度要注意不能用手去触摸高压设备绝缘，必须保持足够的安全距离。对于低压电器，一般也不要轻易用手去触摸，以防设备带电或漏电造成触电事故。用手触摸电气设备时要采取必要的安全措施：①切断电源，确保无电；②穿上绝缘良好的绝缘鞋或站在干燥的木板或木凳子上，用一只手的手背去触摸，身体其他部分不得接触墙、地或电气设备。对保护接地、接零良好的电动机、发电机和变压器等，可以直接用手触摸其外壳和散热器。电气设备温度手测经验见表7-2。

表7-2　用手测定温度

温度/℃	感觉	手测经验
30	稍温	比体温低，感到稍温一些
40	稍有热感	用手摸稍有热感
45	微热	手摸有热感
50	较热	用手一接触，手接触面变红色
55	热	用手接触，热的感受不能超过5～7s
60	很热	用手接触，热的感受不能超过3～4s
65	略烫	用手可以接触2～3s，手离开后热度仍留在手上
70	烫	一只手接触只能停留约3s左右
75	很烫	一只手接触可以忍耐1.5～3s，稍稍一接触就放开，手感到火辣辣，烫得难受
80	特别烫	热的程度，手掌平放不能碰，一只手指可以忍耐1～1.5s，乙烯酯布接触后立即溶化
85～90	特别烫	用手瞬间接触，手即反射回来

（2）用手测试振动　日常维护和运行中，常用手摸测试电气设备的振动，其经验如下：用

食指、中指和无名指轻按轴瓦、机身振动部位。手摸振动经验标准见表7-3。

表7-3 手摸振动经验标准

振动/mm	经验	标准
0.01～0.02	手摸基本没振动感觉	理想
0.02～0.04	手摸在手指尖有轻微麻感	合格
0.05～0.06	手摸在手指尖有跳动感	不合格
0.06～0.08	手摸在手指尖有较强跳动感，延伸至手掌	不合格
0.09～0.1	站在楼板上全身有振动感觉	不能运行

2. 利用嗅觉异味诊断电气设备异常或故障

在电气设备运行中，设备故障前经常伴有一种异常异味，见表7-4。

表7-4 异味及其内容

气味	一般内容	气味	一般内容
臭氧	放电现象	化学气味	氨味，检查是否有漏氨处
焦味	电气绝缘过热或有被烧物质	化学气味	酸味，检查是否有漏酸处
挥发味	一些油质可能过热或油漆部件过热	化学气味	碱味，检查是否有漏碱处

3. 利用视觉异常诊断电气设备异常或故障

在巡视检查电气设备时，可通过观察监视仪表、检查外观及变色情况等发现故障。

7.2 变电所电气事故的处理

7.2.1 电气事故处理的原则

电气事故处理的原则如下：

1）迅速限制事故发展，消除事故的根源，解除对人身和设备安全的威胁。

2）注意所用电的安全，设法保持所用电源正常。

3）事故发生后，根据表计、保护、信号及自动装置动作情况进行综合分析、判断，作出处理方案。处理中应防止非同期并列和系统事故扩大。

4）在不影响人身及设备安全的情况下，尽一切可能使设备继续运行。

5）在事故已被限制并趋于正常稳定状态时，应设法调整系统运行方式，使之合理，让系统恢复正常。

6）尽快对已停电的线路恢复供电。

7）做好主要操作及操作时间的记录，及时将事故处理情况报告给有关领导和系统调度员。

7.2.2 电气事故处理的一般规定

电气事故处理的一般规定如下：

1）发生事故和处理事故时，值班人员不得擅自离开岗位，应正确执行调度、值长、值班长的命令，处理事故。

2）在交接班手续未办完而发生事故时，应由交班人员处理，接班人员协助、配合。在系统未恢复稳定状态或值班负责人不同意交接班之前，不得进行交接班。只有在事故处理告一段落或值班负责人同意交接班后，方可进行交接班。

3）处理事故时，当值系统调度员是系统事故处理的指挥人，值长是全所事故处理的领导和组织者，电气值班长是变电所电气事故处理的领导和组织者。电气值班长应接受值长指挥，值长和值班长均应接受系统调度员指挥。

4）处理事故时，各级值班人员必须严格执行发令、复诵、汇报、录音和记录制度。发令人发出事故处理命令后，要求受令人复诵自己的命令，受令人应将事故处理的命令向发令人复诵一遍。如果受令人未听懂，应向发令人问清楚。命令执行后，应向发令人汇报。为便于分析事故，处理事故时应录像或录音。事故处理后，应记录事故现象和处理情况。

5）事故处理中，若下一个命令需根据前一命令执行情况来确定，则发令人必须等待命令执行人的亲自汇报后再定。不能经第三者传达，不准根据表计的指示信号判断命令的执行情况（可作参考）。

6）发生事故时，各装置的动作信号不要急于复归，以便查核，便于事故的正确分析和处理。

7.2.3　电气事故处理的程序

电气事故处理的程序如下：

1）判断故障性质。根据计算机 CRT 图像显示、报警信号、系统中有无冲击摆动现象、继电保护及自动装置动作情况、仪表及计算机打印记录、设备的外部象征等进行分析、判断故障性质。

2）判断故障范围。设备故障时，值班人员应到故障现场，严格执行安全规程，对设备进行全面检查。母线故障时，应检查断路器和隔离开关。

3）解除对人身和设备安全的威胁。若故障对人身和设备安全构成威胁，应立即设法消除，必要时可停止设备运行。

4）保证非故障设备运行。对未直接受到损害的设备要认真进行隔离，必要时起动备用设备。

5）做好现场安全措施。对于故障设备，在判明故障性质后，值班人员应做好现场安全措施，以便检查人员进行检修。

6）及时汇报。值班人员必须迅速、准确地将事故处理的每一阶段情况报告给值长或值班长，避免事故处理发生混乱。

7.3　电气设备的检修

7.3.1　电气设备检修的意义

电气设备检修是为了保持或恢复设备的期望功能所进行的技术作业，通常包括检查、维护、修理和更新等四项任务，其中检查是为了确定和评估设备的实际状态；维护是为了保持设备的期望状态；修理是为了恢复设备的期望状态；更新则是更换无法继续使用的设备。

电气设备检修的意义如下：

1）使设备处于良好的技术状态，满足生产的需要。

2）保证设备安全、经济运行，提高设备可用系数，充分发挥设备的潜力。

3）保证电力系统安全运行。

电气设备检修的意义重大，检修人员一定要贯彻"应修必修，修必修好"的原则。

7.3.2　电气设备检修的分类和目的

1. 电气设备检修的分类

发电厂、变电所电气设备的检修分为大修、小修和事故抢修。大修是设备的定期检修，间隔时间较长，对设备进行较全面的检查、清扫和修理；小修是消除设备在运行中发现的缺陷，并重点检查易磨、易损部件，进行必要的处理或必要的清扫和试验，其间隔时间较短；事故抢修是在设备发生事故后，在短时间内，对其损坏部分进行检查、修理或更换。

2. 电气设备检修的目的

电气设备检修主要达到以下目的：

1）消除设备缺陷，排除隐患，使设备安全运行。

2）保持和恢复设备的铭牌数据，延长使用年限。

3）提高和保持设备最高效率，提高设备利用率。

7.3.3　电气设备检修制度的发展历程

电气设备的检修历程，大致经历三个阶段：即事故后检修（坏了就修，不坏不修）、定期检修（按规定周期进行的定期预防性检修）和状态检修（主动检修或预知检修）。目前发展的趋势是由定期检修向状态检修过渡。

1. 定期检修制度的不足

1）具有盲目性和强制性。由于定期检修是到期必修，既不考虑电力设备制造质量的差异，也不考虑电力设备的实际的运行条件和运行状态，实行"一刀切"，这就具有很大的盲目性和强制性，因而会造成电力设备的"过度检修"或"检修不足"，前者会浪费大量的人力、物力和财力，后者可能导致电力设备在两次检修周期内发生故障。

2）导致新的隐患。在"过度检修"过程中，由于检修者技术不佳、工艺不良或管理不善，在频繁的拆装过程中就容易造成新的隐患。

3）耐压试验可能对绝缘造成损伤。由于在检修中要对电力设备绝缘进行耐压试验，而施加的试验电压又远高于其额定电压，所以就可能在试验过程中对绝缘造成不可逆的损伤，它不仅可能缩短绝缘寿命，而且可能引发事故。有的电力设备在检修后，投入运行时间不长就发生绝缘事故，可能与耐压试验造成的绝缘损伤有关。

基于上述，状态检修已引起国内外电力工作者的普遍关注。近几年，我国也开始研究状态检修，部分单位在发电、供电设备中试点，以期改革定期检修制度。

2. 状态检修的优点

状态检修具有广阔发展前景和巨大的社会和经济效益，其优点主要表现在：

1）提高供电可靠性。由于采用状态检修后停电次数随之减少，使供电可靠性提高。

2）经济效益显著。由于停电次数减少，直接和间接经济效益都相当可观。

3）减少设备事故和人身事故。目前，我国实行状态检修的单位虽然不多，但现有的实践已经表明。实行状态检修对减少设备和人身事故起到重要作用，有助于形成良好的安全局面。

4）减少大修次数。采用状态检修后，通常都能使大修时间间隔延长，与定期检修相比，其相应的检修次数也就减少了。美国一家公司认为采用状态检修后，主要设备的大修周期由3年延长到7~8年。

7.3.4　电气设备绝缘劣化或损坏的原因

造成电气设备绝缘劣化或损坏的原因很多，归纳起来主要有电气、温度、化学和机械 4 个方面。

1. 电气原因

绝缘的作用是将电位不等的导体分隔开，绝缘的好坏也就是电气设备耐受电压的强弱。各种电压等级的电气设备都需要具有相应耐电压的能力，电气设备的绝缘强度应保证绝缘在最大工作电压持续作用下与超过最大工作电压一定值的短时过电压作用下，都能安全运行。

2. 温度原因

温度升高是造成绝缘老化的重要因素。电气设备的过负荷、短路或局部介质损耗过大引起的过热都会使绝缘材料温度大大升高，可能导致热稳定的破坏，严重时造成绝缘的热击穿。

电气设备在运行中，由于负荷的变化和冷却介质温度的脉动，使绝缘的温度产生非常有害的频繁变化。电气设备中广泛应用的有机绝缘材料，在长期温度脉动作用下会引起绝缘介质弹性疲劳和纤维折断，而使绝缘材料老化。

电气设备的绝缘是由各种不同的材料做成的，它们各自的膨胀系数不同。当温度发生剧烈变化时，会使绝缘龟裂、折断或密封不良。绝缘材料常与金属材料紧密结合在一起，由于两者的热膨胀系数相差甚大，当温度发生变化时，在绝缘材料的内部或两者的结合面处将产生很大应力，引起绝缘的损坏。

3. 化学原因

电气设备的绝缘均为有机绝缘材料（如橡胶、塑料、纤维、沥青、油、漆、蜡）和无机绝缘材料（如云母、石棉、石英、陶瓷、玻璃）组成。这些在户外工作的绝缘材料长期地耐受着日照、风沙、雨雾、冰雪等自然因素的侵蚀，在高原工作的电气设备经常受温度、气压、气温的变化对绝缘产生的影响；在这些因素作用下，绝缘材料将引起一系列的化学反应，使绝缘材料的性能与结构发生变化，降低了绝缘的电气与机械性能。

4. 机械原因

电气设备的绝缘除了承受电场作用外，还要承受外界机械负荷、电动力和机械振动等作用。输电线的绝缘子起绝缘作用，还长期承受导线拉力的作用。隔离开关支柱绝缘子在分合闸操作时需承受扭曲力矩的作用。断路器的绝缘拉杆在分合闸操作时，承受很大的冲击力的作用，在外界机械力与电动力作用下，会造成绝缘材料裂纹，使绝缘的电气性能大大降低，甚至造成事故。

7.3.5　电气设备检修的一般安全规定

为保证检修工作顺利开展，避免发生设备和人身安全事故，检修人员应遵守如下检修工作的一般安全规定：

1）在检修之前，要熟知被检修设备的电压等级、设备缺陷性质和系统运行方式，以便确定检修方式（如大修或小修、停电或不停电）和制定检修安全措施。

2）检修工作一定要严格执行保证安全的技术措施和组织措施。

3）检修工作应使用合格的工器具并正确使用工器具。工作前应对工器具进行仔细检查，以保证检修工作的安全。

4）检修工作前禁止喝酒，避免酒后工作误操作，防止发生人身和设备事故。

5）检修工作不得少于 2 人，以便在工作过程中有人监护，严禁单人从事电气检修工作。若工作过程中一人操作不当，或出现安全隐患，另一人应及时纠正或制止。

6）检修时，除有工作票外，还应有安全措施票。工作票上填有安全措施，这些措施由运行人员布置，是必不可少的，但是运行人员布置后，并不监视检修人员的行动，全靠检修人员自我保护；安全措施票是用于检修人员自我保护的，由检修人员自己填写，用安全措施票的条文约束检修人员的行为，达到自己保护自己，如票上列出了工作的范围，防止触电事项，高空作业安全事项等。

7）在检修过程中，应严格遵守安全措施，保持工作人员、检修工具与运行设备带电部分的安全距离。

7.3.6 电气线路与设备检修作业前的安全措施

在全部或部分电气线路、设备上进行检修作业时，均必须首先采取一定的安全技术措施，这些措施包括停电、验电、装设接地线、悬挂标识牌和装设遮栏等。

1. 停电

电气线路或设备停电时，必须由具有进网操作资格的人员填写操作票并按规程规定的操作步骤分步操作，禁止无证人员进网操作。停电操作必须做到明确停电的线路和设备，明确变压器运行方式，明确设备操作顺序等，否则，不得进网作业。

2. 验电

用电压等级合适的验电器，在已知电压等级相当，且有电的线路上进行试验，确认验电器良好后，严格遵守相应电压等级的验电操作要求，在检修设备进出线两侧分别进行验电。

3. 装设接地线

当验明被检修线路或设备已断电后，应随即将待修线路或设备的供电出、入口全部短路接地。装设接地线要注意防止"四个伤害"，即：防止感生电压的伤害；防止断电残余电荷的伤害；防止旁路电源的伤害；防止回送电源的伤害。装设接地线必须做到"四个不可"，即：顺序不可颠倒；措施不可省略；线规不可减小；地点不可变更。

4. 悬挂标识牌和装设遮栏

用于警示的标识牌，应使用不导电材料制作，如木板、胶木板、塑料板等。各种标识牌的规格要统一，标识牌要做到"四个必挂"，即在一经合闸即可得电的待修线路设备的电源开关和刀闸的操作把手上，必须悬挂"禁止合闸，线路有人工作！"的标识牌；在室外构架上工作，必须在工作邻近带电部分的合适位置上悬挂"止步，高压危险！"的标识牌；在工作人员上下用的铁架或梯子上，必须悬挂"从此上下"的标识牌；在邻近其他可能误登危及人身安全的构架上，必须悬挂"禁止攀登，高压危险！"的标识牌。

标识牌要谁挂谁摘，或由指定人员摘除。不能挂而不摘，或乱挂乱摘。其他人员不得变更或摘除标识牌，否则可能酿成严重后果。

装设的遮栏通常选用网孔金属板、金属线编织网、铁栅条等制成。遮栏下部距地面一般为0.1m，其高度一般为2m，宽度或形状可根据实际需要制作。移动式遮栏宜做得小些，以便于搬运，固定式宜做得大些，以便节省材料。

凡是带电裸导体与人体可能直接或间接触及到，且触及两点之间的距离小于线路或设备不停电安全距离的，均必须设置遮栏。不论遮栏是长期设置还是临时设置，是固定设置还是移动设置，均必须在遮栏上悬挂"止步，高压危险！"的标识牌。非遮栏设置人员未经许可，不得擅自拆除遮栏。

7.4　变电所常用电气设备的故障诊断与维修

7.4.1　变压器的故障诊断与维修

1. 变压器声音异常的原因及处理

（1）声音异常

1）正常状态下变压器的声音：变压器虽属精致设备，但运行中会发生轻微的连续不断的"嗡嗡"声。这种声音是运行中电气设备的一种固有特征，一般称之为"噪声"。产生这种噪声的原因有：

① 励磁电流的磁场作用使硅钢片振动。

② 铁心的接缝和叠片之间的电磁力作用引起振动。

③ 绕组的导线之间的电磁力作用引起振动。

④ 变压器上的某些零部件引起振动。

正常运行中的变压器发生的"嗡嗡"声是连续均匀的，如果产生的声音不均匀或有特殊的响声，应视为异常现象，判断变压器声音是否异常，可借助于"听音棒"等工具进行。

2）变压器的声音比平时增大。若变压器的声音比平时增大，且声音均匀，则有以下几种原因：

① 电网发生过电压。电网发生单相接地或产生谐振过电压时，都会使变压器的声音增大。出现这种情况时，可结合电压、电流表计的指示进行综合判断。

② 变压器过负荷。变压器过负荷会使其声音增大，尤其是在满负荷的情况下突然有大的动作设备投入，将会使变压器发出沉重的"嗡嗡"声。

3）变压器有杂音。若变压器的声音比正常时增大且有明显的杂音，但电流电压无明显异常时，则可能是内部夹件或压紧铁心的螺钉松动，使得硅钢片振动增大所造成。

4）变压器有放电声。若变压器内部或表面发生局部放电，声音中就会夹杂有"噼啪"放电声。发生这种情况时，若在夜间或阴雨天气下，可看到变压器套管附近有蓝色的电晕或火花，则说明瓷件污秽严重或设备线夹接触不良，若变压器的内部放电，则是不接地的部件静电放电，或是分接开关接触不良放电，这时应将变压器作进一步检测或停用。

5）变压器有水沸腾声。若变压器的声音夹杂有水沸腾声且温度急剧变化，油位升高，则应判断为变压器绕组发生短路故障，或分接开关因接触不良引起严重过热，这时应立即停用变压器进行检查。

6）变压器有爆裂声。若变压器声音中夹杂有不均匀的爆裂声，则是变压器内部或表面绝缘击穿，此时应立即将变压器停用检查。

7）变压器有撞击声和摩擦声。若变压器声音中夹杂有连续的、有规律的撞击声和摩擦声，则可能是变压器外部某些零件（如表计、电缆及油管等），因变压器振动造成撞击或摩擦、或外来高次谐波源所造成，应根据情况予以处理。

（2）声音异常处理　运行人员一旦发现变压器发生外部引线或套管放电、内部不均匀的很大响声、绝缘局部击穿、部件间隙局部放电、分接开关接触不良打火放电、发生异常声响等不正常现象，应认真判断，必要时立即将变压器停运、等候处理。

2. 变压器温度异常的原因及处理

由于运行中的变压器内部的铁损和铜损转化为热量，热量以辐射、传导等方式向四周的介质扩散。当发热与散热达到平衡状态时，各部分的温度趋于稳定。铁损是基本不变的，而铜损随负荷变化。顶层油温表指示的是变压器顶层的油温，温升是指顶层油温与周围空气温度的差值。运行中要以监视顶层油温为准，温升是参考数字（目前对绕组热点温度还没有能直接监视的条件）。

变压器的绝缘耐热等级为 A 级时，绕组绝缘极限温度为105℃，对于强油循环的变压器，可根据国际电工委员会推荐的方法计算：变压器在额定负载下运行，绕组平均温升为65℃，通常最热点温升比平均温升高13℃，即65℃ + 13℃ = 78℃，如果变压器在额定负载和冷却介质温度为 +20℃条件下连续运行，则绕组最热点温度为98℃，其绝缘老化率等于 1（即老化寿命为20年）。因此，为了保证绝缘不过早老化，运行人员应加强对变压器顶层油温的监视，按规定控制在85℃以下。变压器各部分温升极限值见表7-5。

表7-5 变压器各部分温升极限值

变压器部位	最高温度/℃
油（顶部）	55
绕组	65
铁心	70

若发现在同样条件下油温比平时高出10℃以上，或负荷不变但温度不断上升，而冷却装置运行正常，则认为变压器内部发生故障（应注意温度表有无误差失灵）。当变压器的油温升超过许可限度时，应做如下检查：

1）检查变压器的负荷及冷却介质的温度，并与以往同样负荷及冷却介质相比较。

2）对新安装或大修后投入运行的变压器，检查散热器的阀门是否打开，冷却装置是否正常。

3）检查温度计本身是否失灵。

若以上 3 项正常，油温比同样条件下高出10℃，且还在继续上升时，则可断定为变压器内部故障，如铁心发热或匝间短路等。铁心发热可能是涡流所致，当夹紧用的穿心螺栓与铁心相碰或硅钢片间的绝缘破坏，片间短路均可能形成涡流发热。一旦发现变压器内部有异常热源应立即停运变压器，等候处理。

3. 变压器外表异常的现象及处理

（1）外表异常现象

1）防爆管防爆膜破裂。防爆管防爆膜破裂会使水和潮气进入变压器内，导致绝缘油乳化及变压器的绝缘强度降低。原因有下列几方面：

① 防爆膜材质与玻璃选择处理不当。当材质未经压力试验验证、玻璃未经退火处理，受到自身内应力的不均匀导致裂面。

② 防爆膜及法兰加工不精密、不平整，装置结构不合理，检修人员安装防爆膜时工艺不符合要求，紧固螺钉受力不匀，接触面无弹性等。

③ 呼吸器堵塞或抽真空充氮时不慎，受压力而破损。

2）压力释放阀的异常。目前，大中型变压器已大多应用压力释放阀代替老式的防爆管装置，因为一般老式的防爆管储油器只能起到半密封作用，而不能起到全密封的作用。当变压器油压超过一定标准时，压力释放阀便开始动作进行溢油或喷油，从而减小油压，保护了油箱。如果变压器油量过多、气温又高而造成非内部故障的溢油现象，溢出过多的油后压力释放阀会自动复位，仍起到密封的作用。压力释放阀备有信号报警以便运行人员迅速发现异常并进行查处。

3）套管闪络放电。套管闪络放电会造成发热，导致绝缘老化受损甚至引起爆炸，常见原因如下：

① 套管表面过脏，如存在粉尘等。在阴雨天就会发生套管表面绝缘强度降低，容易发生闪络事故，若套管表面不光洁，在运行中电场不均匀便会发生放电现象。

② 高压套管制造不良，末屏接地焊接不良形成绝缘损坏，或接地末屏出线绝缘子心轴与接地螺套不同心，接触不良或末屏不接地，也有可能导致电位提高而逐步损坏。

③ 系统出现内部或外部过电压，套管内存在隐患而导致击穿。

4）渗漏油。渗漏油是变压器常见的缺陷，常见的渗漏部位及原因如下：

① 阀门系统。蝶阀胶垫材质和安装不良、放油阀精度不高、螺纹处渗漏。

② 胶垫。接线桩头、高压套管基座、电流互感器出线桩头胶垫不密封、无弹性、渗漏。一般胶垫压缩应保持在 2/3，有一定的弹性，随运行时间的增长、温度过高及振动等原因造成老化龟裂、失去弹性或本身材质不符合要求，位置不对称、偏心。

③ 绝缘子破裂渗漏油。

④ 设计制造不良，高压套管升高，座法兰、油箱外表、油箱底盘大法兰等焊接处易渗漏，有的法兰制造和加工粗糙形成渗漏油。

（2）外表异常处理　在运行中针对上述几种外表异常情况，轻者汇报主管部门及时调度，加强监视；严重者应请示停用变压器，等候处理。对下列 3 种特别严重的故障，可先停下运行变压器，再向调度及设备主管部门汇报。

1）防爆玻璃破碎向外喷油。变压器顶盖上部设有防爆装置，用来将变压器运行中产生的、不能承受的高压气体及时泄放。运行中的变压器，一旦发现防爆玻璃破碎向外喷油则应立即将其退出运行。

这种情况产生的原因是变压器内部有急剧发出大量热量的部位，如绕组短路击穿，分接开关严重接触不良，起弧发热，使变压器油受热急剧分解出大量气体引起的。

2）套管严重破裂、放电。变压器的套管一旦发生严重破损，并引起放电，则认为该变压器已经失去了正常运行的功能，应立即退出运行。

3）变压器着火时，不论何种原因，应首先拉开各侧断路器，切断电源，停用冷却装置，并迅速采取有效措施进行灭火。同时汇报消防部门及上级主管部门协助处理。

如果油在变压器顶盖燃烧时，应从故障放油阀把油面放低；向外壳浇水（注意不要让水溅到着火的油上）使油冷却而不易燃烧。如外壳爆炸时，必须将油全部放到油坑或储油槽中去。若是变压器内部故障而引起着火时，则不能放油，以防变压器发生严重爆炸。

变压器灭火时，应使用 1211 泡沫灭火剂以及干粉等不导电灭火剂，必要时可用干燥的砂子灭火。喷射灭火药物时，应有针对性，不要乱喷，尽可能减少开关等其他设备的损失。

带电灭火时，严禁使用导电的灭火剂（如喷射水流、泡沫灭火器等）进行灭火，以防发生触电危险。

4. 变压器颜色、气味异常的原因及处理

变压器的许多故障伴有过热现象，使得某些部件或局部过热，因而引起一些有关部件的颜色变化或产生特殊臭味。

1）引线、线卡处过热引起异常。套管接线端部紧固部分松动等，接触面发生严重氧化，使接触处过热，颜色变暗失去光泽，表面镀层也遭到破坏。连接接头部分一般温度不宜超过 70℃，可用示温蜡片检查（一般黄色熔化温度为 60℃、绿色为 70℃、红色为 80℃），也可用红外线测量仪测量。温度很高时会发出焦臭味。

2）套管、绝缘子有污秽或损伤严重时发生放电、闪络，产生一种特殊的臭氧味。

3）呼吸器硅胶一般正常干燥为蓝色，其作用为吸附空气中进入储油器胶袋、隔膜中的潮气，以免变压器受潮，当硅胶蓝色变为粉红色时，表明受潮而且硅胶已失效。一般粉红色超过2/3时，应予更换。硅胶变色过快的原因主要有：

① 如长期阴雨天气，空气湿度较大，吸湿变色过快。

② 呼吸器容量过小，如有载开关采用0.5kg的呼吸器，变色过快是常见现象，应更换较大容量的呼吸器。

③ 硅胶玻璃罩罐有裂纹破损。

④ 呼吸器下部油封罩内无油或油位太低起不到良好油封作用，使湿空气未经油封过滤而直接进入硅胶罐内。

⑤ 呼吸器安装不良，如胶垫龟裂不合格，螺钉松动安装不密封而受潮。

4）附件电源线或二次线的老化损伤，造成短路产生的异常气味。

5）冷却器中电动机短路，分控制箱内接触器、热继电器过热等烧损产生焦臭味。

5. 变压器出口短路的危害及预防措施

（1）变压器出口短路的危害

1）电力变压器在发生出口短路时的电动力作用下，绕组的尺寸或形状发生不可逆的变化，产生绕组变形。绕组变形包括轴向和径向尺寸的变化、器身位移、绕组扭曲等，是电力系统安全运行的一大隐患。

2）绕组机械性能下降，当再次遭受到短路电流冲击时，将承受不住巨大的冲击电动力的作用而发生损坏事故。

3）绝缘距离发生变化或固体绝缘受到损伤，导致局部放电发生。当遇到过电压作用时，绕组便有可能发生层间或匝间短路，导致变压器绝缘击穿事故。或者在正常运行电压下，因局部放电的长期作用，绝缘损伤部位逐渐扩大，最终导致变压器绝缘击穿事故。

4）累积效应。运行经验表明，运行变压器一旦发生绕组变形，将导致累积效应，出现恶性循环。因此，对于绕组已有变形但仍在运行的电力变压器来说，虽然并不意味着会立即发生绝缘击穿事故，但根据变形情况不同，当再次遭受并不大的过电流或过电压时，甚至在正常运行的铁磁谐振作用下，也可能导致绝缘击穿事故。所以，在"雷击"或"突发"事件中，很可能隐藏着绕组变形及故障因素。

（2）变压器出口短路的预防措施

1）变压器的中、低压侧出线加装绝缘热缩套。对中、低压侧等级是35kV及以下的变压器，只要其出线采用的是硬母线，则从变压器出口接线桩头一直到开关柜的母线，包括开关室内高压开关柜底部母排，全部加装绝缘热缩套；如果采用的是软母线，可在变压器出口接线桩头和穿墙套管附近加装绝缘热缩套。这样可有效防止小动物等造成的变压器出口短路。

2）低压侧为35kV或10kV电压等级的变压器，由于其中性点属于小电流接地系统，所以要采用有效措施防止单相接地时发生谐振过电压，从而引起绝缘击穿，造成变压器的出口短路。防止单相接地时发生谐振过电压的措施：①电压互感器的二次绕组开口三角加装消谐器，如微型计算机控制的电子消谐器；②电压互感器的一次中性点对地加装小电阻或非线性消谐电阻；③对电容电流超过规程标准的，加装消弧线圈或者自动调整消弧线圈。

3）对变压器中、低压侧的支柱绝缘子，包括高压开关柜可更换爬电距离较大的防污绝缘子，或者涂刷常温固化硅橡胶防污闪涂料（RTV），防止绝缘击穿造成的变压器出口短路。

4）将变压器的中、低压侧的断路器更换为开断电流更大的断路器，防止因开断电流不足引起断路器爆炸造成变压器出口短路。

5）对变压器母线及线路，避雷器要全部更换为性能较好的氧化锌避雷器，提高设备的过电压水平。

6）不断完善变压器的保护配置。变压器的继电保护尽量采取微机化、双重化，尽可能安装母线差动保护、失灵保护，提高保护动作的可靠性、灵敏性和速动性。变压器的中、低压侧应配置限时速断保护，动作时间应小于 0.5s。确保在变压器发生出口短路时，可靠、快速切除故障，减小出口短路对变压器的冲击和损害。

7）对进线为双电源，备用电源自投的 110kV 变电站，要采取措施防止备用电源自投对故障变压器的再次冲击。

8）加强对变压器出口短路的管理和变压器的运行维护检查。统计资料表明，在变压器的损坏原因中，80% 以上是由于变压器发生出口短路时大电流冲击造成的。因此，加强变压器的运行维护，采取切实有效措施防止变压器出口短路，对确保变压器的安全稳定运行具有重要的意义。

6. 变压器着火事故的处理

变压器着火，应首先断开电源，停用冷却器，迅速使用灭火装置。若油溢在变压器顶盖上面着火，则应打开下部油门放油至适当油位；若是变压器内部故障而引起着火，则不能放油，以防变压器发生严重爆炸的可能。一旦变压器故障导致着火事故，后果将十分严重，因此要高度警惕，作好各种情况下的事故预想，提高应对紧急状态和突发事故下解决问题的应变技能，将事故的影响降低到最小的范围。

（1）变压器油着火的条件和特性　绝缘油是石油分馏时的产物，主要成分是烷族和环烷族碳氢化合物。用于电气设备的绝缘油的闪点不得低于 135℃，所以正常使用时不存在自燃及火烧的危险性。因此，如果电气故障发生在油浸部位，因电弧在油中不接触空气，不会立即成为火焰，电弧能量完全被油所吸收，一部分热量使油温升高，一部分热量使油分子分解，产生乙炔、乙烯等可燃性气体，此气体亦吸收电弧能量而体积膨胀，因受外壳所限制，使压力升高。但当电弧点燃时间长，压力超过了外壳所能承受的极限强度就可能产生爆炸。这些高温气体冲到空气中，遇到氧气即成明火而发生燃烧。

（2）防范要求

1）变压器着火事故大部分是由本体电气故障引起，作好变压器的清扫维修和定期试验是十分重要的措施。如发现缺陷应及时处理，使绝缘经常处于良好状态，不致产生可将绝缘油点燃起火的电弧。

2）变压器各侧断路器应定期校验，动作应灵活可靠；变压器配置的各类保护应定期检查，保持完好。这样，即使变压器发生故障，也能正确动作，切断电源，缩短电弧燃烧时间。主变压器的重气体保护和差动保护，在变压器内部发生放电故障时，能迅速使开关跳闸，因而能将电弧燃烧时间限制得最短，使在油温还不太高时，就将电弧熄灭。

3）定期对变压器油做气相色谱分析，发现乙炔或氢烃含量超过标准时应分析原因，甚至进行吊心检查，找出问题所在。在重气体动作跳闸后不能盲目强送，以免事故扩大发生爆炸和火灾。

4）变压器周围应有可靠的灭火装置。

7. 从变压器油所含的气体成分判断变压器内部故障

在正常情况下，变压器油里也是含有气体的，一般未经运行的新油，氧质量分数为 30% 左右，氮质量分数为 70% 左右，含二氧化碳质量分数 0.3% 左右。已运行的变压器油，因绝缘材料和油的分解、氧化，会生成少量的二氧化碳和一氧化碳以及微量的烃类气体。

当变压器内部出现故障时，就会在变压器油里产生较多种类的气体，改变油中的气体组成成分。所以分析油中气体成分，能早期查出变压器内部的潜伏性故障，其方法如下：

（1）利用气相色谱法检测变压器的内部故障

1）氢和烃类（即甲烷、乙烯、乙炔等气体）质量分数在0.1%以下，一氧化碳（CO）和二氧化碳（CO_2）含量正常，则可认为变压器是正常的。

2）氢和烃类质量分数大于0.5%的变压器，一般内部存在缺陷。如二氧化碳（CO_2）和一氧化碳（CO）含量较大，则表明变压器内部有固体绝缘过热。

3）氢和烃类质量分数在0.1%左右，一氧化碳（CO）和二氧化碳（CO_2）正常，无乙炔，属正常。

4）氢和烃类质量分数大于0.1%，其中乙炔含量较大，表明变压器内部有放电现象。

5）氢和烃类质量分数大于0.1%，一氧化碳（CO）和二氧化碳（CO_2）正常，可能是变压器内部裸金属部分（导线和铁心等）过热。

6）氢和烃类质量分数大于0.1%，一氧化碳（CO）和二氧化碳（CO_2）的含量比正常时大，可能是变压器过载运行引起绝缘过热或该变压器运行年久绝缘老化。

（2）从气体继电器积聚的气体判断变压器的内部故障　这主要是对气体继电器积存的气体的数量、可燃性、颜色和化学成分进行鉴别，分析出变压器内部故障的性质，见表7-6。

表7-6　变压器内产生气体的特征与故障性质判断

气体颜色	气体特征	故障性质
无色	无味，且不可燃	空气
灰色	带强烈气味，可燃	油过热分解或油中出现过闪络
微黄色	不易燃	撑条之类木材烧损
白色	可燃	绝缘纸损伤

8. 干式变压器运行中的异常现象、可能原因及处理方法

运行人员在对干式变压器的日常巡视检查以及定期的检查和维护中，应认真做好检查记录，对出现的异常现象要认真分析故障原因，采取正确的处理方法。干式变压器运行中的异常现象、可能原因及处理方法见表7-7。

表7-7　干式变压器运行中的异常现象、可能原因及处理方法

异常现象	可能原因	处理方法
电压表、电流表、功率因数表等读数不正确	1）仪表不正常 2）其他	1）修理或更换 2）查明原因，采取措施
温升不正常	1）仪表不正常 2）过负荷 3）风扇反方向转 4）空气过滤器网眼堵塞 5）绕组内部异常 6）其他	1）修理或更换 2）减轻负荷，平衡各相负荷，增加变压器容量 3）改变接线 4）清扫或更换 5）查明原因，采取措施 6）查明原因，采取措施
异常声响： 1）铁心励磁声音高 2）振动、共振声 3）铁心机械振动声 4）放电声 5）附属设备声音不正常、振动	1）过电压或负荷中采用晶闸管等器件 2）安装不稳固或共振 3）螺栓、螺母未拧紧 4）接地不良或发生电晕 5）风扇不正常	1）改变分接头位置 2）安装稳固，消除共振条件 3）拧紧螺栓、螺母，夹紧铁心 4）完善接地；查明电晕原因，采取措施 5）修理或更换轴承

（续）

异常现象	可能原因	处理方法
异味： 1）温度不正常 2）焦臭味	1）过负荷 2）局部过热，绕组内部异常	1）减轻负荷 2）查明原因，采取措施
绕组异常： 1）附着灰尘 2）浇注基线龟裂、变色 3）放电痕迹，附着炭黑 4）绝缘电阻低于规定值 5）绕组支持件松动 6）其他	1）环境差，养护不善 2）局部过热或自然老化 3）产生或受到异常电压侵入 4）绝缘受潮或老化 5）螺栓松动 6）其他	1）加强维护，用干燥的压缩空气吹干净，或用吸尘器清除，或用抹布擦拭干净。注意不要擦伤绕组表面，不要使用汽油等溶剂 2）查明原因，采取措施与厂家协商处理 3）查明原因，采取措施 4）老化显著时，与厂家联系，采取适当处理措施 5）拧紧螺栓 6）查明原因，采取措施
铁心异常： 1）附着灰尘 2）生锈腐蚀	1）环境差，维护不善 2）防锈材料恶化；有害气体存在；附着雨水、水滴、凝露	1）用压缩空气或吸尘器或抹布清除灰尘 2）用规定的涂料修补；防止有害气体侵入；做好防漏水处理、降低室内相对湿度
接线端、分接开关异常： 1）过热变色 2）生锈	1）过负荷或电流异常；紧固部分松动；接触面不良 2）有害气体存在；受水侵入	1）减轻负荷；紧固松动部分；研磨、再电镀 2）防止有害气体侵入；做好防漏水处理，降低室内相对湿度
部件破损、脱落	受外力作用或安装不良	修理或更换
有放电痕迹	1）过电压 2）雷击	1）查明原因，采取措施 2）完善防雷装置
空气过滤器滤网堵塞	吸入空气灰尘或杂物	清扫或更换

7.4.2　三相异步电动机的故障诊断与维修

1. 三相异步电动机的选择与使用

（1）三相异步电动机的选择　三相异步电动机的选择，应该从实用、经济、安全等原则出发，根据生产的要求，正确选择其容量、种类、形式，以保证生产的顺利进行。

1）类型的选择。场合，如起重设备等；此外还可以用于需要适当调速的机械设备。

2）转速的选择。异步电动机的转速接近同步转速，而同步转速（磁场转速）是以磁极对数 p 来分挡的，在两挡之间的转速是没有的。电动机转速选择的原则是使其尽可能接近生产机械的转速，以简化传动装置。

3）容量的选择。电动机容量（功率）大小的选择，是由生产机械决定的，也就是说，由负载所需的功率决定的。例如，某台离心泵，根据它的流量、扬程、转速及水泵效率等，计算它的容量为39.2kW，这样根据计算功率，在产品目录中找一台转速与生产机械相同的45kW电动机即可。

（2）三相异步电动机的正确使用　正确使用电动机是保证其正常运行的重要环节，正确使用应保证以下三个运行条件：

1）电源条件。电源电压、频率和相数应与电动机铭牌数据相等。电源电压为对称系统、电压额定值的偏差不超过±5%（频率为额定值时）；频率的偏差不得超过±1%（电压为额定值时）。

2）环境条件。电动机运行地点的环境温度不得超过40℃，适用于室内通风干燥等。

3）负载条件。电动机的性能应与起动、制动、不同定额的负载以及变速或调速等负载条件相适应，使用时应保持负载不得超过电动机额定功率。

（3）注意事项　正常运行中的维护应注意以下几点：

1）电动机在正常运行时的温度不应超过允许的限度。运行时，值班人员应经常注意监视各部位的温升情况。

2）监视电动机的负载电流。电动机过载或发生故障时，都会引起定子电流剧增，使电动机过热。电气设备都应有电流表监视电动机负载电流，正常运行的电动机负载电流不应超过铭牌上所规定的额定电流值。

3）监视电源电压、频率的变化和电压的不平衡度。电源电压和频率的过高或过低，三相电压的不平衡都会造成电流不平衡，都可能引起电动机过热或其他不正常现象。电流不平衡度不应超过10%。

4）注意电动机的气味、振动和噪声。绕组因温度过高就会发出绝缘焦味。有些故障，特别是机械故障，很快会反映为振动和噪声，因此在闻到焦味或发现不正常的振动或碰擦声、特大的嗡嗡声或其他杂音时，应立即停电检查。

5）经常检查轴承发热、漏油情况，定期更换润滑油，滚动轴承滑脂不宜超过轴承室容积的70%。

6）对绕线转子异步电动机，应检查电刷与集电环间的接触、电刷磨损以及火花情况，如火花严重，则必须及时清理集电环表面，并校正电刷弹簧压力。

7）注意保持电动机内部清洁，不允许有水滴、油污以及杂物等落入电动机内部。电动机的进风口必须保持畅通无阻。

8）电动机由制造厂装入坚固木箱后发运。在运输途中不得拆箱，否则电动机在运输时极易损坏。电动机在拆箱后，应清除尘污，并将露出的表面擦净，必须牢固地固定在箱底木梁上，木箱内部有防潮纸、油毛毡等衬垫。湿热带型电动机装箱时，还应放入吸潮剂。

9）三相异步电动机的允许温升限制是有规定的。一般型、TH型、TA型三相异步电动机温升限值见表7-8。清除原来涂上的临时性涂料以及表面上的潮气及锈渍等，如用煤油或汽油将油渍擦净而仍有锈渍时，则可用00号细砂布加油轻轻擦光。

表7-8　一般型、TH型、TA型三相异步电动机温升限值　　　　（单位：K）

电动机部位	产品类型	E级		B级		F级		H级	
		温度计法	电阻法	温度计法	电阻法	温度计法	电阻法	温度计法	电阻法
绕组	一般	65	75	70	80	85	100	105	125
	TH	65	75	70	80	85	100	105	125
	TA	55	65	60	70	70	85	85	105
铁心	一般	75	—	80	—	100	—	125	—
	TH	75	—	80	—	100	—	125	—
	TA	65	—	70	—	85	—	105	—
轴承	一般	55							
	TH	55							
	TA	45							

注：① TH型——湿热带型；TA型——干热带型；② 周围环境温度：一般型、TH型为 +40℃，TA型为 +50℃。

10）电动机运输到位后如不立即安装，也应拆箱清理并做如上检查。并应以防锈油或临时性涂封材料将裸露的金属表面重新涂封。

11）在检查及涂封后，可在清洁而干净的地方将电动机重新装箱封固。装箱地点空气不应有酸碱等腐蚀性气体存在，以免损坏绝缘及裸露的导电部分。仓库内空气应干燥，通风良好，每隔半年应开箱检查一次，检查临时性涂封是否变质，以便及时改进保存状况。

12）运输时必须防止电动机翻身，以免损坏电动机。

2. 导致三相异步电动机温升过高的原因及处理

1）电动机长期过载。电动机过载时流过各绕组的电流超过了额定电流，会导致电动机过热。若不及时调整负载，会使绕组绝缘性能变差，最终造成绕组短路或接地，使电动机不能正常工作。

2）未按规定运行。电动机必须按规定运行，例如，"短时"和"断续"的电动机不能长期运行，因其绕组线径及额定电流均比长期运行电动机小。

3）电枢绕组短路。可用短路侦察器检查，若短路点在绕组外部，可进行包扎绝缘；若短路点在绕组内部，原则上要拆除重绕。

4）主极绕组断路。可用检验灯检查绕组，若断路点在绕组外部，可重新接好并包扎绝缘；若断路点在绕组内部，则应拆除重绕。

5）电网电压太低或线路电压降太大（超过 10%）。如电动机主回路某处有接触不良或电网电压太低等造成电动机电磁转矩大大下降，使得电动机过载。检查主回路消除接触不良现象或调整电网电压。

6）通风量不够。如鼓风机的风量、风速不足，电动机内部的热量就无法排出而过热，应更换适当的通风设备。

7）斜叶风扇的旋转方向不当，与电动机不配合。此时应调整斜叶风扇使其与电动机相配合。从理论上讲电动机均可正反转，但有些电动机的风扇有方向性，如反了，温升会超出许多。

8）电枢铁心绝缘损坏。此时应更换绝缘。

9）风道阻塞。此时应用毛刷将风道清理干净。

总之，必须针对各种具体情况，排除故障。

3. 三相异步电动机运行中的故障及主要原因

在运行中，应经常检查三相异步电动机，以便能及时发现各种故障而清除之，否则这些故障可能引起事故。下面叙述最常遇到的故障及其原因。

（1）机械故障

1）轴承的过热。可能是由于润滑脂不足或过多、转轴弯斜、转轴摩擦过大、润滑脂内有杂质及外来物品以及钢珠损坏等所引起。

2）电动机的振动。机组的轴线没有对准，电动机在底板上的位置不正，转轴弯曲或轴颈振动，联轴器配合不良，转子带盘及联轴器平衡不良，笼型转子导条或短路环断路，转子铁心振动，底板不均匀的下沉，底板刚度不够，底板的振动周期与电动机（机组）的振动周期相同或接近，带轮粗糙或带轮装置不正，转动机构工作不良及有碰撞现象等引起。

3）转子偏心。可能是由于轴衬松掉，轴承位移，转子及定子铁心变形，转轴弯曲及转子平衡不良等引起。

（2）电气故障

1）起动时的故障。由于接线错误、线路断路、工作电压不对、负载力矩过高或静力矩过大、起动设备有故障等所引起。

2）过热。由于线路电压高于或低于额定值、过负荷、冷却空气量不足、冷却空气温度过高、匝间短路及电动机不清洁等所引起。

3）绝缘损坏。可能是由于工作电压过高，酸性、碱性、氯气等腐蚀性气体的损坏，太脏，过热，机械碰伤，湿度过高和水分侵入等所引起。

4）绝缘电阻低。由于不清洁，湿度太大，温度变化过大以致表面凝结水滴，绝缘磨损和老化等所引起。

4. 三相异步电动机外壳带电的原因与排除

1）三相异步电动机绕组的引出线或电源线绝缘损坏在接线盒处碰壳，使外壳带电。应对引出线或电源线的绝缘进行处理。

2）三相异步电动机绕组绝缘严重老化或受潮，使铁心或外壳带电。对绝缘老化的电动机应更换绕组；对电动机受潮的应进行干燥处理。

3）错将电源相线当作接地线接至外壳，使外壳直接带有相电压。应找出错接的相线，按正确接线改正即可。

4）线路中出现接线错误，如在中性点接地的三相四线制低压系统中，有个别设备接地而不接零。当这个接地而不接零的设备发生碰壳时，不但碰壳设备的外壳有对地电压，而且所有与零线相连接的其他设备外壳都会带电，并带有危险的相电压。应找出接地而不接零的设备，重新接零，并处理设备的碰壳故障。

5）接地电阻不合格或接地线断路。应测量接地电阻，接地线必须良好，接地可靠。

6）接线板有污垢。应清理接线板。

7）接地不良或接地电阻太大。找出接地不良的原因，采取措施予以解决。

5. 三相异步电动机不能起动，且没有任何声响的原因与处理

1）电源没有电。接通电源。

2）两相或三相的熔体熔断。更换熔体。

3）电源线有两相或三相断线或接触不良。在故障处，重新刮净，接好。

4）开关或起动设备有两相或三相接触不良。找出接触不良，予以修复。

5）电动机绕组丫联结有两相或三相断线，△联结三相断线。找出故障点，予以修复。

6. 三相异步电动机不能起动，但有嗡嗡声的原因与处理

1）定子、转子绕组断路或电源一相断线。查明绕组断点或电源一相的断点，修复。

2）绕组引进线首尾端接错或绕组内部接反。检查绕组极性，判断绕组首尾端是否正确；查出绕组内部接错点，改正之。

3）电源回路接点松动，接触电阻大。紧固螺栓，用万能表检查各接头是否假接，予以修复。

4）负载过大，或转子被卡住。减载或查出并消除机械故障。

5）电源电压过低或电压降过大。检查是否将△联结接成丫联结，是否电源线过细，电压降过大，予以改正。

6）电动机装配太紧或轴承内油脂过硬。重新装配使之灵活，换合格油脂。

7）轴承卡住。修复轴承。

7. 三相异步电动机不能起动，或带负载时转速低于额定转速的原因与处理

1）熔断器熔断，有一相不通或电源电压过低。检查电源电压及开关、熔断器的工作情况。

2）定子绕组中或外电路有一相断开。从电源逐点检查，发现断线并接通。

3）绕线式电动机转子绕组电路不通或接触不良。消除断点。

4）笼型转子笼条断裂。修复断条。

5）△联结的电动机引线接成丫联结。改正接线。

6）负载过大或传动机械卡住。减小负载或更换电动机，检查传动机械，消除故障。

7）定子绕组有短路或接地。消除短路或接地处。

8. 三相异步电动机过热或冒烟的原因与处理

1）电源电压过高或过低。调节电源电压，换粗导线。

2）检修时烧伤铁心。检修铁心，排除故障。

3）定子与转子相擦。调节气隙或车转子。

4）电动机过载或起动频繁。减载，按规定次数起动。

5）断相运行。检查熔断器、开关和电动机绕组，排除故障。

6）笼型转子开焊或断条。检查转子开焊处，进行补焊或更换铜条，铸铝转子要更换转子或改用铜条。

7）绕组相间、匝间短路或绕组内部接错，或绕组接地。查出定子绕组故障或接地处，予以修复。

8）通风不畅或环境温度过高。修理或更换风扇，清除风道或通风口，隔离热源或改善运行环境。

9. 三相异步电动机有不正常的振动和声响的原因与处理

1）转子、风扇不平衡。校正转子动平衡，检修风扇。

2）轴承间隙过大，轴弯曲。检修或更换轴承，校直轴。

3）气隙不均匀。调整气隙使之均匀。

4）铁心变形或松动。校正铁心或紧固铁心。

5）联轴器或带轮安装不合格。重新校正，必要时检修联轴器或带轮。

6）笼型转子开焊或断条。进行补焊或更换笼条。

7）定子绕组故障。查出故障，进行修理。

8）机壳或基础强度不够，地脚螺栓松动。加固、紧固地脚螺栓。

9）定、转子相擦。硅钢片有凸出的要锉去，轴承损坏要更换。

10）风扇碰风罩，风道堵塞。检修风扇及风罩正确配合，清理通风道。

11）重绕时每相匝数不等。重新绕制，使各相匝数相等。

12）缺相运转。修复线路、绕组的断线和接触不良处或更换熔丝。

10. 三相异步电动机三相电流不平衡的原因与处理

1）三相电源电压不平衡。检查三相电源电压。

2）定子绕组匝间短路。检查定子绕组，消除短路。

3）重换定子绕组后，部分线圈匝数有错误。严重时，测出有错的线圈并更换。

4）重换定子绕组后，部分线圈接线错误。校正接线。

11. 三相异步电动机空载电流偏大的原因与处理

1）电源电压过高使铁心饱和，剩磁增大，空载电流增大。检查电源电压并进行处理。

2）电动机本身气隙较大或轴承磨损，使气隙不匀。拆开电动机，用内外卡尺测量定子内径、转子外径，调整间隙或更换相应规格的轴承。

3）电动机定子绕组匝数少于应有的匝数。重绕定子绕组，增加匝数。

4）电动机定子绕组应该是星形联结，误接成三角形联结。检查定子接线，并与铭牌对照，改正接线。

5）修理时车削转子，使气隙增大，空载电流明显增大。应更换车削转子。

6）修理时使定子、转子铁心槽口扩大，空载电流增大。应更换定子、转子。

7）修理时改用其他槽楔，可能使空载电流增大。可改用原规格的槽楔。

8）修理时，采用烧铁心拆除线圈的办法，使定子、转子铁心片间绝缘能力降低，并使铁磁材料性能恶化，从而使铁心功率损耗增大，空载电流明显增大。应更换铁心。

9）机械部分调整不当，机械阻力增大，使空载电流增大。可调整机械。

12. 三相异步电动机绝缘电阻降低的原因与处理

1）电动机内受潮。进行烘干处理。

2）绕组上灰尘、污垢太多。清除灰尘、污垢，并浸漆处理。

3）引出线和接线盒接头的绝缘损坏。重新包扎引出线绝缘。

4）电动机过热后绝缘老化。小容量电动机可重新浸漆处理。

13. 三相异步电动机起动时熔体熔断的原因与处理

1）定子绕组一相反接。判断三相绕组首尾端，重新接线。

2）定子绕组有短路或接地故障。检查并修复短路绕组和接地处。

3）负载机械卡住。清除卡阻部分。

4）起动设备操作不当。纠正操作方法。

5）传动带太紧。适当调整传动带松紧。

6）轴承损坏。更换轴承。

7）熔体规格太小。合理选用熔体。

8）缺相起动。检查并更换熔体。

14. 三相异步电动机轴承过热的原因与处理

1）轴承损坏。更换轴承。

2）润滑油脂过多或过少，油质不好，有杂质。检查油量：应为轴承容积的 $1/3 \sim 2/3$ 为宜，更换合格的润滑油。

3）轴承与轴颈或端盖配合过紧或过松。过紧应车磨轴颈或端盖内孔，过松可用粘合剂或低温镀铁处理。

4）轴承盖内孔偏心，与轴相擦。修理轴承盖，使之与轴的间隙合适均匀。

5）端盖或轴承盖未装平。重新装配。

6）电动机与负载间的联轴器未校正，或传动带过紧。重新校正联轴器，调整传动带张力。

7）轴承间隙过大或过小。更换新轴承。

8）轴弯曲。校直转轴或更换转子。

15. 三相异步电动机试运行前的检查项目

1）土建工程全部结束，现场清扫整理完毕。

2）电动机本体安装检查结束。

3）冷却、调速、润滑等附属系统安装完毕，验收合格，分部试运行情况良好。

4）电动机的保护、控制、测量、信号、励磁等回路的调试完毕动作正常。

① 测定绝缘电阻：a）1kV 以下电动机使用 1kV 绝缘电阻表摇测，绝缘电阻值不低于 $1M\Omega$；b）1kV 及以上电动机，使用 2.5kV 绝缘电阻表摇测绝缘电阻值，在 75℃ 时，定子绕组不低于 $1M\Omega/kV$，转子绕组不低于 $0.5M\Omega/kV$，并做吸收比试验。

② 1kV 及以上电动机应做交流耐压试验。

③ 1000V 以上或 1000kW 以上、中性点连线已引出至出线端子板的定子绕组应分项做直流耐压及泄漏试验。

5）电刷与换向器或集电环的接触应良好。

6）盘动电机转子应转动灵活，无碰卡现象。

7）电动机引出线应相位正确，固定牢固，连接紧密。

8）电动机外壳油漆完整，保护接地良好。

9）照明、通信、消防装置应齐全。

16. 三相异步电动机的试运行及验收

1）电动机试运行一般应在空载运行的情况下进行，空载时间为 2h，并做好电动机空载电流和电压记录。

2）电动机试运行接通电源后，如发现电动机不能起动或起动时转速很低或声音不正常等现象，应立即切断电源检查原因。

3）起动多台电动机时，按容量从大到小逐台起动，不能同时起动。

4）电动机试运行中应进行下列检查：

①电动机的旋转方向符合要求，声音正常。

②集电环及电刷的工作情况正常。

③电动机的温度不应有过高现象。

④滑动轴承温度不应超过 80℃，滚动轴承温度不应超过 95℃。

⑤电动机的振动应符合规范要求。

5）交流电动机带负荷起动次数应尽量减少，如产品无规定时按在冷态时可连续起动两次；在热态时，可起动一次。

6）在验收电动机时，应提交下列资料和文件：

①设计变更洽商。

②产品说明书、试验记录、合格证等技术文件。

③安装记录（包括电动机抽芯检查记录、电动机干燥记录等）。

④调整试验记录。

7.4.3　开关设备的故障诊断与维修

1. 高压断路器新安装或检修后投入运行应具备的条件

1）断路器的交接验收必须严格按照国家、电力行业和国家电力公司标准、产品技术条件及合同书的技术要求进行，不符合交接验收条件的不能验收投运。

2）新装及检修后的断路器必须严格按照《电气装置安装工程电气设备交接试验标准》、《电力设备预防性试验规程》、产品技术条件及有关检修导则的要求进行试验与检查，交接时对重要的技术指标一定要进行复查，不合格者不准投运。

3）新装及大修后的 252kV 及以上电压等级的断路器，其相间不同期及各断口间的不同期，必须用精度满足要求的仪器进行测量，并应符合产品技术要求。现场不能测量的参数，制造厂应提供必要的保证。

4）分、合闸速度特性是检修调试断路器的重要质量标准，也是直接影响开断和关合性能的关键技术数据。各种断路器在新装和大修后必须测量分、合闸速度特性，并应符合技术要求。SF_6 断路器的机构检修参照少油断路器机构检修工艺进行，运行 5 年左右应进行一次机械特性检查。

5）新安装的国产油开关设备，安装前应解体。国产 SF_6 断路器、液压机构和气动机构原则上解体检查。若制造厂承诺可不解体安装，则可不解体安装。但因不解体安装发生设备质量事故造成经济损失由制造厂承担。

6）断路器接地金属外壳（支架）应有明显的接地标志，接地螺栓不小于 M12，且接触良好。

7）断路器应有运行编号和名称，断路器外露的相应带电部分应有明显的相位漆。

8）断路器主回路的外露连接的接触处或其他必要的地方应有监视运行温度状态的措施，如示温蜡片等。

9）断路器的分、合闸指示器应易于观察且指示正确。断路器应有标以基本参数等内容的制造厂铭牌，铭牌应清洁易见。

10）真空断路器应配有限制操作过电压的保护装置；SF_6 断路器应装有密度继电器和 SF_6 气体补气和抽气接口；油断路器要有易于观察的油位指示器和明显的上、下限油位监视线；压缩空气断路器应具有监视充气压力的压力表和压力释放阀。

2. 高压断路器误动的原因及处理

运行中的高压断路器在线路或设备未发生短路故障时而突然跳闸，称为误动（误跳闸）。可能造成断路器误动的原因如下：

（1）操作人员误碰或错误操作断路器操动机构　因操作人员失误引起断路器误动时，原因明确，只需重新合闸即可。

（2）直流控制回路短路故障

1）直流两点接地。处理方法详见断路器控制回路两点接地故障。

2）红灯断路故障。当监视断路器运行状态的红灯灯丝在其底座上短路时，易引起断路器误跳。同理，绿灯短路时，易引起断路器误合。正确选择监视灯及其附加电阻，就可避免断路器因监视灯短路而误动作，即合理分配监视灯、附加电阻、跳闸线圈或合闸接触器线圈上的电压及控制其长期流过的电流。

（3）断路器误跳闸机构故障

1）断路器误跳闸挂扣滑脱。断路器误跳闸故障多是由于误跳闸机构的挂扣不牢而又受外力振动脱扣所致，所以故障检修时应把该故障作为首选目标。

2）断路器跳闸线圈最低动作电压整定过低。为防止断路器拒分，要求不可随意提高跳闸线圈最低动作电压。但若因最低动作电压整定过低，造成断路器误跳闸，则可适当提高整定值，但仍尽量保持跳闸线圈最低动作电压在额定电压的 30%～65% 内，通过试验调整，完全可以解决拒分与误跳闸的矛盾。

3）操动机构跳闸机械部分存在累积效应。处理该类故障方法如下：

① 适当提高断路器最低动作电压，但不宜超过 65% 额定电压，既可提高铁心刚开始吸合电压，避免误动，又可防止断路器拒跳。

② 加强运行维护，定期检查跳闸机械部分，特别是掣子和连板间的挂扣情况，发现问题及时解决。

③ 重视二次回路绝缘状况，发现问题及时处理。

（4）继电保护装置误动

1）保护装置整定不当。在继电保护整定计算中，因设计人员考虑不周，所确定的动作值不适，或在继电保护装置调试过程中，继电保护人员整定继电器动作值不准，在某种不正常工作状态下，易引起保护误动作。

2）保护装置误动的内、外部原因。因继电保护装置本身质量问题，使继电器实际动作值发生变化；或因误碰、振动、环境温度变化使继电器误起动；或因保护装置工作环境差，如空气中含有灰尘、腐蚀性气体等，既可能致使某个继电器触头接触不良，引起保护拒动，也可能致使某个继电器触头接触不良，导致跳闸闭锁装置失灵，引起保护误动作。

对晶体管保护装置，直流电源电压波动或脉冲干扰也会引起晶体管误动作。

3）互感器回路故障。电压互感器回路断线易引起距离保护误动，电流互感器回路断线易引起差动保护误动。对这类故障往往只需要加设断线闭锁装置或其他元件等加以解决，或者从整定值上加以考虑就可避免保护误动。

当保护装置安装完毕，其动作值整定后，因互感器回路其他元件的原因，还会造成保护误动，以差动保护为例，设计时是按电流互感器的误差不超过10%来考虑整定值的，而实际运行中电流互感器的误差因故却超过了10%，易导致差动保护误动，而运行人员却难以查出误动原因。

4）保护出口继电器线圈正电源侧接地故障。当保护出口继电器线圈正电源侧发生接地故障时，保护直流回路中过大的电容放电易引起出口继电器误动作。

为防止这种电容电流短接保护触头误起动跳闸出口继电器，跳闸出口继电器的起动电压不宜低于直流额定电压的50%，但也不应过高，以保证直流电源降低时的可靠动作和正常情况下的快速动作。对于动作功率较大的中间继电器（例如5W以上），如为快速动作的需要，则允许动作电压略低于额定电压的50%，此时必须保证继电器线圈的接线端子有足够的绝缘强度。如果适当提高了起动电压还需要满足防止误动作的要求，可以考虑在线圈回路上并联适当电阻。由变压器、电抗器气体保护起动的中间继电器，由于连线长，电缆电容大，为避免电源正极接地误动作，应采取较大起动功率的中间继电器，但不要求快速动作。

5）寄生回路。在控制、保护、信号回路的设计、安装过程中，如果不严格按《电力系统继电保护及安全自动装置反事故技术措施要点》执行，往往易产生寄生回路，留下隐患。当某元件动作或故障后，就会产生寄生回路，而引起误发信号或误跳闸。

3. 高压断路器常见故障预防的技术措施

（1）预防高压断路器拒分、拒合和误动等操作故障的技术措施

1）加强对操动机构的维护检查。机构箱门应关闭严密，箱体应防水、防灰尘和防止小动物进入，并保持内部干燥清洁。机构箱应有通风和防潮措施，以防线圈、端子排等受潮、凝露、生锈。液压机构箱应有隔热防寒措施。

2）辅助开关应采取下列措施：

① 辅助开关应安装牢固，防止因多次操作松动变位。

② 应保证辅助开关触头转换灵活、切换可靠、接触良好、性能稳定，不符合要求时应及时调整或更换。

③ 辅助开关和机构间的连接应松紧适当、转换灵活，并满足通电时间的要求。连杆锁紧螺母应拧紧，并采用放松措施，如涂厌氧胶等。

3）断路器操动机构检修后，应检查操动机构脱扣器的动作电压是否符合30%～65%额定操作电压的要求。在80%（或85%）额定操作电压下，合闸接触器是否动作灵活且吸持牢靠。

4）分、合闸铁心应动作灵活，无卡涩现象，以防拒分或拒合。

5）断路器大修时应检查液压机构分、合闸阀的顶尖是否松动或变形。

6）长期处于备用状态的断路器应定期进行分、合操作检查。在低温地区还应采取防寒措施和进行低温下的操作试验。

7）气动机构应坚持定期防水制度。对于单机供气的气动机构在冬季或低温季节应采取保温措施，防止因控制阀结冰而拒动。气动机构各运动部位应保持润滑。

（2）防止高压断路器灭弧室烧损、爆炸的措施

1）各运行、维修单位应根据可能出现的系统最大运行方式及可能采用的各种运行方式，每年定期核算开关设备安装地点的短路电流。如开关设备实际短路电流不能满足要求，则应采取"限制、调整、改造、更换"的方法，以确保设备安全运行。具体措施如下：

① 合理改变系统运行方式，限制和减少系统短路电流。

② 采取限流措施，如加装电抗器等以限制短路电流。

③ 在继电保护上采取相应的措施，如控制断路器的跳闸顺序等。

④ 将短路电流小的断路器调换到短路电流小的变电所。

⑤ 根据具体情况，更换成短路电流大的断路器。

2）应经常注意监视油断路器灭弧室的油位，发现油位过低或渗漏油时应及时处理。严禁在严重缺油情况下运行。油断路器发生开断故障后，应检查其喷油及油位变化情况，发现喷油严重时，应查明原因及时处理。

3）开关设备应按规定的检修周期和具体短路开断次数及状态进行检修，做到"应修必修，修必修好"。开关设备的累积短路开断次数，按断路器技术条件规定的累积短路开断电流或检修工艺执行。没有规定的，则可根据现场运行、检修经验由各运行单位的总工程师参照类似开关设备检修工艺确定。

4）当断路器所配液压机构打压频繁或突然失压时，应申请停电处理。必须带电处理时，检修人员在未采取可靠防慢分措施（如加装机械卡具）前，严禁人为起动油泵，防止由于慢分使灭弧室爆炸。

（3）预防高压断路器进水受潮的措施

1）对72.5kV及以上电压等级的少油断路器在新装前及投运一年后应检查铝帽上是否有砂眼，密封端面是否平整，应针对不同情况分别处理，如采用加装防雨帽等措施。在检查维护时应注意检查呼吸孔，防止被油漆等物堵死。

2）为防止液压机构储压缸氮气室生锈，应使用高纯氮（微水含量小于 $20\mu L/L$）作为气源。

3）对断路器除定期进行预防性试验外，在雨季应增加检查和试验次数，对油断路器应加强对绝缘油的检测。

4）40.5kV电压等级多油断路器电流互感器引出线、限位螺钉、中间联轴孔堵头、套管连接部位、防暴孔及油箱盖密封用石棉绳等处，均应密封良好，无损坏变形。

5）装于洞内的开关设备应保持洞内通风和空气干燥，以防潮气侵入灭弧室造成凝露。

（4）防止高压断路器爆炸事故的措施

1）抓好现有高压设备的安全运行，提高检修质量，防止由于质量不良造成的高压断路器事故。

2）充实技术力量，抓紧积累掌握 SF_6 断路器的运行维护和检测试验技术经验，按规程规定的周期、标准进行 SF_6 断路器维护和试验。

3）开关操动机构检修后应进行分、合闸最低操作电压试验，并符合要求，要防止液压机构漏油及慢分闸事故，要防止非全相分、合闸事故。

4）要采取防止进水受潮的措施，防止进水受潮引起的断路器事故。

5）对400V母线和断路器加装热缩护套提高绝缘水平的改造，排查断路器和接触器的质量情况，把好动力柜的选型关。

6）做好高压断路器的红外测温。

7）断路器本体和液压系统用的压力表、温度表等，应按热工仪表校验规定和周期进行定期校验。

（5）预防断路器套管、支柱绝缘子和绝缘提升杆闪络、爆炸的措施

1）根据设备运行现场的污秽程度，采取下列防污闪措施：

① 定期对瓷套或支持绝缘子进行清洗。

② 在室外 40.5kV 及以上电压等级断路器的瓷套或支持绝缘子上涂 RTV 硅有机涂料或采用合成绝缘子及增加爬电距离。

③ 采用加强外绝缘爬电距离的瓷套或支持绝缘子。

④ 采用措施防止断路器瓷套渗漏油、漏气及进水。

⑤ 新装投运的断路器必须符合防污等级的要求。

2）加强对套管和支持绝缘子内部绝缘的检查。为预防因内部进水使绝缘能力降低，除进行定期的预防性试验外，在雨季应加强对绝缘油的绝缘监视。

3）新装 72.5kV 及以上电压等级断路器的绝缘拉杆，在安装前必须进行外观检查，不得有开裂、起皱、接头松动及超过允许限度的变形。除进行泄漏试验外，必要时应进行工频耐压试验。运行的断路器如发现绝缘拉杆受潮，烘干处理完毕后，也要进行泄漏和工频耐压试验，不合格者应予更换。

4）充胶（油）电容套管应采取有效措施防止进水和受潮，发现胶质溢出、开裂、漏油或油箱内油质变黑时应及时进行处理或更换。大修时应检查电容套管的芯子有无松动现象，防止脱胶。

5）绝缘套管和支持绝缘子各连接部位的橡胶密封圈应采用合格品并妥善保管。安装时应无变形、位移、龟裂、老化或损坏。压紧时应均匀用力并使其有一定的压缩量。避免因用力不均或压缩量过大而使其永久变形或损坏。

4. 真空断路器的安装和调试

（1）安装前的检查

1）真空断路器开箱后，应当检查有无破损，产品铭牌、合格证、订货单、装箱清单等是否与实物相符。

2）若完好无误，清理表面灰尘污垢，用工频耐压法检查真空灭弧室的真空度。

3）按照《安装使用说明书》中技术数据检查真空断路器的触头开距、缓冲器等。

4）用手动方式操作储能、合闸、分闸，观察储能状态、分合闸位置指示是否正常。

5）用操作电源操作储能、合闸、分闸，观察储能状态、分合闸位置指示是否正常。

6）检查"五防闭锁"装置是否完善、可靠。

（2）真空断路器分、合闸速度测试　真空断路器在出厂调试中已使分、合闸速度合格，在安装检修中一般可不进行调试。但当出现下列情况之一时，就必须测试分、合闸速度：

1）更换真空灭弧管或重新调整行程后。

2）更换或者改变了触头弹簧、分闸弹簧、合闸弹簧（指弹簧操纵机构）等以后。

3）传动机构等主要部件经解体重新组装后。

（3）安装和调试注意事项　由于真空断路器结构紧凑、动作尺寸小、要求精度高，所以安装、检修和调试的每一个环节都要特别注意调整到位，否则就会影响其应有的使用性能。

1）安装真空灭弧室。检修中需要安装真空灭弧室时，下支架和上支架安装中要配合好，紧固后灭弧室不应承受弯矩，灭弧室弯曲变形应小于等于 0.5mm。装配时各螺母紧固均匀，以免单侧受力。

2）安装支架。安装上支架和旋紧螺钉时不可压在灭弧室导向板上，间隙应为 0.5~1.5mm。

3）安装导向杆。在导向杆与真空灭弧室动导电杆间应加调整垫片，使导向杆旋紧，在合闸

位置时，使导向杆伸出导向板5mm±1mm。

4）调整接触行程。手动使真空断路器合闸，测量接触行程，然后分闸，调整接触行程调整螺栓，以调整接触行程。若螺栓旋出1圈，则接触行程增加1.25mm；反之，则减少1.25mm。调整螺栓直至将接触行程调至4mm±1mm为止。调整机构输出杆长度，可只改变接触行程而不改变触头开距；若三相一致都需调整时，调整机构输出杆来增减接触行程，则更方便。

5）调整触头开距。调整增减开距垫片，可使触头开距调至11mm±1mm。经过反复测量和调整，使触头开距和接触行程达到厂家规定技术参数要求范围之内。

6）测量机械特性参数。触头开距、接触行程、辅助开关等调整合格之后，再进行电动合、分闸试验，并使用微机测试装置准确测量核查分闸的时间、速度、同期性、合闸弹跳时间、分闸反弹幅值等机械特性参数。测量后对不合格的参数应及时调整，确保各种机械特性参数达到最佳值。

7）测量操作特性参数。应分别在最高、最低、额定操作电压下进行合闸、分闸、重合闸等操作，做特性试验。

8）再次测量各种机械特性参数。在按照规定的次数操作、调整合格后，应再次测量各种机械特性参数，并与之前测量的数据相比较，符合时才为合格。

9）进行回路电阻和一、二次回路的工频耐压试验。若试验数据全部合格，则能投入运行。

5. SF_6 断路器气体泄漏的处理

（1）SF_6 断路器的检漏方法　SF_6 气体是 SF_6 断路器重要的调试项目，也是保证 SF_6 断路器正常运行的关键。SF_6 气体检漏分为定性和定量检漏两种。

1）定性检漏。定性检漏在现场较实用，具体包括简易定性法、压力下降法、分割定位法和局部蓄积法。定性检漏一般用高灵敏度探头，安置在被测设备规定的易漏部位，其特点是声光报警、定位方便。

① 简易定性法。使用一般的检漏仪，对所有组装的密封面、管道连接处及其他怀疑的地方进行检测。方法简单，能查找较明显的局部泄漏。

② 压力下降法。用精密压力表测量 SF_6 气体压力，隔数天或数十天进行复测，结合温度换算或进行横向比较来判断发生的压力下降。

③ 分割定位法。适用于三相 SF_6 气路连通的断路器，把 SF_6 气体系统分割成几部分后再进行检漏，可减少盲目性。

④ 局部蓄积法。用塑料布将测量部位包扎，经过数小时后，再用检漏仪测量塑料布内是否有泄漏的 SF_6 气体，它是目前较常采用的定性检漏方法。

2）定量检漏。定量检漏法是用塑料袋将被测断路器部件或整台断路器罩起来，经过一定时间（例如数十小时）后，测量塑料袋内的 SF_6 气体浓度，再根据塑料袋内体积和包围时间等参数来计算漏气率。

定量检漏有挂瓶检漏法和局部包扎法，应在充气24h后进行。可采用 LDD2000 型检漏仪作为定量测量仪，使用安全方便，比较理想。定量测量的判断标准为年漏气率不大于1%。

运行实践证明，SF_6 断路器易漏部位主要有各检测口、焊缝、充气嘴、法兰结合面、压力表连接管及密封底座等。

（2）SF_6 断路器气体泄漏及处理

1）SF_6 气体泄漏原因

① 密封不严。研究表明，密封不严的原因如下：密封面紧固螺栓松动，由于安装质量不佳或振动等原因，可能使密封面紧固螺栓松动，因此导致密封不严而引起漏气；密封圈老化，现场

经验表明，密封圈的老化速度较快，一般在 8 ~ 10 年内就会腐烂，而失去密封效果，从这个角度而言，SF_6 断路器的检修周期应比规定的检修周期 15 ~ 20 年要短，其实际检修周期应由橡胶密封圈的老化寿命决定；密封面的加工方式不合适，国外对密封面的加工方式进行了详细的研究后认为加工刀痕与 O 形圈密封线一致的车削加工是比较合适的，指出在实验条件下，车削加工的临界粗糙度约为 $25\mu m$，考虑到安全因素，粗糙度极限应小于 $5\mu m$；尘埃落入密封面，直径大于 $20\mu m$ 的尘埃落入密封面就引起气体泄漏，因此必须采取措施，严格防止尘埃落入密封面，SF_6 断路器在装配时应在防尘室中进行。

② 焊缝渗漏。焊缝渗漏的主要原因是焊缝没有完全熔透，再加上对焊缝的检查方法不准确，因此就把隐患带到现场，导致漏气。

③ 压力表渗漏。由于压力表质量不高，或连接不佳，特别是接头处密封垫被损伤都可能引起渗漏。

④ 瓷套管破损。在运输和安装过程中，由于外力作用，可能使瓷套破损，导致漏气。另外，瓷套与法兰胶合处，胶合不良；瓷套与胶垫连接处，胶垫老化或位置未放正等也会导致漏气。

⑤ 产品质量不良。从本质上讲，泄漏和潮气侵入是同时发生的。产品质量不良，存在 SF_6 气体泄漏的微小空隙，SF_6 气体就要泄漏，而潮气也就由此乘虚而入。

2) 处理方法

① 按规定的周期和方法检测漏气点。当确定漏气点后，应根据上述的漏气原因分别采用相应的措施，如紧固螺栓、更换密封件、避免尘埃侵入等，必要时进行大修。

② 认真焊接、严格检查。采用熔透型焊缝是解决焊缝渗漏的最根本办法。焊缝要做到熔透，就必须做到：剖口的形式必须符合有关标准和规范的要求；焊接时要特别注意熔焊的连续性，在分层堆焊以及不得不停顿的地段，一定要将焊渣打磨干净再继续焊接，确保焊缝内无夹渣；从设计的角度讲，焊缝的走向应尽可能简单流畅，以提高焊接的工艺性；操作工人必须具备压力容器焊接技术等级合格证，并严格按标准、规范程序操作。

提高焊缝质量，除具有上述可靠稳定的工艺基础外，还必须具有正确的检查手段，它是不可缺少的保证条件。目前，检查焊缝内在质量比较彻底的方法之一是探伤。探伤检查合格者才能运到现场安装。

③ 更换。对渗漏的压力表和破损的瓷套管等，应当及时更换。

④ 提高产品质量，严把"入口"关。

(3) SF_6 高压断路器漏气、污染事故的预防

1) 新装或检修 SF_6 断路器必须严格按照气体绝缘金属封闭开关设备有关技术标准执行。

2) 室内安装运行的气体绝缘金属封闭开关设备（简称 GIS），宜设置一定数量的氧量仪和 SF_6 浓度报警仪。人员进入设备区前必须先行通风 15min 以上。

3) 当 SF_6 断路器发生泄漏或爆炸事故时，工作人员应按安全防护规定进行事故处理。

4) 运行中 SF_6 气体微量水分或漏气率不合格时，应及时处理，处理时 SF_6 气体应予回收，不得随意向大气排放，以免污染环境及造成人员中毒事故。

5) 密度继电器及气压表应结合安装、大小修定期效验。

6) SF_6 断路器应按有关规定定期进行微水含量和泄漏的检测。

(4) 防止 SF_6 气体分解物危害人体的措施

1) 当 SF_6 气体分解物逸入 GIS 室时，工作人员要全部撤出室内，并投入通风机。

2) 故障半小时后，工作人员方能进入事故现场，要穿防护服，带防毒面罩。

3) 若不允许 SF_6 气体分解物直接排入大气，则应该用小苏打溶液的装置过滤后再排入大气。

4) 处理固体分解物时，必须用吸尘器，并配有过滤器。

5) 在事故 30min～4h 之内，工作人员进入事故现场时，一定要穿防护服，戴防毒面罩，4h 以后方能脱掉。进入 GIS 室内部清理时仍要穿防护服戴防毒面罩。

6) 凡用过的抹布、防护服、清洁袋、过滤器、吸附剂及用过的苏打粉等均应用塑料袋装好，放在金属容器里深埋，不允许焚烧。

7) 防毒面罩、橡胶手套、靴子等必须用小苏打溶液洗干净，再用清水洗净。工作人员裸露部分均应用小苏打水冲洗，然后用肥皂洗净抹干。

6. 高压隔离开关的检修

（1）隔离开关的检修项目及工艺要求

1) 检查隔离开关绝缘子是否完整，有无电晕和放电现象。清扫绝缘子，检查水泥浇铸连接情况，有问题应及时处理或更换，用绝缘电阻表检测绝缘子的绝缘电阻。

2) 检查传动杆件及机构各部分有无损伤、锈蚀、松动或脱落等不正常现象，定期检查润滑情况，必要时加以清理并加润滑油，对底座进行铲锈涂漆并确保其接地良好。

3) 检查触头接触是否良好，压紧弹簧的压力是否足够，清洁触头接触表面的污垢和烧伤痕迹。触指烧伤严重的应更换，导流铜辫子应无断股、折断现象，触指弹簧弹力不足的应更换，接触表面涂中性凡士林或导电硅脂，减少触头的氧化。

4) 按制造厂的技术参数复测开关的有关技术参数，如触头插入深度、同期度、备用行程张开角度等，不符合要求应重新调整。

（2）隔离开关大修前的准备

1) 根据运行试验以及上次检修情况和现场观察，弄清隔离开关存在的问题，确定检修内容和重点检修项目，编制安全措施和技术措施。

2) 组织人力，安排施工进度。

3) 准备工具、机具、材料、测试仪器和备品、备件。

4) 准备记录表格和检修报告等有关资料。

5) 按安全工作规程要求办理工作票，完成检修开工手续。

隔离开关本身没有灭弧能力。因此，在变电所运行中，严禁用隔离开关拉、合负荷电流。

（3）绝缘子检修

1) 固定绝缘子表面应光洁发亮，无放电痕迹、裂纹、斑点以及松动等现象，基座无变形、腐蚀及损伤等情况。

2) 活动绝缘子与操动机构部分紧固螺钉、连接销子及垫圈应齐全、紧固。

（4）接触面的检修

1) 清除接触面的氧化层。

2) 检查固定触头夹片与活动刀片的接触压力，用 0.05mm×10mm 的塞尺检查，其塞入深度不应大于 6mm。如接触不紧时，对于户内型隔离开关可以调刀片两侧弹簧的压力，对于户外型隔离开关则将弹簧片与触头结合的铆钉铆死。

3) 在合闸位置，刀片应距触头刀口的底部 3～5mm，以免刀片冲击绝缘子。若间隙不够，可以调节拉杆长度或拉杆绝缘子的调节螺钉的长度。

4) 检查两接触面的中心线是否在同一直线上，若有偏差，可略微改变静触头或磁柱的位置予以调整。

5) 三相联动的隔离开关，不同期差不能超过规定值。否则，应调整传动拉杆的长度或拉杆绝缘子的调节螺钉的长度。

（5）操动机构的检修

1）清除操动机构的积灰和脏污，检查各部分的螺钉、垫圈及销子是否齐全和紧固，各转动部分应涂以润滑油。

2）蜗轮式操动机构组装完毕后，应检查蜗轮与蜗杆的配合情况，不能有磨损、卡涩现象。

3）操动机构检修完毕，应进行分、合闸操作3～5次，检查操动机构传动部分是否灵活可靠、有无松动现象。

（6）触头表面黑色附着物的处理

1）隔离开关在长期运行中，受到外界空气的影响和电晕作用，在镀银触头上将会形成一层黑色的附着物（硫化银），降低了触头接触面的导电性能。检修时不能用细砂纸打磨，以免损坏银层，可用氨水洗掉触头表面的硫化银，其方法是：拆下触头用汽油洗去油泥，用平锉刀修平触指上的伤痕，置于含量为25%～28%的氨水中浸泡约15min后取出，用尼龙刷子刷去硫化银层，再用清水冲后擦干，涂上一层中性凡士林即可。

2）室内运行的隔离开关，可用防银变色剂处理镀银触头表面，这样既不影响接触电阻，又可防止银离子与大气中硫化物反应生成黑色附着物。

7.4.4　低压控制设备的故障诊断与维修

1. 低压开关设备的故障排查

（1）询问故障情况　处理故障前，应向设备运行或操作人员了解故障情况，包括以下方面：

1）故障发生在运行前、运行后、还是发生在运行中；是运行中自动跳闸，还是发现异常情况后由操作者停下来的。

2）发生故障时，设备处于什么工作状态，进行了哪些操作，按了哪个按钮，扳动了哪个开关。

3）故障发生前后有何异常情况，如声音、气味、弧光等。

4）设备以前是否发生过类似故障，是如何处置的。

电气维修人员向操作者了解情况后，还应与机械维修人员、操作者，共同分析判断是机械故障，还是电气故障，或者是综合故障。

（2）分析电路　确定是电气故障后应参阅设备的电气原理图及有关技术说明书进行电路分析，大致地估计有可能发生故障的部位，如是主电路还是控制电路，是交流电路还是直流电路。分析故障时应有针对性，如有接地故障，一般应先考虑开关柜外的电气装置，后考虑开关柜内电气元件的断路和短路故障。

分析复杂电路时，可分成若干单元，逐个进行分析判断。

（3）断电检查

1）检查电源线进口处，有无碰伤、砸伤而引起的电源接地、短路等现象。

2）开关柜内熔断器有无烧损痕迹。

3）观察电线和电气元件有无明显的变形损坏，或因过热、烧焦和变色而有焦臭气味。

4）检查限位开关、继电保护及热继电器是否起动。

5）检查断路器、接触器、继电器等电气元件可动部分及触头动作是否灵活。

6）检查可调电阻的滑动触头接触是否良好，电刷支架是否有窜动离位情况。

7）用绝缘电阻表检查电动机及控制回路的绝缘电阻，一般不应小于 $0.5M\Omega$。

（4）通电检查　当断电检查找不到故障时，可对电气设备做通电检查。

1）在对开关设备做通电检查时，一定要在操作者的配合下进行，以免发生意外事故。

2）通电检查前，要尽量使主电路与断路器断开，并使断路器置于试验位置，机械部分的传动、防误联锁应在正常的位置上，将电气控制装置上相应转换开关置于零位，行程开关恢复到正常位置。

3）每次通电检查的部位、范围不要过大，范围越小，故障越明显。检查顺序：先检查主电路，后检查控制电路；先检查主传动系统，后检查辅助系统；先检查控制系统，后检查调整系统；先检查交流系统，后检查直流系统；先检查重点怀疑部位，后检查一般部位。

4）对开关设备等比较复杂的电气回路进行故障检查时，应在检查前考虑或拟定一个初步检查顺序，将复杂电路划分为若干单元，一个单元一个单元地检查下去，绝不可马虎大意，以防故障点被遗漏。

5）断开所有开关，取下所有熔断器，再按顺序逐一插入检查部位的熔断器，然后合上开关，观察有无冒烟、冒火、熔断器熔断等现象。需要注意的是，一定要按拟定好的检查顺序，耐心认真地逐项检查下去，直到发现和排除故障。

2. 低压断路器的常见故障及处理

低压断路器的常见故障及处理方法见表7-9。

表7-9　低压断路器的常见故障及处理方法

故障现象	可能原因	处理方法
手动操作的断路器不能合闸	1）失电压脱扣器线圈无电压线圈烧毁 2）储能弹簧变形，致使合闸力不够 3）释放弹簧的反作用力过大 4）机构不能复位再扣	1）检查线圈电压，更换线圈 2）换上新的储能弹簧 3）重新调整或更新弹簧 4）将再扣面调整到规定值
电动操作的断路器不能合闸	1）电源电压不符 2）电源容量不够 3）电动机或电磁铁损坏 4）电磁铁拉杆行程不够 5）电动机操作定位开关失灵 6）控制器中整流元件或电容等损坏	1）检查电源电压 2）增大电源容量 3）修复或更换 4）调整或更换拉杆 5）调整或更换开关 6）检查并更换元件
有一相触头不能闭合	1）该相连杆损坏 2）限流开关拆开机构的可拆连杆间的角度增大	1）更换连杆 2）调整到规定要求
断路器过热	1）触头之间的压力太小 2）触头接触不良或严重磨损 3）两个导电部件连接螺钉松动 4）触头表面有油污或被氧化	1）调整触头压力或更换触头弹簧 2）修整接触面或更换触头，或更换整个开关 3）拧紧螺钉 4）清除油污及氧化层
失电压脱扣器不能使断路器分闸	1）释放弹簧压力太小 2）如为储能释放，则储能弹簧力过小 3）机构卡死	1）调整释放弹簧 2）调整储能弹簧 3）查出原因，并排除
失电压脱扣器有噪声	1）反力弹簧的反力太大 2）短路环断裂 3）铁心工作面有油污	1）调整或更换反力弹簧 2）修复短路环，更换铁心或衔铁 3）清除油污
分励脱扣器不能使断路器分闸	1）分励线圈的电源电压太低 2）分励线圈烧毁 3）再扣接触面太大 4）螺钉松动	1）升高电压 2）更换线圈 3）调整再扣面 4）拧紧螺钉

（续）

故障现象	可能原因	处理方法
断路器在电动机起动时很快自动分闸	1）过电流脱扣器瞬时整定电流太小 2）空气式脱扣器的阀门失灵或橡胶膜破裂	1）调整过电流脱扣器瞬时整定弹簧 2）查明原因，作适当处理
断路器闭合后，经一定时间自行分闸	1）过电流脱扣器长延时整定值不正确 2）热元件或半导体延时电路元件变质	1）重新调整长延时整定值 2）查出变质元件并更换
辅助开关发生故障	1）动触头卡死或脱落 2）传动杆断裂或滚轮脱落	1）调整或重新装好动触头 2）更换损坏的元件或更换整个辅助开关
带半导体脱扣器断路器误动作	1）半导体脱扣器元件损坏 2）外界电磁干扰	1）更换损坏的元件 2）消除外界干扰，如采取隔离或更换线路等措施

维护、检修低压断路器应注意以下几个方面：

1）要保证低压断路器外装灭弧室与相邻电器的导电部分和接地部分之间有安全距离，杜绝漏装断路器的隔弧板。只有严格按规程要求装上隔弧板后，低压断路器方可投入运行；否则，在切断电路时很容易产生电弧，引起相间短路。

2）要定期检查低压断路器的信号指示与电路分、合闸状态是否相符，检查其与母线或出线连接点有无过热现象。检查时要及时彻底清除低压空气断路器表面上的尘垢，以免影响操作和绝缘性能。停电后，要取下灭弧罩，检查灭弧栅片的完整性，清除表面的烟痕和金属粉末。外壳应完整无损，若有损坏，应及时更换。

3）要仔细检查低压断路器动、静触头，发现触头表面有飞边或金属颗粒时应及时清理修整，以保证其接触良好。若触头银钨合金表面烧损超过 1mm 时，应及时更换。

4）要认真检查低压断路器触头压力有无因过热而失效，适时调节三相触头的位置和压力，使其保持三相同时闭合，保障接触面完整、接触压力一致。用手缓慢分、合闸，检查辅助触头的断、合工作状态是否符合规程要求。

5）要全面检查低压断路器脱扣器的衔接和弹簧活动是否正常，动作应无卡阻，电磁铁工作极面应清洁平滑，无锈蚀、飞边和污垢；查看热元件的各部位有无损坏，其间隙是否符合规程要求。若有不正常情况，应进行清理或调整。还要对各摩擦部位定期加润滑油，确保其正确动作，可靠运行。

3. 交流接触器的常见故障及处理

交流接触器的常见故障及处理方法见表 7-10。

表 7-10　交流接触器的常见故障及处理方法

故障现象	可能原因	处理方法
通电后吸不上或吸不足	1）电源电压过低或波动过大 2）操作回路电源容量不足或发生接线错误及控制触头接触不良 3）线圈参数与使用条件不符 4）接触器受损（如线圈断路或烧毁，机械可动部分被卡住，转轴生锈或歪斜等） 5）触头弹簧压力与超程过大 6）错装或漏装有关零件	1）检查电源电压 2）增加电源容量，纠正线路错误，修理控制触头 3）更换线圈 4）更换线圈，排除卡阻故障，修理受损零件 5）按要求调整触头参数 6）重新装配

（续）

故障现象	可能原因	处理方法
电磁噪声大	1）电源电压过低 2）触头弹簧压力过大 3）磁系统歪斜或机械卡住，使铁心不能吸平 4）铁心极面生锈或有异物侵入铁心极面 5）铁心极面磨损过度而不平 6）短路环断裂	1）提高操作回路电压 2）调整触头弹簧压力 3）修理磁系统，排除机械卡阻故障 4）清理铁心极面 5）更换铁心 6）修复短路环或调整铁心
触头熔焊	1）操作频率过高或负载过重 2）负载侧短路 3）触头弹簧压力过小 4）触头表面有金属颗粒突起或有异物 5）两极触头动作不同步 6）操作回路电压过低或机械卡阻，使吸合过程中有停滞现象，触头停顿在刚接触的位置上	1）降低操作频率，减轻负载或调整合适的接触器 2）排除短路故障，更换触头 3）调整触头弹簧压力 4）清理触头表面 5）调整触头使之同步 6）提高操作电源电压，排除机械卡阻，使接触器吸合可靠
触头过热或灼伤	1）触头弹簧压力过小 2）触头表面有油污或高低不平，或有金属颗粒突起 3）环境温度过高或使用在密闭的控制箱中 4）铜触头用于长期工作制 5）操作频率过高，或工作电流过大，触头的断开容量不够 6）触头超行程太小	1）调整触头弹簧压力 2）清理触头表面 3）改善环境条件，接触器降低容量使用 4）接触器降低容量使用 5）降低操作频率或调整容量较大的接触器 6）调整触头超行程或更换触头
断电不释放或释放缓慢	1）触头弹簧或反力弹簧压力过小 2）触头熔焊 3）机械可动部分被卡阻，转轴生锈或歪斜 4）反力弹簧损坏 5）铁心极面有油污或尘埃粘着 6）E形铁心当寿命终了时，因去磁气隙消失，剩磁增大，使铁心不释放	1）更换弹簧，调整触头参数 2）排除熔焊故障，修理或更换触头 3）排除卡阻现象，修理受伤零件 4）更换反力弹簧 5）清理铁心极面 6）更换铁心
线圈过热或烧毁	1）电源电压过高或过低 2）线圈技术参数（如额定电压、频率、通电持续率及使用工作制等）与实际使用条件不符 3）线圈绝缘损坏 4）使用环境恶劣，如空气潮湿、含有腐蚀性介质或温度过高 5）运动部分卡阻 6）操作频率过高 7）交流铁心极面不平或铁心气隙过大 8）交流接触器派生直流操作的双线圈，因常闭联锁触头熔焊不释放，而使线圈过热	1）检查电源电压 2）更换线圈或接触器 3）更换线圈，排除引起线圈机械损伤的原因 4）改善使用条件，加强维护或采用特殊设计的线圈 5）排除卡阻现象 6）降低操作频率或选用其他合适接触器 7）修整极面，调整铁心 8）调整联锁触头参数及更换烧毁线圈
触头过度磨损	1）接触器选用欠妥，在以下场合时，容量不足：①反接制动；②有较多连接操作；③操作频率过高 2）三相触头动作不同步 3）负载侧短路	1）接触器降容使用或改用适于繁重任务的接触器 2）调整触头使之同步 3）排除短路故障，更换触头

（续）

故障现象	可能原因	处理方法
相间短路故障	1）可逆转换的接触器联锁不可靠，由于误动作，致使两台接触器同时投入运行而造成相间短路，或因接触器动作过快，转换时间短，在转换过程中发生电弧短路 2）积尘或粘有水汽、油垢，使绝缘变坏 3）产品零部件损坏（如灭弧室碎裂）	1）检查电气联锁与机械联锁；在控制线路上加中间环节或调换动作时间长的接触器以延长可逆转时间 2）改善使用环境，加强维护，保持清洁 3）更换损坏的零部件

4. 真空接触器常见故障的原因与排除

（1）真空接触器不动作

1）电源电压过低，应测量并提高电源电压。

2）电源电压不符，应测量工作电压，若与铭牌电压不符，可改正电源电压。

3）线路接线错误，应核对并纠正接线。

4）控制触头接触不良，应检查接触电阻，清洁触头，使之接触良好。

5）接线头松脱，应检查接线，紧固螺栓。

6）熔断器熔体熔断，应更换熔体。

7）线圈烧坏，应更换线圈。

8）二极管击穿，应检查并更换二极管。

9）开关管损坏，应检查开关管是否有负压，更换开关管。

（2）真空接触器误动作

1）电源电压太低，应提高电源电压。

2）电源电压不符，应改正电源电压。

3）线路接线错误，应改正接线。

4）线圈损坏，应更换线圈。

（3）真空接触器线圈过热

1）电源电压不符，应改正电源电压。

2）线未接好，螺栓松动，应接好并紧固螺栓。

（4）真空接触器开关管表面漏气　开关管表面附有杂物或水。应测量开关管绝缘电阻，清洁开关管外壳。

（5）真空接触器动作速击　动作速击的主要原因是辅助触头损坏或不动作，应检查更换辅助触头。

（6）真空接触器二极管击穿　二极管击穿的主要原因是电源电压不符，应改正电源电压。

5. 低压熔断器的常见故障与处理

低压熔断器的常见故障及处理方法见表 7-11。

6. 电磁起动器和电磁式继电器的常见故障与处理

电磁起动器和电磁式继电器的常见故障及处理方法见表 7-12。

表 7-11　低压熔断器的常见故障及处理方法

故障现象		可能原因	处理方法
熔断器过热（如引线绝缘烧焦、填封螺孔中的沥青熔化）		1）接线桩头螺钉松动，导线接触不良 2）接线桩头螺钉生锈，压不紧导线 3）导线过细、负荷过重 4）铜铝连接，接触不良 5）触刀或刀座锈蚀 6）触刀刀座接触不紧密 7）熔体与触刀接触不良 8）熔断器规格太小，负荷过重，而熔体又过粗 9）环境温度过高	1）清洁螺钉、垫圈，紧固螺钉 2）更换螺钉、垫圈 3）更换成相应较粗的导线 4）将铝导线改为铜线，或对铝导线进行搪锡处理 5）用砂布、细锉刀或小刀除净，或更换熔断器 6）将刀座或插尾的插片用尖嘴钳钳紧些，若已失去弹性，则应予以更换 7）使两者接触良好 8）更换成大号的熔断器 9）改善环境条件
熔体熔断	断点在压接螺钉附近，断口较小，螺栓变色，有氧化层	1）螺栓未压紧 2）螺栓锈死，压不紧	1）清洁螺栓、垫圈，紧固螺栓 2）更换螺栓、垫圈
	熔体大部分或全部熔爆	外线路（负载）有短路故障	找出短路点，消除故障，切不可盲目地加大熔体，以防事故扩大
	熔体中部产生较小的断口	流过熔体的电流长时间超过其额定电流所致。可能原因： 1）线路（负载）过载 2）熔体选的太小	1）调整负荷，使其不过载 2）选择合适的熔体
瓷体等部件破损		1）外力损坏 2）操作时用力过猛	损坏的部件应及时更换或更换整个熔断器 1）对于插尾，若有残剩部分，暂可用绝缘胶带包扎后使用，注意安装高度和位置，避免外力损伤 2）操作时应用力适当

表 7-12　电磁起动器和电磁式继电器的常见故障及处理方法

常见故障	可能原因	处理方法
电磁噪声过大或发生振动	1）电源电压过低 2）弹簧反作用力过大 3）铁心极面有污垢或磨损过度不平 4）短路环断裂 5）铁心夹紧螺栓松动，铁心歪斜或机械卡住	1）调整电源电压 2）调整零件位置，消除卡住现象 3）清除污垢、修整铁心极面或更换铁心 4）更换短路环 5）拧紧螺栓，排除机械故障
触头不导通	1）触头开距太大 2）触头脱落 3）触头不清洁 4）运动部分卡住	1）调整触头参数 2）更换触头 3）清理触头 4）排除卡住现象
通电后不能合闸	1）线圈断线或烧毁 2）衔铁或机械部分卡住 3）转轴生锈或歪斜 4）操作回路电源容量不足 5）弹簧反作用力过大	1）修理或更换线圈 2）调整零件位置，消除卡住现象 3）除锈上润滑油，或更换零件 4）增加电源容量 5）调整弹簧压力

（续）

常见故障	可能原因	处理方法
通电后衔铁不能完全吸合或吸合不牢	1）电源电压过低 2）触头弹簧和释放弹簧压力过大 3）触头超程过大 4）运动部件被卡住 5）交流铁心极面不平或严重锈蚀 6）交流铁心分磁环断裂	1）调整电源电压 2）调整弹簧压力或更换弹簧 3）调整触头超程 4）查出卡住部位加以调整 5）修整极面，去锈或更换铁心 6）更换
线圈过热或烧毁	1）弹簧的反作用力过大 2）线圈额定电压、频率或通电持续率等与使用条件不符 3）操作频率过高 4）线圈匝间短路 5）运动部分卡住 6）环境温度过高 7）空气潮湿或含腐蚀性气体	1）调整弹簧压力 2）更换线圈 3）更换接触器 4）更换线圈 5）排除卡住现象 6）改变安装位置或采取降温措施 7）采取防潮、防腐蚀措施
断电后接触器不释放	1）触头弹簧压力过小 2）衔铁或机械部分被卡住 3）铁心剩磁过大 4）触头熔焊在一起 5）铁心极面有油污 6）交流继电器剩磁气隙太小 7）直流继电器的非磁性垫片磨损严重	1）调整弹簧压力或更换弹簧 2）调整零件位置，消除卡住现象 3）退磁或更换铁心 4）修理或更换触头 5）清理铁心极面 6）用细锉将极面锉去 0.1 mm 7）更换新垫片
触头过热或灼伤	1）触头弹簧压力过小 2）触头表面有油污或表面高低不平 3）触头的超行程过小 4）触头的分断能力不够 5）环境温度过高或散热不好 6）触头开断次数过多 7）触头表面有金属颗粒突起或异物 8）负载侧短路	1）调整弹簧压力 2）清理触头表面 3）调整超行程或更换触头 4）更换接触器 5）接触器降低容量使用 6）更换触头 7）清理触头表面 8）排除短路故障，更换触头

7. 漏电保护开关动作后查找故障的方法

漏电保护开关动作后查找故障的方法，可根据图 7-2 所示的框图按自上而下的顺序进行查找。

8. 操作试验按钮后漏电继电器不动作的原因与排除

1）试验回路不通，应查明原因，连接好线路。

2）试验电阻损坏，应更换试验电阻。

3）试验按钮接触不良，应检修清理按钮。

4）漏电脱扣器不能推动机构自由脱扣，应调整漏电脱扣器位置。

5）漏电脱扣器不能正常工作，应更换漏电脱扣器。

9. 漏电保护开关刚投入运行就动作跳闸的故障原因与故障排除

1）接线错误，应严格按产品使用说明书安装接线。

2）漏电保护开关本身有故障，应检修或更换漏电保护开关。

3）线路泄漏电流过大，导线绝缘电阻太小或绝缘损坏，应检修线路绝缘电阻，处理好线路绝缘。

4）线路太长，对地电容较大，应更换成合适的漏电保护开关。

5）线路中有一相一地负荷，应撤除一线一地负荷。

6）装有漏电保护开关和未装漏电保护开关的线路混接在一起，应将两种线路分开。

7）零线在漏电保护开关后重复接地，应取消重新接地。

8）在装有漏电保护开关的线路中，用电设备外壳的接地线与工作零线相连，应将接地线与工作零线断开。

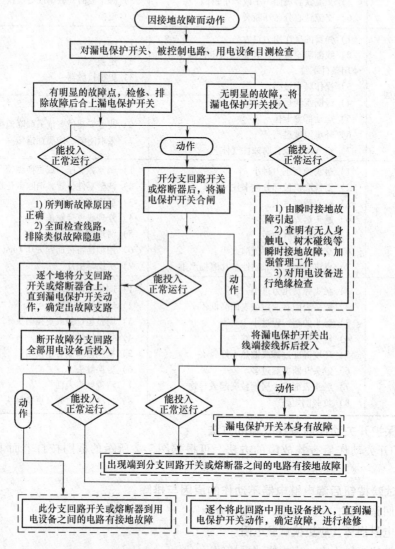

图 7-2　漏电保护开关动作后查找故障方法的框图

10. 漏电保护开关误动作的原因与故障排除

1）漏电保护开关本身不良，应更换成质量好的漏电保护开关。

2）接地不当，如零线重复接地等，应取消重复接地等。

3）操作过电压，应换上延时型漏电保护开关或在触头之间并联电容器、电阻，以抑制过电压。

4）多台大容量电动机一起起动，应再投入一次，并改为顺序投入电动机。

5）雷电过电压，应再投入一次试试。

6）电磁干扰，如附近有磁性设备接通或大功率电气设备开合，应将漏电保护开关远离上述设备安装。

7）汞灯和荧光灯回路的影响，应减少回路中汞灯和荧光灯的数量，缩短灯与镇流器的距离。

8）过载或短路，当漏电保护开关兼有过电流保护、短路保护时，会由于过电流、短路脱扣器的电流整定不当而引起漏电保护开关误动作，应重新整定过电流保护装置的动作电流值，使其与工作电流相匹配。

9）环流影响，当两台变压器并联运行时，若每台变压器的中性点各有接地线，由于两台变压器的内阻抗不可能完全相同，接地线中会出现环流。如环流很大，就会引起漏电保护开关误动作，应拆去一根接地线，使两台变压器共用一个接地极。

11. 漏电保护开关误动作，甚至合不上闸的原因及故障排除

（1）漏电保护开关本身故障　要将负荷全部切除，用试验按钮进行检验，只要能正常合闸与跳闸，说明开关本身是好的；否则，说明开关质量有问题，应予以更换。

（2）线路故障　在开关所保护的线路中，由于线路老化、环境潮湿等原因而产生漏电。应对线路进行检查，排除线路故障。

（3）用电设备绝缘不良　用电设备由于绝缘破损会发生带电导体碰壳，使外壳带电，通过外壳产生漏电。应用低压验电器检验外壳是否带电，查明故障及时排除。

（4）接线错误　在接线时应将全部负荷接在电能表及漏电保护开关的后面。若只将某个用电设备的一条线接在漏电保护开关或电能表的前面，开关将不能合闸或跳闸。应改正错误接线。

（5）用户中的插座接线错误　一般用电设备的三极插头的 E 脚是接设备外壳的，在与之相配套的三极插座中，E 脚也应接保护接地线（PEN），如将 E 脚接在自来水管上或接地线上，也可能引起跳闸。

12. 电流型漏电保护开头不动作的原因与故障排除

1）漏电保护开关本身故障，可用试验方法判断保护开关本身故障，其步骤是：将保护开关以后的所有线路及用电设备全部退出运行，然后对保护开关单独送电试验。送电后，反复几次按保护开关面板上的"试验"按钮与"复位"按钮，若保护开关无故障，指示灯应能有所显示，应能听到灵敏继电器吸合或释放的"叭嗒"声。若没有上述显示或声音，说明漏电保护开关本身故障。

2）配电变压器中性点未接地或接触不良，即使有人触电或漏电，也构不成回路，触、漏电电流不能回到变压器中，使保护开关不能动作，应检查配电变压器中性点的接地情况。

3）配电变压器中性点接地线接在保护开关之后，即使有触电或漏电发生，触、漏电电流只能在保护开关之后自成回路，使保护开关不能动作，应检查保护开关的接线情况。

操作过电压，应换上延时型漏电保护开关或在触头之间并联电容器、电阻，以抑制过电压。

4）漏电保护开关动作电流选用过大，应根据用电设备合理选用漏电保护开关。

7.5　可编程序控制器（PLC）故障诊断与维修

7.5.1　PLC 常见故障的分类

1. 外部设备故障

此类故障来自外部设备，如各种传感器、开关、执行机构以及负载等。这部分设备发生故障，直接影响系统的控制功能。

2. 系统故障

系统故障可分为固定性故障和偶然性故障。如果故障发生后，可重新启动使系统恢复正常，则可认为是偶然性故障。相反，若重新启动不能恢复而需要更换硬件或软件，系统才能恢复正常，则可认为是固定性故障。这种故障一般是由系统设计不当或系统运行年限较长所致。

3. 硬件故障

这类故障主要指系统中的模块，例如 CPU、存储器、电源、I/O 模块等（特别是 I/O 模块）损坏而造成的故障。这类故障一般比较明显，且影响也是局部的，它们主要是由使用不当或使用时间较长，模块内元件老化所致。

4. 软件故障

这类故障是由软件本身所包含的错误引起的，这主要是软件设计考虑不周，在执行中一旦条件满足就会引发。在实际工程应用中，由于软件工作复杂、工作量大，因此软件错误几乎难以避免。

7.5.2 PLC 常见故障及其解决方法

由于 PLC 本身可靠性较高，并且具有自诊断功能，通过自诊断程序可以非常方便地找到出故障的部件。而工程实践表明，外部设备的故障发生率远高于 PLC 自身的故障率。针对外部设备的故障，我们可以通过程序进行分析。例如在机械手抓紧工件和松开工件的过程中，有两个相对的限位开关，这两个开关不可能同时导通，如果同时导通，则说明至少有一个开关出现故障，应停止运行进行维护。在程序中，可以将这两个限位开关对应的常开触点串联来驱动一个表示限位开关故障的存储器位。表 7-13 为 PLC 常见故障及其解决方法。

表 7-13 PLC 常见故障及其解决方法

问题	故障原因	解决方法
PLC 不输出	1）程序有错误 2）输出的电气浪涌使被控设备出故障 3）接线不正确 4）输出过载 5）强制输出	1）修改程序 2）当接电动机等感性负载时，需接抑制电路 3）检查接线 4）检查负载 5）检查是否有强制输出
CPU SF 灯亮	1）程序错误：看门狗错误 0003、间接寻址 0011、非法浮点数 0012 2）电气干扰：0001～0009 3）元器件故障：0001～0010	1）检查程序中循环、跳转、比较等指令的使用 2）检查接线 3）找出故障原因并更换元器件
电源故障	电源线引入过电压	把电源分析器连接到系统，检查过电压尖峰的幅值和持续时间，并给系统配置合适的抑制设备
电磁干扰问题	1）不合适的接地 2）在控制柜中有交叉配线 3）对快速信号配置了输入滤波器	1）进行正确的接地 2）进行合理布线。把 DC24V 传感器电源的 M 端子接地 3）增加输入滤波器的延迟时间
当连接一个外部设备时通信网络故障	如果所有的非隔离设备连在一个网络中，而该网络没有一个共同的参考点，通信电缆会出现一个预想不到的电流，导致通信错误或损坏设备	检查通信网络；更换隔离型 PC/PPI 电缆；使用隔离型 RS485 中继器

7.5.3　PLC 系统故障查找一般流程

1. 总体检查

根据总体检查流程图找出故障点的大方向，逐渐细化，以找出具体故障，总体检查流程图如图 7-3 所示。

2. 电源故障检查

电源灯不亮时需首先对供电系统进行检查，电源故障检查流程图如图 7-4 所示。

3. 运行故障检查

电源正常而运行指示灯不亮，则说明系统已因为某种异常而终止了正常运行，运行故障检查流程图如图 7-5 所示。

4. 输入、输出故障检查

输入、输出是 PLC 与外部设备进行信息交流的通道，其是否正常工作，除了和输入、输出单元有关外，还与连接配线、接线端子、熔断器等元件状态有关。输入、输出故障检查流程图分别如图 7-6 和图 7-7 所示。

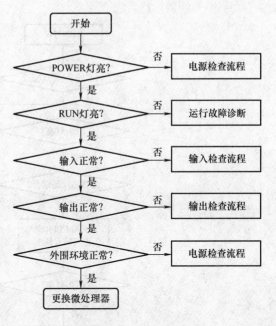

图 7-3　总体检查流程图

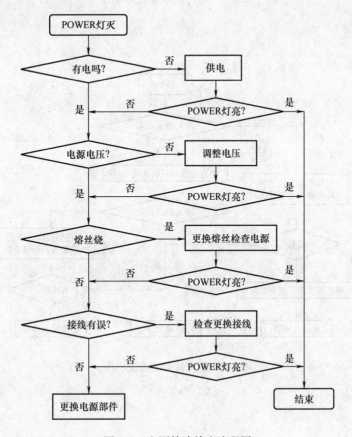

图 7-4　电源故障检查流程图

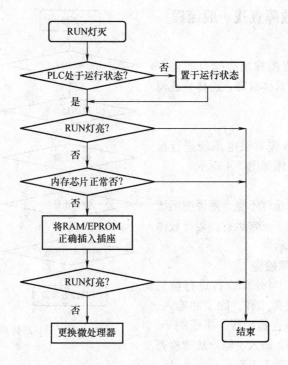

图 7-5　运行故障检查流程图

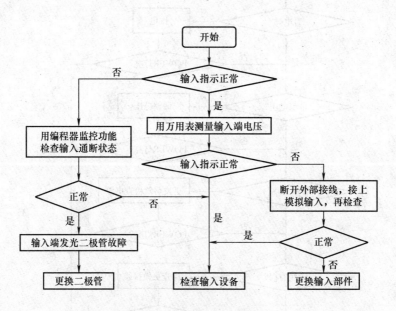

图 7-6　输入故障检查流程图

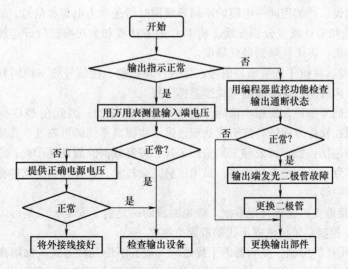

图 7-7　输出故障检查流程图

7.5.4　PLC 常见干扰及防干扰措施

1. 干扰来源

影响控制系统的干扰源大都产生在电流或电压剧烈变化的部位。原因主要是由于电流改变产生磁场，对设备产生电磁辐射。通常电磁干扰按干扰模式不同，分为共模干扰和差模干扰。PLC系统中干扰的主要来源有：

1）强电干扰。PLC 系统的正常供电电源均为电网供电。由于电网覆盖范围广，会受到所有空间电磁干扰产生在线路上的感应电压影响。尤其是电网内部的变化、大型电力设备起停、交直流传动装置引起的谐波、电网短路暂态冲击等，都会通过输电线传到电源。

2）柜内干扰。控制柜内的高压电器、大的感性负载和杂乱的布线都容易对 PLC 造成一定程度的干扰。

3）来自信号线引入的干扰。一是通过变送器供电电源或共用信号仪表的供电电源串入的电网干扰；二是信号线上的外部感应干扰。

4）来自接地系统混乱时的干扰。正确的接地，既能抑制电磁干扰的影响，又能抑制设备向外发出干扰；而错误的接地，反而会引入严重的干扰信号，使 PLC 系统无法正常工作。

5）来自 PLC 系统内部的干扰。主要由系统内部元器件及电路间的相互电磁辐射产生，如逻辑电路相互辐射及其对模拟电路的影响等。

6）变频器干扰。变频器起动及运行过程中产生谐波会对电网产生传导干扰，引起电压畸变，影响电网的供电质量。另外变频器的输出也会产生较强的电磁辐射干扰，影响周边设备的正常工作。

2. 主要抗干扰措施

1）采用性能优良的电源，抑制电网引入的干扰。在 PLC 控制系统中，电源占有极重要的地位。电网干扰串入 PLC 控制系统主要通过 PLC 系统的供电电源（如 CPU 电源、I/O 电源等）、变送器供电电源和与 PLC 系统具有直接电气连接的仪表供电电源等耦合进入的。现在对于 PLC 系统供电的电源，一般都采用隔离性能较好的电源，以减少 PLC 系统的干扰。

2）正确选择电缆和实施分槽走线。不同类型的信号分别由不同电缆传输，信号电缆应按传输信号种类分层敷设，严禁用同一电缆的不同导线同时传送动力电源和信号，如动力线、控制线以及 PLC 的电源线和 I/O 线应分别配线。将 PLC 的 I/O 线和大功率线分开走线，如必须在同一线槽内，可加隔离板，将干扰降到最低限度。

3）硬件滤波及软件抗干扰措施。信号在接入计算机前，在信号线与地间并接电容，以减少共模干扰；在信号两极间加装滤波器可减少差模干扰。

由于电磁干扰的复杂性，要根本消除干扰影响是不可能的，因此在 PLC 控制系统的软件设计和组态时，还应在软件方面进行抗干扰处理，进一步提高系统的可靠性。常用的一些提高软件结构可靠性的措施包括：数字滤波和工频整形采样，可有效消除周期性干扰；定时校正参考点电位，并采用动态零点，可防止电位漂移；采用信息冗余技术，设计相应的软件标志位；采用间接跳转，设置软件保护等。

4）正确选择接地点，完善接地系统。接地的目的一是为了安全，二是可以抑制干扰。完善的接地系统是 PLC 控制系统抗电磁干扰的重要措施之一。

5）对变频器干扰的抑制。变频器的干扰处理一般有下面几种方式：加隔离变压器，主要是针对来自电源的传导干扰，可以将绝大部分的传导干扰阻隔在隔离变压器之前；使用滤波器，滤波器具有较强的抗干扰能力，还可以防止将设备本身的干扰传导给电源，有些还兼有尖峰电压吸收功能。

使用输出电抗器，在变频器到电动机之间增加交流电抗器主要是减少变频器输出在能量传输过程中线路产生电磁辐射，影响其他设备正常工作。

7.5.5　PLC 日常检修与维护

PLC 由半导体器件组成，长期使用后老化现象是不可避免的。所以应对 PLC 定期进行检修与维护。检修时间一般一年 1 到 2 次，若工作在恶劣的环境中应根据实际情况加大检修与维护的频率。平时应经常用干抹布和皮老虎为 PLC 的表面以及导线间除尘除污，以保持工作环境的整洁和卫生。检修的主要项目如下。

1）检修电源。可在电源端子处检测电压的变化范围是否在允许的 ±10% 之间。

2）工作环境。重点检查温度、湿度、振动、粉尘、干扰等是否符合标准工作环境。

3）输入输出用电源。可在相应端子处测量电压变化范围是否满足规定。

4）检查安装状态。检查各模块与模块相连的各导线及模块间的电缆是否松劲、外部配件的螺钉是否松动、元件是否老化等。

5）检查后备电池电压是否符合标准、金属部件是否锈蚀等。

在检修与维护的过程中，若发现有不符合要求的情况，应及时调整、更换、修复以及记录备查。

PLC 日常维护检修项目和检修内容见表 7-14。

表 7-14　PLC 日常维护检修项目以及内容

序号	检修项目	检修内容
1	供电电源	在电源端子处测电压变化是否在标准范围内
2	外部环境	环境温度（控制柜内）是否在规定范围 环境湿度（控制柜内）是否在规定范围 积尘情况一般不能积尘
3	输入输出电源	在输入、输出端子处测电压变化是否在标准范围内

（续）

序号	检修项目	检修内容
4	安装状态	各单元是否可靠固定、有无松动 连接电缆的连接器是否完全插入、旋紧 外部配件的螺钉是否松动
5	寿命元件	锂电池寿命等

复习思考题

1. 什么是电气设备故障检修？故障检修的具体实施过程是什么？
2. 电气设备绝缘劣化或损坏的原因有哪些？
3. 变压器异常现象有哪些？如何处理？
4. 干式变压器运行中的异常现象、可能原因及处理方法是什么？
5. 导致电动机温升过高的原因是什么？如何处理？
6. 真空断路器的常见故障有哪些？应如何处理？
7. 简要说明低压开关电器的常见故障及处理。
8. PLC 常见故障有哪些？
9. PLC 常见干扰源有哪些？如何抗干扰？

参 考 文 献

[1] 徐兵. 机械装配技术 [M]. 2 版. 北京：中国轻工业出版社，2014.

[2] 武友德. 数控设备故障诊断与维修技术 [M]. 北京：化学工业出版社，2003.

[3] 吴先文. 机电设备维修技术 [M]. 2 版. 北京：机械工业出版社，2017.

[4] 杜继清，陈忠民. 铣工 [M]. 北京：人民邮电出版社，2010.

[5] 陈则钧. 车工工作手册 [M]. 2 版. 北京：人民邮电出版社，2012.

[6] 刘玉敏. 机床电气线路原理及故障处理 [M]. 北京：机械工业出版社，2004.

[7] 李玉琴. 数控机床操作 [M]. 北京：中国水利水电出版社，2010.

[8] 李大庆. 数控机床故障诊断与维修 [M]. 长春：吉林大学出版社，2010.

[9] 刘增辉. 模块化生产加工系统应用技术 [M]. 北京：电子工业出版社，2005.

[10] 汪永华. 电气运行与检修 [M]. 北京：中国水利水电出版社，2008.

[11] 李士军. 机械维修技术 [M]. 北京：人民邮电出版社，2009.

[12] 汪永华. 陈化钢，等. 常用电气设备故障诊断技术手册 [M]. 北京：中国电力出版社，2014.

[13] 袁晓东. 机电设备安装与维修 [M]. 2 版. 北京：北京理工大学出版社，2014.

[14] 陆金龙. 机电设备故障诊断与维修 [M]. 北京：科学出版社，2009.